中国国家标准汇编

2009年修订-36

中国标准出版社　编

中国标准出版社
北京

图书在版编目（CIP）数据

中国国家标准汇编：2009 年修订 .36/中国标准出版社编 . —北京：中国标准出版社，2010

ISBN 978-7-5066-6065-5

Ⅰ.①中…　Ⅱ.①中…　Ⅲ.①国家标准-汇编-中国-2009　Ⅳ.①T-652.1

中国版本图书馆 CIP 数据核字（2010）第 174296 号

中国标准出版社出版发行
北京复兴门外三里河北街 16 号
邮政编码：100045

网址 www.spc.net.cn
电话：68523946　68517548
中国标准出版社秦皇岛印刷厂印刷
各地新华书店经销

*

开本 880×1230　1/16　印张 29.75　字数 855 千字
2010 年 11 月第一版　2010 年 11 月第一次印刷

*

定价 220.00 元

目　　录

GB/T 22766.8—2009　家用和类似用途电器售后服务　第8部分:饮水机的特殊要求 …… 1
GB/T 22766.9—2009　家用和类似用途电器售后服务　第9部分:空气净化器的特殊要求 …… 5
GB/T 22792.1—2009　办公家具　屏风　第1部分:尺寸 …… 11
GB/T 22796—2009　被、被套 …… 17
GB/T 22797—2009　床单 …… 29
GB/T 22798—2009　毛巾产品脱毛率测试方法 …… 37
GB/T 22799—2009　毛巾产品吸水性测试方法 …… 41
GB/T 22800—2009　星级旅游饭店用纺织品 …… 49
GB/T 22801—2009　纺织机械　染整机器导布辊　主要尺寸及要求 …… 61
GB/T 22838.1—2009　卷烟和滤棒物理性能的测定　第1部分:卷烟包装和标识 …… 71
GB/T 22838.2—2009　卷烟和滤棒物理性能的测定　第2部分:长度　光电法 …… 77
GB/T 22838.3—2009　卷烟和滤棒物理性能的测定　第3部分:圆周　激光法 …… 83
GB/T 22838.4—2009　卷烟和滤棒物理性能的测定　第4部分:卷烟质量 …… 93
GB/T 22838.5—2009　卷烟和滤棒物理性能的测定　第5部分:卷烟吸阻和滤棒压降 …… 97
GB/T 22838.6—2009　卷烟和滤棒物理性能的测定　第6部分:硬度 …… 105
GB/T 22838.7—2009　卷烟和滤棒物理性能的测定　第7部分:卷烟含末率 …… 109
GB/T 22838.8—2009　卷烟和滤棒物理性能的测定　第8部分:含水率 …… 113
GB/T 22838.9—2009　卷烟和滤棒物理性能的测定　第9部分:卷烟空头 …… 117
GB/T 22838.10—2009　卷烟和滤棒物理性能的测定　第10部分:爆口 …… 121
GB/T 22838.11—2009　卷烟和滤棒物理性能的测定　第11部分:卷烟熄火 …… 125
GB/T 22838.12—2009　卷烟和滤棒物理性能的测定　第12部分:卷烟外观 …… 129
GB/T 22838.13—2009　卷烟和滤棒物理性能的测定　第13部分:滤棒圆度 …… 133
GB/T 22838.14—2009　卷烟和滤棒物理性能的测定　第14部分:滤棒外观 …… 137
GB/T 22838.15—2009　卷烟和滤棒物理性能的测定　第15部分:卷烟　通风的测定　定义和测量原理 …… 141
GB/T 22838.16—2009　卷烟和滤棒物理性能的测定　第16部分:卷烟　端部掉落烟丝的测定　旋转笼法 …… 157
GB/T 22838.17—2009　卷烟和滤棒物理性能的测定　第17部分:卷烟　端部掉落烟丝的测定　振动法 …… 169
GB/T 22842—2009　里子绸 …… 177
GB/T 22843—2009　枕、垫类产品 …… 187
GB/T 22844—2009　配套床上用品 …… 197
GB/T 22845—2009　防静电手套 …… 203
GB/T 22846—2009　针织布(四分制)外观检验 …… 211
GB/T 22847—2009　针织坯布 …… 217
GB/T 22848—2009　针织成品布 …… 221
GB/T 22849—2009　针织T恤衫 …… 227
GB/T 22850—2009　织锦工艺制品 …… 239

GB/T 22851—2009 色织提花布 …… 247
GB/T 22852—2009 针织泳装面料 …… 257
GB/T 22853—2009 针织运动服 …… 263
GB/T 22854—2009 针织学生服 …… 277
GB/T 22855—2009 拉舍尔床上用品 …… 291
GB/T 22856—2009 莨绸 …… 305
GB/T 22857—2009 筒装桑蚕捻线丝 …… 313
GB/T 22858—2009 丝绸书 …… 322
GB/T 22859—2009 染色桑蚕捻线丝 …… 331
GB/T 22860—2009 丝绸(机织物)的分类、命名及编号 …… 343
GB/T 22861—2009 精粗梳交织毛织品 …… 353
GB/T 22862—2009 海岛丝织物 …… 367
GB/T 22863—2009 半精纺毛织品 …… 375
GB/T 22864—2009 毛巾 …… 389
GB/T 22900—2009 科学技术研究项目评价通则 …… 396
GB/T 22925—2009 纳米技术处理服装 …… 405
GB/T 23140—2009 红外线灯泡 …… 419
GB/T 23183—2009 辣椒粉 …… 429
GB/T 23186—2009 水产饲料安全性评价 慢性毒性试验规程 …… 437
GB/T 27341—2009 危害分析与关键控制点(HACCP)体系 食品生产企业通用要求 …… 445
GB/T 27342—2009 危害分析与关键控制点(HACCP)体系 乳制品生产企业要求 …… 458
后记 …… 467

ICS 03.080.30
Y 60

中华人民共和国国家标准

GB/T 22766.8—2009

家用和类似用途电器售后服务 第8部分：饮水机的特殊要求

Household and similar electrical appliances—After-sales service—Part 8: Particular requirements for water dispenser

2009-11-30 发布　　2010-03-01 实施

中华人民共和国国家质量监督检验检疫总局
中国国家标准化管理委员会　发布

前言

GB/T 22766《家用和类似用途电器售后服务》分为若干部分：

第1部分：通用要求；

第2部分：电冰箱的特殊要求；

第3部分：空调器的特殊要求；

第4部分：洗衣机的特殊要求；

第5部分：电热水器的特殊要求；

第6部分：吸油烟机的特殊要求；

第7部分：吸尘器的特殊要求；

第8部分：饮水机的特殊要求；

第9部分：空气净化器的特殊要求；

……

本部分是GB/T 22766的第8部分。

本部分应与GB/T 22766.1—2008《家用和类似用途电器售后服务　第1部分：通用要求》配合使用。

本部分中写明“适用”的部分，表示GB/T 22766.1—2008中的相应条款适用于本部分，本部分写明“代替”的部分应以本部分条款为准，本部分写明“增加”的部分，表示除要符合GB/T 22766.1—2008相应条款外，还必须符合本部分增加的内容。

本部分对GB/T 22766.1—2008增加的条款从101开始编号。

本部分由中国轻工业联合会提出。

本部分由全国家用电器标准化技术委员会(SAC/TC 46)归口。

本部分起草单位：宁波沁园集团有限公司、中国家用电器研究院、宁波市产品质量监督检验所、慈溪杭州湾环保科技有限公司、奇迪电器集团有限公司、海尔集团公司。

本部分主要起草人：叶建荣、鲍俊、徐建波、周奇迪、李文瑞、郭丽珍。

本部分为首次发布。

家用和类似用途电器售后服务 第8部分:饮水机的特殊要求

1 范围

GB/T 22766的本部分规定了单相器具额定电压不超过250 V,其他器具额定电压不超过480V的家用和类似用途饮水机的售后服务。

本部分适用于家用和类似用途饮水机的售后服务。

2 规范性引用文件

下列文件中的条款通过GB/T 22766的本部分的引用而成为本部分的条款。凡是注日期的引用文件,其随后所有的修改单(不包括勘误的内容)或修订版均不适用于本部分,然而,鼓励根据本部分达成协议的各方研究是否可使用这些文件的最新版本。凡是不注日期的引用文件,其最新版本适用于本部分。

GB/T 22766.1—2008 家用和类似用途电器售后服务 第1部分:通用要求

3 术语和定义

GB/T 22766.1—2008确立的以及下列术语和定义适用于GB/T 22766的本部分。

3.1

饮水机 water dispenser

一种可直接饮用的水通过消耗电能的方法进行加热、制冷并进行分发的器具。

4 售后服务方的基本要求

GB/T 22766.1—2008中的该章除下述内容外,均适用。

4.4.1 代替:

服务方应具备与饮水机售后服务相适应的电话机、传真机等工作设备;测温装置、检漏仪、万用表、基本电气安全性能测试仪等检验仪器;饮水机拆装、焊接等维修工具和劳动保护用具。

4.5.3 代替:

从事饮水机售后服务的人员应接受与其服务工作相适应的行为规范培训(礼仪、服务用语、职业道德等)、专业技术培训、与顾客沟通及协调能力的培训,并取得相关上岗资格证书。

4.5.101 服务人员应持有有效健康证明。

5 售后服务的提供

GB/T 22766.1—2008的该章均适用。

6 售后服务规范

GB/T 22766.1—2008的该章除下述内容外,均适用。

6.2.3.2 增加:

设计应符合相关安全标准和产品标准的要求。服务交付时,根据顾客要求,可以提供设计文件或按设计文件制造的饮水机及相关设计文件,并请顾客在服务记录上签字确认。

6.2.3.3.1 代替：

服务人员应在安装前对顾客购买饮水机型号与实际适用情况进行告知，征求顾客的意见，确定安装方案。服务人员和顾客就涉及安全的安装事宜无法达成一致时，服务人员有权拒绝安装；服务人员和顾客就涉及产品使用性能的安装事宜无法达成一致时，在顾客签订免责协议的情况下依据顾客意见进行安装。由此发生的额外服务费用由服务方与顾客协商确定。

6.2.3.3.2 增加：

服务人员应携带充分的服务工具。

6.2.3.3.3 代替：

饮水机安装完毕并试机调试正常后，服务人员应进行饮水机功能特性及使用方法的讲解或演示，说明安全注意事项，请顾客在服务记录上签字确认。

6.2.3.4 增加：

调试结束后，请顾客在服务记录上签字确认。

6.2.3.6 增加：

顾客要求提供饮水机清洗服务时，服务方应有规范化操作。

6.4.3 增加：

并告知后续的服务程序。

ICS 97.170
Y 64

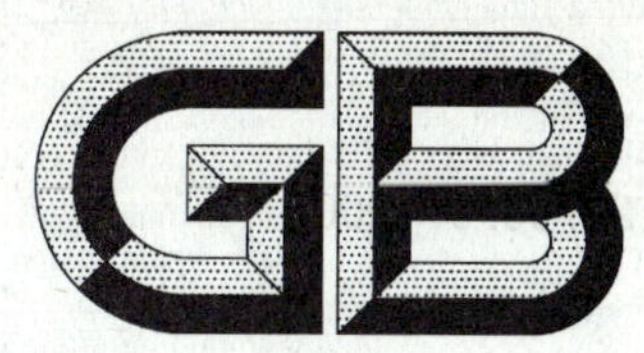

中华人民共和国国家标准

GB/T 22766.9—2009

家用和类似用途电器售后服务 第9部分：空气净化器的特殊要求

Household and similar electrical appliances—After-sales service—Part 9: Particular requirement for air cleaner

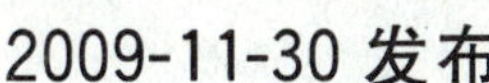

2009-11-30 发布 2010-03-01 实施

中华人民共和国国家质量监督检验检疫总局
中国国家标准化管理委员会 发布

前　言

GB/T 22766《家用和类似用途电器售后服务》分为若干部分：

第1部分：通用要求；

第2部分：电冰箱的特殊要求；

第3部分：空调器的特殊要求；

第4部分：洗衣机的特殊要求；

第5部分：电热水器的特殊要求；

第6部分：吸油烟机的特殊要求；

第7部分：吸尘器的特殊要求；

第8部分：饮水机的特殊要求；

第9部分：空气净化器的特殊要求；

……

本部分是GB/T 22766的第9部分。

本部分应与GB/T 22766.1—2008《家用和类似用途电器售后服务　第1部分：通用要求》配合使用。

本部分是通过增补或修改GB/T 22766.1—2008形成的。本部分中写明“适用”的部分，表示GB/T 22766.1—2008中的相应条款适用于本部分；本部分中写明“代替”的部分，则以本部分的条款为准；本部分中写明“增加”的部分表示除要符合GB/T 22766.1—2008中的相应条款外，还应符合本部分所增加的条款。

本部分对GB/T 22766.1—2008增加的条款从101开始编号。

本部分由中国轻工业联合会提出。

本部分由全国家用电器标准化技术委员会(SAC/TC 46)归口。

本部分起草单位：北京亚都科技股份有限公司、中国家用电器研究院、海尔集团公司、上海夏普电器有限公司、宁波市产品质量监督检验所。

本部分主要起草人：陈卉、申丽双、朱伟涛、高俊、闫凌。

本部分为首次发布。

家用和类似用途电器售后服务
第9部分:空气净化器的特殊要求

1 范围

GB/T 22766 的本部分规定了家用和类似用途空气净化器售后服务的基本内容和基本要求。

本部分适用于家用和类似用途空气净化器的售后服务中有关文件的编制、实施及服务活动。

2 规范性引用文件

下列文件中的条款通过 GB/T 22766 的本部分的引用而成为本部分的条款。凡是注日期的引用文件,其随后所有的修改单(不包括勘误的内容)或修订版均不适用于本部分,然而,鼓励根据本部分达成协议的各方研究是否可使用这些文件的最新版本。凡是不注日期的引用文件,其最新版本适用于本部分。

GB/T 16784—2008 工业产品售后服务 总则

GB/T 16784.2—1998 工业产品售后服务 第2部分:维修

GB/T 22766.1—2008 家用和类似用途电器售后服务 第1部分:通用要求

3 术语和定义

GB/T 22766.1—2008 确立的以及下列术语和定义适用于 GB/T 22766 的本部分。

3.1

空气净化器 air cleaner

对室内空气中的固态污染物、气态污染物等具有一定去除能力的电器装置。

[GB/T 18801—2008,3.1]

3.2

售后服务方维修场所 repair shop

售后服务方所拥有的为顾客提供维修服务的场所。

4 基本要求

除下述内容外,GB/T 22766.1—2008 的该章均适用。

4.1 总则

代替:

售后服务方的售后服务活动应符合 GB/T 16784—2008 和 GB/T 16784.2—1998 中第4章内容、国家有关法律法规和本部分要求。

4.2 售后服务方的基本要求

增加:

售后服务方应具备与其经营范围相适应的服务场所、售后服务人员以及服务能力,确保产品生产企业与售后服务方正式约定的相关要求能得到满足。

4.3 经营场所的基本要求

增加:

4.3.101 售后服务方应具有独立的办公、维修场所。

4.4 设备的基本要求

增加：

4.4.101 售后服务方应具备与其经营活动相适应的通讯及交通工具。

4.4.101.1 售后服务方应配有车辆交通工具。

4.4.101.2 售后服务方应配有计算机用于记录服务信息。

4.4.101.3 售后服务方应具备用于联系顾客的通讯工具。

5 售后服务的提供

GB/T 22766.1—2008 的该章适用。

6 售后服务规范

除下述内容外，GB/T 22766.1—2008 的该章均适用。

6.1 顾客信息的接收

代替：

6.1.1 售后服务方应设立售后服务电话，并在保修证、销售代理商等处公示。

6.1.2 售后服务方应设立专人 24 h 值班服务热线，按约定的时间提供维修、保养服务。

6.1.3 接听电话人员要使用礼貌用语，对顾客提出的问题不推诿，并耐心听取顾客反映问题。

6.2 顾客信息的记录

增加：

6.2.101 售后服务方在接收顾客的来电、来函信息后，信息处理人员应记录好顾客和产品信息台账，确保信息跟踪闭环处理完成。

6.3 售后服务的实施

6.3.1 咨询服务

增加：

售后服务方应安排专业人员对顾客咨询的空气净化器使用或保养知识进行讲解说明，减少无效上门服务。

6.3.2 上门售后服务

6.3.2.1 代替：

售后服务人员应按照与顾客约定的时间上门服务，应佩戴服务资格证，身着整洁工装，穿鞋套，携带维修、保养所必备的工具、备件和材料。

6.3.2.2 上门设计服务

不适用。

6.3.2.3 上门安装服务

不适用。

6.3.2.5 上门维修服务

代替：

6.3.2.5.1 售后服务人员在维修服务前应对空气净化器进行初检，以确定是否为空气净化器故障。若因用户使用不当，则应对顾客讲解空气净化器使用操作方法。

6.3.2.5.2 售后服务人员经初检确定为空气净化器故障后，应进一步确定是否属保修范围。对超出保修范围的维修服务，应在服务提供前出示收费标准并进行报价。维修服务方案应在征得顾客同意后实施。

6.3.2.5.3 空气净化器故障维修前必须拔掉电源插头。

6.3.2.5.4 售后服务人员应在保证不损坏空气净化器的前提下，使用专用工具、设备进行拆卸。

6.3.2.5.5 零部件更换前应确保适用维修的空气净化器产品，并确保零部件合格。

6.3.2.5.6 售后服务人员应在空气净化器修复后，对空气净化器进行通电试机，确保空气净化器正常运行并由顾客确认。空气净化器维修验收合格后，售后服务人员应请顾客在售后服务记录单上签字确认。

6.3.2.5.7 售后服务记录应符合6.4的要求。

6.3.2.5.8 若发现空气净化器需更换消耗性净化部件或净化材料，售后服务人员应告知顾客，指导更换方法，并给出报价；或告知顾客服务热线电话，使其能获知需更换的消耗性净化部件或净化材料的价格、购买途径及使用方法。

6.3.2.5.9 服务方和顾客应履行双方的约定，如遇特殊情况不能履行（满足）约定内容时，应及时通知对方，说明原因，并在双方同意的情况下修改约定。

6.3.2.6 上门保养服务

代替：

6.3.2.6.1 空气净化器的保养服务应以安全、保证净化性能为目的。

6.3.2.6.2 保养服务应根据空气净化器的使用情况、产品使用说明或企业承诺，在征得顾客的同意后进行。

6.3.2.6.3 空气净化器保养前必须拔掉电源插头。

6.3.2.6.4 售后服务人员应在实施空气净化器保养服务后，对空气净化器进行通电试机，确保空气净化器正常运行并由顾客确认。

6.3.2.6.5 空气净化器若需更换消耗性净化部件或净化材料，售后服务人员应告知顾客，指导更换方法，给出报价，并在取得顾客认可后进行更换。

6.3.2.6.6 若空气净化器长期不使用，应告知顾客拔掉电源插头。

6.3.3 在服务方维修场所的维修服务

代替：

6.3.3.1 售后服务人员应按6.3.2.5规定进行维修服务。

6.3.3.2 空气净化器在留存售后服务方维修场所维修前，售后服务人员应对空气净化器进行外观检查并由顾客确认，保证双方达成一致。

6.3.4 售后服务零部件的提供及更换下的零部件处理

适用。

6.3.5 售后服务安全规范

适用。

6.4 售后服务记录

适用。

6.5 售后服务的回访

增加：

6.5.101 回访过程中对顾客提出的空气净化器使用或保养问题应安排专业人员进行讲解说明。

6.6 售后服务争议的处理

适用。

参 考 文 献

[1] GB/T 18801—2008 空气净化器

ICS 97.140
Y 81

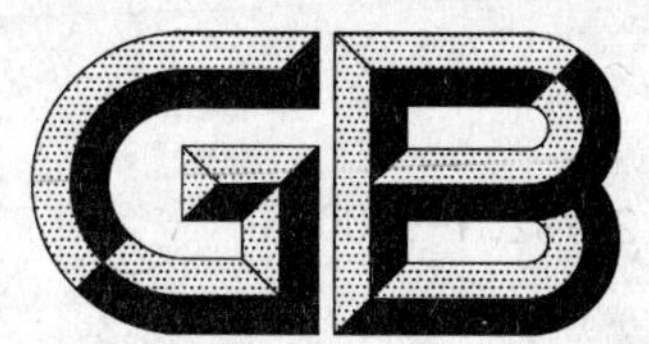

中华人民共和国国家标准

GB/T 22792.1—2009

办公家具　屏风　第1部分：尺寸

Office furniture—Screens—Part 1:Dimensions

2009-03-19 发布　　　　2009-11-01 实施

中华人民共和国国家质量监督检验检疫总局
中国国家标准化管理委员会　发布

前言

《办公家具　屏风》分为以下三部分：

——GB/T 22792.1《办公家具　屏风　第1部分：尺寸》；

——GB 22792.2《办公家具　屏风　第2部分：安全要求》；

——GB/T 22792.3《办公家具　屏风　第3部分：试验方法》。

本部分是《办公家具　屏风》的第1部分。

本部分等同采用EN 1023-1:1996《办公家具　屏风　第1部分：尺寸》。

本部分与EN 1023-1:1996相比，仅做如下编辑性修改：

——用小数点符号“.”代替小数点符号“,”；

——页码变化；

——用“本标准”代替“本国际标准”；

——用“本标准本部分”代替“本国际标准本部分”；

——删除国际标准中资料性概述要素(包括封面、目次、前言和引言)；

——增加附录A(资料性附录)。

本部分的附录A为资料性附录。

本部分由中国轻工业联合会提出。

本部分由全国家具标准化中心归口。

本部分主要起草单位：上海市质量监督检验技术研究院、北京家具行业协会、浙江方圆检测集团股份有限公司、深圳市计量质量检测研究院、北京市木材家具质量监督检验站、浙江圣奥家具制造有限公司。

本部分参加起草单位：北京黎明文仪家具有限公司、华源轩家具(深圳)有限公司、深圳市豪迈实业发展有限公司、广东东方家私有限公司、上海震旦家具有限公司、珠海励致洋行办公家私有限公司、广州市百利文仪实业有限公司、深圳长江家具有限公司、广州市至盛冠美家具有限公司、宁波新兴达智能钢具有限公司、史泰博商贸有限公司、北京世纪京泰家具有限公司、江门健威家具装饰有限公司。

本部分主要起草人：刘曜国、罗菊芬、刘文智、梁米加、罗炘、张淑艳、招寿田、黎胜国、倪良正、利耀宜、陈碧煌、黄伟光、李军。

办公家具　屏风　第1部分：尺寸

1　范围

GB 22792 的本部分规定了办公用屏风的主要尺寸。

2　要求

2.1　高度

当屏风用于视觉划分功能时，下列规定适用：

a)　坐姿目光接触：高度≤1 100 mm(见图 1)；

b)　坐姿目光非接触：高度≥1 400 mm(见图 1)；

c)　站姿目光接触：高度≤1 400 mm(见图 2)；

d)　站姿目光非接触：高度≥1 800 mm(见图 2)；

注：这些数值是从5%到95%的欧洲人群的人体测量数据中获得的，数据来源见参考文献。

2.2　宽度

办公用屏风的宽度应与工作表面的宽度与深度和内置空间相协调，以便它们在组合状态下能够较好地使用。相关功能尺寸参见附录 A。

2.3　厚度

办公用屏风的厚度为非标准化尺寸。厚度设计参见附录 A。

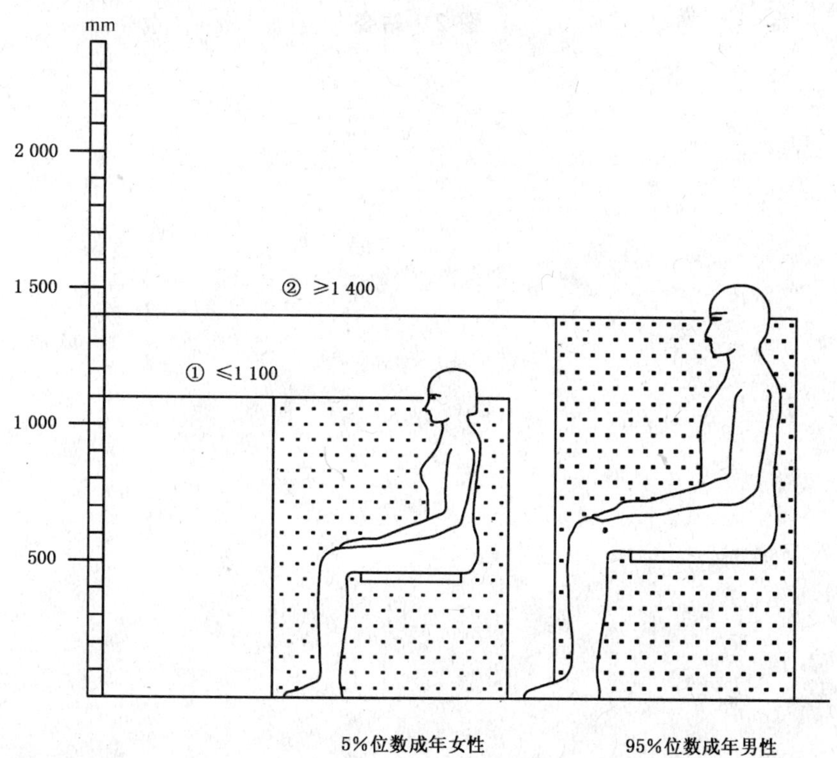

①——坐姿目光接触；

②——坐姿目光非接触。

图 1　坐姿

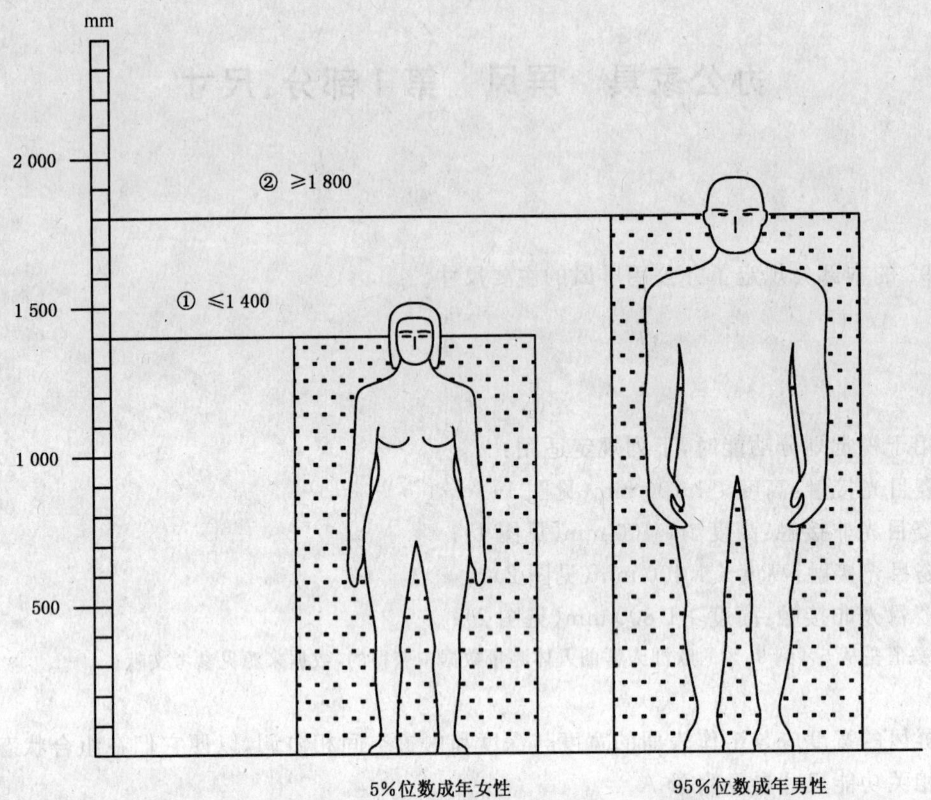

①——站姿目光接触；
②——站姿目光非接触。

图 2 站姿

附 录 A
（资料性附录）
办公家具 屏风的厚度及功能尺寸

A.1 屏风按厚度分类及其尺寸：

——薄型屏风：屏风厚度 ≤30 mm；

——中厚型屏风：30 mm<屏风厚度<60 mm；

——厚型屏风：屏风厚度 ≥60 mm。

A.2 主要功能尺寸宜参考表 A.1。

表 A.1 主要功能尺寸

单位为毫米

检验项目	要 求
工作台面高	680～760
中间净空高	≥580
中间净空宽	≥520
工作台与椅(凳)配套产品的高差	250～320

参 考 文 献

[1] H. W. Jürgens 的著作:国际数据与人体测量学
[2] ISBN 92-2-106449-2 国际标准书号 92-2-106449-2
[3] ISSN 0078-3129 国际标准连续出版物号 0078-3129

ICS 97.160
W 57

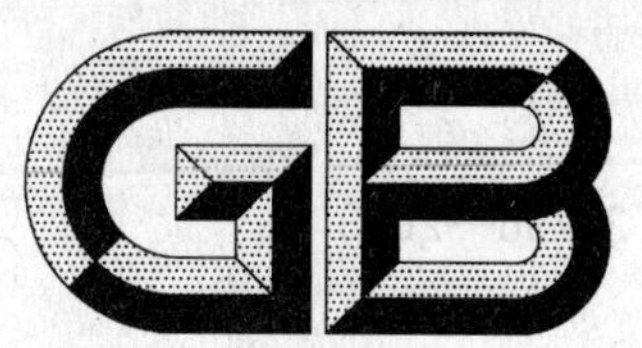

中华人民共和国国家标准

GB/T 22796—2009

被、被套

Quilts, quilt cover

2009-04-21 发布

2009-12-01 实施

中华人民共和国国家质量监督检验检疫总局
中国国家标准化管理委员会 发布

前言

本标准的附录B、附录C为规范性附录，附录A为资料性附录。

本标准由中国纺织工业协会提出。

本标准由全国家用纺织品标准化技术委员会归口。

本标准起草单位：江苏省纺织产品质量监督检验测试中心、江苏梦兰集团有限公司、江苏堂皇集团、恒源祥(集团)有限公司、深圳富安娜家居股份有限公司。

本标准主要起草人：徐鸿燕、钱月宝、荆玉堂、何爱芳、李辉。

被、被套

1 范围

本标准规定了被和被套的要求、抽样、试验方法、检验规则、标志和包装。

本标准适用于以机织物为面、里料，以絮用纤维为填充物(不包括羽绒和纯蚕丝)的被和被套产品。

2 规范性引用文件

下列文件中的条款通过本标准的引用而成为本标准的条款。凡是注日期的引用文件，其随后所有的修改单(不包括勘误的内容)或修订版均不适用于本标准，然而，鼓励根据本标准达成协议的各方研究是否可使用这些文件的最新版本。凡是不注日期的引用文件，其最新版本适用于本标准。

GB/T 250 纺织品 色牢度试验 评定变色用灰色样卡(GB/T 250—2008,ISO 105-A02:1993,IDT)

GB/T 2910 纺织品 二组分纤维混纺产品定量化学分析方法(GB/T 2910—1997,eqv ISO 1833:1977)

GB/T 2911 纺织品 三组分纤维混纺产品定量化学分析方法(GB/T 2911—1997,eqv ISO 5088:1976)

GB/T 3920 纺织品 色牢度试验 耐摩擦色牢度(GB/T 3920—2008,ISO 105-X12:2001,MOD)

GB/T 3921 纺织品 色牢度试验 耐皂洗色牢度(GB/T 3921—2008,ISO 105-C10:2006,MOD)

GB/T 3922 纺织品 耐汗渍色牢度(GB/T 3922—1995,eqv ISO 105-E04:1994)

GB/T 3923.1 纺织品 织物拉伸性能 第1部分:断裂强力和断裂伸长率的测定 条样法

GB/T 4802.2 纺织品 织物起毛起球性能的测定 第2部分:改型马丁代尔法(GB/T 4802.2—2008,ISO 12945-2:2000,MOD)

GB 5296.4 消费品使用说明 纺织品和服装使用说明

GB/T 5711 纺织品 色牢度试验 耐干洗色牢度(GB/T 5711—1997,eqv ISO 105-D01:1993)

GB/T 6529 纺织品 调湿和试验用标准大气(GB/T 6529—2008,ISO 139:2005,MOD)

GB/T 6977 洗净羊毛乙醇萃取物、灰分、植物性杂质、总碱不溶物含量试验方法

GB/T 8170 数值修约规则与极限数值的表示和判定

GB/T 8427 纺织品 色牢度试验 耐人造光色牢度:氙弧(GB/T 8427—2008,ISO 105-B02:1994,MOD)

GB/T 8628 纺织品 测定尺寸变化的试验中织物试样和服装的准备、标记及测量(GB/T 8628—2001,eqv ISO 3759:1994)

GB/T 8629 纺织品 试验用家庭洗涤和干燥程序(GB/T 8629—2001,eqv ISO 6330:2000)

GB/T 8630 纺织品 洗涤和干燥后尺寸变化的测定(GB/T 8630—2002,ISO 5077:1984,MOD)

GB/T 14340 合成短纤维含油率试验方法

GB/T 14801 机织物与针织物纬斜和弓斜试验方法

GB 18383 絮用纤维制品通用技术要求

GB 18401 纺织产品基本安全技术规范

FZ/T 01053 纺织品 纤维含量的标识

3 术语和定义

下列术语和定义适用于本标准。

3.1

被(芯) quilt

由两层织物与中间填充物以适当的方式缝制成,用于保暖的床上用品。分为可直接使用的被和需加被套才可使用的被(芯)。

3.2

被套 quilt cover

被可脱卸的保护性外套。

4 要求

4.1 产品的品等分为优等品、一等品和合格品。

4.2 产品的质量分为内在质量、外观质量、工艺质量。

4.3 内在质量包括填充物品质要求、填充物质量偏差率、填充物含油率、压缩回弹性能、纤维含量偏差率、织物断裂强力、织物起球性能、水洗尺寸变化率和色牢度。内在质量要求见表1。

表1 内在质量要求

序号	考核项目				单位	优等品	一等品	合格品	备注
1	填充物品质要求				—	无杂质,色泽均匀,手感柔软,无异味	外观较整洁,无明显杂质,色泽基本均匀,无异味		
2	填充物质量偏差率			≥	%		−5.0		
3	填充物含油率			≤	%		1.0		天然纤维素纤维除外
4	压缩回弹性能		≥	压缩率	%	45	40	30	单位质量在 150 g/m² 及以下不考核
				回复率		75	70	60	
5	纤维含量偏差率				%	按 FZ/T 01053 要求考核			
6	织物断裂强力			≥	N	250		220	
7	织物起球性能			≥	级	4	3	—	
8	水洗尺寸变化率				%	±3.0	±4.0	±5.0	面、里料差绝对值≤3
9	色牢度≥	耐光		变色	级	4	4	3	丝绸面料一等品3级
		耐皂洗		变色		4	3-4	3	试验温度按使用说明,但不低于 40 ℃,或按本标准规定的温度
				沾色		4	3-4	3	
		耐汗渍		沾色		4	3-4	3	
				变色		4	3-4	3	
		耐摩擦		干摩		4	3-4	3	
				湿摩		3-4	3	2-3	

注1:被芯产品只考核1、2、3、4、5项。

注2:被套产品只考核5、6、7、8、9项。

注3:被全项考核。

4.4 外观质量包括规格尺寸偏差率、纬斜、色花、色差和外观疵点。外观质量要求见表2。

表2 外观质量要求

考核项目		优等品	一等品	合格品
规格尺寸偏差率/%		±2.5		
纬斜、花斜/% ≤		2.0	3.0	4.0
色花、色差/级 ≥		4-5	4	3-4
外观疵点	破损、针眼	不允许	不允许	破损不允许,针眼长度小于 20 cm
	色斑、污渍	不允许	不允许	轻微允许 3 处/面
	线状疵点	不允许	轻微允许 1 处/面	明显允许 1 处/面
	条块状疵点	不允许	轻微允许 1 处/面	明显允许 1 处/面
	印花不良	不允许	轻微搭、沾、渗色,漏印,不影响外观	不影响整体外观
注1:外观疵点及程度说明参见附录A。 注2:被套规格尺寸只考核负偏差。				

4.5 工艺质量包括填充物均匀程度、图案质量、缝针质量、绗缝质量、刺绣质量和缝纫质量。工艺质量要求见表3。

表3 工艺质量要求

项目		优等品	一等品	合格品
填充物均匀程度		厚薄均匀充实、四角方正	厚薄基本均匀、四角方正,不匀不明显允许 1 处以内	无明显的厚薄不匀或不方正,不匀不明显允许 2 处以内
图案质量		图案整体位正不偏	图案整体位偏,大件不超过 3 cm,小件不超过 2 cm	不影响整体外观
缝针质量	缝纫针	无跳针、浮针、漏针、偏针、脱线	无跳针、浮针、漏针、脱线;偏针不超过 0.5 cm/20 cm	跳针、浮针、漏针、脱线 1 针/处,每件产品不超过 3 处;偏针不超过 0.5 cm/20 cm
	绗缝针		跳针、浮针、漏针每处不超过 3 针,不允许超过 5 处/件;脱线每处不超过 1 cm,不允许超过 3 处/件	
绗缝质量		轨迹流畅、平服,无折皱夹布;绗缝起止处应打回针,接针套正,无线头;针迹整齐均匀		
刺绣质量		各种针法平、齐、匀、活、净。 平:针码平服,绣面平整; 齐:图案花型变化自然,绣边轮廓齐整; 匀:针码均匀细薄、细密适当; 活:行针流畅,掺色自然,富有立体感; 净:绣面洁净无沾污。 贴绣平服,无明显漏绣,喷绣色彩准确、牢固、过渡自然,不重叠、不错位		
缝纫质量		轨迹匀、直、牢固,卷边拼缝平服齐直,宽狭一致,不露毛,面/里料缝制错位小于 1 cm;接针套正,边口处应打回针。 针迹密度:平缝≥10 针/3 cm;包缝≥9 针/3 cm		
注1:最大尺寸(长方向或宽方向)>100 cm 为大件,≤100 cm 为小件。 注2:绗缝针迹密度不考核。				

4.6 产品使用的面料应具有透气性。

4.7 产品应符合 GB 18401 的要求。

4.8 填充物中絮用纤维应符合 GB 18383 的要求。

4.9 选用适合的缝线、纽扣、拉链等附件，且质量符合相关标准要求。

4.10 特殊要求按双方合同协议的约定执行。

5 抽样

5.1 内在质量检验抽样方案见表 4。

表 4 内在质量检验抽样方案

批量范围 N	样本大小 n	合格判定数 Ac	不合格判定数 Re
2～1 200	2	0	1
1 201～3 200	3	0	1
3 201～10 000	5	0	1
＞10 000	8	0	1

5.2 外观质量、工艺质量检验抽样方案见表 5。

表 5 外观质量、工艺质量检验抽样方案

批量范围 N	样本大小 n	合格判定数 Ac	不合格判定数 Re
20～1 200	20	1	2
1 201～10 000	32	3	4
10 001～35 000	50	5	6
＞35 000	80	10	11

5.3 检验样本从检验批中随机抽取，外包装应完整。

5.4 当样本大小 n 大于批量 N 时，实施全检，合格判定数 Ac 为 0。

5.5 抽样方案另有规定和合同协议的，按有关规定和合同协议执行。

6 试验方法

6.1 内在质量检测

6.1.1 填充物质量偏差率的测定

6.1.1.1 调温和试验用标准大气按 GB/T 6529 规定。

6.1.1.2 衡器：分度值 2 g。

6.1.1.3 将产品放置上述条件下平衡 24 h，称填充物的质量。

6.1.1.4 填充物质量偏差率按式(1)计算，计算结果按 GB/T 8170 修约至 1 位小数。

$$M = \frac{m_1 - m_0}{m_0} \times 100\% \qquad \cdots\cdots\cdots\cdots(1)$$

式中：

M——填充物质量偏差率，%；

m_0——填充物质量明示值，单位为克(g)；

m_1——填充物质量实测值，单位为克(g)。

6.1.2 填充物含油率检测：化学纤维按 GB/T 14340 执行，天然蛋白质纤维按 GB/T 6977 执行，填充物取样按附录 C 中规定执行。

6.1.3 压缩回弹性能检测按附录 B 执行。

6.1.4 纤维含量检测按 GB/T 2910 和 GB/T 2911 执行，填充物取样按附录 C 中规定执行。

6.1.5 织物断裂强力检测按 GB/T 3923.1 执行。

6.1.6 起球性能检测按 GB/T 4802.2 执行。

6.1.7 面、里料水洗尺寸变化率检测按 GB/T 8628、GB/T 8629 和 GB/T 8630 执行，选用 5A 程序，干燥方法 A。

6.1.8 耐光色牢度检测按 GB/T 8427 方法 3 执行。

6.1.9 耐皂洗色牢度检测按 GB/T 3921 试验 C 执行。

6.1.10 耐干洗色牢度检测按 GB/T 5711 执行。

6.1.11 耐汗渍色牢度检测按 GB/T 3922 执行。

6.1.12 耐摩擦色牢度检测按 GB/T 3920 执行。

6.1.13 数值修约按 GB/T 8170 执行。

6.2 填充物品质、外观质量、工艺质量检验

6.2.1 在自然北光或日光灯下进行，检验台表面照度不低于 600 lx，且照度均匀，检验人员眼部距产品约 1 m 左右，检验人员以目光、手感进行检验。

6.2.2 规格尺寸偏差率的测定

6.2.2.1 工具：钢尺。

6.2.2.2 将产品平摊在检验台上，用手轻轻理平，使产品呈自然伸缩状态，用钢尺在整个产品长、宽方向的四分之一和四分之三处测量，精确到 1 mm。

6.2.2.3 规格尺寸偏差率按式(2)进行计算，计算结果按 GB/T 8170 修约至 1 位小数。

$$P = \frac{L_1 - L_0}{L_0} \times 100\% \qquad \cdots\cdots(2)$$

式中：

P——规格尺寸偏差率，%；

L_0——产品规格尺寸明示值，单位为毫米(mm)；

L_1——产品规格尺寸实测值，单位为毫米(mm)。

6.2.3 纬斜检测按 GB/T 14801 执行。

6.2.4 色差、色花检测用 GB/T 250 评定变色用灰色样卡进行评定。

6.2.5 填充物均匀程度检测以检验人员双手用力触摸产品进行。

7 检验规则

7.1 单件产品内在质量、外观质量和工艺质量分别按表 1、表 2 和表 3 中最低一项评等，综合质量按内在质量、外观质量和工艺质量中的最低等评定。

7.2 内在质量批判定按表 4 执行，外观质量、工艺质量批判定按表 5 执行。不合格数小于或等于 Ac，则判检验批合格；不合格数大于或等于 Re，则判检验批不合格。

7.3 综合质量批判定按内在质量、外观质量和工艺质量抽样检查中最低等评定。

8 标志和包装

8.1 产品使用说明应符合 GB 5296.4 的要求。产品应标明规格尺寸、填充物质量。

8.2 每件产品应有包装，包装大小根据具体产品而定。包装材料应选择适当，应保证产品不散落、不破损、不沾污、不受潮。用户有特殊要求的，供需双方协商确定。

附 录 A
（资料性附录）
外观疵点及程度说明

A.1 线状疵点：沿经向或纬向延伸的，宽度不超过 0.2 cm 的所有各类疵点。

A.2 条块状疵点：沿经向或纬向延伸的，宽度超过 0.2 cm 的疵点，不包括色、污渍。

A.3 破损：相邻的纱、线断 2 根及以上的破洞，破边，0.3 cm 及以上的跳花。

A.4 疵点轻微、明显程度规定见表 A.1。

表 A.1

<table>
<tr><th>疵点</th><th colspan="3">程 度 说 明</th></tr>
<tr><td>印染疵</td><td colspan="3">参比 GB/T 250 评定变色用灰色样卡，3-4 级及以上为轻微，3-4 级以下为明显</td></tr>
<tr><td rowspan="4">纱、织疵</td><td rowspan="2">线状</td><td>轻微</td><td>粗度不大于纱支 3 倍的粗经，线状错经，稀 1～2 根纱的筘路，粗度不大于纱支 3 倍的粗纬，双纬，线状百脚，竹节纱等</td></tr>
<tr><td>明显</td><td>粗度大于纱支 3 倍的粗经，锯齿状错经、断经、跳纱，稀 2 根纱以上的筘路，粗度大于纱支 3 倍的粗纬、竹节纱，脱纬，锯齿状百脚，一梭 3 根的多纱，色、油、污纱等</td></tr>
<tr><td rowspan="2">条块状</td><td>轻微</td><td>杂物织入，条干不匀，经缩波纹，叠起来看不易发现的稀密路，折痕不起毛</td></tr>
<tr><td>明显</td><td>并列跳纱，明显影响外观的杂物织入，条干不匀，叠起来看容易发现的稀密路，折痕起毛，经缩浪纹，宽 0.2 cm 以上的筘路、针路等</td></tr>
</table>

附　录　B
（规范性附录）
压缩回复率测试方法

B.1　原理

试样在一定时间、压强作用下，其厚度产生受压压缩和去掉负荷，回弹恢复，测定其不同压强时的厚度值，以计算试样的压缩和回复的性能。

B.2　设备和工具

B.2.1　砝码 A，质量 2 kg；砝码 B，质量 4 kg；天平。

B.2.2　单位质量为 0.5 g/cm^2 的材料制成的 20 cm×20 cm 的正方形测试压片，其工作面应平整、光洁，无任何毛刺或伤痕。

B.2.3　工作台，用于放置试样，面积不小于 20 cm×20 cm，工作面应平整、光洁，与调试压片工作面接触时吻合平行。

B.2.4　钢直尺（标尺或指示表，其分度值为 1 mm），用于测量指示测试压片的工作面与工作台工作面之间的垂直距离。

B.2.5　计时秒表、剪刀，用于清擦工作台、调试压片的柔软物品。

B.3　试验用标准大气与调湿

B.3.1　调湿和试验用标准大气按 GB/T 6529 规定。

B.3.2　样品如需预调湿，则预调湿应在相对湿度为 10%～25%，温度不超过 50 ℃的环境中进行。

B.3.3　试验前将样品暴露在试验用标准大气中调湿 24 h。

B.4　样品

B.4.1　样品应按本标准所规定的取样方法抽取或按有关方面商定的方法进行。

B.4.2　样品应具有代表性且不能有影响试验结果的疵点。

B.5　试样

B.5.1　试样应在距边 10 cm 以上处，沿经向（纵向）剪取数块，每块试样面积为 20 cm×20 cm。

B.5.2　将每块试样用天平称量，组成质量约为 60 g 的一组试样，共测试三组。

B.6　操作步骤

B.6.1　将每组试样分别整齐叠放在工作台上。

B.6.2　将测试压片放在试样上，然后再加上砝码 A，30 s 后取下砝码，放置 30 s，这样操作反复 3 次后，去掉砝码放置 30 s 后，测量试样从工作台到测试压片的四角高度，取其平均值为 h_0。

B.6.3　在测试压片上再加上砝码 B，30 s 后测量试样从工作台到测试压片的四角高度，取其平均值为 h_1。

B.6.4　取下砝码 B，放置 3 min 后，测定试样从工作台到测试压片的四角高度，取其平均值为 h_2。

B.7　结果计算

B.7.1　压缩率的计算按式（B.1）：

$$P_1 = \frac{h_0 - h_1}{h_0} \times 100\% \quad \cdots\cdots\cdots(B.1)$$

式中：

P_1——压缩率，%；

h_0——操作 B.6.2 后试样的高度，单位为毫米(mm)；

h_1——操作 B.6.3 加砝码 B 后试样的高度，单位为毫米(mm)。

B.7.2 回复率的计算按式(B.2)：

$$P_2 = \frac{h_2 - h_1}{h_0 - h_1} \times 100\% \quad \cdots\cdots\cdots(B.2)$$

式中：

P_2——回复率，%；

h_0——操作 B.6.2 后试样的高度，单位为毫米(mm)；

h_1——操作 B.6.3 加砝码 B 后试样的高度，单位为毫米(mm)；

h_2——操作 B.6.4 去掉砝码 B，3 min 后试样的高度，单位为毫米(mm)。

B.7.3 按式(B.1)、式(B.2)计算 3 组试样的算术平均值，计算结果按 GB/T 8170 修约至 1 位小数。

B.8 试验报告

试验报告应包括下列内容：

a) 写明试验是按本标准进行的；

b) 样品名称、编号、原料、规格；

c) 试验日期、试验室温湿度；

d) 试样 h_0、h_1、h_2、压缩率、回复率；

e) 必要的试验参数；

f) 任何偏离本标准的细节和试验中的不正常现象。

附　录　C
（规范性附录）
填充物试验样品取样方法

C.1　取样方法按图 C.1，在各取样处随机抽取约 10 g 样品，分别将每份样品充分混合均匀，组成第一组的 8 个混合样品。

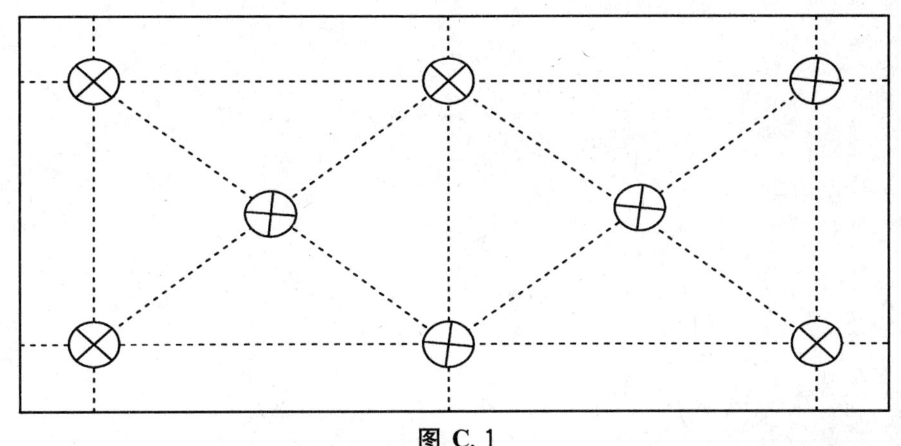

图 C.1

C.2　按图 C.2 所示，将第一组混合样品中的第一个样品与第 2 个样品合并混合，再分成两半，丢弃一半，保留一半；第 3 个样品与第 4 个样品合并混合，同样分成两半，丢弃一半，保留一半……第 7 个样品与第 8 个样品合并混合，再分成两半，丢弃一半，保留一半；组成第二组的 4 个混合样品。

C.3　将第二组混合样品中的第 1 个样品与第 2 个样品合并混合，再分成两半，丢弃一半，保留一半；第 3 个样品与第 4 个样品合并混合，再分成两半，丢弃一半，保留一半；组成第三组的 2 个混合样品。

C.4　将第三组的混合样品按第二组方法分样，最后得到一个约 10 g 的实验室试验样品，供填充物含油、纤维含量等检测用。

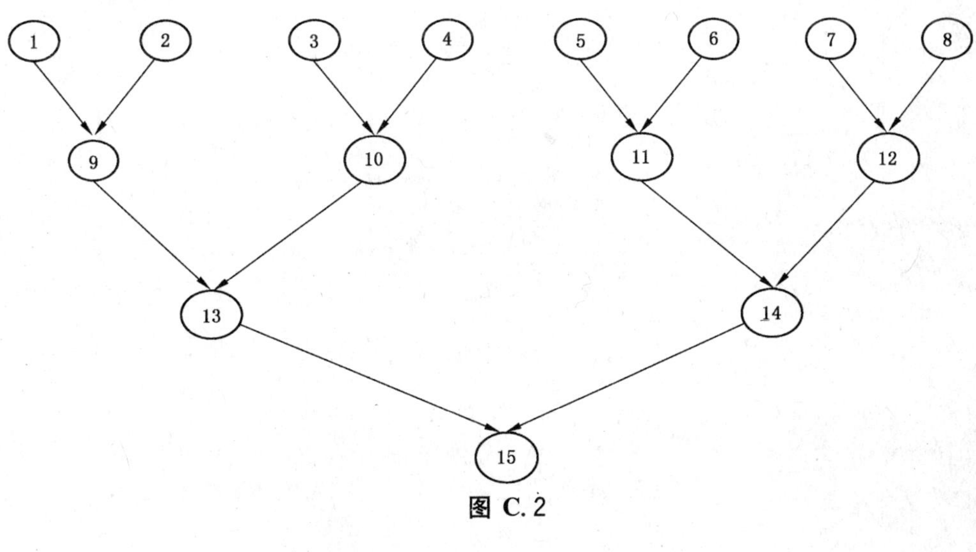

图 C.2

ICS 97.160
W 57

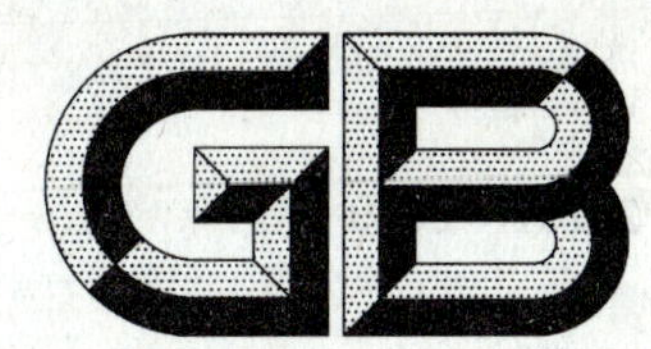

中华人民共和国国家标准

GB/T 22797—2009

床单

Sheet

2009-04-21 发布　　　　2009-12-01 实施

中华人民共和国国家质量监督检验检疫总局
中国国家标准化管理委员会　发布

前　言

本标准附录 A 为资料性附录。

本标准由中国纺织工业协会提出。

本标准由全国家用纺织品标准化技术委员会归口。

本标准起草单位：江苏省纺织产品质量监督检验测试中心、江苏梦兰集团有限公司、江苏堂皇集团、深圳富安娜家居股份有限公司。

本标准主要起草人：徐晓锋、钱月宝、荆玉堂、李辉。

床 单

1 范围

本标准规定了床单的要求、抽样、试验方法、检验规则、标志和包装。

本标准适用于各类机织床单产品。

2 规范性引用文件

下列文件中的条款通过本标准的引用而成为本标准的条款。凡是注日期的引用文件,其随后所有的修改单(不包括勘误的内容)或修订版均不适用于本标准,然而,鼓励根据本标准达成协议的各方研究是否可使用这些文件的最新版本。凡是不注日期的引用文件,其最新版本适用于本标准。

GB/T 250 纺织品 色牢度试验 评定变色用灰色样卡(GB/T 250—2008,ISO 105-A02:1993,IDT)

GB/T 2910 纺织品 二组分纤维混纺产品定量化学分析方法(GB/T 2910—1997,eqv ISO 1833:1977)

GB/T 2911 纺织品 三组分纤维混纺产品定量化学分析方法(GB/T 2911—1997,eqv ISO 5088:1976)

GB/T 3920 纺织品 色牢度试验 耐摩擦色牢度(GB/T 3920—2008,ISO 105-X12:2001,MOD)

GB/T 3921 纺织品 色牢度试验 耐皂洗色牢度(GB/T 3921—2008,ISO 105-C10:2006,MOD)

GB/T 3922 纺织品 耐汗渍色牢度(GB/T 3922—1995,eqv ISO 105-E04:1994)

GB/T 3923.1 纺织品 织物拉伸性能:断裂强力和断裂伸长率的测定 条样法

GB/T 4802.2 纺织品 织物起毛起球性能的测定 第2部分:改型马丁代尔法(GB/T 4802.2—2008,ISO 12945-2:2000,MOD)

GB 5296.4 消费品使用说明 纺织品和服装使用说明

GB/T 8170 数值修约规则与极限数值的表示和判定

GB/T 8427 纺织品 色牢度试验 耐人造光色牢度:氙弧(GB/T 8427—2008,ISO 105-B02:1994,MOD)

GB/T 8628 纺织品 测定尺寸变化的试验中织物试样和服装的准备、标记和测量(GB/T 8628—2001,eqv ISO 3759:1994)

GB/T 8629 纺织品 试验用家庭洗涤和干燥程序(GB/T 8629—2001,eqv ISO 6330:2000)

GB/T 8630 纺织品 洗涤和干燥后尺寸变化的测定(GB/T 8630—2002,ISO 5077:1984,MOD)

GB/T 14801 机织物与针织物纬斜和弓斜试验方法

GB 18401 国家纺织产品基本安全技术规范

FZ/T 01053 纺织品 纤维含量的标识

3 术语和定义

下列术语和定义适用于本标准。

3.1

床单　sheet

以纺织纤维为原料的铺于床或垫之上的大面积机织产品。

4　要求

4.1　产品的品等分为优等品、一等品和合格品。

4.2　产品的质量分为内在质量和外观质量。

4.3　内在质量包括断裂强力、水洗尺寸变化率、起球性能、纤维含量偏差和色牢度。内在质量要求见表1。

表1　内在质量要求

<table>
<tr><th>序号</th><th colspan="5">考核项目</th><th>单位</th><th>优等品</th><th>一等品</th><th>合格品</th><th>备注</th></tr>
<tr><td>1</td><td colspan="4">断裂强力</td><td>≥</td><td>N</td><td colspan="2">250</td><td>220</td><td></td></tr>
<tr><td>2</td><td colspan="5">水洗尺寸变化率</td><td>%</td><td>±3.0</td><td>±4.0</td><td>±5.0</td><td></td></tr>
<tr><td>3</td><td colspan="4">起球性能</td><td>≥</td><td>级</td><td>4</td><td>3</td><td>—</td><td></td></tr>
<tr><td>4</td><td colspan="5">纤维含量偏差</td><td>%</td><td colspan="4">按 FZ/T 01053 执行</td></tr>
<tr><td rowspan="8">5</td><td rowspan="8">色牢度</td><td rowspan="8">≥</td><td>耐光</td><td colspan="2">变色</td><td rowspan="8">级</td><td>4</td><td>4</td><td>3</td><td></td></tr>
<tr><td rowspan="2">耐皂洗</td><td colspan="2">变色</td><td>4</td><td>3-4</td><td>3</td><td rowspan="2">试验温度按使用说明，但不低于40 ℃，或按本标准规定的温度</td></tr>
<tr><td colspan="2">沾色</td><td>4</td><td>3-4</td><td>3</td></tr>
<tr><td rowspan="2">耐汗渍</td><td colspan="2">变色</td><td>4</td><td>3-4</td><td>3</td><td></td></tr>
<tr><td colspan="2">沾色</td><td>4</td><td>3-4</td><td>3</td><td></td></tr>
<tr><td rowspan="2">耐摩擦</td><td colspan="2">干摩</td><td>4</td><td>3-4</td><td>3</td><td></td></tr>
<tr><td colspan="2">湿摩</td><td>3-4</td><td>3</td><td>2-3</td><td></td></tr>
</table>

4.4　产品的外观质量包括规格尺寸偏差率、纬斜、花斜、色花、色差、外观疵点、图案质量、缝针质量、缝纫质量和刺绣质量。外观质量要求见表2。

表2　外观质量要求

<table>
<tr><th colspan="3">考核项目</th><th>优等品</th><th>一等品</th><th>合格品</th></tr>
<tr><td colspan="2">规格尺寸偏差率/%</td><td>≥</td><td>−1.0</td><td>−2.0</td><td>−2.5</td></tr>
<tr><td colspan="2">纬斜、花斜/%</td><td>≤</td><td>2.0</td><td>3.0</td><td>4.0</td></tr>
<tr><td colspan="2">色花、色差/级</td><td>≥</td><td>4-5</td><td>4</td><td>3-4</td></tr>
<tr><td rowspan="5">外观疵点</td><td colspan="2">破损、针眼</td><td>不允许</td><td>不允许</td><td>破损不允许，针眼长度小于20 cm</td></tr>
<tr><td colspan="2">色、污渍</td><td>不允许</td><td>不允许</td><td>轻微允许3处/件</td></tr>
<tr><td colspan="2">线状疵点</td><td>不允许</td><td>轻微允许1处/件</td><td>明显允许1处/件</td></tr>
<tr><td colspan="2">条块状疵点</td><td>不允许</td><td>轻微允许1处/件</td><td>明显允许1处/件</td></tr>
<tr><td colspan="2">印花不良</td><td>不允许</td><td>轻微搭、沾、渗色，漏印，不影响外观</td><td>不影响整体外观</td></tr>
</table>

表 2（续）

考核项目	优等品	一等品	合格品
图案质量	图案整体位正不偏	图案整体位偏，大件不超过 3 cm，小件不超过 2 cm	不影响整体外观
缝针质量	无跳针、浮针、漏针、偏针，无脱线	无跳针、浮针、漏针，无脱线；偏针不超过 0.5 cm/20 cm	跳针、浮针、漏针、脱线不超过 1 针/处，每件产品不超过 3 处；偏针不超过 0.5 cm/20 cm
缝纫质量	轨迹匀、直、牢固，卷边拼缝平服齐直，宽狭一致，不露毛；接针套正，边口处应打回针；针迹均匀，针密度≥9 针/3 cm；不允许有散角		
刺绣质量	针码平服，绣面平整；图案花型变化自然，绣边轮廓齐整；针码均匀细薄、细密适当；行针流畅，掺色自然，富有立体感；绣面洁净无沾污。贴绣平服，无明显漏绣，喷绣色彩准确，过渡自然，不重叠、不错位		
注 1：最大尺寸（长方向或宽方向）>100 cm 为大件，≤100 cm 为小件。 注 2：外观疵点及程度说明参见附录 A。			

4.5 产品应符合 GB 18401 的要求。

4.6 特殊要求按双方合同协议的约定执行。

5 抽样

5.1 内在质量检验抽样方案见表 3。

表 3 内在质量检验抽样方案

批量范围 N	样本大小 n	合格判定数 Ac	不合格判定数 Re
2～1 200	2	0	1
1 201～3 200	3	0	1
3 201～10 000	5	0	1
>10 000	8	0	1

5.2 外观质量检验抽样方案见表 4。

表 4 外观质量检验抽样方案

批量范围 N	样本大小 n	合格判定数 Ac	不合格判定数 Re
20～1 200	20	1	2
1 201～10 000	32	3	4
10 001～35 000	50	5	6
>35 000	80	10	11

5.3 检验样本应从检验批中随机抽取，外包装应完整。

5.4 当样本大小 n 大于批量 N 时，实施全检，合格判定数 Ac 为 0。

5.5 抽样方案另有规定和合同协议的，按有关规定和合同协议执行。

6 试验方法

6.1 内在质量检测

6.1.1 断裂强力检测按 GB/T 3923.1 执行。

6.1.2 水洗尺寸变化率检测按 GB/T 8628、GB/T 8629 和 GB/T 8630 执行，选用 5A 程序，干燥方法 A。

6.1.3 起球性能检测按 GB/T 4802.2 执行。

6.1.4 纤维含量检测按 GB/T 2910 和 GB/T 2911 执行。

6.1.5 耐光色牢度检测按 GB/T 8427 方法 3 执行。

6.1.6 耐皂洗色牢度检测按 GB/T 3921 试验 C 执行。

6.1.7 耐汗渍色牢度检测按 GB/T 3922 执行。

6.1.8 耐摩擦色牢度检测按 GB/T 3920 执行。

6.1.9 数值修约按 GB/T 8170 执行。

6.2 外观质量检验

6.2.1 外观质量检验以产品的正面为主，检验时产品表面照度不低于 600 lx，检验人员眼部距产品约 1 m 左右，检验人员以目光进行检验。

6.2.2 规格尺寸偏差率的测定

6.2.2.1 工具：钢尺。

6.2.2.2 将产品平摊在检验台上，用手轻轻理平，使产品呈自然伸缩状态，用钢尺在整个产品长、宽方向的四分之一和四分之三处测量，精确到 1 mm。

6.2.2.3 规格尺寸偏差率按式(1)进行计算，计算结果按 GB/T 8170 修约至 1 位小数。

$$P = \frac{L_1 - L_0}{L_0} \times 100\% \qquad \cdots\cdots(1)$$

式中：

P——规格尺寸偏差率，%；

L_0——产品规格尺寸明示值，单位为毫米(mm)；

L_1——产品规格尺寸实测值，单位为毫米(mm)。

6.2.3 色差、色花检测用 GB/T 250 评定变色用灰色样卡进行评定。

6.2.4 纬斜检测按 GB/T 14801 执行。

7 检验规则

7.1 单件产品内在质量、外观质量分别按表 1、表 2 中最低一项评等，综合质量按内在质量和外观质量中的最低等评定。

7.2 内在质量批判定按抽样检查表 3 执行，外观质量批判定按抽样检查表 4 执行。不合格数小于 Re，则判检验批合格；不合格数大于或等于 Re，则判检验批不合格。

7.3 综合质量批评定按内在质量抽样检查和外观质量抽样检查中最低等评定。

8 标志和包装

8.1 产品使用说明应符合 GB 5296.4 的要求。产品应标明规格尺寸。

8.2 每件产品应有包装，包装大小根据具体产品而定。包装材料应选择适当，应保证产品不散落、不破损、不沾污、不受潮。用户有特殊要求的，供需双方协商确定。

附　录　A
（资料性附录）
外观疵点及程度说明

A.1　线状疵点：沿经向或纬向延伸的，宽度不超过 0.2 cm 的所有各类疵点。

A.2　条块状疵点：沿经向或纬向延伸的，宽度超过 0.2 cm 的疵点，不包括色、污渍。

A.3　破损：相邻的纱、线断 2 根及以上的破洞，破边，0.3 cm 及以上的跳花。

A.4　疵点轻微、明显程度规定见表 A.1。

表 A.1

<table>
<tr><th>疵点</th><th colspan="3">程　度　说　明</th></tr>
<tr><td>印染疵</td><td colspan="3">参比 GB/T 250 评定变色用灰色样卡，3-4 级及以上为轻微，3-4 级以下为明显</td></tr>
<tr><td rowspan="4">纱、织疵</td><td rowspan="2">线状</td><td>轻微</td><td>粗度不大于纱支 3 倍的粗经，线状错经，稀 1～2 根纱的筘路，粗度不大于纱支 3 倍的粗纬，双纬，线状百脚，竹节纱等</td></tr>
<tr><td>明显</td><td>粗度大于纱支 3 倍的粗经，锯齿状错经、断经、跳纱，稀 2 根纱以上的筘路，粗度大于纱支 3 倍的粗纬、竹节纱，脱纬，锯齿状百脚，一梭 3 根的多纱，色、油、污纱等</td></tr>
<tr><td rowspan="2">条块状</td><td>轻微</td><td>杂物织入，条干不匀，经缩波纹，叠起来看不易发现的稀密路，折痕不起毛</td></tr>
<tr><td>明显</td><td>并列跳纱，明显影响外观的杂物织入，条干不匀，叠起来看容易发现的稀密路，折痕起毛，经缩浪纹，宽 0.2 cm 以上的筘路、针路等</td></tr>
</table>

ICS 97.160
W 55

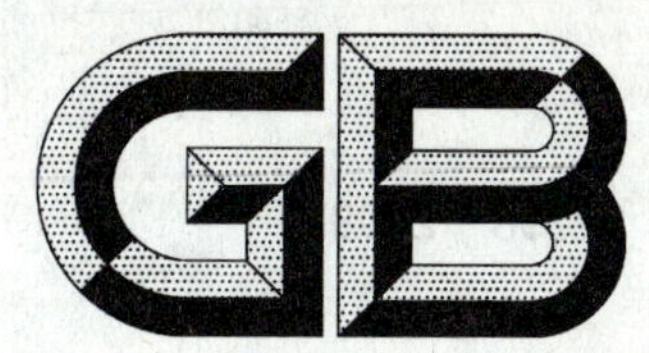

中华人民共和国国家标准

GB/T 22798—2009

毛巾产品脱毛率测试方法

Test method for fiber fall off of towel product

2009-04-21 发布 2009-12-01 实施

中华人民共和国国家质量监督检验检疫总局
中国国家标准化管理委员会 发布

前　言

本标准由中国纺织工业协会提出。

本标准由全国家用纺织品标准化技术委员会归口。

本标准起草单位：孚日集团股份有限公司、山东滨州亚光毛巾有限公司、江苏省纺织产品质量监督检验测试中心。

本标准主要起草人：门雅静、王延平、李辉。

毛巾产品脱毛率测试方法

1 范围

本标准规定了毛巾产品脱毛率的试验方法。

本标准适用于以纺织纤维为原料的各类机织毛巾产品。

2 规范性引用文件

下列文件中的条款通过本标准的引用而成为本标准的条款。凡是注日期的引用文件，其随后所有的修改单(不包括勘误的内容)或修订版均不适用于本标准，然而，鼓励根据本标准达成协议的各方研究是否可使用这些文件的最新版本。凡是不注日期的引用文件，其最新版本适用于本标准。

GB/T 6529 纺织品 调湿和试验用标准大气(GB/T 6529—2008，ISO 139：2005，MOD)

GB/T 8170 数值修约规则与极限数值的表示和判定

GB/T 8629 纺织品 试验用家庭洗涤和干燥程序(GB/T 8629—2001，eqv ISO 6330：2000)

3 仪器

3.1 全自动洗衣机，符合 GB/T 8629 规定的 A 型洗衣机——前门加料、水平滚动型。

注：已经证明可得出相同试验结果的其他仪器也可使用。

3.2 旋转翻滚型烘干机，符合 GB/T 8629 规定的与 A 型洗衣机配用的翻滚型烘干机。

注：已经证明可得出相同试验结果的其他烘干机也可使用。

3.3 天平：分度值 0.01 g。

3.4 陪洗物：纯聚酯变形长丝针织物，单位面积质量(310±20)g/m^2，由四片织物叠合而成，沿四边缝合，角上缝加固线。形状呈方形，尺寸为(20±4)cm×(20±4)cm，每片缝合后的陪洗物重(50±5)g。

也可使用折边的纯棉漂白机织物或 50/50 涤棉平纹漂白机织物，两者单位面积质量均为(155±5)g/m^2，尺寸为(92±5)cm×(92±5)cm。

4 调湿和预调湿

4.1 调湿环境条件应符合 GB/T 6529 标准大气的要求。

4.2 如果需要进行预调湿，则应在相对湿度为 10%～25%，温度不超过 50 ℃的环境条件下进行。

5 试验步骤

5.1 取整条代表性试样，其总重量不低于 100 g。

5.2 将准备好的试样暴露在纺织品调湿用标准大气中，直至达到恒重(以 2 h 的间隔连续称量，质量的变化不大于 0.25%时，即认为达到了恒重)。

5.3 将调湿平衡后的试样轻轻抖动以除去落毛，并捡去毛巾上缠绕的落毛和线头，用天平称量，并记录为 m_1。

5.4 将试样放入洗衣机中，加足量的陪洗物，使总重量达到 1 kg，加入足量标准洗涤剂，以在洗涤时获得良好的搅拌泡沫，泡沫高度在洗涤周期结束时不超过(3±0.5)cm，按 GB/T 8629 仿手洗程序进行洗涤。

5.5 洗涤结束后，立即将试样和陪洗物装入烘干机中，设置烘干温度为(66±5)℃，将试样烘干。

5.6 试样烘干后立即取出，再次按 5.2 和 5.3 调湿和称量，并记录为 m_2。

6 结果计算

按式(1)计算样品的脱毛率,结果按 GB/T 8170 修约至一位小数。

$$P = \frac{m_1 - m_2}{m_1} \times 100\% \qquad \cdots\cdots(1)$$

式中:

P——样品脱毛率,%;

m_1——试样洗涤前恒重称量值,单位为克(g);

m_2——试样洗涤后恒重称量值,单位为克(g)。

7 试验报告

试验报告应包括下列内容:

a) 写明试验是按本标准进行的;

b) 对样品的描述;

c) 试验温度和相对湿度;

d) 试验结果;

e) 试验人员和试验日期;

f) 任何偏离本标准的情况。

ICS 97.160
W 55

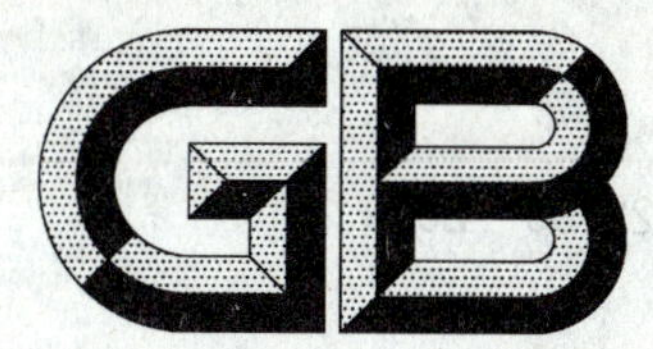

中华人民共和国国家标准

GB/T 22799—2009

毛巾产品吸水性测试方法

Test method for hydroscopicity of towel product

2009-04-21 发布　　2009-12-01 实施

中华人民共和国国家质量监督检验检疫总局
中国国家标准化管理委员会　发布

前 言

本标准的附录A为资料性附录。

本标准由中国纺织工业协会提出。

本标准由全国家用纺织品标准化技术委员会归口。

本标准起草单位：孚日集团股份有限公司、山东滨州亚光毛巾有限公司、江苏省纺织产品质量监督检验测试中心。

本标准主要起草人：于希萍、王延平、李辉。

毛巾产品吸水性测试方法

1 范围

本标准规定了毛巾产品吸水性的测试方法。

本标准适用于以纺织纤维为原料的各类机织毛巾产品。

2 规范性引用文件

下列文件中的条款通过本标准的引用而成为本标准的条款。凡是注日期的引用文件，其随后所有的修改单(不包括勘误的内容)或修订版均不适用于本标准，然而，鼓励根据本标准达成协议的各方研究是否可使用这些文件的最新版本。凡是不注日期的引用文件，其最新版本适用于本标准。

GB/T 6529 纺织品 调湿和试验用标准大气(GB/T 6529—2008，ISO 139:2005，MOD)

GB/T 8170 数值修约规则与极限数值的表示和判定

GB/T 8629 纺织品 试验用家庭洗涤和干燥程序(GB/T 8629—2001，eqv ISO 6330:2000)

3 原理

3.1 A法——沉降法：样品经水洗、烘干和调湿后，测定试样从接触水面到完全浸湿并开始下沉所需的时间。

3.2 B法——吸收法：样品经水洗、烘干和调湿后，在标准状态下，一定量的水在规定时间内流经试样，测定被试样吸收的水量与原水量的百分比。

4 设备和材料

4.1 全自动洗衣机，符合GB/T 8629规定的A型洗衣机——前门加料、水平滚动型。

注：已经证明可得出相同试验结果的其他仪器也可使用。

4.2 旋转翻滚型烘干机，符合GB/T 8629规定的与A型洗衣机配用的翻滚型烘干机。

注：已经证明可得出相同试验结果的其他烘干机也可使用。

4.3 陪洗物：纯聚酯变形长丝针织物，单位面积质量(310±20)g/m²，由四片织物叠合而成，沿四边缝合，角上缝加固线。形状呈方形，尺寸为(20±4)cm×(20±4)cm，每片缝合后的陪洗物重(50±5)g。

也可使用折边的纯棉漂白机织物或50/50涤棉平纹漂白机织物，两者单位面积质量均为(155±5)g/m²，尺寸为(92±5)cm×(92±5)cm。

4.4 试验仪器和材料如下：

a) 烧杯：容量1 000 mL；

b) 秒表：精度0.1 s；

c) 天平：分度值0.05 g；

d) 防水底座：尺寸规格参见附录A图A.1、图A.2、图A.3；

e) 防水圆形卡圈：直径150 mm；

f) 水管："L"型，可调试水流速度，要求50 mL水在8.0 s内流完；

g) 量筒：50 mL；

h) 漏斗：50 mL。

5 调湿和预调湿

5.1 调湿用环境条件应符合GB/T 6529标准大气的要求。

5.2 如果需要进行预调湿，则应在相对湿度为10%～25%，温度不超过50 ℃的环境条件下进行。

6 洗涤步骤

6.1 取代表性样品，其总重量不低于100 g。

6.2 将样品放入洗衣机中，加足量的陪洗物，使总重量达到1 kg。加入足量标准洗涤剂，以在洗涤时获得良好的搅拌泡沫，泡沫高度在洗涤周期结束时不超过(3±0.5)cm，按GB/T 8629仿手洗程序进行洗涤。

6.3 洗涤结束后，立即将样品和陪洗物装入烘干机中，设置烘干温度为(66±5)℃，将样品烘干。

6.4 样品烘干后立即取出，轻轻抖动以除去落毛，并捡去毛巾上缠绕的落毛和线头，将样品暴露在纺织品调湿用标准大气中，直至达到恒重(以2 h的间隔连续称重，质量的变化不大于0.25%时，即认为达到了恒重)。

7 试验步骤

7.1 A法——沉降法

7.1.1 沿样品的对角线方向分别剪取尺寸为5 cm×5 cm的试样，正反面各3块。

7.1.2 用规定的容器量取800 mL三级水或去离子水，水温为(20±2)℃，水位高度不小于5 cm，将试样测试面在无外力条件下平行轻放在水面上，同时开始计时，当试样完全浸湿时，终止计时，记录所需的时间，精确至0.1 s；若试样超过60 s仍没完全浸湿，则终止试验，试验结果记录为大于60 s。重复上述步骤，测定全部试样。

7.1.3 计算六个试样的实测平均值，并按GB/T 8170修约至小数点后一位。

7.2 B法——吸收法

7.2.1 在距样品边缘10 mm位置，呈“品”字型用防水圆形卡圈正反面各取三个部位，如果样品不足，另取同品质的样品补足(见图1)。

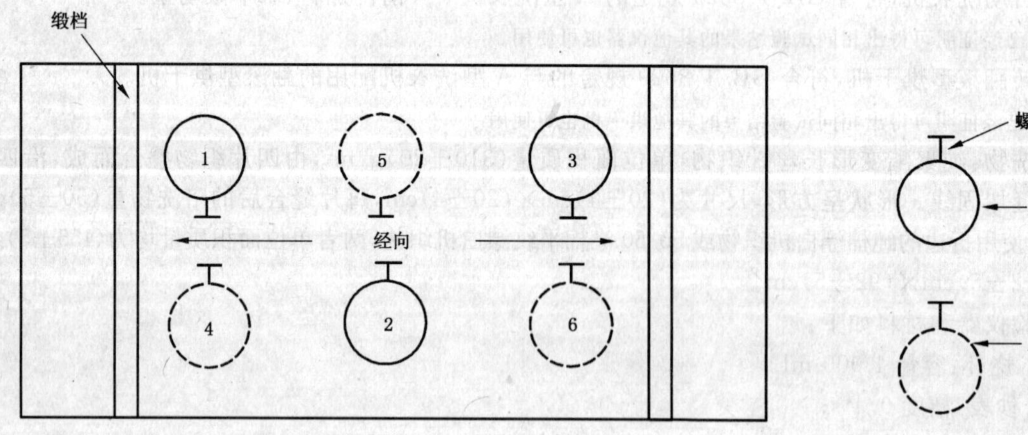

图1

7.2.2 将调节好的水管用试管夹固定在仪器架上，水管的出水端距卡圈上试验样品表面2 mm～10 mm，离卡圈外圈内侧28 mm～32 mm(见图2)。

单位为毫米

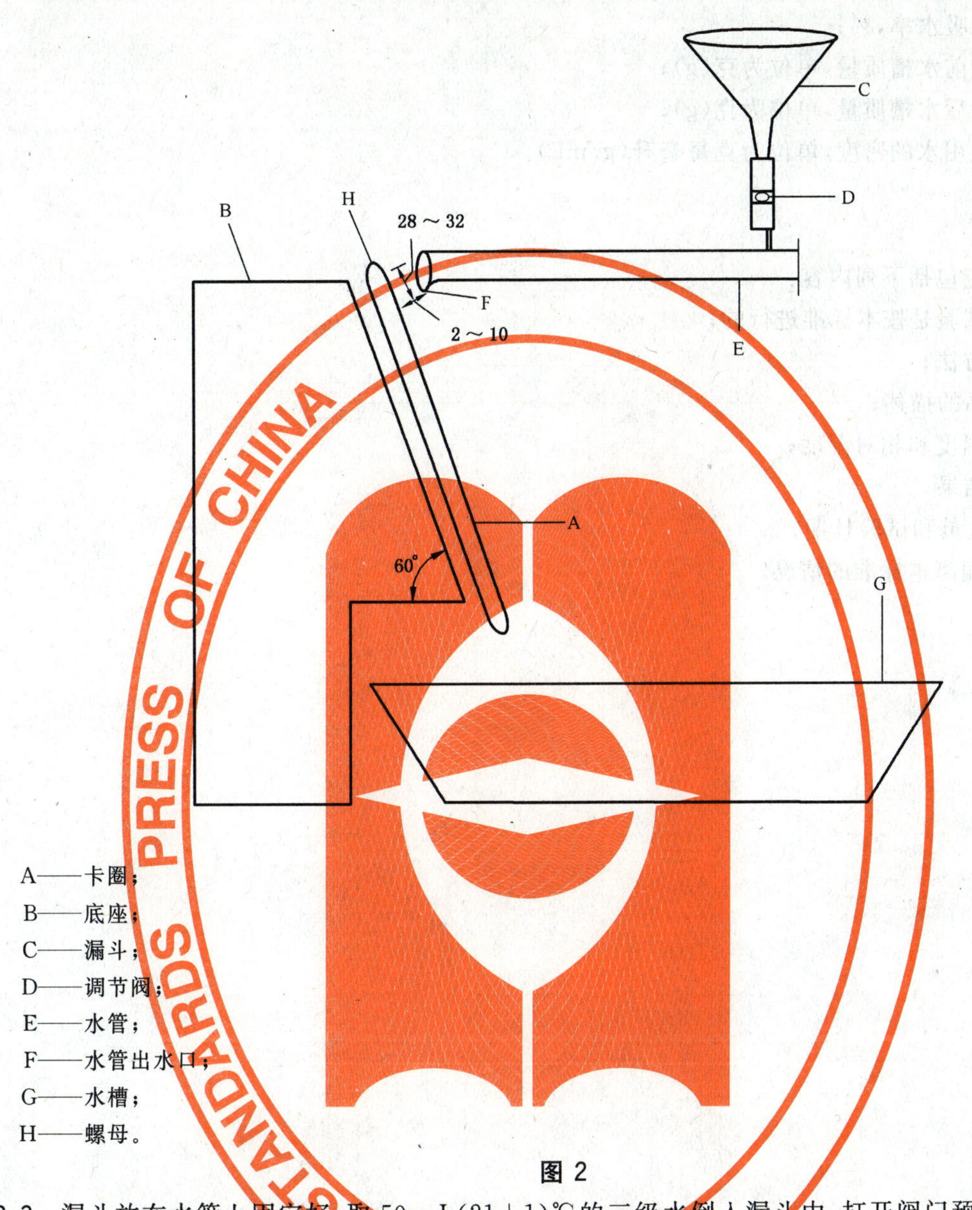

A——卡圈；

B——底座；

C——漏斗；

D——调节阀；

E——水管；

F——水管出水口；

G——水槽；

H——螺母。

图 2

7.2.3 漏斗放在水管上固定好，取 50 mL(21±1)℃的三级水倒入漏斗中，打开阀门预湿管道，然后擦干台面、托盘和卡圈。

7.2.4 用天平称取试验前托盘质量 m_0，并将其放在底座下面。

7.2.5 用卡圈卡好试样，放在底座面板上的两个固定的铆钉上，使试样的经向平行于台面，并保证卡圈外的多余试样部分不能沾水。

7.2.6 关闭漏斗阀门，用量筒量取 50 mL 的三级水倒入漏斗中，打开漏斗的阀门，水流完开始计时，(25±5)s 后取出托盘，把盛有水的托盘放在电子天平上称取质量 m_1。

7.2.7 其余 5 块试样重复 7.2.3～7.2.6 操作步骤。

8 结果计算和表示

按式(1)分别计算正反面吸水率的平均值，结果再以正反面平均值表示，按 GB/T 8170 修约至小数点后一位。

$$P = \frac{50d - (m_1 - m_0)}{50d} \times 100\% \quad \cdots\cdots (1)$$

式中：

P——样品吸水率，%；

m_0——试验前水槽质量，单位为克(g)；

m_1——试验后水槽质量，单位为克(g)；

d——试验用水的密度，单位为克每毫升(g/mL)。

9 试验报告

试验报告应包括下列内容：

a) 写明试验是按本标准进行的；

b) 试验方法；

c) 对样品的描述；

d) 试验温度和相对湿度；

e) 试验结果；

f) 试验人员和试验日期；

g) 任何偏离本标准的情况。

附 录 A
（资料性附录）
B 法测试仪器安装图

A.1 底座立体图

底座立体图见图 A.1，应用防水胶粘好固定。

单位为毫米

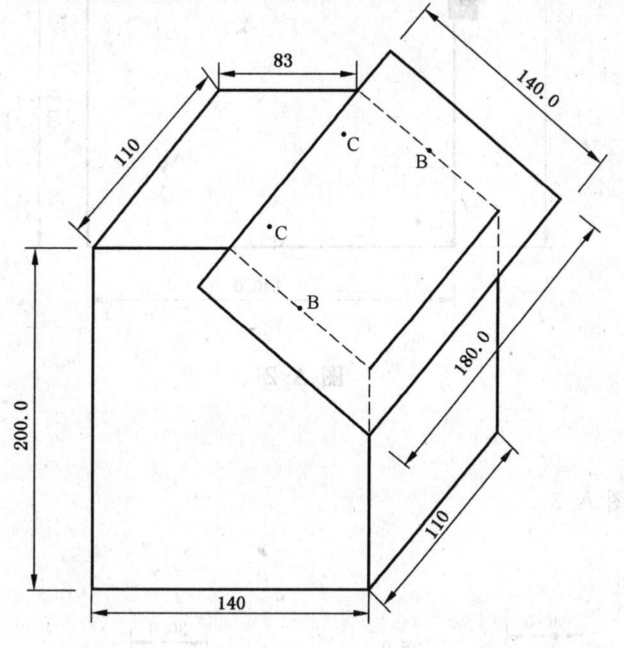

图 A.1

A.2 底座平面图

底座平面图见图 A.2。

单位为毫米

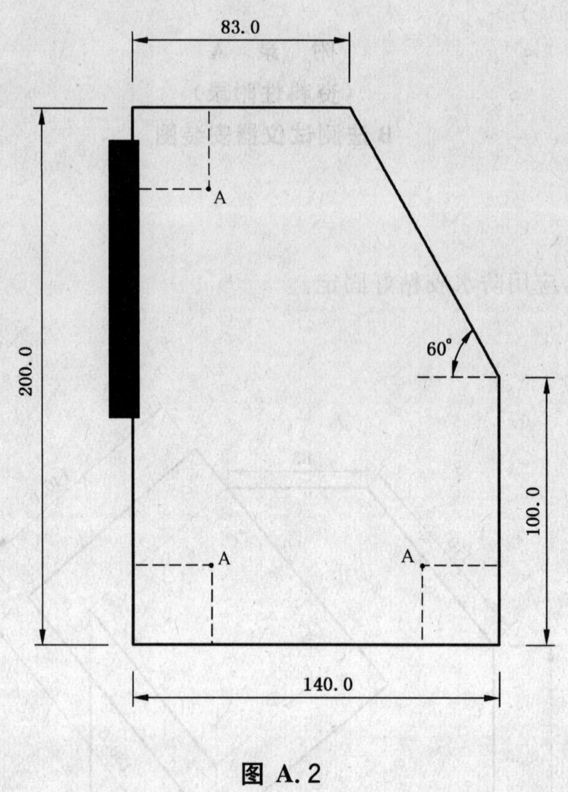

图 A.2

A.3 前斜挡板平面图

前斜挡板平面图见图 A.3。

单位为毫米

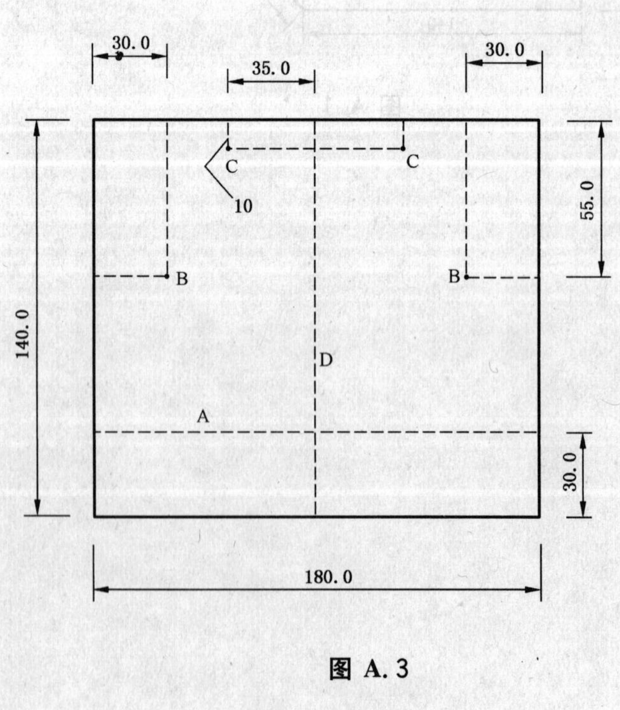

图 A.3

ICS 97.160
W 57

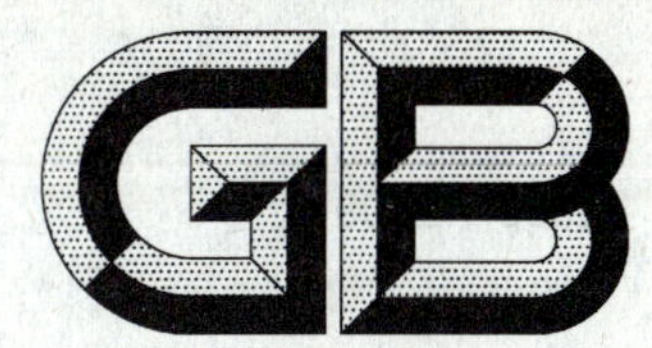

中华人民共和国国家标准

GB/T 22800—2009

星级旅游饭店用纺织品

Textiles for star-tourist hotels

2009-04-21 发布　　　　2009-12-01 实施

中华人民共和国国家质量监督检验检疫总局
中国国家标准化管理委员会　发布

前言

本标准的附录A、附录B为资料性附录。

本标准由中国纺织工业协会提出。

本标准由全国家用纺织品标准化技术委员会归口。

本标准起草单位：江苏康乃馨织造有限公司、江苏省纺织产品质量监督检验测试中心。

本标准主要起草人：臧岩兵、李辉。

星级旅游饭店用纺织品

1 范围

本标准规定了星级旅游饭店卫浴巾类系列、客房床上用品系列及餐饮系列纺织品的要求、抽样、试验方法、检验规则、包装和标志。

本标准适用于星级旅游饭店用纺织品，其他旅游饭店、公寓、游轮、列车等使用的纺织品可参照使用。

2 规范性引用文件

下列文件中的条款通过本标准的引用而成为本标准的条款。凡是注日期的引用文件，其随后所有的修改单(不包括勘误的内容)或修订版均不适用于本标准，然而，鼓励根据本标准达成协议的各方研究是否可使用这些文件的最新版本。凡是不注日期的引用文件，其最新版本适用于本标准。

GB/T 250 纺织品 色牢度试验 评定变色用灰色样卡(GB/T 250—2008,ISO 105-A02:1993,IDT)

GB/T 2910 纺织品 二组分纤维混纺产品定量化学分析方法(GB/T 2910—1997,eqv ISO 1833:1977)

GB/T 2911 纺织品 三组分纤维混纺产品定量化学分析方法(GB/T 2911—1997,eqv ISO 5088:1976)

GB/T 3917.2 纺织品 织物撕破性能 第2部分:舌形试样撕破强力的测定

GB/T 3920 纺织品 色牢度试验 耐摩擦色牢度(GB/T 3920—2008,ISO 105-X12:2001,MOD)

GB/T 3921 纺织品 色牢度试验 耐皂洗色牢度(GB/T 3921—2008,ISO 105-C10:2006,MOD)

GB/T 3922 纺织品耐汗渍色牢度试验方法(GB/T 3922—1995,eqv ISO 105-E04:1994)

GB/T 3923.1 纺织品织物拉伸性能:断裂强力和断裂伸长率的测定 条样法

GB/T 4802.2 纺织品 织物起毛起球性能的测定 第2部分:改型马丁代尔法

GB/T 8170 数值修约规则与极限数值的表示和判定

GB/T 8628 纺织品 测定尺寸变化的试验中织物试样和服装的准备、标记和测量(GB/T 8628—2001,eqv ISO 3759:1994)

GB/T 8629 纺织品 试验用家庭洗涤和干燥程序(GB/T 8629—2001,eqv ISO 6330:2000)

GB/T 8630 纺织品 洗涤和干燥后尺寸变化的测定(GB/T 8630—2002,ISO 5077:1984,MOD)

GB 9994 纺织材料公定回潮率

GB/T 9995 纺织材料含水率和回潮率的测定 烘箱干燥法

GB/T 13772.1 纺织品 机织物接缝处纱线抗滑移的测定 第1部分:定滑移量法

GB/T 14801 机织物与针织物纬斜和弓纬试验方法

GB/T 21196.2 纺织品 马丁代尔法织物耐磨性的测定 第2部分:试样破损的测定(GB/T 21196.2—2007,ISO 12947-2:1998,MOD)

GB/T 22798 毛巾产品脱毛率测试方法

GB/T 22799 毛巾产品吸水性测试方法

FZ/T 01053 纺织品 纤维含量的标识

3 术语和定义

下列术语和定义适用于本标准。

3.1

旅游饭店 tourist hotel

能够以夜为时间单位向旅游客人提供配有餐饮及相关服务的住宿设施。按不同习惯它也被称为宾馆、酒店、旅馆、旅社、宾舍、客栈、度假村、俱乐部、大厦、中心等。

[GB/T 14308—2003,定义 3.1]

3.2

星级 star-rating

用星的数量和设色表示旅游饭店的等级。星级分为五个等级,即:一星级、二星级、三星级、四星级、五星级(含白金五星级)。最低为一星级,最高为白金五星级。星级越高,表示旅游饭店的档次越高。

[GB/T 14308—2003,定义 3.2]

4 要求

4.1 产品分类

星级旅游饭店用纺织品按产品特点和用途分为三个系列。

a) 卫浴巾类系列产品:主要是客房、餐饮、休闲、洗浴等使用的毛巾,如:方巾、地巾、面巾、浴巾、手巾、晚安巾、浴袍等机织物。

b) 客房床上用品系列产品:主要是客房用的床上用品,如床单、被、被套、枕、枕套、保护垫、靠垫等机织物。

c) 餐饮系列产品:主要是餐桌、座椅用的织物,如座椅套、软椅包覆、餐桌布、台布、餐巾等机织物。

4.2 产品分等

产品的品等根据产品质量分为优等品、一等品和合格品。

4.3 产品质量

产品质量分为内在质量和外观质量。

4.3.1 内在质量

4.3.1.1 卫浴巾类系列产品内在质量应符合表 1 的要求。

表 1 卫浴巾类系列产品内在质量要求

序号	项目		单位	优等品	一等品	合格品	备注
1	公定质量偏差率		%	±2.5	≥−3.0	≥−3.5	10 条称重
2	断裂强力 ≥		N	300	250	200	
3	吸水性 ≤		s	10	20	30	
4	脱毛率 ≤		%	0.5	1.0		
5	纤维含量偏差		%	符合 FZ/T 01053 规定			
6	耐皂洗色牢度 ≥	变色	级	4	3-4		
		沾色		4	3-4		
7	耐摩擦色牢度 ≥	干摩		3-4			
		湿摩		3			

4.3.1.2 客房床上用品系列产品内在质量应符合表 2 的要求。

表 2 客房床上用品系列产品内在质量要求

序号	项目		单位	优等品	一等品	合格品	备注
1	填充物质量偏差率 ≥		%	−3.0	−5.0	−7.0	适用于被芯枕芯
2	断裂强力 ≥		N	350	300	250	
3	水洗尺寸变化率		%	+2.0～−3.0	+2.0～−4.0	+3.0～−5.0	
4	起球性能 ≥		级	4	2-3	—	
5	纤维含量偏差		%	符合 FZ/T 01053 规定			
6	耐汗渍色牢度 ≥	变色	级	4	3-4		
		沾色		4	3-4		
7	耐皂洗色牢度 ≥	变色		4	3-4		
		沾色		4	3-4		
8	耐摩擦色牢度 ≥	干摩		3-4			
		湿摩		3			

4.3.1.3 餐饮系列产品内在质量应符合表 3 的要求。

表 3 餐饮系列产品内在质量要求

序号	项目		计量单位	优等品	一等品	合格品	备注
1	纤维含量偏差		%	符合 FZ/T 01053 规定			
2	撕破强力 ≥		N	20	13		适用于座椅套、软椅包覆。
3	断裂强力 ≥		N	350	300	280	
4	纱线抗滑移 ≤		mm	6			适用于座椅套、软椅包覆。
5	耐磨性 ≥		次	25 000	12 000	6 000	适用于座椅套、软椅包覆。
6	起球 ≥		级	4	3.5	3	适用于座椅套、软椅包覆。
7	水洗尺寸变化率		%	+2.0～−3.0	+2.0～−4.0	+3.0～−5.0	适用于餐桌布、台布、餐巾。
				+2.0～−2.0	+2.0～−3.0	+3.0～−4.0	适用于座椅套、软椅包覆。
8	耐皂洗色牢度 ≥	变色	级	4	3-4		
		沾色		4	3-4		
9	耐摩擦色牢度 ≥	干摩		3-4			
		湿摩		3			

4.3.2 外观质量

4.3.2.1 卫浴巾类系列产品外观质量应符合表 4 的要求。

表 4 卫浴巾类系列产品外观质量要求

<table>
<tr><th>序号</th><th colspan="3">项　目</th><th>优等品</th><th>一等品</th><th>合格品</th><th>备注</th></tr>
<tr><td>1</td><td colspan="3">规格尺寸偏差/%　≥</td><td>−2.0</td><td colspan="2">−2.5</td><td></td></tr>
<tr><td rowspan="3">2</td><td colspan="2" rowspan="3">线状疵点/(处/条)　≤</td><td>方巾面巾</td><td rowspan="3">不允许</td><td>2</td><td>4</td><td></td></tr>
<tr><td>浴巾</td><td>4</td><td>8</td><td></td></tr>
<tr><td>地巾</td><td>2</td><td>4</td><td>地巾反面不考核</td></tr>
<tr><td rowspan="3">3</td><td colspan="2" rowspan="3">条状疵点/(处/条)　≤</td><td>方巾面巾</td><td rowspan="3">不允许</td><td>1</td><td>3</td><td></td></tr>
<tr><td>浴巾</td><td>2</td><td>4</td><td></td></tr>
<tr><td>地巾</td><td>1</td><td>3</td><td>地巾反面不考核</td></tr>
<tr><td>4</td><td colspan="3">块状疵点</td><td colspan="2">不允许</td><td>轻微</td><td></td></tr>
<tr><td>5</td><td colspan="3">污渍</td><td colspan="2">不允许</td><td>轻微</td><td></td></tr>
<tr><td>6</td><td colspan="3">破损性疵点</td><td colspan="3">不允许</td><td></td></tr>
<tr><td rowspan="2">7</td><td colspan="2" rowspan="2">散布性疵点</td><td>轻微</td><td rowspan="2">不允许</td><td colspan="2">允许</td><td rowspan="2"></td></tr>
<tr><td>明显</td><td>不允许</td><td>允许</td></tr>
<tr><td>8</td><td colspan="2">印染疵点</td><td>色差色花　≥</td><td>4 级</td><td colspan="2">3-4 级</td><td></td></tr>
<tr><td>9</td><td colspan="3">店标(徽)图案质量</td><td>整体位正不偏</td><td colspan="2">不影响整体外观</td><td></td></tr>
<tr><td rowspan="5">10</td><td rowspan="5">缝制质量</td><td colspan="2">线头</td><td colspan="3">不允许</td><td>0.5 cm 以内的线头不考核</td></tr>
<tr><td colspan="2">不回针、散角</td><td colspan="3">不允许</td><td></td></tr>
<tr><td colspan="2">跳针、脱线</td><td colspan="3">不允许</td><td></td></tr>
<tr><td colspan="2">平缝针密度　≥</td><td colspan="3">14 针/5 cm</td><td></td></tr>
<tr><td colspan="2">包缝针密度　≥</td><td colspan="3">16 针/5 cm</td><td></td></tr>
<tr><td colspan="8">注：外观疵点程度说明见附录 A。</td></tr>
</table>

4.3.2.2　客房床上用品系列产品、餐饮系列产品外观质量应符合表 5 的要求。

表 5　客房床上用品系列产品、餐饮系列产品外观质量要求

<table>
<tr><th>序号</th><th colspan="2">项　目</th><th>优等品</th><th>一等品</th><th>合格品</th></tr>
<tr><td>1</td><td colspan="2">规格尺寸偏差率/%　≥</td><td>−1.0</td><td>−2.0</td><td>−2.5</td></tr>
<tr><td>2</td><td colspan="2">纬斜、花斜/%　≤</td><td>3.0</td><td colspan="2">4.0</td></tr>
<tr><td>3</td><td colspan="2">色花、色差/级　≥</td><td colspan="2">4</td><td>3</td></tr>
<tr><td rowspan="5">4</td><td rowspan="5">外观疵点</td><td>破损、针眼</td><td rowspan="5">不允许</td><td>不允许</td><td>破损不允许，针眼长度小于 20 cm</td></tr>
<tr><td>色、污渍</td><td>不允许</td><td>轻微允许 3 处/面</td></tr>
<tr><td>线状疵点</td><td>轻微允许 1 处/面</td><td>明显允许 1 处/面</td></tr>
<tr><td>条块状疵点</td><td>轻微允许 1 处/面</td><td>明显允许 1 处/面</td></tr>
<tr><td>印花不良</td><td>轻微搭、沾、掺色，漏印，不影响外观</td><td>不影响整体外观</td></tr>
</table>

表 5（续）

序号	项　目	优等品	一等品	合格品
5	图案质量	图案整体位正不偏	图案整体位偏，大件不超过 3 cm，小件不超过 2 cm	不影响整体外观
6	缝针质量	无跳针、浮针、漏针、偏针、脱线	无跳针、浮针、漏针、偏针、脱线；偏针不超过 0.5 cm/20 cm	
7	缝纫质量	轨迹匀、直、牢固，卷边拼缝平服齐直，宽狭一致，不露毛；接针套正，边口处应打回针；针迹均匀，针密度：平缝≥10 针/3 cm，包缝≥9 针/3 cm		
8	刺绣质量	刺绣质量：各种针法平、齐、匀、活、净。 平：针码平服，绣面平整； 齐：图案花型变化自然，绣边轮廓齐整； 匀：针码均匀细薄、细密适当； 活：行针流畅、掺色自然、富有立体感； 净：绣面洁净无沾污。 贴绣平服，无明显漏绣，喷绣色彩准确，过渡自然，不重叠、不错位		
注 1：外观疵点程度说明参见附录 B。 注 2：最大尺寸＞100 cm 为大件，≤100 cm 为小件。				

4.4　**安全要求**

产品应符合国家有关纺织品强制性标准的要求。

4.5　**其他**

特殊要求按双方合同协议的约定执行。

5　抽样

5.1　内在质量检验抽样方案见表 6。

表 6　内在质量检验抽样方案

批量范围 N	样本大小 n	合格判定数 Ac	不合格判定数 Re
2～1 200	2	0	1
1 201～3 200	3	0	1
3 201～10 000	5	0	1
＞10 000	8	0	1
注：抽样的样本由满足内在质量检验的样品组成。			

5.2　内在质量检验样品从检验批中随机抽取。

5.3　外观质量检验抽样方案见表 7。

表 7　外观质量检验抽样方案

批量范围 N	样本大小 n	合格判定数 Ac	不合格判定数 Re
20～1 200	20	1	2
1 201～10 000	32	3	4
10 001～35 000	50	5	6
＞35 000	80	10	11

5.4 外观质量检验样本应从检验批中随机抽取，外包装应完整。

5.5 当样本大小 n 大于批量 N 时，实施全检，合格判定数 Ac 为 0。

5.6 监督抽样、质量仲裁、合同协议等对抽样方案另有规定，按有关规定执行。

6 试验方法

6.1 内在质量检验

6.1.1 公定回潮时重量检验：取 10 条称重，按 GB/T 9995 测定称重时的回潮率，根据 GB 9994 的公定回潮率计算公定回潮率的 10 条重量。

6.1.2 断裂强力的测定按 GB/T 3923.1 执行。

6.1.3 撕破强力的测定按 GB/T 3917.2 单舌法执行。

6.1.4 纱线抗滑移性的测定按 GB/T 13772.1 方法 B 执行，定负荷 120 N。

6.1.5 耐磨性的测定按 GB/T 21196.2 执行，负荷为(780±7)cN。

6.1.6 起球的测定按 GB/T 4802.2 执行。

6.1.7 水洗尺寸变化的测定按 GB/T 8628、GB/T 8629、GB/T 8630 执行，选用 5A 程序，干燥方法 A。

6.1.8 耐皂洗色牢度的测定按 GB/T 3921 试验 C 执行。

6.1.9 耐汗渍牢度的测定按 GB/T 3922 执行。

6.1.10 耐摩擦色牢度的测定按 GB/T 3920 执行。

6.1.11 纤维含量的测定按 GB/T 2910 和 GB/T 2911 等执行。

6.1.12 吸水性的测定按 GB/T 22799A 法执行。

6.1.13 脱毛率的测定按 GB/T 22798 执行。

6.1.14 填充物质量偏差的测定

6.1.14.1 测试、平衡条件为温度(20±2)℃，相对湿度(65±4)%的标准大气。

6.1.14.2 衡器：分度值 2 g。

6.1.14.3 预先将产品放置上述条件下平衡 24 h，称填充物质量，精确到 2 g。

6.1.14.4 填充物质量偏差按式(1)计算：

$$M = \frac{m_1 - m_0}{m_1} \times 100\% \qquad \cdots\cdots(1)$$

式中：

M——填充物的质量偏差，%；

m_1——填充物质量明示值，单位为克(g)；

m_0——填充物质量实测值，单位为克(g)。

6.1.15 数值修约按 GB/T 8170 的规定。

6.2 外观质量检验

6.2.1 外观质量检验以产品的正面为主，检验时产品表面照度不低于 600 lx，检验人员眼部距小件产品 0.5 m 左右，大件产品 1 m 左右，以目测进行检验。

6.2.2 规格尺寸偏差的测定

6.2.2.1 工具：钢尺。

6.2.2.2 将产品平摊在检验台上，用手轻轻理平，使产品呈自然伸缩状态，用钢尺在整个产品长、宽方向的四分之一和四分之三处测量，精确到 1 mm。

6.2.2.3 规格尺寸偏差率按式(2)计算：

$$P = \frac{L_1 - L_0}{L_1} \times 100\% \qquad \cdots\cdots(2)$$

式中：

P——规格尺寸偏差率，%；

L_1——产品规格尺寸明示值，单位为毫米(mm)；

L_0——产品规格尺寸实测值，单位为毫米(mm)。

6.2.3 色差、色花按 GB/T 250 评定变色用灰色样卡进行评定。

6.2.4 纬斜的测定按 GB/T 14801 执行。

7 检验规则

7.1 单件产品内在质量、外观质量分别按表 1、表 2、表 3、表 4、表 5 中最低一项评等，综合质量按内在质量和外观质量中的最低等评定。

7.2 内在质量批判定按抽样检查表 6 执行，外观质量批判定按抽样检查表 7 执行，不合格数小于或等于 Ac，则判检验批合格；不合格数大于或等于 Re，则判检验批不合格。

7.3 综合质量批判定按内在质量抽样检查和外观质量抽样检查中最低等评定。

8 包装和标志

8.1 包装材料应选择适当，保证产品不易散落、破损、沾污和受潮。

8.2 用户有特殊要求的，供需双方协商确定。

附 录 A
（资料性附录）
卫浴巾类外观疵点及程度说明

A.1 轻微：以目测不易看出。明显：以目测易看出，但不影响外观。

A.2 污渍的轻微为 GB/T 250 色卡 4 级及以上。

A.3 优等品、一等品同一包装内条与条之间的色差不小于 GB/T 250 色卡 4 级。

A.4 线状疵点：粗细程度为一根纱线及以内，长度不小于 1 cm 的织疵。每 3 cm 及以内为一处，超过 3 cm 的累计计算，一处疵点长度不得超过 6 cm。

A.5 条状疵点：粗细程度为两根纱线及以内，长度不小于 0.5 cm 的织疵。每 1.5 cm 及以内为一处，超过 1.5 cm 的累计计算，一处疵点长度不得超过 4.5 cm。

A.6 块状疵点：脱毛露底、梯形毛。

A.7 散布性疵点：疵点包括平布反毛、反提毛环、螺旋不旋、毛环不齐等。

A.8 破损性疵点为经纬共计断 3 根纱及以上。

附 录 B
（资料性附录）
客房床上用产品、餐饮产品外观疵点及程度说明

B.1 线状疵点：沿经向或纬向延伸的，宽度不超过 0.2 cm 的所有各类疵点。

B.2 条块状疵点：沿经向或纬向延伸的，宽度超过 0.2 cm 的疵点，不包括色污渍。

B.3 破损：相邻的纱、线断 2 根及以上的破洞，破边，0.3 cm 及以上的跳花。

B.4 疵点轻微、明显程度规定见表 B.1。

表 B.1

<table>
<tr><th>疵点</th><th colspan="3">程 度 说 明</th></tr>
<tr><td>印染疵</td><td colspan="3">参比 GB/T 250 评定变色用灰色样卡，3-4 级及以上为轻微，3-4 级以下为明显</td></tr>
<tr><td rowspan="4">纱、织疵</td><td rowspan="2">线状</td><td>轻微</td><td>粗度不大于纱支 3 倍的粗经，线状错经，稀 1～2 根纱的筘路，粗度不大于纱支 3 倍的粗纬，双纬，线状百脚，竹节纱等</td></tr>
<tr><td>明显</td><td>粗度大于纱支 3 倍的粗经，锯齿状错经、断经、跳纱，稀 2 根纱以上的筘路，粗度大于纱支 3 倍的粗纬、竹节纱，脱纬，锯齿百脚，一梭 3 根的多纱，色、油、污纱等</td></tr>
<tr><td rowspan="2">条块状</td><td>轻微</td><td>杂物织入，条干不匀，轻缩波纹，叠起来看不易发现的稀密路，折痕不起毛</td></tr>
<tr><td>明显</td><td>并列跳纱，明显影响外观的杂物织入，条干不匀，叠起来看容易发现的稀密路，折痕起毛，经缩浪纹，宽 0.2 cm 以上的筘路、针路等</td></tr>
</table>

参 考 文 献

［1］ GB/T 14308—2003 旅游饭店星级的划分与评定

ICS 59.120.50
W 90

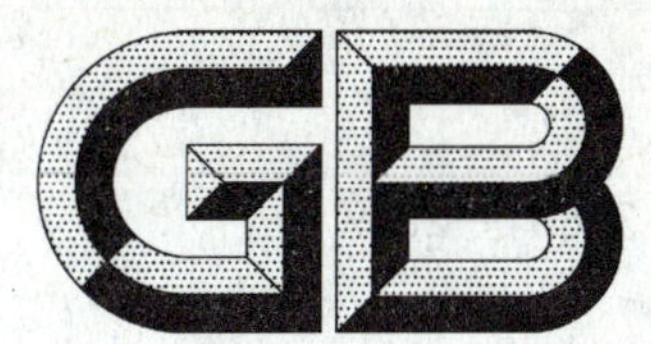

中华人民共和国国家标准

GB/T 22801—2009

纺织机械 染整机器导布辊 主要尺寸及要求

Textile machinery—Guide rollers for dyeing and finishing machinery—Main dimensions and working performance requirements

(ISO 5249:1988, Textile machinery and accessories—Guide rollers for dyeing and finishing machinery—Main dimensions, MOD)

2009-03-19 发布 2010-02-01 实施

中华人民共和国国家质量监督检验检疫总局
中国国家标准化管理委员会 发布

前言

本标准修改采用 ISO 5249:1988《纺织机械与附件　染整机器导布辊　主要尺寸》(英文版)。

本标准根据 ISO 5249:1988 重新起草,有关技术性差异所涉及的条款在页边空白处用垂直线标识,这些技术性差异是:

——表 1、表 2 中增加一项 180 mm 的外径尺寸;

——导布辊许用径向全跳动要求,提高至"0.4/1 000";

——增加了导布辊辊体表面质量要求,见 5.3;

——增加了第 7 章"试验方法";

——增加了附录 B"安装中心距"和附录 C"试验方法"。

为了便于使用,本标准做了下列编辑性修改,其中文本结构按 GB/T 1.1—2000《标准化工作导则　第 1 部分:标准的结构和编写规则》进行编辑。与 ISO 5249:1988 相比,主要变化如下:

——删除 ISO 5249:1988 的前言;

——"本部分国际标准"一词改为"本标准";

——"主题内容与适用范围"一词改为"范围";

——增加第 2 章中规范性引用文件的引导语;

——国际标准中的 ISO 2013:1983《经轴　形位公差测量方法》已被 ISO 8116-8:1995 代替,本标准对应引用 GB/T 18737.8—2009/ISO 8116-8:1995《纺织机械与附件　经轴　第 8 部分:跳动公差的定义和测量方法》;

——修改国际标准表 1 的外径尺寸排列形式,取消其中的 4 个表注及引用标准 ISO 4200《焊接和无缝的平口钢管　直径和单位长度质量总表》。

——将国际标准表 1 的脚注 1 移至本标准的第 7 章;

——取消了国际标准"d) 系列号"的标记内容;

——用小数点符号"."代替作为小数点的逗号",";

——增加"参考文献"。

本标准的附录 C 为规范性附录,附录 A、附录 B 均为资料性附录。

本标准由中国纺织工业协会提出。

本标准由全国纺织机械与附件标准化技术委员会(SAC/TC 215)归口。

本标准起草单位:黄石纺织机械厂、中国纺织机械器材工业协会、仪征飞达辊件有限公司、黄昆纺织机械有限公司。

本标准主要起草人:李鸽、李毅、陆永武、盛泉元。

纺织机械　染整机器导布辊 主要尺寸及要求

1　范围

本标准规定了染整机器钢制导布辊型式、尺寸、要求、标记及试验方法。

2　规范性引用文件

下列文件中的条款通过本标准的引用而成为本标准的条款。凡是注日期的引用文件，其随后所有的修改单(不包括勘误的内容)或修订版均不适用于本标准，然而，鼓励根据本标准达成协议的各方研究是否可使用这些文件的最新版本。凡是不注日期的引用文件，其最新版本适用于本标准。

GB/T 9239.1—2006　机械振动　恒态(刚性)转子平衡品质要求　第1部分：规范与平衡允差的检验(ISO 1940-1:2003,IDT)

GB/T 20038　纺织机械　染整机器　公称宽度的定义和系列(ISO 1505:1993,MOD)

GB/T 18737.8—2009　纺织机械与附件　经轴　第8部分：跳动公差的定义和测量方法(ISO 8116-8:1995,IDT)

3　导布辊型式

3.1　转动轴式(A型)见图1。

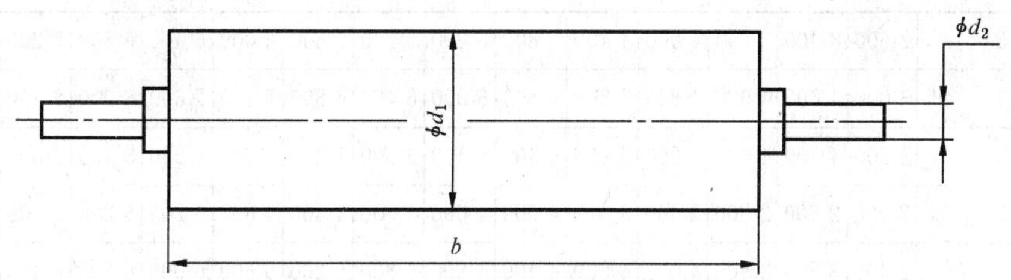

图1　转动轴式(A型)导布辊

3.2　固定轴式(B型)见图2。

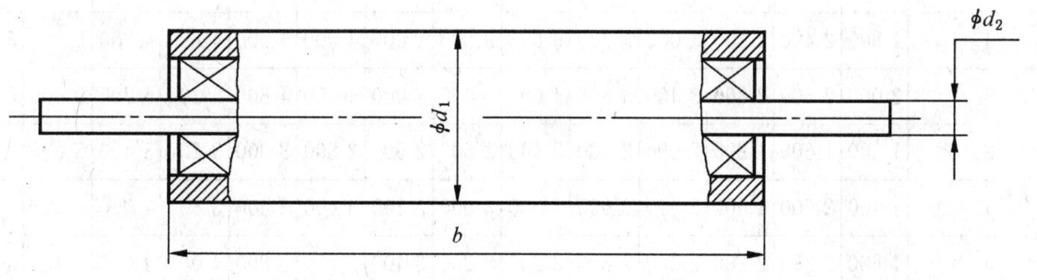

图2　固定轴式(B型)导布辊

4　尺寸

4.1　导布辊外径尺寸

导布辊外径尺寸 d_1 见表1。

表1　导布辊外径尺寸 d_1

单位为毫米

外径尺寸								
	60	80	85	100	110	120	125	135
	140	150	160	165	175	180	200	215

4.2 轴头尺寸 d_2

轴径 d_2 应根据导布辊受力情况来选择，其值应为5的倍数，最小尺寸为15 mm，如：$d_2=15,20,25,30,35\cdots$（mm）

4.3 公称宽度 b

导布辊公称宽度 b 应符合 GB/T 20038 的规定。导布辊宽度的计算方法参见附录 A。

4.4 安装中心距

导布辊支承安装中心距参见附录 B。

5 要求

5.1 许用弯曲度：

——许用弯曲度有2、1、0.5、0.25等四个质量等级；

——每种质量等级都是在250 N/m的均布线载荷下，导布辊每米宽度的许用弯曲度，单位为毫米；

——当载荷发生变化时，导布辊的弯曲变化将大致成比例。

表2的导布辊极限宽度值是根据质量等级、辊体外径和辊体壁厚等参数计算后按 GB/T 20038 圆整所得。计算极限宽度时考虑了导布辊的自重，但导布辊轴头及支承方法不作考虑。当导布辊的穿布包角为180°时，织物张力相当于线载荷的1/2。

表2 导布辊极限宽度

单位为毫米

质量等级	导布辊壁厚 s	导布辊外径 d_1															
		60	80	85	100	110	120	125	135	140	150	160	165	175	180	200	215
		导布辊宽度 b															
2	2	2 600	3 400	3 600	4 000	4 400	4 800	5 200	5 200	5 600	6 000	6 400	6 800	7 200	7 200	7 600	8 800
	4	3 000	4 000	4 000	4 800	5 200	6 000	6 000	6 400	6 800	7 200	7 600	8 000	8 400	8 600	8 800	10 000
	6	3 200	4 400	4 400	5 200	5 600	6 400	6 400	6 800	7 200	7 600	8 000	8 400	8 800	9 000	9 600	10 400
1	2	2 000	2 600	2 800	3 400	3 400	4 000	4 000	4 000	4 400	4 800	5 200	5 200	5 600	5 600	6 000	6 800
	4	2 400	3 200	3 400	4 000	4 000	4 400	4 800	4 800	5 200	5 600	6 000	6 000	6 400	6 800	7 200	8 000
	6	2 600	3 400	3 600	4 000	4 400	4 800	5 200	5 200	5 600	6 000	6 400	6 800	6 800	7 200	7 600	8 400
0.5	2	1 600	2 000	2 200	2 600	2 800	3 200	3 200	3 400	3 600	3 800	4 000	4 000	4 400	4 400	4 800	5 200
	4	1 800	2 400	2 600	3 000	3 200	3 600	3 800	4 000	4 000	4 400	4 800	4 800	5 200	5 200	5 600	6 000
	6	2 000	2 600	2 800	3 400	3 600	4 000	4 000	4 000	4 400	4 800	5 200	5 200	5 600	5 600	6 000	6 400
0.25	2	1 200	1 600	1 800	2 000	2 200	2 400	2 600	2 600	2 800	3 000	3 200	3 400	3 600	3 600	3 800	4 400
	4	1 400	2 000	2 000	2 400	2 600	3 000	3 000	3 200	3 400	3 600	3 800	4 000	4 000	4 000	4 400	4 800
	6	1 600	2 200	2 200	2 600	2 800	3 200	3 200	3 400	3 600	3 800	4 000	4 000	4 400	4 400	4 800	5 200

5.2 导布辊许用径向全跳动，每米宽不应超过0.4 mm。

5.3 辊体表面粗糙度 Ra 值不大于3.2 μm，导布辊表面应无磕碰、无划伤。

5.4 导布辊平衡品质级别为 GB/T 9239.1—2006 的 G40。

6 标记

导布辊的标记应依次包括下列内容，还可以补充其他有用的内容：

a) 名称“导布辊”；

b) 标准号；

c) 型式；

d) 辊体外径 d_1；

e) 轴径 d_2；

f) 公称宽度 b；

g) 质量等级。

标记示例：固定轴式导布辊(B型)，辊体外径 d_1＝100 mm，轴径 d_2＝30 mm，公称宽度 b＝1 800 mm，质量等级为0.5级，标记为：

导布辊 GB/T 22801- B-100×30×1 800-0.5

- 0.5 —— 质量等级
- 1 800 —— 公称宽度
- 30 —— 轴径
- 100 —— 辊体外径
- B —— 型式

7 试验方法

导布辊弯曲度、径向全跳动量、辊体表面质量及剩余不平衡量的试验方法见附录C。

附 录 A
（资料性附录）
公式与代号含义

A.1 导布辊宽度 b 的计算

导布辊宽度 b 可由式(A.1)导出，按式(A.2)计算，公式中各参数见表 A.1。

$$f=\frac{5\times F\times b^3}{384\times E\times I} \qquad \cdots\cdots(A.1)$$

整理后为：

$$b_{\max}=\sqrt[3]{\frac{384\times f_L\times E\times I}{5\times F_L}} \qquad \cdots\cdots(A.2)$$

表 A.1 参数定义

代 号	定 义	公 式	单 位
$b_{\max}$	导布辊最大宽度 maximum roller width	见式(A.2)	cm
d_a	辊体外径 outer diameter of tube	$d_a=d_1$	cm
d_i	辊体内径 inner diameter of tube	$d_i=d_1-2s$（s 为导布辊壁厚）	cm
E	弹性模数 moduius of elasticity	$E=21\times10^6$	N/cm²
f	导布辊弯曲度 bending of the roller	见式(A.1)	mm
f_L	导布辊每米宽度的弯曲度 bending of the roller per metre	$f_L=0.2,0.1,0.05,0.025$	cm/m
F	总线载荷 total line load		N/m
F_L	每米宽的线载荷(载荷＋导布辊自重) line load per metre(load＋deadweight of roller)	$F_L=250+G$	N/m
G	导布辊自重 deadweight of roller	$G=\frac{\pi}{4}(d_a^2-d_i^2)\times7.85$	N/m
I	惯性矩 moment of inertia	$I=\frac{\pi}{64}(d_a^4-d_i^4)$	cm⁴

A.2 计算示例

质量等级为 0.5 的钢制导布辊三个宽度 b 值计算示例见表 A.2。

表 A.2 计算示例

示例序号	导布辊 $d_1 \times s$/mm	d_a/cm	d_i/cm	I/cm^4	G/(N/m)	F_L/(N/m)	b_{max}/cm	GB/T 20038 规定的公称宽度 b/mm
1	120×2	12	11.6	129.08	58.20	308.20	323.2	3 200
2	120×4	12	11.2	245.48	114.42	364.42	378.7	3 600
3	120×6	12	10.8	350.05	168.68	418.68	407.0	4 000

附　录　B
（资料性附录）
安装中心距

B.1　支承安装中心距为 $L=b+2l$，见图 B.1。

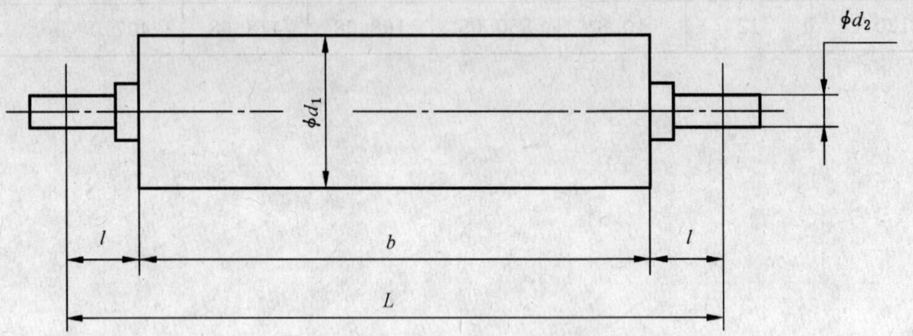

图 B.1　支承安装中心距

B.2　$2l$ 数值见表 B.1。

表 B.1　　单位为毫米

$2l$ 数值				
	50	100	150	200
	300	400	500	—

附 录 C
（规范性附录）
试验方法

C.1　许用弯曲试验

用 V 型铁支承贴近辊体两侧处（见图 C.1），导布辊在公称宽度上均载 250 N/m 下保持时间不少于 5 min，检查辊体二分之一处承载前与承载时的弯曲度。其值应不大于公称宽度（单位：米）乘以导布辊的质量等级。

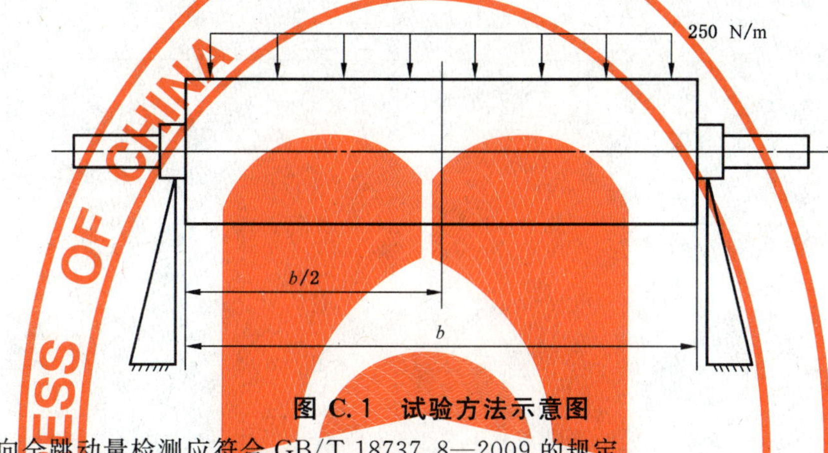

图 C.1　试验方法示意图

C.2　辊体径向全跳动量检测应符合 GB/T 18737.8—2009 的规定。

C.3　目测导布辊表面质量，再用高弹尼龙丝摩擦辊体表面应无挂丝现象。

C.4　剩余不平衡量用静平衡方法在辊体直径二分之一处检测。

参 考 文 献

[1] ISO 4200 焊接和无缝的平口钢管 直径和单位长度质量总表

ICS 65.160
X 87

中华人民共和国国家标准

GB/T 22838.1—2009

卷烟和滤棒物理性能的测定 第1部分:卷烟包装和标识

Determination of physical characteristics for cigarettes and filter rods—Part 1: Cigarettes packing and mark

2009-04-03 发布 2009-05-01 实施

中华人民共和国国家质量监督检验检疫总局
中国国家标准化管理委员会 发布

前言

GB/T 22838《卷烟和滤棒物理性能的测定》分为18个部分：

——第1部分：卷烟包装和标识；

——第2部分：长度　光电法；

——第3部分：圆周　激光法；

——第4部分：卷烟质量；

——第5部分：卷烟吸阻和滤棒压降；

——第6部分：硬度；

——第7部分：卷烟含末率；

——第8部分：含水率；

——第9部分：卷烟空头；

——第10部分：爆口；

——第11部分：卷烟熄火；

——第12部分：卷烟外观；

——第13部分：滤棒圆度；

——第14部分：滤棒外观；

——第15部分：卷烟　通风的测定　定义和测量原理；

——第16部分：卷烟　端部掉落烟丝的测定　旋转笼法；

——第17部分：卷烟　端部掉落烟丝的测定　振动法；

——第18部分：卷烟　端部掉落烟丝的测定　旋转箱法。

本部分为GB/T 22838的第1部分。

本部分由国家烟草专卖局提出。

本部分由全国烟草标准化技术委员会(SAC/TC 144)归口。

本部分主要起草单位：国家烟草质量监督检验中心。

本部分主要起草人：周德成、李晓辉、周明珠、邢军、刘锋、辛宝珺。

卷烟和滤棒物理性能的测定
第1部分:卷烟包装和标识

1 范围

GB/T 22838 的本部分规定了卷烟包装标识和卷烟包装的测定方法。

本部分适用于卷烟。

2 规范性引用文件

下列文件中的条款通过 GB/T 22838 的本部分的引用而成为本部分的条款。凡是注日期的引用文件,其随后所有的修改单(不包括勘误的内容)或修订版均不适用于本部分,然而,鼓励根据本部分达成协议的各方研究是否可使用这些文件的最新版本。凡是不注日期的引用文件,其最新版本适用于本部分。

GB/T 5606.1 卷烟 第1部分:抽样

GB 5606.2—2005 卷烟 第2部分:包装标识

GB 5606.3—2005 卷烟 第3部分:包装、卷制技术要求及贮运

GB/T 18348 商品条码 条码符号印制质量的检验

3 仪器设备

3.1 条码检测设备

3.1.1 综合特性测量仪器

综合特性测量仪器应具有测量条码符号反射率、给出扫描反射率曲线的图形或根据对扫描反射率曲线的分析给出条码符号综合特性数据的能力。测量应采用单色光。

3.1.1.1 测量光波长

测量光峰值波长为 670 nm±10 nm。

3.1.1.2 测量孔径

测量孔径的标称直径为 0.15 mm,孔径标号为 06。

注:孔径标号是接近测量孔径直径的、以千分之一英寸为单位的长度数值。

3.1.1.3 测量光路

入射光路的光轴应与测量表面法线成 45°,并处于一个与测量表面垂直,与条码符号的条平行的平面内。反射光采集光路的光轴应与测量表面垂直,反射光的采集应该在一个顶角为 15°的、中心轴垂直于测量表面且通过测量孔径中心的锥形范围内。

3.1.1.4 反射率参照标准

以氧化镁(MgO)或硫酸钡($BaSO_4$)作为 100%反射率的参照标准。

3.1.2 长度测量仪器

3.1.2.1 空白区宽度测量仪器

最小分度值不大于 0.1 mm 的长度测量仪器。

3.1.2.2 放大系数、条高测量仪器

最小分度值不大于 0.5 mm 的钢板尺。

3.2 字高测量仪器

钢尺:量程≥150 mm;分度值:0.5 mm;准确度:0.1 mm。

4 取样及样品制备

按照 GB/T 5606.1 抽取实验室样品,并制备试样。

5 测定步骤

5.1 测定顺序

箱包装标识、箱装检验应在抽样时进行。箱包装标识、箱装检验后,每箱随机抽取 1 条(5 箱共 5 条)作为条包装标识、条装检验试样。条装检验后,每条随机抽取两盒(5 条共 10 盒)组成盒包装标识、盒装检验试样。检验应按箱包装标识、箱装、条包装标识、条装、盒包装标识、盒装的先后顺序逐项进行。

5.2 包装标识

5.2.1 通用条件

5.2.1.1 目测包装体(箱、条、盒)上的包装标识,卷烟商标是否符合商标法规定,包装标识使用的中文文字是否符合国家规范汉字要求;各类包装标识中应使用汉字的是否未使用汉字而仅单独使用汉语拼音或者外文;汉语拼音或者外文是否小于相对应的中文文字,字体高度用钢尺测量,测量字体的最大高度。

5.2.1.2 目测包装体,生产企业名称的标注是否符合 GB 5606.2—2005 中 4.1.2 的要求。

5.2.1.3 目测质量标志,是否是获得国家认可的质量标志,是否在有效期内标注。

5.2.1.4 目测卷烟包装体上及内附说明中是否使用“保健”、“疗效”、“安全”、“环保”等卷烟成分的功效说明以及“淡味”、“柔和”等卷烟品质说明。

5.2.1.5 目测包装体上面的各类包装标识,是否清晰、牢固,易于识别。

5.2.1.6 商品条码按 GB/T 18348 测定。

5.2.2 箱包装标识

5.2.2.1 目测箱体或包装膜,是否标注卷烟数量标识,卷烟数量是否以支计。

5.2.2.2 目测箱体或包装膜,是否标注箱体规格标识,箱体规格标识是否为:(长×宽×高)mm^3 或长 mm×宽 mm×高 mm。

5.2.2.3 目测箱体或包装膜,是否标注卷烟规格标识,卷烟规格标识是否标注为:卷烟长度 mm×圆周 mm,或卷烟长度(滤嘴长+烟支长)mm×圆周 mm。

5.2.2.4 目测箱体或包装膜,是否标注产品名称、卷烟牌号、生产企业地址、生产日期、价类、生产企业名称、商品条码、中文警句、焦油量、烟气烟碱量、烟气一氧化碳量、执行标准的编号及生产许可证编号。

5.2.2.5 目测箱体或包装膜,是否标注商品储运安全标志,商品储运安全标志是否符合国家相关规定。

5.2.3 条、盒包装标识

5.2.3.1 目测条、盒表面,是否标注产品名称、商标及注册标记、企业名称、卷烟数量、商品条码。

5.2.3.2 目测条、盒表面,是否标注焦油量、烟气烟碱量、烟气一氧化碳量,标注是否符合 GB 5606.2—2005 中 4.3.4 的要求,标注与背景色对比是否明显,中文字体高度是否小于 2.0 mm。字体高度用钢尺测量,测量字体的最大高度。

5.2.3.3 目测条、盒表面,是否标注警句,中文警句字体高度是否小于 2.0 mm,字体高度用钢尺测量,测量字体的最大高度。

5.2.3.4 目测包装膜条包的包装膜表面,是否标注商品条码。

5.3 包装

5.3.1 箱装

5.3.1.1 目测箱体,是否有包装不完整,或不牢固,或破损露出卷烟条盒。

注:箱包装不完整是指:同一牌号、同一规格、同一包装、同一价类、同一商品条码的卷烟产品,箱包装未使用同样的包装材料;或其中部分箱体与整批相比,缺少或多出任何一种包装材料。

5.3.1.2　目测箱体，有无产品质量合格标识。

5.3.1.3　打开烟箱，逐层取出烟条，目测箱内烟条排列是否整齐，有无错装、少装，箱体内壁与烟条之间有无因粘连而拉开后破损。

5.3.2　**条装**

5.3.2.1　目测条盒、条包及其透明纸，是否包装不完整，或破损。

注：条包装不完整是指：① 同一牌号、同一规格、同一包装、同一价类、同一商品条码的卷烟产品，条装未使用同样的包装材料；或其中部分包装体与整批相比，缺少或多出任何一种包装材料。② 缺少应有的包装材料。如无透明纸，软条包装无横头等。

5.3.2.2　目测条盒、条包及其透明纸，是否粘贴牢固，是否有翘边、散开、折皱。

5.3.2.3　一只手横握条盒，另一只手捏着拉带头，沿拉带封口处绕条盒均匀拉动一周后，拉带两侧透明纸分为两部分的为拉带拉开。拉带拉开时观察拉带是否有断裂、拉不开或拉开后透明纸散开。

5.3.2.4　用钢尺测量条表面油污、黄斑、脱色、油墨等污渍的最大长度。

5.3.2.5　打开条，逐层取出烟盒，目测条内是否有错装、少装，条内壁有无因与小盒粘连拉开后破损。

5.3.3　**盒装**

5.3.3.1　目测小盒包装透明纸有无翘边、散开、折皱。

5.3.3.2　目测小盒及其透明纸，小盒及其透明纸有无包装不完整、破损、烟支外露。

注：盒包装不完整是指：① 同一牌号、同一规格、同一包装、同一价类、同一商品条码的卷烟产品，盒装未使用同样的包装材料；或其中部分包装体与整批相比，缺少或多出任何一种包装材料。② 缺少应有的包装材料。如无透明纸，无拉带，软盒无封签等。

5.3.3.3　目测小盒硬盒包装斜角是否露底，用钢尺测量斜角露底的最大宽度。

5.3.3.4　目测小盒拉带，是否有拉带头，或拉带断裂、残缺等。用一只手横握小盒，另一只手拉着拉带头，沿拉带封口处绕小盒均匀拉动一周后，拉带两侧透明纸在拉带两侧分成两部分的为拉带拉开。拉带拉开时，观察拉带是否有断裂、拉不开或拉开后透明纸散开。

5.3.3.5　去除透明纸后，目测小盒表面是否有表面油污、黄斑、脱色、油墨等污渍，用钢尺测量盒表面油污、黄斑、脱色、油墨等污渍的最大长度。

5.3.3.6　去除透明纸后，目测小盒包装是否有包装错位，用钢尺测量小盒包装错位的最大长度。

5.3.3.7　去除透明纸后，目测小盒表面是否有叠角损伤，用钢尺测量叠角损伤的最大长度。

5.3.3.8　去除透明纸后，目测小盒粘贴是否牢固，是否有翘边、翻边、散开。

5.3.3.9　去除透明纸打开硬盒翻盖后，目测盒内是否有内舌脱落；沿小盒开口方向用力拉内衬纸撕片，观察是否有内衬纸撕片拉不开或内衬纸整体被拉出。

5.3.3.10　去除透明纸后，目测软盒封签是否破损、翘边、脱落、叠角、漏贴、反贴、多贴或错贴封签，商标纸是否针眼外露。用钢尺分别测量封签四角到盒上端及两侧边线的最大和最小长度，并计算封签左右或前后两端偏离中心的距离。

5.3.3.11　打开小盒，取出烟支，目测有无烟支错支、缺支、有虫或虫蛀烟支、多支、滤嘴脱落、短支、断残烟支；烟支偏短时，用钢尺沿卷烟搭口测量卷烟的长度，并计算与设计值的差值；烟支破损时，用钢尺测量烟支破损部分的最大长度。

5.3.3.12　打开小盒，取出烟支，目测盒内是否有烟支倒装，或盒内有无与卷烟材料无关的杂物。

6　结果表示

6.1　详细记录测定中的各种缺陷情况，包装标识质量缺陷判定与分类按照 GB 5606.2—2005 中的 6.1 执行，包装质量缺陷判定与分类按照 GB 5606.3—2005 中的第 5 章执行。

6.2　若箱、条、盒的某一箱、某一条、某一盒同时存在多项（条）质量缺陷，应按缺陷扣分值最多的项目进行记录。

6.3 长度(宽度、高度)测定结果用毫米表示,精确至 0.1 mm。

7 测定报告

测定报告应包括以下内容:

——试样标志及说明;

——使用标准的编号;

——使用仪器和型号;

——测定时间;

——测定结果。

ICS 65.160
X 87

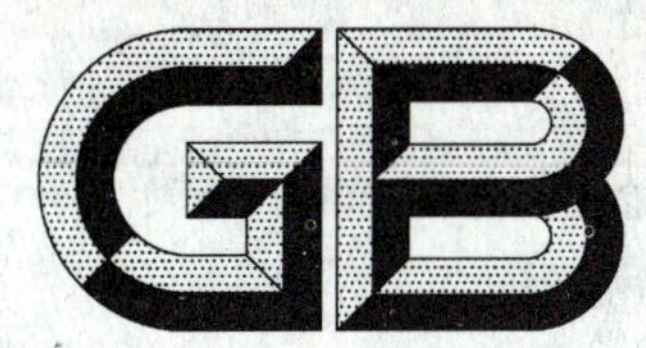

中华人民共和国国家标准

GB/T 22838.2—2009

卷烟和滤棒物理性能的测定 第2部分:长度 光电法

Determination of physical characteristics for cigarettes and filter rods—Part 2:Length—Photoelectricity method

2009-04-03 发布　　2009-05-01 实施

中华人民共和国国家质量监督检验检疫总局
中国国家标准化管理委员会　发布

前　言

GB/T 22838《卷烟和滤棒物理性能的测定》分为18个部分：

——第1部分：卷烟包装和标识；

——第2部分：长度　光电法；

——第3部分：圆周　激光法；

——第4部分：卷烟质量；

——第5部分：卷烟吸阻和滤棒压降；

——第6部分：硬度；

——第7部分：卷烟含末率；

——第8部分：含水率；

——第9部分：卷烟空头；

——第10部分：爆口；

——第11部分：卷烟熄火；

——第12部分：卷烟外观；

——第13部分：滤棒圆度；

——第14部分：滤棒外观；

——第15部分：卷烟　通风的测定　定义和测量原理；

——第16部分：卷烟　端部掉落烟丝的测定　旋转笼法；

——第17部分：卷烟　端部掉落烟丝的测定　振动法；

——第18部分：卷烟　端部掉落烟丝的测定　旋转箱法。

本部分为GB/T 22838的第2部分。

本部分的附录A为资料性附录。

本部分由国家烟草专卖局提出。

本部分由全国烟草标准化技术委员会(SAC/TC 144)归口。

本部分主要起草单位：国家烟草质量监督检验中心。

本部分主要起草人：周德成、邢军、李晓辉、周明珠、刘锋、辛宝珺。

卷烟和滤棒物理性能的测定
第2部分：长度　光电法

1 范围

GB/T 22838 的本部分规定了卷烟和滤棒长度的测定方法。

本部分适用于卷烟和滤棒。

2 规范性引用文件

下列文件中的条款通过 GB/T 22838 的本部分的引用而成为本部分的条款。凡是注日期的引用文件，其随后所有的修改单(不包括勘误的内容)或修订版均不适用于本部分，然而，鼓励根据本部分达成协议的各方研究是否可使用这些文件的最新版本。凡是不注日期的引用文件，其最新版本适用于本部分。

GB/T 5605—2002　烟草和烟草制品　醋酸纤维滤棒

GB/T 5606.1　卷烟　第1部分：抽样

GB 5606.3—2005　卷烟　第3部分：包装、卷制技术要求及贮运

GB/T 15270—2001　烟草和烟草制品　聚丙烯丝束滤棒

GB/T 16447　烟草和烟草制品　调节和测试的大气环境(GB/T 16447—2004，ISO 3402：1999，IDT)

3 测定原理

利用平行光束对卷烟和滤棒端部进行投影或扫描，形成光信号，由光电接收装置接收及数据处理系统处理给出卷烟和滤棒的长度值。

注：测定卷烟和滤棒长度也可采用投影法，参见附录 A。

4 仪器设备

4.1 光电长度测定仪器应满足以下要求：

——能自动进样；

——具有能产生平行光束(激光或普通光)的光学系统；

——能对试样端部实施多点测量；

——光电接收装置能接收每个测量点的信号；

——数据处理系统能对每个测量点数据进行统计，以算术平均值来给出试样长度值；

——仪器测定结果准确度：不小于 0.05 mm。

4.2 标准棒，准确度不小于 0.005 mm。

5 取样及样品制备

卷烟按照 GB/T 5606.1 抽取实验室样品并制备试样，按照 GB 5606.3—2005 中 6.3.7 制备试料。

醋酸纤维滤棒按 GB/T 5605—2002 中 6.1 抽取实验室样品，按照 5.1 制备试料。

聚丙烯丝束滤棒按 GB/T 15270—2001 中 6.2 抽取实验室样品，按照 6.3.2 制备试料。

6 测定步骤

按照GB/T 16447进行样品调节,并在相应的环境条件下测试。

6.1 对烟支的端部进行整理,消除烟丝露出、触头等现象,对不能消除的烟支应剔除。

6.2 接通电源,按照仪器操作规程调整仪器。

6.3 根据试样的规格,选择相应长度的标准棒,对仪器的标准长度进行校准。

6.4 将卷烟或滤棒放置在测量位置,使平行光束照射到卷烟或滤棒的端部,对卷烟或滤棒端部进行投影或扫描。

6.5 由光电接收装置及数据处理系统给出卷烟或滤棒长度值。

6.6 重复6.4～6.5的步骤,共测试30个试样。

7 结果表示

测定结果以毫米表示,精确至0.1 mm。

8 测定报告

测定报告应包括以下内容:

——试样标志及说明;

——使用标准的编号;

——使用仪器和型号;

——测定时间;

——测定的环境条件;

——测定结果。

附　录　A
（资料性附录）
卷烟和滤棒长度的测定　投影法

A.1　测定原理

利用平行光投影的方法，将放大后的像与"标准样板"进行对比，测出试样的长度。

A.2　仪器设备

测定长度的仪器应满足以下要求：

——具有能产生平行光的光学系统；

——成像系统：放大倍率 20 倍。投影处备有标准样板，样板上应有一条基准线和一条测长基线，以保证投影时试样的长度方向与基准线平行，与测长基线垂直；

——工作台：应具有放置试样的 V 形槽及用于定位的挡板，可实现试样的纵向和横向移动并备有游标尺，准确度 0.05 mm。

A.3　测定步骤

按照 GB/T 16447 进行样品调节，并在相应的环境条件下测试。

A.3.1　接通电源，按照仪器操作规程调整仪器。

A.3.2　根据试样的规格，选择相应长度的标准棒，对仪器的标准长度进行校准。

A.3.3　将试样置于工作台的 V 形槽内，搭口朝向操作者，一端紧靠定位挡板。移动工作台，使试样投影的长度方向与基准线平行，试样另一端面投影线与测长基线重合，从游标尺读取试样的长度值。

A.3.4　读数时，卷烟试样应以卷烟纸切口为准，滤棒试样应以滤棒成形纸切口为准；若试样端面切口不齐，应取最大值与最小值的平均值。

ICS 65.160
X 87

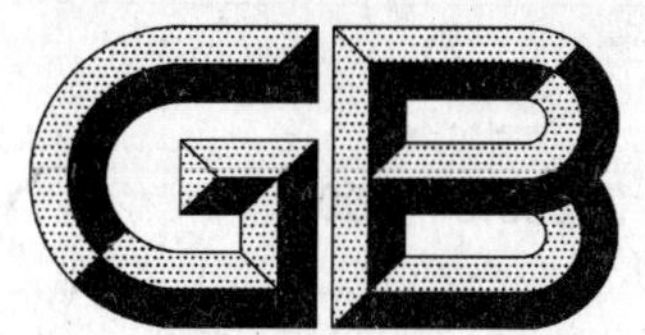

中华人民共和国国家标准

GB/T 22838.3—2009

卷烟和滤棒物理性能的测定 第3部分：圆周 激光法

Determination of physical characteristics for cigarettes and filter rods—Part 3: Circumference—Laser method

(ISO 2971:1998, Cigarettes and filter rods—Determination of nominal diameter—Method using a laser beam measuring apparatus, MOD)

2009-04-03 发布　　2009-05-01 实施

中华人民共和国国家质量监督检验检疫总局
中国国家标准化管理委员会　发布

前 言

GB/T 22838《卷烟和滤棒物理性能的测定》分为18个部分：

——第1部分：卷烟包装和标识；

——第2部分：长度　光电法；

——第3部分：圆周　激光法；

——第4部分：卷烟质量；

——第5部分：卷烟吸阻和滤棒压降；

——第6部分：硬度；

——第7部分：卷烟含末率；

——第8部分：含水率；

——第9部分：卷烟空头；

——第10部分：爆口；

——第11部分：卷烟熄火；

——第12部分：卷烟外观；

——第13部分：滤棒圆度；

——第14部分：滤棒外观；

——第15部分：卷烟　通风的测定　定义和测量原理；

——第16部分：卷烟　端部掉落烟丝的测定　旋转笼法；

——第17部分：卷烟　端部掉落烟丝的测定　振动法；

——第18部分：卷烟　端部掉落烟丝的测定　旋转箱法。

本部分为GB/T 22838的第3部分。

本部分修改采用ISO 2971:1998《卷烟和滤棒　公称直径的测定　激光法》(英文版)。

本部分根据ISO 2971:1998重新起草。

考虑到我国国情，本部分与ISO 2971:1998存在少量技术性差异，这些技术性差异已编入正文，并在它们所涉及的条款的页边空白处用垂直单线标识。

本部分与ISO 2971:1998相比主要技术变化如下：

——为与GB/T 5606.1保持一致，本部分的7.3中的抽样量增加至30个。

——为与GB/T 16447保持一致，本部分A.1中“22 ℃±5 ℃的标准实验室条件”改为“22 ℃±2 ℃的标准实验室条件”。

为方便使用，与ISO 2971:1998相比，本部分作了以下编辑性修改：

——删除了ISO 2971:1998的前言；

——修改了ISO 2971:1998的名称，改为《卷烟和滤棒物理性能的测定　第3部分：圆周　激光法》。

本部分的附录A为规范性附录，附录B、附录C为资料性附录。

本部分由国家烟草专卖局提出。

本部分由全国烟草标准化技术委员会(SAC/TC 144)归口。

本部分起草单位：中国烟草标准化研究中心、河南省烟草质量监督检验站、国家烟草质量监督检验中心。

本部分主要起草人：焦延福、李青常、冯茜、张勍、王汴山、李晓辉、周德成。

卷烟和滤棒物理性能的测定
第3部分：圆周　激光法

1　范围

GB/T 22838的本部分规定了一种非接触性的、利用激光束扫描来测量圆形或椭圆形杆状物横截面的圆周平均值、最大值、最小值以及椭圆度的方法。

本部分适用于卷烟和滤棒。

注1：拉带式、光电法和气动式测量技术也广泛应用于卷烟和滤棒公称直径的测定。这些测量方法参见附录C。

注2：对于那些使用圆周而不是直径作为指标的实验室，可由直径乘以π来换算成圆周值。

2　规范性引用文件

下列文件中的条款通过GB/T 22838的本部分的引用而成为本部分的条款。凡是注日期的引用文件，其随后所有的修改单（不包括勘误的内容）或修订版均不适用于本部分，然而，鼓励根据本部分达成协议的各方研究是否可使用这些文件的最新版本。凡是不注日期的引用文件，其最新版本适用于本部分。

GB/T 16447　烟草和烟草制品　调节和测试的大气环境（GB/T 16447—2004，ISO 3402:1999，IDT）

3　术语和定义

下列术语和定义适用于GB/T 22838的本部分。

3.1

直径　diameter

按照本部分规定的测试方法测得某试样最少 n 个读数（$n \geqslant 100$）的算术平均值。

注：该直径只有在作为横截面为近似圆形的杆状试样的参数时才有效。

3.2

最小直径　minimum diameter

某试样 n 个读数中的最小值。

3.3

最大直径　maximum diameter

某试样 n 个读数中的最大值。

3.4

绝对椭圆度　absolute ovality

具有椭圆形截面的杆状试样椭圆度的一种表示方法。

注：绝对椭圆度可以从 n 个读数中最大直径和最小直径之间的算术差获得。

3.5

相对椭圆度　relative ovality

从 n 个读数计算出的直径和绝对椭圆度之间算术差的比率。

注1：相对椭圆度以百分数表示。

注2：在计算最大直径、绝对椭圆度和相对椭圆度时应注意胶线（搭口）质量对它们的影响，因为搭口会人为地产生若干个高直径读数。

4 原理

使用一台适当的仪器设备，使试样绕自身纵轴以恒定的角速度旋转半圈(180°)或一圈(360°)。同时，激光束在垂直于试样纵轴的平面上(扫描通道)以恒定的速度相对自身作平行移动。

试样和扫描通道的交叉面即是试样横截面。

单个读数是试样横截面在与轴线平行平面上正交投影长度的测定值。

该原理在图1中说明。

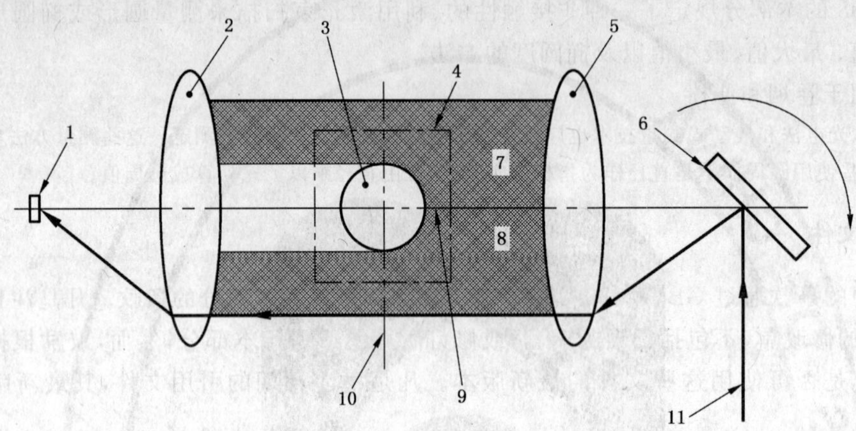

1——接收元件；

2——会聚透镜；

3——试样；

4——测量区域；

5——准直仪透镜；

6——扫描反射镜；

7、8——扫描通道；

9——扫描中心线；

10——测量线；

11——激光束。

注：对单轴线扫描仪而言，理想的测试区域定位在测量线和扫描中心线交叉点的四周。当试样在该测量区域内时精度最高。

图1 单轴线(激光扫描仪)传感系统图解

5 仪器设备

5.1 激光束扫描测定装置

激光束扫描测定装置包含以下两部分。

5.1.1 激光束扫描测定仪

激光束扫描测定仪用于测定横截面近似圆形的杆状试样的直径，分辨率应达到0.005 mm。

在测试区域内，试样不应产生偏心运动，否则激光扫描的速度将会影响直径测量的精度。

尽管试样可能是椭圆形的，激光束扫描测定仪的扫描速率和试样的旋转速率之间的比率应该是恒定的和足够大的，以保证包括最小值和最大值在内的直径得到十分准确的测量。

扫描通道的长度至少应比要测量的最大直径大50%，试样在旋转半圈(180°)或一圈(360°)期间被激光束扫描最少100次。

5.1.2 旋转试样的仪器或设备

旋转试样的仪器或设备用于保持试样在激光束的扫描通道或环绕试样旋转的激光扫描通道中始终

保持与扫描通道垂直。

6 取样

选取可统计的、能代表试样通用特征的一定量样品。样品不应有明显的可能削弱其测试性能的缺陷。

7 步骤

7.1 试样样品的制备

按照第6章取样规定，随机抽取一定数量的试验所需样品。测量前试样应按 GB/T 16447 的规定进行调节。

在本部分中没有规定样品调节的次数和调节所持续的时间，这些条件以实践经验决定，并应在试验报告中与测量结果一起记录。

7.2 校准

工作标准棒用于校准或检查校准激光扫描系统。至少采用两个标准棒进行校准，两个标准棒的规格相差应大于仪器测量范围的25%，并且精度要高于测量要求。

用于测量的试样规格应在校准标准范围内。

注1：一种中间标准棒能用于常规校验，此标准棒直径应接近试样直径。

注2：校准标准棒的基本特征见附录A。

7.3 测量

按照产品说明书，将试样放置在测量区域内，尽可能靠近扫描中心线和测量线的交叉点上。

试样或扫描仪应该能环绕轴旋转，这样使得试样相对于扫描通道的任何偏心运动都保持与扫描通道平行，且与试样纵轴垂直。

调整仪器和(或)扫描通道的旋转装置，以便扫描测定仪能满足对试料截面进行扫描的需求。

按照产品说明书操作仪器并精确地记录直径的平均值、最小值和最大值。

通常测定样品的平均直径应从一个样品中取30个试样进行测定。

注1：实际上，实验室通常依据测量要求确定不同的取样数量。

注2：激光束绕测试物旋转或测试物在激光束中旋转，两者都是可行的。

注3：直径测量中可能出现的误差原因参见附录B。

注4：在使用旧激光束测试仪时，会观察到测量直径表面粗糙的影响，它可能会因轻微超量而扭曲了试验结果。

8 结果表示

样品的平均直径值应是单次测量的平均值，见7.3。

各样品的直径(横截面近似圆形的棒形试样)应以毫米表示，并精确至0.01 mm。结果应表示如下：

a) 直径至少100个单扫描读数的算术平均值，以毫米表示，并精确至0.01 mm；

b) 样品平均直径，X 个直径平均值(X 通常是30，但可以变化，见7.3的注1)，以毫米表示，精确至0.001 mm；

c) 样品最大直径，从 X 个试样的样品中获得的最大直径，以毫米表示，精确至0.01 mm；

d) 样品最小直径，从 X 个试样的样品中获得的最小直径，以毫米表示，精确至0.01 mm；

e) 绝对椭圆度，以毫米表示，精确至0.01 mm；

f) 相对椭圆度，以百分比表示，精确至0.1%。

9 精密度

国际实验室间测试

1990 年,包括 8 个实验室在内的国际联合研究小组对制备好的、直径约在 7.9 mm 的样品进行了测试(滤棒、金属棒、卷烟),并给出了下列重复性限(r)和再现性限(R)以及重复性标准差(S_r)和再现性标准差(S_R)。

9.1 重复性

在方法操作正确和正常的情况下,对于给定的卷烟和滤棒产品,由同一个操作者使用相同的仪器,在较短时间间隔内重复试验,20 次试验中两结果之差大于重复性限(r)的情况不应超过一次。

单个测量: $r=0.028$ mm

$S_r=0.01$ mm

每个样品重复测量 10 次的平均值(一天测试): $r=0.012$ mm

$S_r=0.004\ 2$ mm

9.2 再现性

在方法操作正确和正常的情况下,对于给定的卷烟和滤棒产品,通过两个实验室进行试验,20 次试验中两结果之差大于再现性限(R)的情况不应超过一次。

单个测量: $R=0.042$ mm

$S_R=0.015$ mm

每个样品重复测量 10 次的平均值(一天测试): $R=0.038$ mm

$S_R=0.014$ mm

10 试验报告

试验报告应注明使用方法和测得的结果。也应包括没有在本部分中规定的其他操作条件,或认为可选的,以及任何可能影响测试结果的情况。

试验报告应包括样品全部标识所需的详细资料。

试验报告必备要素应包括:

a) 取样日期和取样方法;

b) 测试样品的唯一性标识和详细信息、样品特性(性质、规格);

c) 测试日期;

d) 准确的和全部的测量条件,特别是那些不符合本部分规定的情况,以及任何可能影响测试结果的事件;

e) 测试的大气条件和调节的持续时间;

f) 以毫米表示的测量结果(直径或圆周);

g) 与结果相关的基础统计:

——测试数量;

——平均值和标准偏差值。

附　录　A
（规范性附录）
校准标准棒

A.1　校准标准棒的基本特性

校准标准棒用于校准测量卷烟和滤棒直径（或圆周）的仪器。

参考校准标准棒应该是表面粗糙度约为 0.5 μm，并且已知直径和直径的重复性限的圆柱形金属棒。

工作校准标准棒应在 22 ℃±2 ℃的标准实验室条件下，通过参考标准棒进行校准，并应了解标准棒材料的热膨胀系数。

通过测量标准棒的中部和两端，用三处截面的最小测量直径来检查工作校准标准棒的椭圆度。

校准标准棒应有唯一的标识，并且应标有最小精度为 0.005 mm 的直径测定值。

A.2　校准仪器的步骤

为测定卷烟和滤棒圆周，进行仪器的校准和性能测试时应按照仪器说明书进行。

附 录 B
（资料性附录）
可能引起测量误差的有关信息

B.1 测量误差的原因

应保持最佳的测量条件以避免下列测量误差的产生。

剔除搭口凸起的(坏的)试样。

传输或接收扫描窗口上的灰尘或碎屑会产生不正确的测量结果，应按照仪器制造厂家的规定及时清洁。

在测量区域内试样的不正确放置将产生测量误差；试样应放置在与扫描光束呈直角的平面上；在垂直于扫描通道的平面中应避免试样的纵轴倾斜；扫描通道的倾斜角越大，测量误差也就越大，如图 B.1 所示。

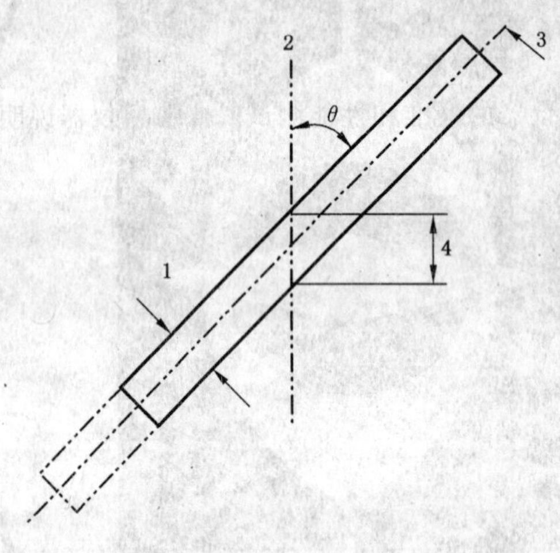

1——实际直径；
2——扫描轨道；
3——纵轴；
4——测量直径。

图 B.1 测量误差的示例

试样的偏心运动可以引起测量误差；这些将被限制，特别是对高椭圆度样品而言。

测量区域可以引起测量误差。

如果没有完整地旋转半圈，则可能发生一些误差。

B.2 误差量的计算

$$\Delta x = D\left(\frac{1}{\cos\theta} - 1\right) \quad \cdots\cdots\cdots\cdots(B.1)$$

式中：

Δx——测量误差；

D——实际直径，单位为毫米(mm)；

θ——相对于扫描通道的倾斜角，单位为度(°)。

附 录 C
（资料性附录）
卷烟和滤棒公称直径测定可选的测量技术

C.1 拉带测量法

C.1.1 原理

这种测量技术是使用一根带子，通过在60 g和100 g之间选择一个重量值的方法拉紧环绕卷烟或滤棒圆周的带子。

带子的一端附着传感器，传感器用于将位移信号转换成电压信号，另一端固定在砝码上。

环绕样品的带子精确地符合样品圆周的外形。因此，直接根据样品圆周带子的剩余长度可测量出其圆周。

C.1.2 优点

带式测定仪的优点在于不管测试样品的外形如何都能精确地测量其圆周，同时能克服因试样搭口凸起以及其他技术导致的问题。圆周测定技术提供了测定公称直径的高分辨率。

C.1.3 缺点

带式测定仪的缺点在于所要求的砝码重量不能反映出对低密度产品的压缩影响，以及带式技术不能测定产品直径的最大值和最小值。

由圆周的测量值计算出公称直径。

注：所选择的砝码重量将影响直径的测量，特别是直接测量刚生产出来的卷烟的直径。

C.2 气动测量法

C.2.1 原理

气动桥环路装置可使气流稳定，环路分为两个通道，一路用于测量，另一路用于平衡。

压力计或压差传感器用来指示测量线和平衡线之间的压差，该压差是由放置于测量头中的试样的规格决定的。

该测量方法直接测量样品的横截面积，由此可以得出公称直径或圆周。

C.2.2 优点

该测量技术的优点是简便，无需多少技术支持，仅需要提供压缩空气。

压力计和刻度能很容易地读出圆周和直径值以及以毫米表示的偏差。

C.2.3 缺点

每个测头都有一个对应的测量范围，对于公称直径或圆周而言，一般是直径±0.25 mm（圆周±0.7 mm）。

测量结果会受到卷烟纸透气度和样品填充值的影响。

ICS 65.160
X 87

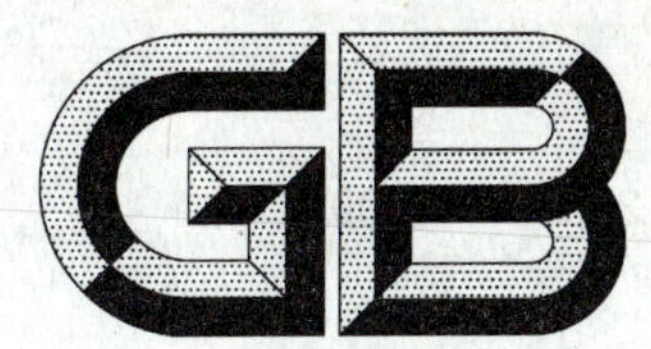

中华人民共和国国家标准

GB/T 22838.4—2009

卷烟和滤棒物理性能的测定 第4部分:卷烟质量

Determination of physical characteristics for cigarettes and filter rods—Part 4:Cigarettes weight

2009-04-03 发布　　2009-05-01 实施

中华人民共和国国家质量监督检验检疫总局
中国国家标准化管理委员会　发布

前　言

GB/T 22838《卷烟和滤棒物理性能的测定》分为18个部分：

——第1部分：卷烟包装和标识；

——第2部分：长度　光电法；

——第3部分：圆周　激光法；

——第4部分：卷烟质量；

——第5部分：卷烟吸阻和滤棒压降；

——第6部分：硬度；

——第7部分：卷烟含末率；

——第8部分：含水率；

——第9部分：卷烟空头；

——第10部分：爆口；

——第11部分：卷烟熄火；

——第12部分：卷烟外观；

——第13部分：滤棒圆度；

——第14部分：滤棒外观；

——第15部分：卷烟　通风的测定　定义和测量原理；

——第16部分：卷烟　端部掉落烟丝的测定　旋转笼法；

——第17部分：卷烟　端部掉落烟丝的测定　振动法；

——第18部分：卷烟　端部掉落烟丝的测定　旋转箱法。

本部分为GB/T 22838的第4部分。

本部分由国家烟草专卖局提出。

本部分由全国烟草标准化技术委员会(SAC/TC 144)归口。

本部分主要起草单位：国家烟草质量监督检验中心。

本部分主要起草人：李晓辉、辛宝珺、周德成、刘锋、周明珠、邢军。

卷烟和滤棒物理性能的测定
第4部分:卷烟质量

1 范围

GB/T 22838 的本部分规定了卷烟质量的测定方法。

本部分适用于卷烟。

2 规范性引用文件

下列文件中的条款通过 GB/T 22838 的本部分的引用而成为本部分的条款。凡是注日期的引用文件,其随后所有的修改单(不包括勘误的内容)或修订版均不适用于本部分,然而,鼓励根据本部分达成协议的各方研究是否可使用这些文件的最新版本。凡是不注日期的引用文件,其最新版本适用于本部分。

GB/T 5606.1 卷烟 第1部分:抽样

GB 5606.3—2005 卷烟 第3部分:包装、卷制技术要求及贮运

GB/T 16447 烟草和烟草制品 调节和测试的大气环境(GB/T 16447—2004,ISO 3402:1999,IDT)

3 仪器、设备

天平:精度为 0.001 g。

4 取样及样品制备

卷烟按照 GB/T 5606.1 抽取实验室样品并制备试样,按照 GB 5606.3—2005 中 6.3.6 制备试料。

5 测定步骤与结果表示

按 GB/T 16647 进行样品调节,并在相应的环境条件下测试。

5.1 在校准后的天平上逐支测定卷烟试样的质量。

5.2 质量的测定结果用克表示,精确至 0.001 g。

5.3 重复 5.1~5.2 的步骤,共测试 30 个试样。

6 测定报告

测定报告应包括以下内容:

——试样标志及说明;

——使用标准的编号;

——测定时间;

——使用仪器和型号;

——测定的环境条件;

——测定结果。

ICS 65.160
X 87

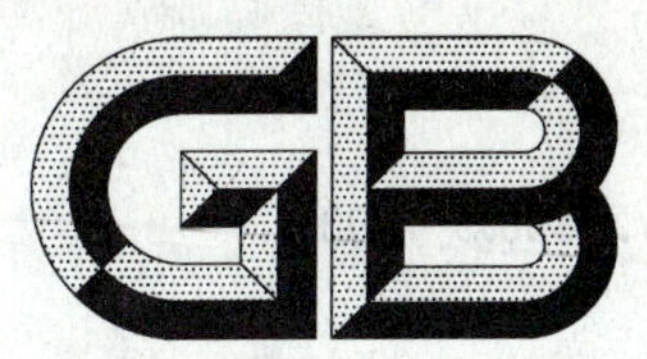

中华人民共和国国家标准

GB/T 22838.5—2009
代替 GB/T 18767—2002

卷烟和滤棒物理性能的测定
第5部分：卷烟吸阻和滤棒压降

Determination of physical characteristics for cigarettes and filter rods—Part 5: Cigarettes draw resistance and filter rods pressure drop

(ISO 6565:2002, Tobacco and tobacco products—Draw resistance of cigarettes and pressure drop of filter rods—Standard conditions and measurement, MOD)

2009-04-03 发布　　2009-05-01 实施

中华人民共和国国家质量监督检验检疫总局
中国国家标准化管理委员会　发布

前言

GB/T 22838《卷烟和滤棒物理性能的测定》分为18个部分：

——第1部分：卷烟包装和标识；

——第2部分：长度　光电法；

——第3部分：圆周　激光法；

——第4部分：卷烟质量；

——第5部分：卷烟吸阻和滤棒压降；

——第6部分：硬度；

——第7部分：卷烟含末率；

——第8部分：含水率；

——第9部分：卷烟空头；

——第10部分：爆口；

——第11部分：卷烟熄火；

——第12部分：卷烟外观；

——第13部分：滤棒圆度；

——第14部分：滤棒外观；

——第15部分：卷烟　通风的测定　定义和测量原理；

——第16部分：卷烟　端部掉落烟丝的测定　旋转笼法；

——第17部分：卷烟　端部掉落烟丝的测定　振动法；

——第18部分：卷烟　端部掉落烟丝的测定　旋转箱法。

本部分为GB/T 22838的第5部分。

本部分修改采用ISO 6565:2002《烟草及烟草制品　卷烟吸阻和滤棒压降　标准条件和测量》(英文版)。

本部分根据ISO 6565:2002重新起草，与ISO 6565:2002相比，存在少量技术性差异，这些技术性差异已编入正文，并在它们所涉及的条款的页边空白处用垂直单线标识，主要技术变化如下：

——增加了取样及样品制备。

为方便使用，与ISO 6565:2002相比，本部分还做了如下编辑性修改：

——删除了ISO 6565:2002的前言；

——取消了附录C、附录D。

本部分代替GB/T 18767—2002《烟草和烟草制品　卷烟吸阻和滤棒压降　标准条件和测量》。

本部分与GB/T 18767—2002的主要差异如下：

——增加样品的测定数量：30支。

本部分的附录A、附录B为规范性附录。

本部分由国家烟草专卖局提出。

本部分由全国烟草标准化技术委员会(SAC/TC 144)归口。

本部分主要起草单位：国家烟草质量监督检验中心。

本部分主要起草人：周德成、周明珠、邢军、刘锋、冯茜、李晓辉。

本部分所代替标准的历次版本发布情况为：

——GB/T 18767—2002。

卷烟和滤棒物理性能的测定
第5部分:卷烟吸阻和滤棒压降

1 范围

GB/T 22838的本部分规定了卷烟吸阻和滤棒压降的测定方法。

本部分适用于卷烟和滤棒。

2 规范性引用文件

下列文件中的条款通过GB/T 22838的本部分的引用而成为本部分的条款。凡是注日期的引用文件,其随后所有的修改单(不包括勘误的内容)或修订版均不适用于本部分,然而,鼓励根据本部分达成协议的各方研究是否可使用这些文件的最新版本。凡是不注日期的引用文件,其最新版本适用于本部分。

GB/T 5605—2002 烟草和烟草制品 醋酸纤维滤棒

GB/T 5606.1 卷烟 第1部分:抽样

GB 5606.3—2005 卷烟 第3部分:包装、卷制技术要求及贮运

GB/T 15270—2001 烟草和烟草制品 聚丙烯丝束滤棒

GB/T 16447 烟草和烟草制品 调节和测试的大气环境(GB/T 16447—2004,ISO 3402:1999,IDT)

3 术语和定义

下列术语和定义适用于GB/T 22838的本部分。

3.1

压降 pressure drop

通常指两端的静态压差。

——完全被密封于测量设备中,以确保无空气泄漏的试样的两端。

——被一稳定气流通过,且在标准条件下输出端流速为17.5 mL/s的气路两端。

在标准条件下,当以稳定的已知气流通过试样时,试样输出端的空气体积流量是17.5 mL/s。

3.2

吸阻 draw resistance

将卷烟密封于测量设备中,输出端插入深度为9 mm,在GB/T 16447的标准条件下维持输出端流速为17.5 mL/s而对输出端施加的负压。

注1:所有通风区域和烟支应暴露于大气中。

注2:测量结果应用帕斯卡表示。以mm H_2O表示的值如果换算为帕斯卡可采用:1 mm H_2O=9.806 65 Pa。

注3:有时吸阻也可以在烟支被消费者或评吸组抽吸时主观的判断给出。在这种情况下,由于不符合正式定义的条件,吸阻并不是客观测量出来的。

3.3

输入端 input end

试样点火的一端(如卷烟)。

3.4

输出端 output end

与输入端相对应的一端。

3.5

标准气流方向　standard direction of flow

由输入端指向输出端的方向。

注：对滤棒而言，输出端和输入端由气流方向确定。

4 测试条件

4.1 卷烟和滤棒共有的测试条件

4.1.1 常规条件：测试条件应保持稳定，并与仪器校准的条件一致。

4.1.2 空气流：空气流应从标准气流方向的输入端进入。

4.1.3 位置：试样的位置可以是水平或垂直的，但对于包括松散填充材料的中空产品应从垂直方向测试。

4.2 卷烟特有的测试条件——卷烟的插入

卷烟的输出端插入测试仪包覆深度应为 9 mm。

4.3 滤棒特有的测试条件——包覆

滤棒应完全包覆于测试仪中，滤棒的包覆层应不漏气。

5 仪器设备

5.1 测定卷烟吸阻和滤棒压降的仪器应满足以下要求：

——气流流量：(17.5±0.3)mL/s；

——测头：满足第 4 章的要求；

——量程：≥5 kPa；分辨率：10 Pa；

——测定值显示精度：10 Pa。

5.2 一组标准棒：两支标准棒标准值相差不小于 1 kPa；标准棒准确度(相对误差)为 1%。

6 取样及样品制备

卷烟按照 GB/T 5606.1 抽取实验室样品并制备试样，按照 GB 5606.3—2005 中 6.3.1 制备试料。

醋酸纤维滤棒按照 GB/T 5605—2002 中 6.1 抽取实验室样品，按照 5.3 制备试料。

聚丙烯丝束滤棒按照 GB/T 15270—2001 中 6.2 抽取实验室样品，按照 6.3.2 制备试料。

7 测定步骤

按照 GB/T 16447 进行样品调节，并在相应的环境条件下测试。

7.1 接通仪器电源，预热使其稳定。

7.2 接通气路。

7.3 用标准棒校准仪器，使仪器示值与标准棒的标准相对误差不超过 1%。每天至少校准一次，如果温度变化 2 ℃或是相对湿度变化 5%，都应重新校准仪器。

7.4 把试样插入测试仪中，卷烟试样输出端插入测试仪包覆的深度为 9 mm，滤棒试样完全包覆于测试仪中，包覆层应不漏气。

7.5 吸阻或压降读数之前，让试样留在测试仪中直到读数稳定。低吸阻或压降，如低于 2 000 Pa(大约 200 mm H_2O)，保留时间为 2 s～3 s；而高吸阻或压降，如高于 4 000 Pa(大约 400 mm H_2O)，保留时间为 4 s～6 s。

7.6 重复 7.4～7.5 的步骤，共测试 30 个试样。

8 结果表示

——平均吸阻或压降：以帕斯卡为单位的精确至 10 Pa(以毫米水柱为单位的精确至 1 mmH_2O)；

——吸阻或压降的标准偏差：以帕斯卡为单位的精确至 1 Pa（以毫米水柱为单位的精确至 0.1 mmH_2O）。

9 精确度

9.1 重复性（*r*）

同一实验室，同一检测仪器，同一操作者，同一方法，同一检测材料，在较短的时间间隔中，两个独立实验结果的绝对差值，95%控制在表 1（卷烟）和表 2（滤棒）给定值范围内。

表 1 卷烟重复性限（*r*）范围

重复性限 r/Pa	重复性限 r/mmH_2O
23	2.3

表 2 滤棒重复性限（*r*）范围

重复性限 r/Pa	重复性限 r/mmH_2O
$0.007\times m^*$	$0.007\times m^*$
注：m^* 是以帕斯卡或毫米水柱为单位的压降平均值。	

9.2 再现性（*R*）

不同的实验室，不同的检测仪器，不同的操作者，用同一方法，同一检测材料，两个单独试验结果的绝对差值，95%控制在表 3（卷烟）和表 4（滤棒）给定值的范围之内。

表 3 卷烟再现性限（*R*）范围

再现性限 R/Pa	再现性限 R/mmH_2O
57	5.8

表 4 滤棒再现性限（*R*）范围

再现性限 R/Pa	再现性限 R/mmH_2O
$0.023\times m^*$	$0.023\times m^*$
注：m^* 是以帕斯卡或毫米水柱为单位的压降平均值。	

10 测定报告

测定报告应包括以下内容：

——试样标志及说明；

——使用标准的编号；

——测定时间；

——使用仪器和型号；

——测定的环境条件；

——测定结果。

附 录 A
（规范性附录）
用压降传递标准件校准吸阻或压降的测定仪器

A.1 仪器的校准

按照厂家的说明书对卷烟吸阻或滤棒压降仪器进行校准和检测，为获得最大的准确度，仪器的校准尽可能接近它的最大偏差，或者产品检测范围的最大值。

为了检查测量系统在校准过程中或者线性化过程中可能出现的空气泄漏，至少需要一个中间值的标准压降传递件，以得到中间范围的值。除中间值外，可以用一个接近于测试物吸阻或压降的标准件进行校准，该标准的压降值已标明。

A.2 步骤

使用前，将标准压降传递件的温度平衡到环境温度，按照厂家的要求，将标准压降传递件插入测量位置，当读数稳定后，继续如下的校准步骤：

a) 对于由临界孔板流量计(CFO)确定的体积流量为 17.5 mL/s 的真空(吸气)仪器，不能调节流量，而只能调节电子屏幕显示标准件的值。

b) 对于带有流量控制的压力(吹气)仪器，连接外部气压计和气体测定环路并调整流量控制器，直到气压计显示标准件的值。然后，调整电子屏幕以显示标准件的值。

c) 对于液柱(吹气)仪器，首先调整液位至零刻度，然后插入标准件到测量位置，当液柱稳定后，调整流量控制器直到气压计指示标准件上标明的值。

附 录 B
（规范性附录）
压降传递标准件的校准

B.1 标准件的基本特性

压降传递标准件用来校准测量仪器，以测定卷烟吸阻和滤棒压降。压降传递标准件应由不受使用年限影响的惰性材料制成。

标准件：

——应与典型的卷烟大小、形状十分相似；

——应具有吸阻或压降可重复值；

——不易受环境影响而产生变化。

通过压降标准件的空气流应是层流形态。

B.2 步骤

实验室测试的大气条件应符合 GB/T 16447 的规定。

标准件的输出端应连接能够产生恒定体积空气流的抽吸源，标准件输出端的体积流量(17.5±0.3)mL/s 应由不会产生对等影响的气体校准器确定，空气应持续流动直到系统达到热平衡。

标准件输出端和大气静态压差，由稳定条件下的受控气体通过时测出，以帕斯卡(或毫米水柱)表示的压降值应在标准件上标明，参考值也应标明在标准件上，以供校准的可追溯性。

校准装置见图 B.1。

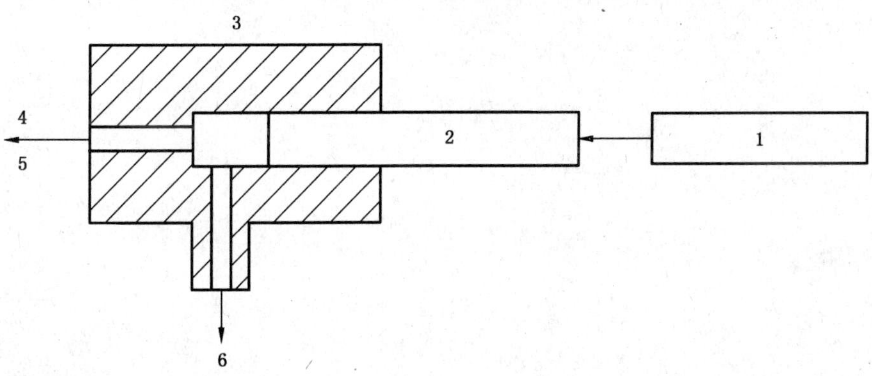

1——符合 GB/T 16447 测试的大气；
2——压降传递标准件；
3——连接件；
4——空气流；
5——抽吸源，(17.5±0.3)mL/s；
6——压力转换器。

图 B.1 校准装置

ICS 65.160
X 87

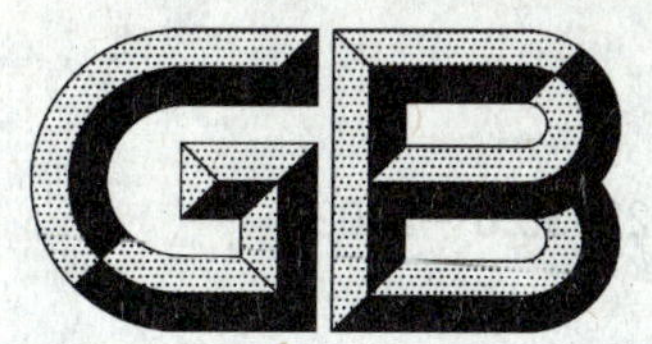

中华人民共和国国家标准

GB/T 22838.6—2009

卷烟和滤棒物理性能的测定 第6部分：硬度

Determination of physical characteristics for cigarettes and filter rods—Part 6: Hardness

2009-04-03 发布　　2009-05-01 实施

中华人民共和国国家质量监督检验检疫总局
中国国家标准化管理委员会　发布

前　言

GB/T 22838《卷烟和滤棒物理性能的测定》分为18个部分：

——第1部分：卷烟包装和标识；

——第2部分：长度　光电法；

——第3部分：圆周　激光法；

——第4部分：卷烟质量；

——第5部分：卷烟吸阻和滤棒压降；

——第6部分：硬度；

——第7部分：卷烟含末率；

——第8部分：含水率；

——第9部分：卷烟空头；

——第10部分：爆口；

——第11部分：卷烟熄火；

——第12部分：卷烟外观；

——第13部分：滤棒圆度；

——第14部分：滤棒外观；

——第15部分：卷烟　通风的测定　定义和测量原理；

——第16部分：卷烟　端部掉落烟丝的测定　旋转笼法；

——第17部分：卷烟　端部掉落烟丝的测定　振动法；

——第18部分：卷烟　端部掉落烟丝的测定　旋转箱法。

本部分为GB/T 22838的第6部分。

本部分由国家烟草专卖局提出。

本部分由全国烟草标准化技术委员会(SAC/TC 144)归口。

本部分主要起草单位：国家烟草质量监督检验中心。

本部分主要起草人：周德成、邢军、刘锋、周明珠、李晓辉、冯晓民。

卷烟和滤棒物理性能的测定
第6部分:硬度

1 范围

GB/T 22838 的本部分规定了卷烟和滤棒硬度的测定方法。

本部分适用于卷烟和滤棒。

2 规范性引用文件

下列文件中的条款通过 GB/T 22838 的本部分的引用而成为本部分的条款。凡是注日期的引用文件,其随后所有的修改单(不包括勘误的内容)或修订版均不适用于本部分,然而,鼓励根据本部分达成协议的各方研究是否可使用这些文件的最新版本。凡是不注日期的引用文件,其最新版本使用于本部分。

GB/T 5605—2002 烟草和烟草制品 醋酸纤维滤棒

GB/T 5606.1 卷烟 第1部分:抽样

GB 5606.3—2005 卷烟 第3部分:包装、卷制技术要求及贮运

GB/T 15270—2001 烟草和烟草制品 聚丙烯丝束滤棒

GB/T 16447 烟草和烟草制品 调节和测试的大气环境(GB/T 16447—2004,ISO 3402:1999,IDT)

3 原理

在一定的时间内,试样的径向受到一定压力,试样受压后与受压前直径的百分比即为硬度。

4 仪器设备

4.1 测定硬度所需要的仪器应满足以下要求:

——一个能对试样施加径向点压的装置。

——压头:应为直径为(12.00±0.01)mm 的圆形平面,可以对试样施加预压力,预压力不大于0.196 N(20 g),预压时间(1.0±0.5)s;施压速度(0.55±0.05)mm/s,施压负荷(2.94±0.01)N,压缩时间(15±1)s。

——压陷量的计算应为施加预压力后,压缩(测定)前压头的初始位置到压缩 15 s 时压头的位移量。

——试样挡板:应固定在仪器上,使试样在受压时不能移动。在测试区域,应至少有(20.0 mm×20.0 mm)的矩形平面,使试样所受压力均匀分布。

——量程 0 mm~4 mm,分辨力 0.01 mm,准确度 0.02 mm。

4.2 标准棒:准确度(压陷量)0.003 mm。

5 取样及样品制备

卷烟按照 GB/T 5606.1 抽取实验室样品并制备试样,按照 GB 5606.3—2005 中 6.3.4 制备试料。

醋酸纤维滤棒按照 GB/T 5605—2002 中 6.1 抽取实验室样品,按照 5.4 制备试料。

聚丙烯丝束滤棒按照 GB/T 15270—2001 中 6.2 抽取实验室样品,按照 6.3.2 制备试料。

6 测定步骤

按照 GB/T 16447 进行样品调节，并在相应的环境条件下测试。

6.1 接通仪器电源，预热使其稳定。

6.2 按仪器操作规程进行校准，使仪器的显示值与标准棒的标定值相符合。

6.3 将试样置于仪器试样挡板上，使压头位于试样中部的有效测量部位。

6.4 压缩试样前，应对试样施加预压力，测量压缩前试样直径，预压时间应控制在(1.0±0.5)s。

6.5 驱动仪器施压装置，同时启动计时器。

6.6 (15±1)s 时，除去施压负荷，由仪器显示试样的压陷量或压缩后试样直径，或直接打印硬度测定结果。

6.7 重复 6.3～6.6 的步骤，共测试 30 个试样。

7 结果表示

7.1 计算

硬度按式(1)计算：

$$H = \frac{D-a}{D} \times 100 = \frac{d}{D} \times 100 \qquad \cdots\cdots(1)$$

式中：

H——硬度，%；

a——压陷量，单位为毫米(mm)；

D——压缩前试样直径，单位为毫米(mm)；

d——压缩后试样直径，单位为毫米(mm)。

7.2 硬度测定结果用百分数表示，精确至 0.1%。

8 测定报告

测定报告应包括以下内容：

——试样标志及说明；

——使用标准的编号；

——测定时间；

——使用仪器和型号；

——测定的环境条件；

——测定结果。

ICS 65.160
X 87

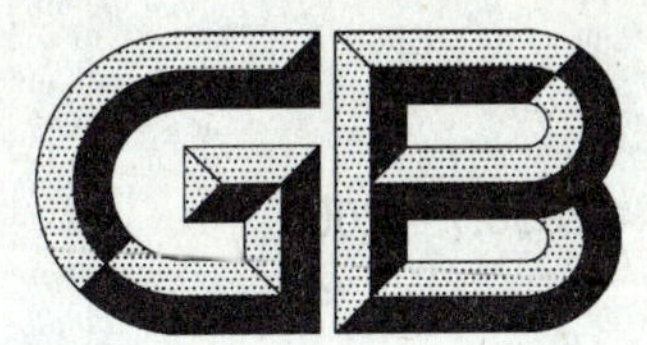

中华人民共和国国家标准

GB/T 22838.7—2009

卷烟和滤棒物理性能的测定 第7部分：卷烟含末率

Determination of physical characteristics for cigarettes and filter rods—Part 7: Cigarettes dust content

2009-04-03 发布　　2009-05-01 实施

中华人民共和国国家质量监督检验检疫总局
中国国家标准化管理委员会　发布

前言

GB/T 22838《卷烟和滤棒物理性能的测定》分为18个部分：

——第1部分：卷烟包装和标识；

——第2部分：长度　光电法；

——第3部分：圆周　激光法；

——第4部分：卷烟质量；

——第5部分：卷烟吸阻和滤棒压降；

——第6部分：硬度；

——第7部分：卷烟含末率；

——第8部分：含水率；

——第9部分：卷烟空头；

——第10部分：爆口；

——第11部分：卷烟熄火；

——第12部分：卷烟外观；

——第13部分：滤棒圆度；

——第14部分：滤棒外观；

——第15部分：卷烟　通风的测定　定义和测量原理；

——第16部分：卷烟　端部掉落烟丝的测定　旋转笼法；

——第17部分：卷烟　端部掉落烟丝的测定　振动法；

——第18部分：卷烟　端部掉落烟丝的测定　旋转箱法。

本部分为GB/T 22838的第7部分。

本部分由国家烟草专卖局提出。

本部分由全国烟草标准化技术委员会(SAC/TC 144)归口。

本部分主要起草单位：国家烟草质量监督检验中心。

本部分主要起草人：周明珠、周德成、李晓辉、邢军、刘锋。

卷烟和滤棒物理性能的测定 第7部分:卷烟含末率

1 范围

GB/T 22838 的本部分规定了卷烟含末率的测定方法。

本部分适用于卷烟。

2 规范性引用文件

下列文件中的条款通过 GB/T 22838 的本部分的引用而成为本部分的条款。凡是注日期的引用文件,其随后所有的修改单(不包括勘误的内容)或修订版均不适用于本部分,然而,鼓励根据本部分达成协议的各方研究是否可使用这些文件的最新版本。凡是不注日期的引用文件,其最新版本适用于本部分。

GB/T 5606.1 卷烟 第1部分:抽样

GB 5606.3—2005 卷烟 第3部分:包装、卷制技术要求及贮运

GB/T 16447 烟草和烟草制品 调节和测试的大气环境(GB/T 16447—2004,ISO 3402:1999,IDT)

3 仪器设备

3.1 天平:量程≥50 g,精度为 0.001 g。

3.2 含末率测定仪应满足以下要求:

——筛网面积:(21.0 cm±0.5 cm)×(17.0 cm±0.5 cm);

——筛网孔径:(0.63±0.06)mm;

——摇动时间:(25±1)s;

——振动频率:(192±5)次/min;

——振幅:(2.0±0.2)cm。

3.3 其他工具:样品盒、刀片、手套、毛刷等。

4 取样及样品制备

按照 GB/T 5606.1 抽取实验室样品并制备试样,按照 GB 5606.3—2005 中 6.3.9 制备试料。

5 测定步骤

按照 GB/T 16447 进行样品调节,并在相应环境下测试。

5.1 用刀片轻轻划开卷烟纸,取出烟丝并称重,精确至 0.001 g。

5.2 将称重后的烟丝轻轻松开,小心均匀地平摊在测定仪的筛网上。启动仪器,待振动 25 s 或 80 次后,仪器自动停止,用毛刷仔细地将筛出的烟末收集起来并称重,精确至 0.001 g。

5.3 在整个测定过程中,应避免人为使烟丝造碎。

6 结果表示

6.1 含末率按式(1)计算:

$$Y = \frac{m_1}{m_2} \times 100 \qquad \cdots\cdots(1)$$

式中：

Y——卷烟含末率，%；

m_1——烟末质量，单位为克(g)；

m_2——烟丝质量，单位为克(g)。

6.2 卷烟含末率测定结果用百分数表示，精确至0.01%。

7 测定报告

测定报告应包括以下内容：

——试样标志及说明；

——使用标准的编号；

——测定时间；

——使用仪器和型号；

——测定的环境条件；

——测定结果。

ICS 65.160
X 87

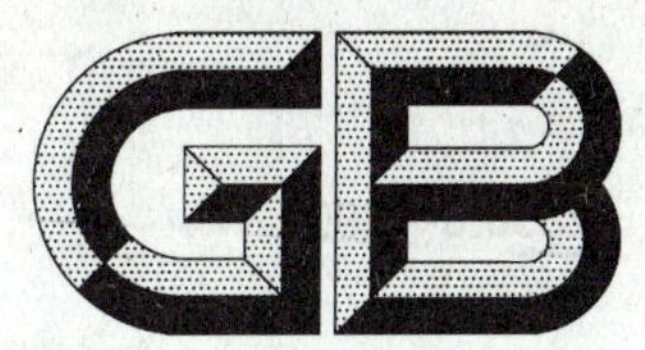

中华人民共和国国家标准

GB/T 22838.8—2009

卷烟和滤棒物理性能的测定
第8部分:含水率

Determination of physical characteristics for cigarettes and filter rods—Part 8:Moisture

2009-04-03 发布　　2009-05-01 实施

中华人民共和国国家质量监督检验检疫总局
中国国家标准化管理委员会　发布

前　言

GB/T 22838《卷烟和滤棒物理性能的测定》分为 18 个部分：

——第 1 部分：卷烟包装和标识；

——第 2 部分：长度　光电法；

——第 3 部分：圆周　激光法；

——第 4 部分：卷烟质量；

——第 5 部分：卷烟吸阻和滤棒压降；

——第 6 部分：硬度；

——第 7 部分：卷烟含末率；

——第 8 部分：含水率；

——第 9 部分：卷烟空头；

——第 10 部分：爆口；

——第 11 部分：卷烟熄火；

——第 12 部分：卷烟外观；

——第 13 部分：滤棒圆度；

——第 14 部分：滤棒外观；

——第 15 部分：卷烟　通风的测定　定义和测量原理；

——第 16 部分：卷烟　端部掉落烟丝的测定　旋转笼法；

——第 17 部分：卷烟　端部掉落烟丝的测定　振动法；

——第 18 部分：卷烟　端部掉落烟丝的测定　旋转箱法。

本部分为 GB/T 22838 的第 8 部分。

本部分由国家烟草专卖局提出。

本部分由全国烟草标准化技术委员会(SAC/TC 144)归口。

本部分主要起草单位：国家烟草质量监督检验中心。

本部分主要起草人：周德成、李晓辉、周明珠、邢军、刘锋。

卷烟和滤棒物理性能的测定
第8部分:含水率

1 范围

GB/T 22838的本部分规定了卷烟和滤棒含水率的测定方法。

本部分适用于卷烟和滤棒。

2 规范性引用文件

下列文件中的条款通过GB/T 22838的本部分的引用而成为本部分的条款。凡是注日期的引用文件,其随后所有的修改单(不包括勘误的内容)或修订版均不适用于本部分,然而,鼓励根据本部分达成协议的各方研究是否可使用这些文件的最新版本。凡是不注日期的引用文件,其最新版本适用于本部分。

GB/T 5605—2002 烟草和烟草制品 醋酸纤维滤棒

GB/T 5606.1 卷烟 第1部分:抽样

GB 5606.3—2005 卷烟 第3部分:包装、卷制技术要求及贮运

GB/T 15270—2001 烟草和烟草制品 聚丙烯丝束滤棒

3 原理

试样在规定的烘干温度下烘至恒重时,所减少的重量与试样原重量之比即为试样含水率,以百分比表示。

4 仪器设备

4.1 天平:量程≥50 g,精度为0.001 g。

4.2 电热鼓风干燥箱:温度波动度±1 ℃,温度均匀度±2 ℃。

4.3 样品盒:直径约64 mm,高约40 mm,要求密封性好。

4.4 其他工具:硅胶干燥器、手套、刀片、剪刀等。

5 取样及样品制备

卷烟按照GB/T 5606.1抽取实验室样品并制备试样,按照GB 5606.3—2005中6.3.5制备试料。

醋酸纤维滤棒按照GB/T 5605—2002中6.1抽取实验室样品,按照5.5制备试料。

聚丙烯丝束滤棒按照GB/T 15270—2001中6.2抽取实验室样品,按照6.3.3制备试料。

6 测定步骤

6.1 接通烘箱电源,打开加热开关及鼓风开关,并使通风口保持在半开状态,烘箱内温度稳定在(100±2)℃。

6.2 打开样品盒盖,将样品盒及样品盒盖一并置入烘箱中层鼓风干燥30 min,加盖取出样品盒并置入干燥器内,冷却至室温后称重,精确至0.001 g,再将样品盒立即置入干燥器内。

6.3 样品制备

6.3.1 卷烟样品制备

从每盒卷烟中各随机抽取卷烟 5 支左右，取出烟丝，置入一已知重量的样品盒中并及时称重，精确至 0.001 g；重复上述步骤，再制备一份样品。

注：根据单支卷烟烟丝重量确定取样数量，保证每个样品盒中烟丝总重达到 4 g～6 g 之间，并注意及时加盖并称重。

6.3.2 醋酸纤维滤棒和聚丙烯丝束滤棒样品制备

取出 20 支滤棒试样，逐支剪成 1 cm 左右的小段，混合均匀后分为两份，分别置于两个已知重量的样品盒内，及时盖好盒盖并立即称重，精确至 0.001 g。

6.4 打开样品盒盖，置入烘箱中层鼓风干燥，样品盒放置密度不小于 1 个/120 cm^2；待温度回升并保持在(100±2)℃时开始计时。

6.5 计时至 2 h，加盖取出样品盒并置入干燥器内，冷却至室温后称重，精确至 0.001 g。

6.6 测定人员在测定过程中应戴上细纱手套。

7 结果表示

7.1 含水率按式(1)计算：

$$W = \frac{m_1 - m_2}{m_1} \times 100 \qquad \cdots\cdots\cdots\cdots(1)$$

式中：

W——含水率，%；

m_1——烘前烟丝(滤棒)重量，单位为克(g)；

m_2——烘后烟丝(滤棒)重量，单位为克(g)。

7.2 含水率的测定结果以平行试验结果的平均值表示，精确至 0.01%。

7.3 平行试验结果的绝对差若大于 0.30%，则应重新抽样试验。

8 测定报告

测定报告应包括以下内容：

——试样标志及说明；

——使用标准的编号；

——测定时间；

——使用仪器和型号；

——测定结果。

ICS 65.160
X 87

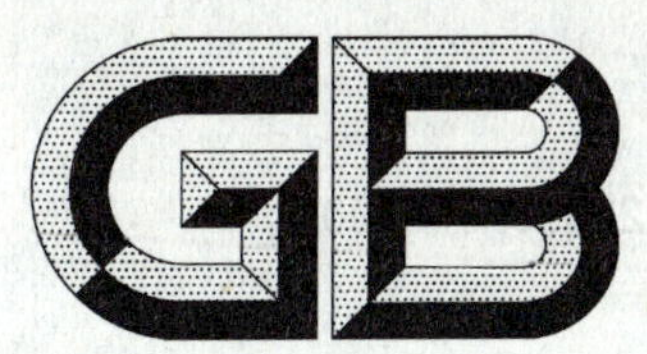

中华人民共和国国家标准

GB/T 22838.9—2009

卷烟和滤棒物理性能的测定
第9部分:卷烟空头

Determination of physical characteristics for cigarettes and filter rods—Part 9: Cigarettes loose end

2009-04-03 发布 2009-05-01 实施

中华人民共和国国家质量监督检验检疫总局
中国国家标准化管理委员会 发布

前言

GB/T 22838《卷烟和滤棒物理性能的测定》分为 18 个部分：

——第 1 部分：卷烟包装和标识；

——第 2 部分：长度　光电法；

——第 3 部分：圆周　激光法；

——第 4 部分：卷烟质量；

——第 5 部分：卷烟吸阻和滤棒压降；

——第 6 部分：硬度；

——第 7 部分：卷烟含末率；

——第 8 部分：含水率；

——第 9 部分：卷烟空头；

——第 10 部分：爆口；

——第 11 部分：卷烟熄火；

——第 12 部分：卷烟外观；

——第 13 部分：滤棒圆度；

——第 14 部分：滤棒外观；

——第 15 部分：卷烟　通风的测定　定义和测量原理；

——第 16 部分：卷烟　端部掉落烟丝的测定　旋转笼法；

——第 17 部分：卷烟　端部掉落烟丝的测定　振动法；

——第 18 部分：卷烟　端部掉落烟丝的测定　旋转箱法。

本部分为 GB/T 22838 的第 9 部分。

本部分由国家烟草专卖局提出。

本部分由全国烟草标准化技术委员会(SAC/TC 144)归口。

本部分主要起草单位：国家烟草质量监督检验中心。

本部分主要起草人：周明珠、周德成、李晓辉、邢军、刘锋。

卷烟和滤棒物理性能的测定 第9部分:卷烟空头

1 范围

GB/T 22838 的本部分规定了卷烟空头的测定方法。

本部分适用于卷烟。

2 规范性引用文件

下列文件中的条款通过 GB/T 22838 的本部分的引用而成为本部分的条款。凡是注日期的引用文件,其随后所有的修改单(不包括勘误的内容)或修订版均不适用于本部分,然而,鼓励根据本部分达成协议的各方研究是否可使用这些文件的最新版本。凡是不注日期的引用文件,其最新版本适用于本部分。

GB/T 5606.1 卷烟 第1部分:抽样

GB 5606.3—2005 卷烟 第3部分:包装、卷制技术要求及贮运

3 工具

圆柱形毫米尺:直径 2.5 mm,量程≥5 mm,分度值 0.5 mm,准确度 0.1 mm。

4 取样及样品制备

按照 GB/T 5606.1 抽取实验室样品并制备试样,按照 GB 5606.3—2005 中 6.5.1 制备试料。

5 测定步骤及结果表示

5.1 打开小盒包装,轻轻取出烟支。

5.2 目测烟支端面烟丝空陷面积的大小,用空陷面积与烟支端面面积的分数比表示(如 1/3、1/4 等)。

5.3 若烟丝空陷面积比超过 GB 5606.3—2005 中 5.3.2 的规定限度,用圆柱形毫米尺测量烟丝空陷深度,深度测量结果用毫米表示,精确至 0.1 mm。

6 测定报告

测定报告应包括以下内容:

——试样标志及说明;

——使用标准的编号;

——测定时间;

——使用仪器和型号;

——测定结果。

ICS 65.160
X 87

中华人民共和国国家标准

GB/T 22838.10—2009

卷烟和滤棒物理性能的测定
第10部分:爆口

Determination of physical characteristics for cigarettes and filter rods—Part 10:Open seam

2009-04-03 发布 2009-05-01 实施

中华人民共和国国家质量监督检验检疫总局
中国国家标准化管理委员会 发布

前 言

GB/T 22838《卷烟和滤棒物理性能的测定》分为18个部分：

——第1部分：卷烟包装和标识；
——第2部分：长度 光电法；
——第3部分：圆周 激光法；
——第4部分：卷烟质量；
——第5部分：卷烟吸阻和滤棒压降；
——第6部分：硬度；
——第7部分：卷烟含末率；
——第8部分：含水率；
——第9部分：卷烟空头；
——第10部分：爆口；
——第11部分：卷烟熄火；
——第12部分：卷烟外观；
——第13部分：滤棒圆度；
——第14部分：滤棒外观；
——第15部分：卷烟 通风的测定 定义和测量原理；
——第16部分：卷烟 端部掉落烟丝的测定 旋转笼法；
——第17部分：卷烟 端部掉落烟丝的测定 振动法；
——第18部分：卷烟 端部掉落烟丝的测定 旋转箱法。
——本部分为GB/T 22838的第10部分。

本部分由国家烟草专卖局提出。

本部分由全国烟草标准化技术委员会(SAC/TC 144)归口。

本部分主要起草单位：国家烟草质量监督检验中心。

本部分主要起草人：周德成、周明珠、李晓辉、邢军、刘锋。

卷烟和滤棒物理性能的测定
第10部分:爆口

1 范围

GB/T 22838的本部分规定了卷烟和滤棒爆口的测定方法。

本部分适用于卷烟和滤棒。

2 规范性引用文件

下列文件中的条款通过GB/T 22838的本部分的引用而成为本部分的条款。凡是注日期的引用文件,其随后所有的修改单(不包括勘误的内容)或修订版均不适用于本部分,然而,鼓励根据本部分达成协议的各方研究是否可使用这些文件的最新版本。凡是不注日期的引用文件,其最新版本适用于本部分。

GB/T 5605—2002 烟草和烟草制品 醋酸纤维滤棒

GB/T 5606.1 卷烟 第1部分:抽样

GB 5606.3—2005 卷烟 第3部分:包装、卷制技术要求及贮运

GB/T 15270—2001 烟草和烟草制品 聚丙烯丝束滤棒

GB/T 16447 烟草和烟草制品 调节和测试的大气环境(GB/T 16447—2004,ISO 3402:1999,IDT)

3 工具

钢尺:量程≥150 mm,分度值0.5 mm,准确度0.1 mm。

4 取样及样品制备

卷烟按照GB/T 5606.1抽取实验室样品并制备试样,按照GB 5606.3—2005中6.5.3制备试料。

醋酸纤维滤棒按照GB/T 5605—2002中6.1抽取实验室样品,按照5.7.2制备试料。

聚丙烯丝束滤棒按照GB/T 15270—2001中6.2抽取实验室样品,按照6.3.4制备试料。

5 测定步骤及结果表示

聚丙烯丝束滤棒和醋酸纤维滤棒按照GB/T 16647进行样品调节,并在相应的环境条件下测试;卷烟样品可不按照GB/T 16647的要求进行调节和测试。

5.1 用两手拇指与食指分别捏住烟支或滤棒两端,轻轻扭转90°一次,若在搭口处爆开,用钢尺测量其爆开长度及烟支或滤棒长度,用毫米表示,精确至1 mm,计算搭口爆开长度占烟支或滤棒长度的比例,用分数比表示(如1/3、1/4等)。

5.2 逐支记录卷烟或滤棒搭口爆开长度的比例。

6 测定报告

测定报告应包括以下内容:

——试样标志及说明;

——使用标准的编号;

——测定时间；
——使用仪器和型号；
——测定的环境条件；
——测定结果。

ICS 65.160
X 87

中华人民共和国国家标准

GB/T 22838.11—2009

卷烟和滤棒物理性能的测定 第11部分:卷烟熄火

Determination of physical characteristics for cigarettes and filter rods—Part 11:Cigarettes extinguish

2009-04-03 发布

2009-05-01 实施

中华人民共和国国家质量监督检验检疫总局
中国国家标准化管理委员会 发布

前言

GB/T 22838《卷烟和滤棒物理性能的测定》分为18个部分：

——第1部分：卷烟包装和标识；

——第2部分：长度 光电法；

——第3部分：圆周 激光法；

——第4部分：卷烟质量；

——第5部分：卷烟吸阻和滤棒压降；

——第6部分：硬度；

——第7部分：卷烟含末率；

——第8部分：含水率；

——第9部分：卷烟空头；

——第10部分：爆口；

——第11部分：卷烟熄火；

——第12部分：卷烟外观；

——第13部分：滤棒圆度；

——第14部分：滤棒外观；

——第15部分：卷烟 通风的测定 定义和测量原理；

——第16部分：卷烟 端部掉落烟丝的测定 旋转笼法；

——第17部分：卷烟 端部掉落烟丝的测定 振动法；

——第18部分：卷烟 端部掉落烟丝的测定 旋转箱法。

本部分为GB/T 22838的第11部分。

本部分由国家烟草专卖局提出。

本部分由全国烟草标准化技术委员会(SAC/TC 144)归口。

本部分起草单位：国家烟草质量监督检验中心。

本部分主要起草人：周德成、周明珠、李晓辉、邢军、刘锋。

卷烟和滤棒物理性能的测定
第11部分:卷烟熄火

1 范围

GB/T 22838的本部分规定了卷烟熄火的测定方法。

本部分适用于卷烟。

2 规范性引用文件

下列文件中的条款通过GB/T 22838的本部分的引用而成为本部分的条款。凡是注日期的引用文件,其随后所有的修改单(不包括勘误的内容)或修订版均不适用于本部分,然而,鼓励根据本部分达成协议的各方研究是否可使用这些文件的最新版本。凡是不注日期的引用文件,其最新版本适用于本部分。

GB/T 5606.1 卷烟 第1部分:抽样

GB 5606.3—2005 卷烟 第3部分:包装、卷制技术要求及贮运

3 仪器设备

3.1 点燃器。

3.2 卷烟阴燃架。

3.3 橡皮吸球。

3.4 钢尺:量程≥150 mm,分度值1.0 mm,准确度0.1 mm。

4 取样及样品制备

按照GB/T 5606.1抽取实验室样品并制备试样,按照GB 5606.3—2005中6.4制备试料。

5 测定步骤及结果表示

5.1 卷烟在点燃器上均匀点燃5 mm。

5.2 将点燃后的卷烟置于阴燃架上,卷烟轴线与水平面夹角应尽可能小,轴线向上偏离不应超过15°,向下偏离不应超过0°。

5.3 用钢尺测量卷烟阴燃后剩余卷烟纸的最短长度。

5.4 长度测量结果用毫米表示,精确至1 mm。

注:阴燃架不应放在空气对流的地方。

6 测定报告

测定报告应包括以下内容:

——试样标志及说明;

——使用标准的编号;

——测定时间;

——使用仪器和型号;

——测定结果。

ICS 65.160
X 87

中华人民共和国国家标准

GB/T 22838.12—2009

卷烟和滤棒物理性能的测定 第12部分:卷烟外观

Determination of physical characteristics for cigarettes and filter rods—Part 12:Cigarettes appearance

2009-04-03 发布　　2009-05-01 实施

中华人民共和国国家质量监督检验检疫总局
中国国家标准化管理委员会 发布

前言

GB/T 22838《卷烟和滤棒物理性能的测定》分为 18 个部分：

——第 1 部分：卷烟包装和标识；

——第 2 部分：长度　光电法；

——第 3 部分：圆周　激光法；

——第 4 部分：卷烟质量；

——第 5 部分：卷烟吸阻和滤棒压降；

——第 6 部分：硬度；

——第 7 部分：卷烟含末率；

——第 8 部分：含水率；

——第 9 部分：卷烟空头；

——第 10 部分：爆口；

——第 11 部分：卷烟熄火；

——第 12 部分：卷烟外观；

——第 13 部分：滤棒圆度；

——第 14 部分：滤棒外观；

——第 15 部分：卷烟　通风的测定　定义和测量原理；

——第 16 部分：卷烟　端部掉落烟丝的测定　旋转笼法；

——第 17 部分：卷烟　端部掉落烟丝的测定　振动法；

——第 18 部分：卷烟　端部掉落烟丝的测定　旋转箱法。

本部分为 GB/T 22838 的第 12 部分。

本部分由国家烟草专卖局提出。

本部分由全国烟草标准化技术委员会(SAC/TC 144)归口。

本部分起草单位：国家烟草质量监督检验中心。

本部分主要起草人：周德成、邢军、刘锋、李晓辉、周明珠、辛宝珺。

卷烟和滤棒物理性能的测定
第12部分:卷烟外观

1 范围

GB/T 22838的本部分规定了卷烟外观的测定方法。

本部分适用于卷烟。

2 规范性引用文件

下列文件中的条款通过GB/T 22838的本部分的引用而成为本部分的条款。凡是注日期的引用文件,其随后所有的修改单(不包括勘误的内容)或修订版均不适用于本部分,然而,鼓励根据本部分达成协议的各方研究是否可使用这些文件的最新版本。凡是不注日期的引用文件,其最新版本适用于本部分。

GB/T 5606.1 卷烟 第1部分:抽样

GB 5606.3—2005 卷烟 第3部分:包装、卷制技术要求及贮运

3 工具

3.1 钢尺:量程≥150 mm,分度值0.5 mm,准确度0.1 mm。

3.2 圆柱形毫米尺:直径2.5 mm,量程≥5 mm,分度值0.5 mm,准确度0.1 mm。

3.3 刀片。

4 取样及样品制备

按照GB/T 5606.1抽取实验室样品并制备试样,按照GB 5606.3—2005中6.5.2制备试料。

5 测定步骤

5.1 目测卷烟表面,若在接装纸与烟支接装部位有缝隙和泡起,用手沿该缝隙或泡起处掰开,目测烟支和滤嘴接装处卷烟纸切口是否完整,若卷烟纸切口至少有部分完整,则该卷烟漏气。

5.2 目测卷烟表面,若有刺破、孔洞,用钢尺测量刺破、孔洞的最大长度。

5.3 目测卷烟表面,若有油渍、黄斑、污点,用钢尺测量油渍、黄斑、污点等表面不洁的最大长度。

5.4 目测卷烟表面,若有露出烟末,用钢尺测量露出烟末的最大长度。

5.5 目测卷烟表面,若有环绕烟支一周或超过一周的皱纹或皱纹多于5点,可以不用测量;皱纹在3至5条之间,在皱纹两端做出标记,剖开卷烟,取出烟丝、丝束,展开卷烟纸和接装纸,用钢尺测量皱纹的最大长度及卷烟的周长,计算其占卷烟周长的比例。

5.6 目测卷烟端面缩头,用圆柱形毫米尺测量滤棒低于接装纸的最大深度。

5.7 目测卷烟端面触头,在触头处两端及触点最深处做出标记,剖开烟支,取出烟丝、丝束,展开卷烟纸和接装纸,用钢尺测量触头长度及烟支周长;并测量触点最大深度处到切口处长度,计算触头长度占圆周的比例。

5.8 目测卷烟搭口,有无破损、翘边。

5.9 目测滤嘴,有无变形或泡皱。

5.10 目测卷烟接装纸搭口,若粘贴不齐,用钢尺测量粘贴不齐部分的最大长度。

5.11 目测卷烟标志，有无模糊、重叠、残缺不全，倒置。

5.12 取剔除空头和外观其他缺陷卷烟后剩余的全部卷烟整齐摆放成一排，目测卷烟接装纸颜色、图案是否均匀一致，有无明显色差。

6 结果表示

6.1 详细记录测定中的各种缺陷情况，外观质量缺陷判定与分类按 GB 5606.3—2005 执行。

6.2 若同一支卷烟同时存在多项质量缺陷，应按缺陷扣分值最多的项目进行记录。

6.3 长度测量结果用毫米表示，精确至 0.1 mm。

7 测定报告

测定报告应包括以下内容：

——试样标志及说明；

——使用标准的编号；

——测定时间；

——使用仪器和型号；

——测定结果。

ICS 65.160
X 87

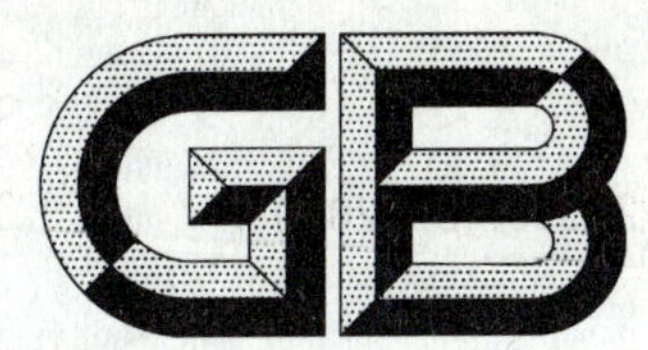

中华人民共和国国家标准

GB/T 22838.13—2009

卷烟和滤棒物理性能的测定 第13部分:滤棒圆度

Determination of physical characteristics for cigarettes and filter rods—Part 13: Filter rods roundness

2009-04-03 发布　　　　2009-05-01 实施

中华人民共和国国家质量监督检验检疫总局
中国国家标准化管理委员会　发布

前言

GB/T 22838《卷烟和滤棒物理性能的测定》分为18个部分：

——第1部分：卷烟包装和标识；

——第2部分：长度　光电法；

——第3部分：圆周　激光法；

——第4部分：卷烟质量；

——第5部分：卷烟吸阻和滤棒压降；

——第6部分：硬度；

——第7部分：卷烟含末率；

——第8部分：含水率；

——第9部分：卷烟空头；

——第10部分：爆口；

——第11部分：卷烟熄火；

——第12部分：卷烟外观；

——第13部分：滤棒圆度；

——第14部分：滤棒外观；

——第15部分：卷烟　通风的测定　定义和测量原理；

——第16部分：卷烟　端部掉落烟丝的测定　旋转笼法；

——第17部分：卷烟　端部掉落烟丝的测定　振动法；

——第18部分：卷烟　端部掉落烟丝的测定　旋转箱法。

本部分为GB/T 22838的第13部分。

本部分由国家烟草专卖局提出。

本部分由全国烟草标准化技术委员会(SAC/TC 144)归口。

本部分主要起草单位：国家烟草质量监督检验中心。

本部分主要起草人：周德成、李晓辉、周明珠、邢军、刘锋。

卷烟和滤棒物理性能的测定 第13部分:滤棒圆度

1 范围

GB/T 22838的本部分规定了滤棒圆度的测定方法。

本部分适用于滤棒。

2 规范性引用文件

下列文件中的条款通过GB/T 22838的本部分的引用而成为本部分的条款。凡是注日期的引用文件,其随后所有的修改单(不包括勘误的内容)或修订版均不适用于本部分,然而,鼓励根据本部分达成协议的各方研究是否可使用这些文件的最新版本。凡是不注日期的引用文件,其最新版本适用于本部分。

GB/T 5605—2002 烟草和烟草制品 醋酸纤维滤棒

GB/T 15270—2001 烟草和烟草制品 聚丙烯丝束滤棒

GB/T 16447 烟草和烟草制品 调节和测试的大气环境(GB/T 16447—2004,ISO 3402:1999,IDT)

3 原理

利用投影或光电的方法,分别测量滤棒的最大直径和最小直径,两直径之差即为圆度。

4 仪器设备

4.1 测定圆度所需要的仪器应满足以下要求:

——一个能产生平行光(激光或普通光)的光学系统;

——可以对试样进行至少100次的旋转投影或扫描测定;

——测头:测定过程中,试样连续转动至少180°;

——光电接收装置及数据处理系统;

——仪器测定结果(直径)准确度:0.01 mm。

4.2 标准棒:准确度(直径)0.005 mm。

5 取样及样品制备

醋酸纤维滤棒按照GB/T 5605—2002中6.1抽取实验室样品,按照5.6制备试料。

聚丙烯丝束滤棒按照GB/T 15270—2001中6.2抽取实验室样品,按照6.3.2制备试料。

6 测定步骤

按照GB/T 16447进行样品调节,并在相应的环境条件下测试。

6.1 用标准棒对仪器进行校准。

6.2 将试样置入测头内,使平行光束照射到试样中部的有效测量部位。

6.3 试样转动时,对试样进行投影或扫描。

6.4 光电接收装置及数据处理系统给出试样直径的最大值、最小值,或直接给出最大直径与最小直径之差。

6.5 重复6.2~6.4的步骤,共测试30支试样。

7 结果表示

7.1 计算

滤棒的圆度按式(1)计算：

$$R = D_1 - D_2 \quad \cdots\cdots(1)$$

式中：

R——滤棒圆度，单位为毫米(mm)；

D_1——滤棒直径的最大值，单位为毫米(mm)；

D_2——滤棒直径的最小值，单位为毫米(mm)。

7.2 圆度测定结果用毫米表示，精确至 0.01 mm。

8 测定报告

测定报告应包括以下内容：

——试样标志及说明；

——使用标准的编号；

——测定时间；

——使用仪器和型号；

——测定的环境条件；

——测定结果。

ICS 65.160
X 87

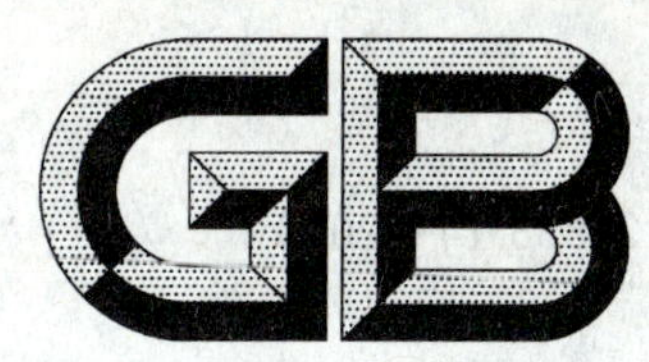

中华人民共和国国家标准

GB/T 22838.14—2009

卷烟和滤棒物理性能的测定
第14部分:滤棒外观

Determination of physical characteristics for cigarettes and filter rods—Part 14:Filter rods appearance

2009-04-03 发布　　2009-05-01 实施

中华人民共和国国家质量监督检验检疫总局
中国国家标准化管理委员会　发布

前　言

GB/T 22838《卷烟和滤棒物理性能的测定》分为18个部分:

——第1部分:卷烟包装和标识;

——第2部分:长度　光电法;

——第3部分:圆周　激光法;

——第4部分:卷烟质量;

——第5部分:卷烟吸阻和滤棒压降;

——第6部分:硬度;

——第7部分:卷烟含末率;

——第8部分:含水率;

——第9部分:卷烟空头;

——第10部分:爆口;

——第11部分:卷烟熄火;

——第12部分:卷烟外观;

——第13部分:滤棒圆度;

——第14部分:滤棒外观;

——第15部分:卷烟　通风的测定　定义和测量原理;

——第16部分:卷烟　端部掉落烟丝的测定　旋转笼法;

——第17部分:卷烟　端部掉落烟丝的测定　振动法;

——第18部分:卷烟　端部掉落烟丝的测定　旋转箱法。

本部分为GB/T 22838的第14部分。

本部分由国家烟草专卖局提出。

本部分由全国烟草标准化技术委员会(SAC/TC 144)归口。

本部分主要起草单位:国家烟草质量监督检验中心。

本部分主要起草人:周德成、李晓辉、周明珠、邢军、刘锋。

卷烟和滤棒物理性能的测定 第14部分:滤棒外观

1 范围

GB/T 22838 的本部分规定了滤棒外观的测定方法。

本部分适用于滤棒。

2 规范性引用文件

下列文件中的条款通过 GB/T 22838 的本部分的引用而成为本部分的条款。凡是注日期的引用文件,其随后所有的修改单(不包括勘误的内容)或修订版均不适用于本部分,然而,鼓励根据本部分达成协议的各方研究是否可使用这些文件的最新版本。凡是不注日期的引用文件,其最新版本适用于本部分。

GB/T 5605—2002 烟草和烟草制品 醋酸纤维滤棒

GB/T 15270—2001 烟草和烟草制品 聚丙烯丝束滤棒

GB/T 16447 烟草和烟草制品 调节和测试的大气环境(GB/T 16447—2004, ISO 3402:1999, IDT)

3 工具

3.1 钢尺:量程≥150 mm,分度值 0.5 mm,准确度 0.1 mm。

3.2 圆柱形毫米尺:直径 2.5 mm,量程≥5 mm,分度值 0.5 mm,准确度 0.1 mm。

4 取样及样品制备

醋酸纤维滤棒按照 GB/T 5605—2002 中 6.1 抽取实验室样品,按照 5.7 制备试料。

聚丙烯丝束滤棒按照 GB/T 15270—2001 中 6.2 抽取实验室样品,按照 6.3.4 制备试料。

5 测定步骤

5.1 目测滤棒两端有无毛渣、裂口、胶孔、白点、纤毛脱落。

5.2 目测滤棒两端切口,用刀片纵向剖开切口斜面的滤棒,取出丝束,展开成形纸,过端面线最低点作一条与搭口垂直的基准线;用钢尺测量端面线到基准线的最大高度。

5.3 用圆柱形毫米尺测量滤棒两端最大下陷深度。

5.4 目测表面有无皱折、破损,搭口有无翘边。

5.5 用钢尺测定表面不洁点的最大长度,并统计数量。

5.6 用钢尺测定弯曲滤棒的最大拱高。

5.7 用刀片沿搭口纵向剖开滤棒,分离成形纸和丝束,检查成形纸上有无粘接线。

5.8 用两手拇指与食指分别捏着滤棒两端,轻轻扭转 90°一次,目测搭口有无爆开,若爆开,用钢尺测量搭口爆开长度及滤棒长度,计算搭口爆开长度占滤棒长度的比例。

6 结果表示

6.1 详细记录测定中的各种情况,同一支滤棒存在多种情形时,记录时应加以注明。

6.2 长度测量结果用毫米表示，精确至0.1 mm。

7 测定报告

测定报告应包括以下内容：

——试样标志及说明；

——使用标准的编号；

——测定时间；

——使用仪器和型号；

——测定的环境条件；

——测定结果。

ICS 65.160
X 87

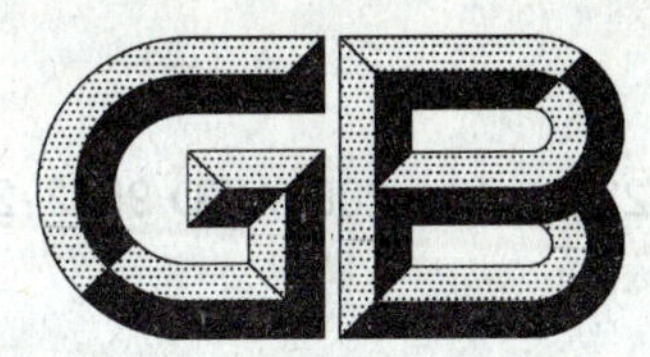

中华人民共和国国家标准

GB/T 22838.15—2009/ISO 9512:2002
代替 GB/T 19610—2004

卷烟和滤棒物理性能的测定 第15部分:卷烟 通风的测定 定义和测量原理

Determination of physical characteristics for cigarettes and filter rods—Part 15: Cigarettes—Determination of ventilation—Definitions and measurement principles

(ISO 9512:2002, Cigarettes—Determination of ventilation—Definitions and measurement principles, IDT)

2009-04-03 发布　　2009-05-01 实施

中华人民共和国国家质量监督检验检疫总局
中国国家标准化管理委员会　发布

前言

GB/T 22838《卷烟和滤棒物理性能的测定》分为18个部分：

——第1部分：卷烟包装和标识；

——第2部分：长度 光电法；

——第3部分：圆周 激光法；

——第4部分：卷烟质量；

——第5部分：卷烟吸阻和滤棒压降；

——第6部分：硬度；

——第7部分：卷烟含末率；

——第8部分：含水率；

——第9部分：卷烟空头；

——第10部分：爆口；

——第11部分：卷烟熄火；

——第12部分：卷烟外观；

——第13部分：滤棒圆度；

——第14部分：滤棒外观；

——第15部分：卷烟 通风的测定 定义和测量原理；

——第16部分：卷烟 端部掉落烟丝的测定 旋转笼法；

——第17部分：卷烟 端部掉落烟丝的测定 振动法；

——第18部分：卷烟 端部掉落烟丝的测定 旋转箱法。

本部分为GB/T 22838的第15部分。

本部分等同采用ISO 9512:2002《卷烟 通风的测定 定义和测量原理》(英文版)。

本部分作了下列编辑性修改：

——将"本国际标准"一词改为"本部分"；

——用小数点"."代替作为小数点的逗号","；

——删除国际标准的前言。

本部分代替GB/T 19610—2004《卷烟 通风的测定 定义和测量原理》。本部分与GB/T 19610—2004在技术内容和结构上没有差异。

本部分的附录A、附录B为规范性附录，附录C、附录D和附录E为资料性附录。

本部分由国家烟草专卖局提出。

本部分由全国烟草标准化技术委员会(SAC/TC 144)归口。

本部分起草单位：中国烟草标准化研究中心、郑州烟草研究院、国家烟草质量监督检验中心。

本部分主要起草人：冯茜、黄卫东、刘军、任静霞、常诚、劳艳卿、高世新、谢立群、周德成。

卷烟和滤棒物理性能的测定
第15部分:卷烟 通风的测定
定义和测量原理

1 范围

GB/T 22838的本部分规定了测定卷烟通风的方法。

本部分适用于卷烟。

2 规范性引用文件

下列文件中的条款通过GB/T 22838的本部分的引用而成为本部分的条款。凡是注日期的引用文件,其随后所有的修改单(不包括勘误的内容)或修订版均不适用于本部分,然而,鼓励根据本部分达成协议的各方研究是否可使用这些文件的最新版本。凡是不注日期的引用文件,其最新版本适用于本部分。

GB/T 16447 烟草及烟草制品 调节和测试的大气条件(GB/T 16447—2004,ISO 3402:1999,IDT)

GB/T 18767 烟草和烟草制品 卷烟吸阻和滤棒压降 标准条件和测量(GB/T 18767—2002,ISO 6565:1999,IDT)

ISO 3308 常规分析用吸烟机 定义和标准条件

3 术语和定义

下列术语和定义适用于GB/T 22838的本部分。

3.1

通风 ventilation

通过未点燃卷烟(除前端外)吸入的空气。

注:稀释是指通风引起烟气浓度降低的效果。

3.2

前端 front area

卷烟燃烧端。

3.3

总气流量 total airflow

当卷烟按ISO 3308规定的插入深度置于测试装置中时,从烟蒂端流出的全部气流量。

注:在标准条件下,总气流量 $Q=17.5$ mL/s。

3.4

总气流量控制器 generator for total airflow

当卷烟按ISO 3308规定的插入深度置于测试装置中时,使从烟蒂端流出的总气流量保持恒定的装置。

3.5

通风量 ventilation airflow

未点燃卷烟通过外包纸吸入的空气量。

注:当卷烟按ISO 3308规定的插入深度置于测试装置中时,由于卷烟吸阻的作用,使气流通过卷烟后,卷烟滤嘴端呈负压状态。

3.6

总通风　total ventilation

当卷烟按 ISO 3308 规定的插入深度置于测试装置中时，从其所有外包纸吸入的空气。

见图 1a)。

3.7

通风率　degree of ventilation

通风量与总气流量的比值，用百分比表示。见图 1b),c)和 d)。

3.8

总通风的组成　components of total ventilation

总通风由从卷烟纸吸入的空气和从滤嘴接装纸吸入的空气两部分组成。见图 1b),c)和 d)。

3.9

滤嘴通风　filter ventilation

从烟蒂被夹持端到烟支和滤嘴相接处吸入的空气。见图 1b)。

3.10

纸通风　paper ventilation

从卷烟纸(包括与接装纸重叠区)吸入的空气。见图 1b)。

3.11

烟蒂通风　butt ventilation

从烟蒂被夹持端到烟蒂标志处吸入的空气。见图 1c)。

3.12

卷烟燃烧段通风　burnable tobacco rod ventilation

从烟蒂标志处到卷烟前端吸入的空气。见图 1c)。

3.13

滤嘴接装纸通风　tipping-paper ventilation

从烟蒂被夹持端到接装纸和卷烟纸外搭口处吸入的空气。见图 1d)。

3.14

卷烟纸通风　cigarette-paper ventilation

从卷烟纸(不包括与接装纸重叠区)吸入的空气。见图 1d)。

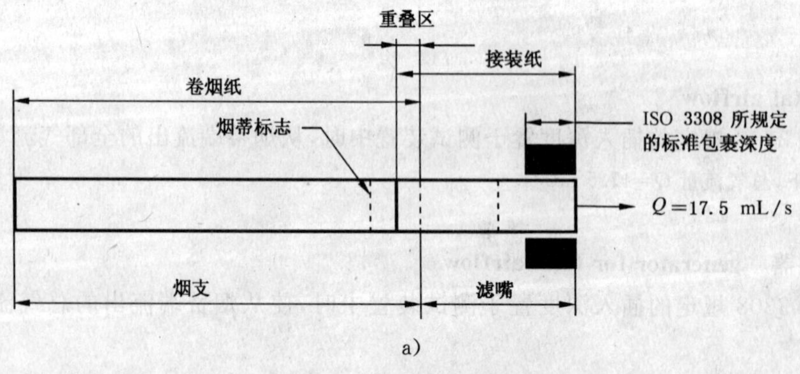

a)

图 1　不同的通风率

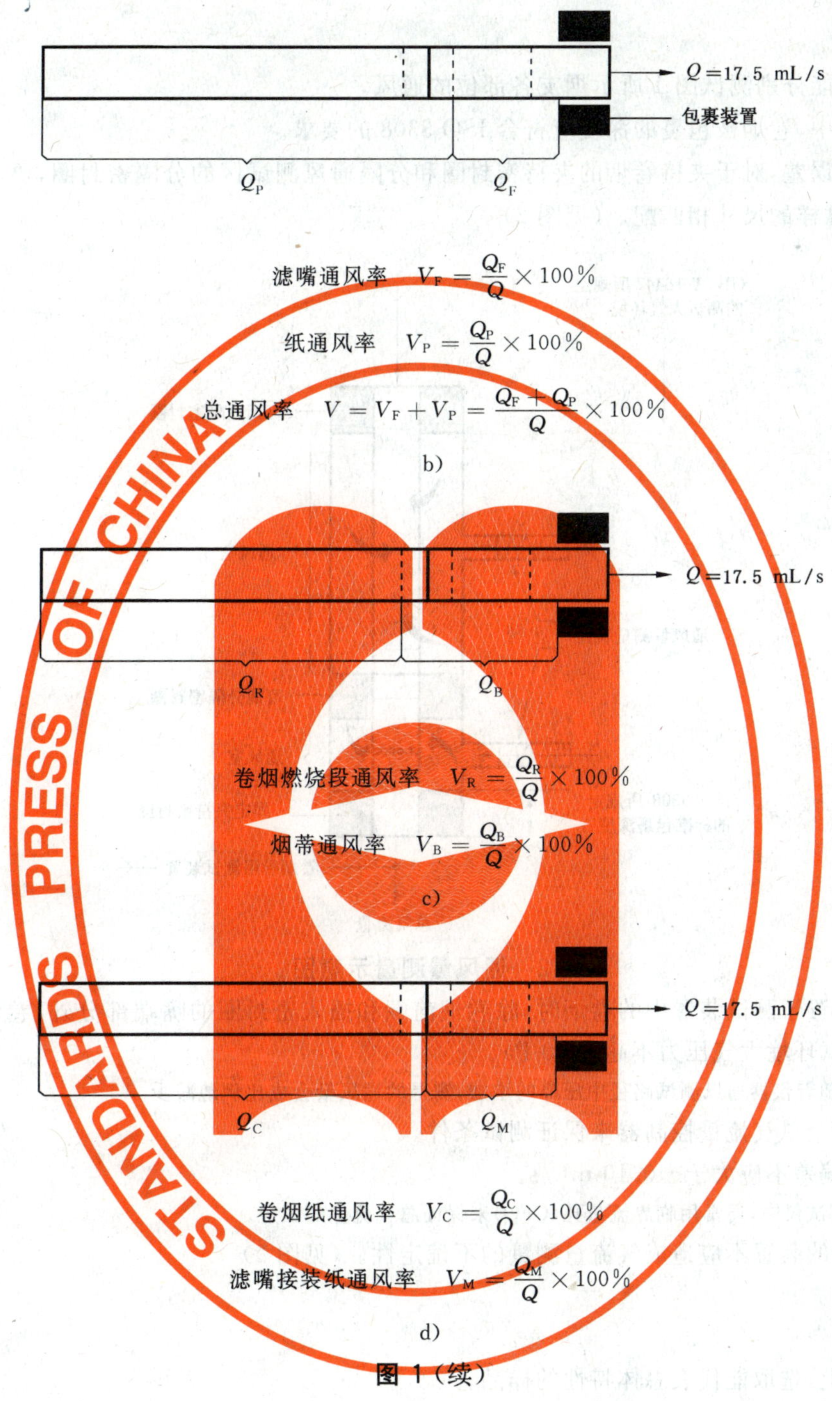

图 1(续)

4 原理

抽吸形成的恒定气流，按标准烟气气流方向流经未点燃卷烟时，分别对卷烟各部位的通风进行测定，通过计算得出通风率。

5 标准条件

5.1 测试前，卷烟应在 GB/T 16447 规定的大气环境下进行调节。

5.2 应在 GB/T 16447 规定的测试大气环境下对未点燃卷烟进行通风测试。

5.3 气流在卷烟中的流向应与卷烟被抽吸时的气流方向一致。

6 仪器要求

6.1 所用仪器应能分别测试图1所示烟支各部位的通风。

6.2 在测试装置中，卷烟被包裹的深度应符合 ISO 3308 的要求。

6.3 为减少系统误差，对于夹持卷烟的夹持密封圈和分隔通风测试区的分隔密封圈，要求其型号和放置的位置与待测试样的尺寸相匹配。(见图2)

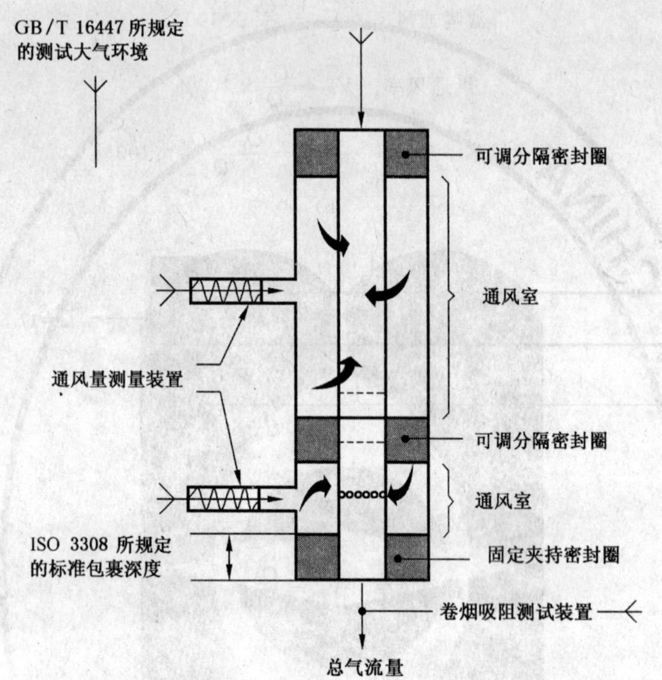

图2 通风量测量示意图

6.4 当气流流经置于测试装置中的卷烟时，除卷烟前端和插入密封圈的嘴端部分外，卷烟其余区域的外部压力低于测试环境大气压力不超过 20 Pa。

注：试验表明，随着仪器通风测试路径中压降的增加，测得的通风量会成比例地减少。

6.5 仪器采用一个总气流量控制器来保证测试条件。

总气流量的偏差不应大于±0.10 mL/s。

注：在真空法测试仪中，通常用临界流量孔(CFO)来保证总气流量的恒定。

6.6 测试通风量的装置不应造成气流量测量的不确定性。(见图2)

7 抽样

在统计基础上，选取能代表总体特性的样品。

样品应无影响测试特性的可见缺陷和皱痕。

8 仪器检查

在进行校准和校准检查前应确保仪器没有泄漏现象，按仪器制造商推荐的方法对仪器进行校准。

9 程序

9.1 样品调节

选取无明显缺陷的卷烟按 5.1 进行调节。

9.2 校准

按附录B用标准件校准仪器。

注：对仪器进行校准，校准的范围应覆盖待测试样的量值范围。

9.3 测试

根据待测卷烟试样的规格调整测试装置。

把试样插入测试装置中，按使用说明操作仪器。

记录通风测试参数。

10 结果的表示

报告中的通风测定值是测试样品的平均值，用与总气流量的百分比表示。

结果表示如下：

a) 单个试样的测定值至少精确至一位小数。

b) 平均值精确至一位小数(0.05修约为0.1)。

c) 标准偏差精确至一位小数(0.05修约为0.1)。

11 准确度

选择滤嘴通风标称值能覆盖正常测试范围的五种卷烟产品来评估本方法的准确度。结果参见附录E。

12 测试报告

测试报告应包括以下内容：试样数量、试样的标志及说明、所用的方法、获得的结果、离散数据及在本部分中没有说明的操作细节或作为非强制性的内容，以及偏离本部分的所有细节。

测试报告也应给出实验室名称、操作者及测试日期。

附 录 A
（规范性附录）
通风标准件的校准

A.1 校准用的通风标准件

通风标准件用于校准通风测试仪。

通风标准件标有用于校准仪器测试范围内的通风值。

通风标准件标有确定的的压降值，可用于校准仪器测试范围内的压降值。

A.2 通风标准件的基本特性

A.2.1 通风标准件应由不易受影响且不会老化的惰性材料制造。

A.2.2 通风标准件应与卷烟的尺寸和形状相符。

A.2.3 通风标准件应有确定的可重复值：

——滤嘴通风值；

——滤嘴通风区开启时的压降值（Δp_o）。

通过抽吸，在标准件出口形成一个 17.5 mL/s 的气流。

A.2.4 通风标准件附加参数包括：

——纸通风值；

——滤嘴通风区关闭时的压降值（Δp_c）；

——滤嘴和纸通风区均关闭时的压降值（Δp_e）。

A.2.5 流经通风标准件的气流应为层流。通风标准件应具有良好的重复测试特性且应不易受大气条件改变的影响。

A.2.6 通风标准件应有唯一性标识，这些标识应包括经验证并可溯源的滤嘴通风值和滤嘴通风区开启时的压降值，也可包括其他参数。

通风标准件校准的绝对不确定度不得超过 1.5%。

A.2.7 校准证书应注明校准过程中实验室的大气环境：大气压力、温度和相对湿度。

A.3 程序

A.3.1 仪器要求

为了获得通风标准件的特征值，需用校准仪进行测试。校准仪的机械结构不能改变标准件的特性，也不允许给测试结果带来系统误差。校准应在 GB/T 16447 规定的测试大气环境下进行。

校准仪应能对通风标准件的压降值进行测试和校准（图 A.1）。

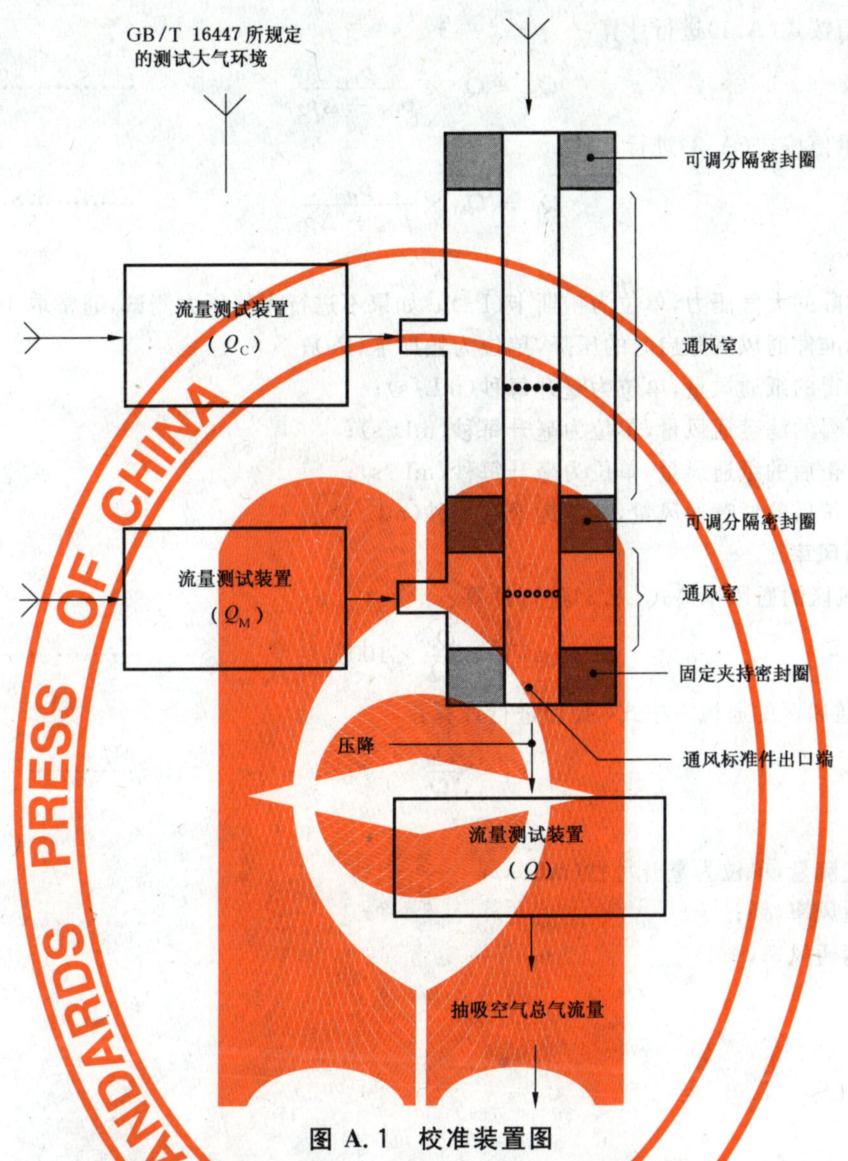

图 A.1 校准装置图

校准仪应有一个保证测试气流稳定的总气流控制器，使流出通风标准件出口端的总气流量恒定在(17.5±0.3)mL/s 范围内。

注：在真空法测试仪中，通常用临界流量孔(CFO)来保证总气流量的恒定。

流量和压降校准的另一种方法是对校准点偏离 17.5mL/s 的流量用插入法进行修正。

A.3.2 流量测试

流量测试装置用于检查在校准仪中的通风标准件出口端的总气流量，该装置不应给流量测试结果带来系统误差。

注：过去习惯做法是用皂膜流量计进行流量测试，但这种测试方法会给压降校准结果带来测量误差。因为测试空气被皂膜浸湿，会造成人为增加流量以及皂膜粘性降低的现象。

A.3.3 压降测试

按 GB/T 18767 测试通风标准件的压降值。

A.3.4 流量测试的压降补偿

通风量的大小与通风标准件出口端的压力大小密切相关。当通风标准件插置在校准仪中时，压降的作用会引致通风标准件出口端压力变化。

测得的滤嘴和纸通风量值应按如下方法进行修正，然后再与标准件出口端的总气流量相比，得出正确的通风值。

纸通风量值按式(A.1)进行计算：

$$Q_P = Q_C \times \frac{p_{atm}}{p_{atm} - \Delta p_Z} \quad \cdots\cdots (A.1)$$

滤嘴通风量值按式(A.2)进行计算：

$$Q_F = Q_M \times \frac{p_{atm}}{p_{atm} - \Delta p_Z} \quad \cdots\cdots (A.2)$$

式中：

p_{atm}——实际的大气压力，单位为帕斯卡(Pa)。如果不进行大气压力测试，通常取 101 325 Pa；

Δp_Z——标准件通风区开启时的压降，单位为帕斯卡(Pa)；

Q_C——测得的纸通风量，单位为毫升每秒(mL/s)；

Q_M——测得的滤嘴通风量，单位为毫升每秒(mL/s)；

Q_P——修正后的纸通风量，单位为毫升每秒(mL/s)；

Q_F——修正后的滤嘴通风量，单位为毫升每秒(mL/s)。

A.3.5 计算通风率

a) 纸通风区的通风率按式(A.3)进行计算：

$$V_P = \frac{Q_P}{Q} \times 100\% \quad \cdots\cdots (A.3)$$

b) 滤嘴通风区的通风率按式(A.4)进行计算：

$$V_F = \frac{Q_F}{Q} \times 100\% \quad \cdots\cdots (A.4)$$

式中：

Q——总气流量，单位为毫升每秒(mL/s)；

V_P——纸通风率，%；

V_F——滤嘴通风率，%。

附　录　B
（规范性附录）
用通风和压降标准件校准通风测试仪

B.1　仪器的校准

按仪器使用说明校准和操作卷烟通风测试仪。

B.2　原理

为保证内插式测试仪能达到最佳的准确度，应尽可能对仪器进行满刻度校准或使校准范围尽可能与待测试样的最大值接近。

检查仪器的测试装置，确保通风的零点有效。最少需用一个具有适中值的通风标准件来检查仪器的泄漏情况和线性。

B.3　方法

B.3.1　校准前，按仪器使用说明检查测试仪的泄漏情况。

注：在附录D中举例说明了泄漏检查的方法。

B.3.2　按仪器使用说明把标准件插入到测试装置中，使标准件平衡至测试大气的温度，当仪器读数稳定，校准过程即完成。

B.3.3　检查已校准仪器的线性，最少需用一个在测试范围内的通风标准件进行检查。

B.3.4　能进行卷烟吸阻测试并能对通风进行吸阻补偿的通风测试仪，其压降测试装置应按GB/T 18767的要求进行校准。

注：如仪器只能进行通风测试，不能进行吸阻补偿，则可按附录C所述的修正方法对仪器的通风进行修正。

B.3.5　建议使用具有多个参数的校准标准件对卷烟通风及压降测试仪进行校准，这些参数值应是经验证并可溯源的。使用的参数包括：

——滤嘴通风；

——纸通风；

——滤嘴通风区开启时的压降值（Δp_o）；

——滤嘴通风区关闭时的压降值（Δp_c）；

——滤嘴和纸通风区均关闭时的压降值（Δp_e）。

B.3.6　使用单一标准件可减少所需的标准件数量，降低错误操作的危险，简化处理过程，缩短校准时间。

在进行Δp_e、Δp_c、Δp_o测试中得到的三种压降值，除可用于对仪器进行校准和校准检查外，也可用于对仪器进行泄漏和线性检查。

附 录 C
（资料性附录）
卷烟通风量的测试

C.1 理论依据

通风率由测得的从卷烟指定区域吸入的气流量大小决定。

通风量是在大气环境下的卷烟外表面进行测试的，然后将测得的通风量与流出卷烟出口端、压力已下降的总气流量相比，这时卷烟出口端的气压等于大气压力减去卷烟吸阻值。

在气动回路中，测得的气流量大小与测试点的气压密切相关。

为保证得到一致的流量，测试时大气条件应保持不变。

C.2 产生测试误差——需进行吸阻补偿

在进行卷烟通风量测试时，通常认为进气口和出气口之间的压降为 0。

只有人为设定卷烟吸阻为零时，即气流量不随气压变化而改变的情况下，才可能出现进入通风区的气流量与流出出口端的气流量相等这种情况。若卷烟具有 981 Pa(100 mmWG)的吸阻值，其出口端气流(Q)压力将会比进入卷烟通风区的气流压力低 981 Pa(100 mmWG)。

不论卷烟试样吸阻大小，流出试样出口端的流量均为恒定的 17.5 mL/s，这时如能确定吸阻对通风量的影响，就能对各种通风量进行换算。

当在滤嘴通风区的进气口进行测试时，可用 Boyle's 法则计算实际的通风量，计算公式如式(C.1)：

$$Q_1 \times p_1 = Q_2 \times p_2 \qquad \cdots\cdots\cdots\cdots (C.1)$$

式中：

Q_1——进入滤嘴通风区的流量，单位为毫升每秒(mL/s)；

p_1——进入滤嘴通风区的大气压力，单位为帕斯卡(Pa)；

Q_2——总气流量(为 17.5 mL/s)；

p_2——出口端的压力($p_2 = p_1 -$压降)，单位为帕斯卡(Pa)。

因此当 p_1=101 325 Pa(正常大气压力)时，对于有 100 mmWG 压降的 p_2 即是$[p_1-(100\times 9.806\,7)]$=100 344 Pa。

$$Q_1 = \frac{Q_2 \times p_2}{p_1} = \frac{17.5 \times 100\,344}{101\,325} = 17.33\ \text{mL/s}$$

注：在本方法中把单位 mmWG 转换为单位 Pa 的换算公式为：1 mmWG=9.806 7 Pa。

通过计算表明，当卷烟具有 981 Pa(100 mmWG)的吸阻时，其通风量是降低的，与流出滤嘴端的恒定流量 17.5 mL/s 相比，测试结果将减少 0.97%。

当测试的卷烟具有 981 Pa～2 452 Pa(100 mmWG～250 mmWG)的吸阻时，如不对卷烟通风量进行吸阻补偿，会给通风率测试结果带来 1%～2.5%的绝对误差。

附　录　D
（资料性附录）
通风测试仪的泄漏检查

D.1　总则

泄漏检查原理应用于对通风测试仪进行泄漏检查，现举例说明。

由于仪器有具体的技术参数及推荐的测试和检查方法，因此对仪器进行泄漏检查时应参考仪器的使用说明。

D.2　原理

D.2.1　泄漏检查用于鉴别可调分隔密封圈是否合格并检查通风室的密封性。通常通过使用通风标准件检查仪器的精度这种方法来发现泄漏源头。

通常用由不渗透材料制造的100%通风的标准件对测试仪进行满刻度校准。用一个不通风和不渗透的柱形标准件对测试仪进行0%通风的校准。

D.2.2　当用通风为100%的标准件进行测试或校准时，可能不会发现泄漏现象，这是因为除需要测试的通风区域外，其他区域的泄漏并不影响标准件的测试值。

D.2.3　能测试滤嘴通风区开启和关闭时卷烟吸阻的通风测试仪是采用电磁阀将通风测试区与大气相隔离、控制通风量测试装置。

使用这种测试仪，当进行100%通风校准和用一个在测试范围内的标准件进行校准检查时，可能不会发现泄漏现象，但若对卷烟试样进行测试，却会出现测试结果无效的情况。在附录的以下部分将要讨论如何进行泄漏检查。

D.3　方法举例

D.3.1　在正常的情况下，用一个通风为100%的标准件对测试仪进行满刻度校准，保证校准时气流的方向是从指定的通风室进入，从标准件的出口端流出。

D.3.2　为更好地进行压降测试和其他相关测试，在校准前应对各通风室进行泄漏检查。

D.3.3　要对各独立的通风室进行泄漏检查，需下列备件：

——吸阻值不小于2 942 Pa(300 mmWG)的压降标准件；

——压降延长管；

——滤嘴通风室泄漏检查管；

——纸通风室泄漏检查管。

D.3.4　将压降标准件套入延长管中，按图D.1和图D.2所示插入测试装置内，记录压降标准件的测试值。

D.3.5　将压降标准件套入滤嘴通风室泄漏检查管中，按图D.3所示插入测试装置内，测试并记录该压降标准件的第二个测试值。

测得的这两个压降值应相等，允差应在测试仪的重复性精度范围内。

如果两个压降值不相等（超差1%），表明存在泄漏现象。

D.3.6　重复步骤D.3.4和D.3.5，按图D.4所示用纸通风室泄漏检查管检查纸通风室的泄漏情况。

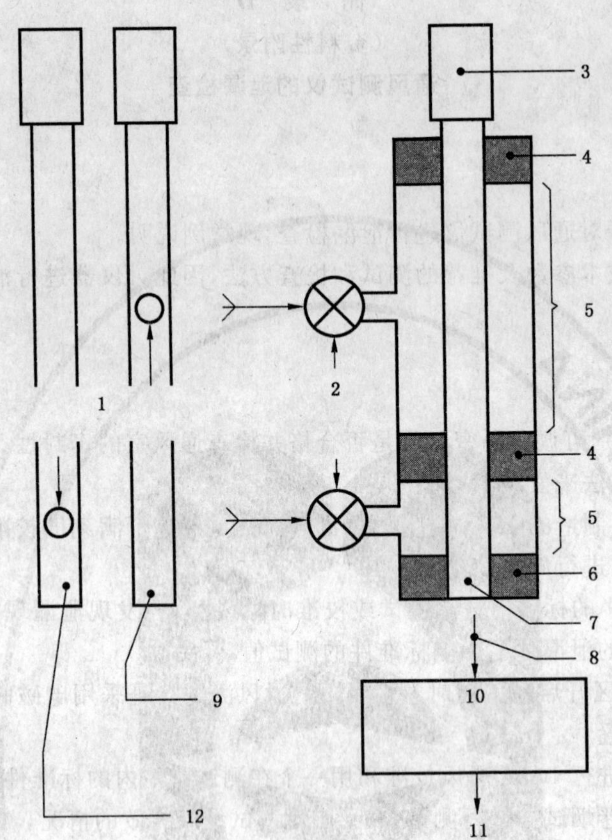

1——泄漏检查孔；

2——通风室隔离阀；

3——压降延长管(插入压降标准棒)；

4——可调分隔密封圈；

5——通风室；

6——固定夹持密封圈；

7——标准件出口端；

8——压降；

9——纸通风室泄漏检查管；

10——流量测试装置；

11——抽吸空气总气流量；

12——滤嘴通风室泄漏检查管。

图 D.1 通风室泄漏检查装置图

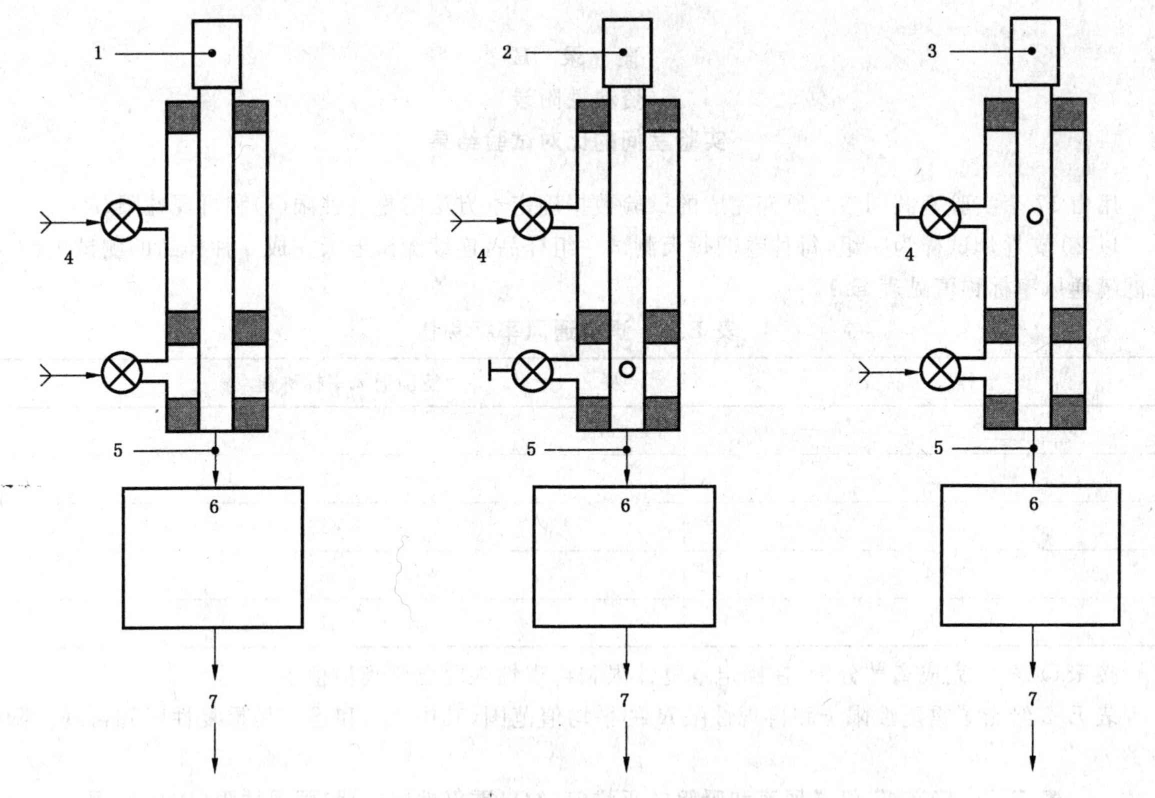

1——压降延长管(插入压降标准棒)；

2——滤嘴通风室泄漏检查管；

3——纸通风室泄漏检查管；

4——通风室隔离阀；

5——压降；

6——流量测试装置；

7——抽吸空气总气流量。

图 D.2　标准棒泄漏检查装置　　图 D.3　滤嘴通风室泄漏检查装置　　图 D.4　纸通风室泄漏检查装置

附 录 E
（资料性附录）
实验室间的比对试验结果

用由 17 个实验室共同参与研究完成的试验数据确定本方法的重复性限(r)和再现性限(R)。

以 20 支卷烟试样为一组，每种卷烟每天测试一组样品，连续测试五天完成 5 种样品的测试工作，样品滤嘴通风率标称值见表 E.1。

表 E.1 滤嘴通风率标称值

样 品	滤嘴通风率标称值/%
1	0
2	22
3	41
4	58
5	81

按 ISO 5725 完成离散分析，在确定重复性限和再现性限时已将离散值剔除。

表 E.2 给出了重复性限 r 和再现性限 R 的平均值范围，其中 S_r^2 和 S_R^2 是重复性限和再现性限的方差。

表 E.2 接装纸、纸通风率和吸阻的平均值(M)、重复性限(r)和再现性限(R)的范围

参数	M[a]	S_r^2	r	S_R^2	R	R/r
接装纸通风率	[22.2,80.6]	[0.10,0.47]	[0.86,1.91]	[0.45,1.07]	[1.88,2.89]	[1.42,2.21]
纸通风率	[3.2,11.7]	[0.03,0.11]	[0.50,0.91]	[0.09,0.28]	[0.84,1.47]	[1.19,2.28]
吸阻	[70.3,128.1]	[0.44,2.39]	[1.86,4.33]	[2.03,8.85]	[3.99,8.33]	[1.19,2.15]

[a] 在计算 R 值和 r 值时，不包括通风率值低于 1.5%的试样，因为正常的置信区间不适用于这种情况。

ICS 65.160
X 87

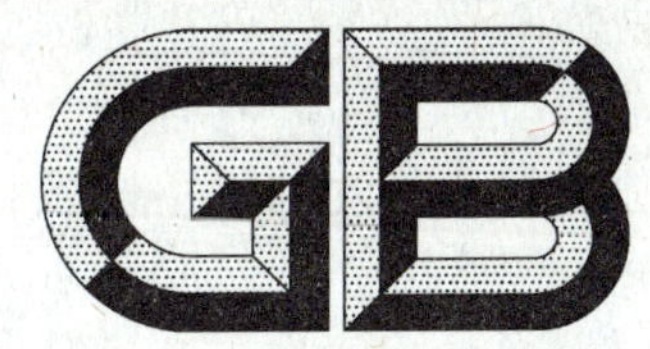

中华人民共和国国家标准

GB/T 22838.16—2009

卷烟和滤棒物理性能的测定 第16部分：卷烟 端部掉落烟丝的测定 旋转笼法

Determination of physical characteristics for cigarettes and filter rods—Part 16: Cigarettes—Determination of loss of tobacco from the ends—Method using a rotating cylindrical cage

(ISO 3550-1:1997, Cigarettes—Determination of loss of tobacco from the ends—Part 1: Method using a rotating cylindrical cage, MOD)

2009-04-03 发布　　2009-05-01 实施

中华人民共和国国家质量监督检验检疫总局
中国国家标准化管理委员会　发布

前　言

GB/T 22838《卷烟和滤棒物理性能的测定》分为18个部分：

——第1部分：卷烟包装和标识；

——第2部分：长度　光电法；

——第3部分：圆周　激光法；

——第4部分：卷烟质量；

——第5部分：卷烟吸阻和滤棒压降；

——第6部分：硬度；

——第7部分：卷烟含末率；

——第8部分：含水率；

——第9部分：卷烟空头；

——第10部分：爆口；

——第11部分：卷烟熄火；

——第12部分：卷烟外观；

——第13部分：滤棒圆度；

——第14部分：滤棒外观；

——第15部分：卷烟　通风的测定　定义和测量原理；

——第16部分：卷烟　端部掉落烟丝的测定　旋转笼法；

——第17部分：卷烟　端部掉落烟丝的测定　振动法；

——第18部分：卷烟　端部掉落烟丝的测定　旋转箱法。

本部分为GB/T 22838的第16部分。

本部分修改采用ISO 3550-1:1997《卷烟　端部掉落烟丝的测定　第1部分：旋转笼法》(英文版)。

考虑到卷烟测量技术发展和计算机处理技术的应用，在采用ISO 3550-1:1997时，本部分作了一些修改。有关技术性差异已编入正文中并在它们所涉及的条款的页边空白处用垂直单线标识。在附录D中给出了这些技术性差异及其原因的一览表以供参考。

为便于使用和引用，对于ISO 3550-1:1997本部分还作了下列编辑性修改：

——将"ISO 3550-1:1997的本部分"改为"GB/T 22838的本部分"；

——对本部分的公式进行了编号。

本部分的附录A为规范性附录，附录B、附录C和附录D为资料性附录。

本部分由国家烟草专卖局提出。

本部分由全国烟草标准化技术委员会(SAC/TC 144)归口。

本部分起草单位：中国烟草标准化研究中心、中国科学院安徽光学精密机械研究所、国家烟草质量监督检验中心。

本部分主要起草人：冯茜、刘勇、李志刚、范黎、王安、周德成。

卷烟和滤棒物理性能的测定 第16部分:卷烟 端部掉落烟丝的测定 旋转笼法

1 范围

GB/T 22838 的本部分规定了使用旋转笼测定卷烟端部掉落烟丝的方法。

本部分适用于测定在加工现场、包装前后卷烟的端部落丝。

2 规范性引用文件

下列文件中的条款通过 GB/T 22838 的本部分的引用而成为本部分的条款。凡是注日期的引用文件,其随后所有的修改单(不包括勘误的内容)或修订版均不适用于本部分,然而,鼓励根据本部分达成协议的各方研究是否可使用这些文件的最新版本。凡是不注日期的引用文件,其最新版本适用于本部分。

GB/T 5606.1 卷烟 第1部分:抽样

GB/T 16447 烟草及烟草制品 调节和测试的大气环境(GB/T 16447—2004,ISO 3402:1999,IDT)

GB/T 22838.3 卷烟和滤棒物理性能的测定 第3部分:圆周 激光法

GB/T 22838.8 卷烟和滤棒物理性能的测定 第8部分:含水率

3 原理

将一定数量的卷烟试料放入一个横截面为椭圆形的笼内,该笼由小间隔的平行杆构成。在测试过程中,该笼围绕自身水平中心轴旋转,而卷烟则在笼中翻滚。测定从卷烟裸露端掉落的烟丝量。

测试条件与笼子的形状和大小、杆的直径和间距、笼子的旋转速度、每次测试的旋转次数和由卷烟的直径而定的每组测试的卷烟数量有关。

首先测定试料掉落的烟丝质量 m_L。根据该质量和测试卷烟的物理尺寸,确定每个裸露端的落丝量和每个裸露端单位面积的落丝量。

4 仪器设备

4.1 调节箱

应能按照 GB/T 16447 的要求调节大气环境。

4.2 卷烟端部落丝测试仪

卷烟端部落丝测试仪应符合下列要求:

a) 测试仪的旋转笼由若干不锈钢圆杆构成,笼的横截面为椭圆形。相邻杆的间距应小于被测卷烟的直径,但有足够的宽度允许测试过程中掉落的烟丝通过。这些杆的位置和间距见附录 A;

b) 椭圆形笼端面的中心点装有轴承,使笼体保持水平,并能围绕自身水平中心轴旋转;

c) 为了允许一个以上的相同试料或不同样品的试料同时进行测试,沿着旋转笼的长度方向可以设置一个或多个隔板以形成多个测试单元;

d) 每个测试单元除了固定端面外,应安装有一个活动挡板,通过调节活动挡板的位置,可使该单元的有效长度能被调节至与测试卷烟的长度相匹配;

e) 旋转笼应能够方便地开启以便于试料的装卸，每个测试单元的下方装有托盘，用于收集在测试过程中从卷烟端部掉落的所有烟丝；

f) 测试仪应装备能使旋转笼及笼内的卷烟以(90±1)r/min 速度旋转的驱动系统。该驱动系统应由定时器控制，当达到预定的旋转转数时便自动停止旋转。通常情况下，旋转转数设定为 270 r；

g) 测试仪的称重单元宜具有数据通讯接口，称重单元称量的数据能传送给数据处理单元进行处理。称重精确至 0.001 g。

卷烟端部落丝测试仪的原理图见图 1。

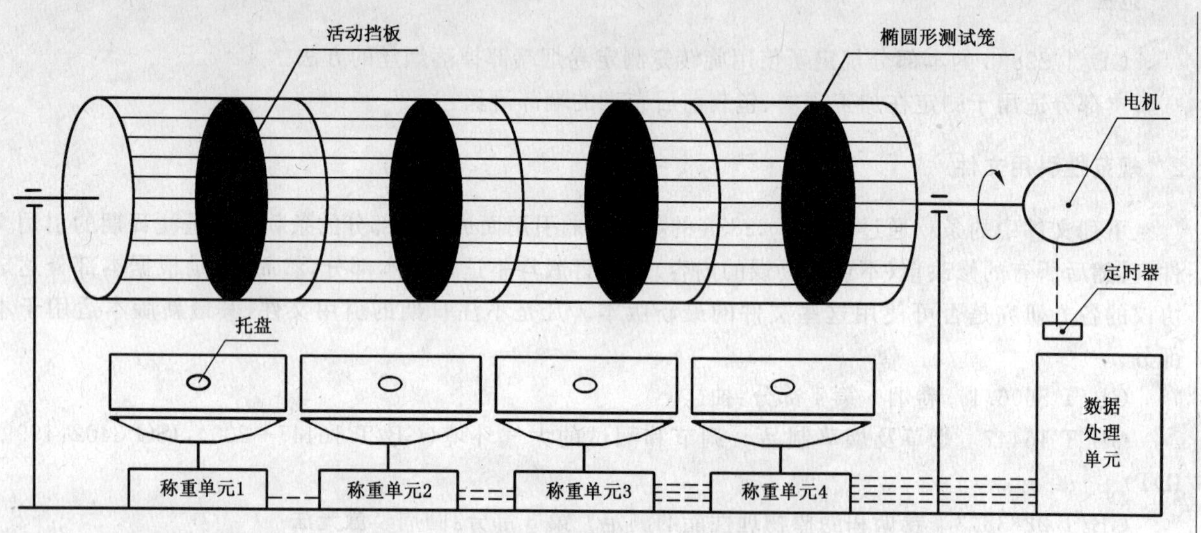

图 1 卷烟端部落丝测试仪原理图

4.3 卷烟直径测量装置

应符合 GB/T 22838.3 的要求。

4.4 刻度尺

刻度尺的分度值为毫米(mm)。

4.5 量斗(任选件)

用来确定每个测试单元的烟支数，填满量斗的烟支数即为应放入每个测试单元的烟支数，烟支数取决于量斗的尺寸和烟支直径。附录 C 给出了量斗计数的一个实例。

注：量斗是一个既省时又能无差错地确定测试卷烟数量的装置。附录 C 给出的例子是一个容纳直径为 8.0 mm 的 50 支烟的量斗。

5 抽样

按 GB/T 5606.1 规定的程序抽样。也可以根据测试目的抽样，但应在测试报告中给出所采取的抽样步骤、细节、参考资料。

6 步骤

6.1 试样的调节

将试样置入调节箱内(4.1)，按 GB/T 16447 的要求调节样品。

6.2 含水量的测定

从调节好的试样中另取一份试料，按 GB/T 22838.8 的规定测定其含水率。

注：尽管在计算卷烟落丝时不考虑含水量，但是它明显地影响测试结果。所以含水量必须测定并记录。

6.3 测试前的准备

6.3.1 按照 GB/T 22838.3 的规定测定被测卷烟的平均直径，精确至 0.01 mm；用刻度尺(4.4)测定被测卷烟的平均长度(l),精确至0.5 mm。

6.3.2 从平衡好的试样中,按照实测直径查表1确定卷烟试料的数量,或者使用量斗确定卷烟试料的数量。

表1 实测直径所确定的卷烟数量表

测试烟支的直径/mm	一份试料的卷烟支数
5.00	128
5.10	123
5.20	118
5.30	114
5.40	110
5.50	106
5.60	102
5.70	98
5.80	95
5.90	92
6.00	89
6.10	86
6.20	83
6.30	80
6.40	78
6.50	76
6.60	73
6.70	71
6.80	69
6.90	67
7.00	65
7.10	63
7.20	61
7.30	60
7.40	58
7.50	57
7.60	55
7.70	54
7.80	52
7.90	51
8.00	50
8.10	48
8.20	47
8.30	46
8.40	45
8.50	44
8.60	43
8.70	42
8.80	41
8.90	40
9.00	39

注:参见附录B中计算卷烟支数的回归分析。

6.3.3 调节活动挡板，用标尺测量活动挡板至测试单元端面之间的间隔为 L（烟支长度）$+(5\pm1)$mm。

6.4 测定

6.4.1 在 GB/T 16447 规定的测试大气环境条件下进行测试。

6.4.2 将试料小心地放入测试单元，避免卷烟受损。

6.4.3 闭合测试单元并盖好仪器罩，设置定时器，开始测试。

6.4.4 测试仪转动 270 r 后停止，数据处理单元自动获取各称量单元称量的卷烟端部落丝量，精确至 0.001 g，并进行统计分析，显示和打印测试结果。取出测试过的卷烟。

6.4.5 根据所需要的精度，重复测试 5 次～10 次。

7 落丝量的计算

7.1 每个裸露端的落丝量

每个裸露端的落丝量 m_{LOE}，单位以毫克(mg)表示，用式(1)计算：

$$m_{LOE}=\frac{m_L}{q\cdot q_{OE}} \qquad (1)$$

7.2 每个裸露端单位面积落丝量

每个裸露端单位面积落丝量 m_{LOA}，单位以毫克每平方厘米(mg/cm²)表示，用式(2)计算：

$$m_{LOA}=\frac{m_L}{q\cdot A\cdot q_{OE}} \qquad (2)$$

式中：

m_L——试料掉落的烟丝质量，单位为毫克(mg)；

A——单个裸露端的面积精确至 0.01 cm²，单位为平方厘米(cm²)；

q——每个单元测试卷烟数量；

q_{OE}——每支卷烟裸露端的数量。

注：对于滤嘴卷烟，$q_{OE}=1$；对于无滤嘴卷烟，$q_{OE}=2$。

8 测试报告

测试报告应包括以下内容：

——说明试样所必需的全部资料；

——卷烟特征参数(长度，直径，裸露端个数)；

——取样方法及日期；

——测试日期；

——测试的烟支数量；

——转速和圈数[若与 4.2f)和 6.4.4 所规定的不同时]；

——含水率；

——测试结果；

——测试结果的平均值；

——测试结果的最大值和最小值；

——测试结果的标准偏差；

——测试结果的变异系数。

也应提及在本部分中没有规定的其他操作条件以及影响测试结果的任何情况。

附 录 A
（规范性附录）
卷烟端部落丝测试仪的技术要求

A.1 旋转速度

旋转笼的旋转速度[见 4.2f)]规定为(90±1)r/min。

如果使用不同的旋转速度，应在实验报告中注明。

A.2 旋转的转数

每次测试旋转的转数(见 6.4.4)规定为 270 r。

如果使用不同的旋转转数，应在实验报告中注明。

A.3 旋转笼

旋转笼由 44 根直径为(3±0.05)mm 的不锈钢杆构成。

这些杆的中心被固定在一个满足以下函数的椭圆上，不锈钢杆分布曲线见图 A.1。

$$\frac{x^2}{a^2}+\frac{y^2}{b^2}=1 \qquad (A.1)$$

式中：

a=54.0 mm

b=36.5 mm

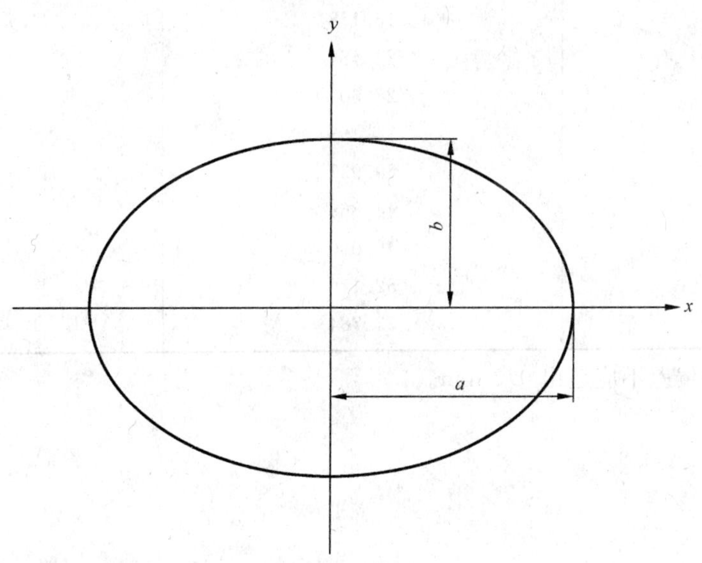

图 A.1 不锈钢杆分布曲线图

杆与杆的间距为 3.5 mm。

通过在表 A.1 和图 A.2 中给出的直角坐标 X_n 和 Y_n 确定这些杆中心的理论位置。

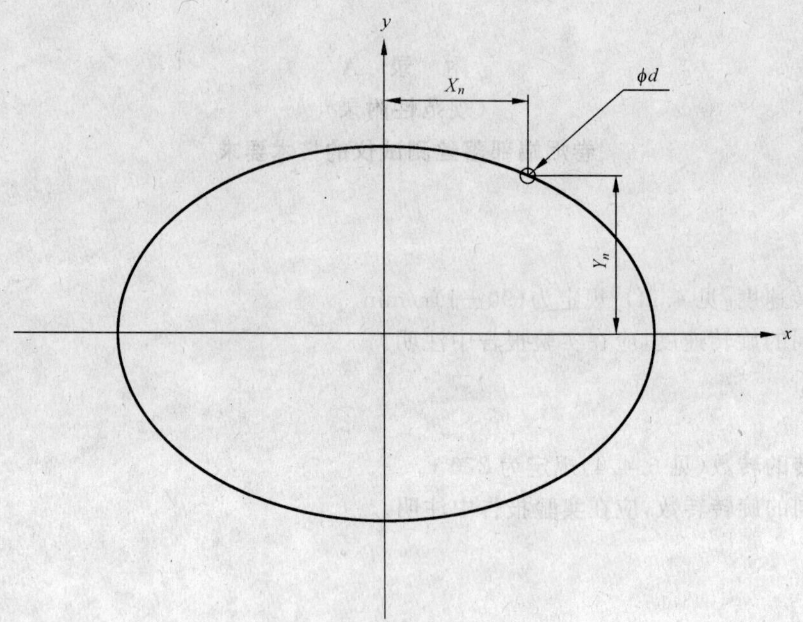

图 A.2 不锈刚杆中心的位置图

表 A.1 理论上的杆位置

n	$\pm X_n$/ mm	$\pm Y_n$/ mm
1	3.258	36.434
2	9.752	35.900
3	16.178	34.824
4	22.484	33.186
5	28.607	30.957
6	34.463	28.100
7	39.937	24.567
8	44.869	20.309
9	49.030	15.295
10	52.116	9.556
11	53.784	3.258

实际上，这些点的偏差不应超出 0.3 mm。

附 录 B
（资料性附录）
计算卷烟支数的回归分析

不同直径的测试卷烟数量按式(B.1)计算：

$$y = ax^{b} \qquad \cdots\cdots\cdots\cdots (B.1)$$

式(B.1)是由 5.44 mm 和 8.68 mm 之间五种不同直径的卷烟装满量斗所需的烟支数拟合得到的经验公式。例如装满直径为 8.0 mm 的卷烟需 50 支。卷烟支数的回归分析表见表 B.1。

表 B.1 卷烟支数的回归分析表

样品编号	卷烟的直径 x/mm	卷烟的数量 Y	y	$Y-y$	$[(Y-y)/y]$/%
A	5.44	108.00	108.11	−0.11	−0.10
B	6.13	85.00	84.98	0.02	0.03
C	7.41	58.00	57.98	0.02	0.04
D	7.99	50.00	49.81	0.19	0.39
E	8.68	42.00	42.15	−0.15	−0.35

其中：

$y=ax^{b}$ $\qquad$ $\ln(y)=\ln(a)+b\times\ln(x)$

$\ln(a)=8.097\,837\,577$ $\qquad$ $a=3\,287.351\,74$

$b=-2.016\,03$

$B(\%)=99.997\,60$

Y——试验的卷烟支数。

附 录 C
（资料性附录）
量斗计数的实例

C.1 量斗计数

量斗计数示意图见图 C.1。

单位为毫米

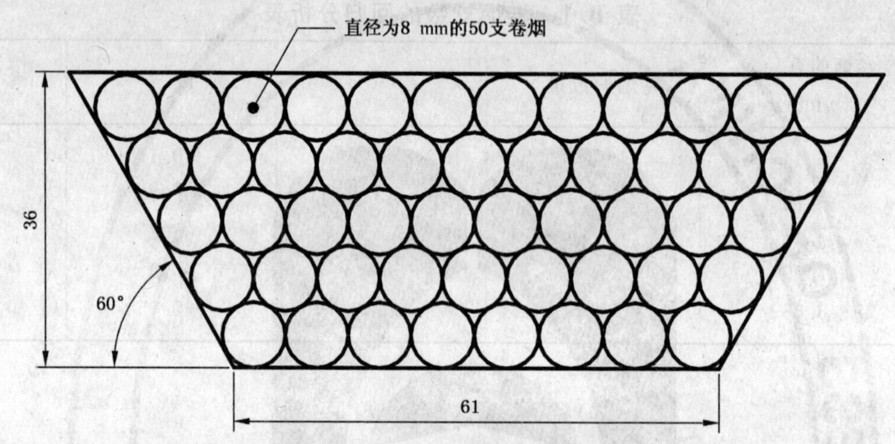

图 C.1 量斗计数示意图

附 录 D
（资料性附录）
本部分与 ISO 3550-1:1997 技术性差异及其原因

D.1 表 D.1 给出了本部分与 ISO 3550-1:1997 技术性差异及其原因。

表 D.1 本部分与 ISO 3550-1:1997 技术性差异及其原因

本部分的章条编号	技术性差异	原　因
2	引用了采用国际标准的我国相应标准，而非国际标准。	以适合我国国情。
4.2	增加了“g) 测试仪的称重单元宜具有数据通讯接口，称重单元称量的数据能传送给数据处理单元进行处理。”的要求。	考虑到卷烟测量技术发展和计算机处理技术的应用的需要。
4.2	删除 ISO 3550-1:1997 4.2 中的图 1“实际测量仪轮廓图”。 增加了图 1“卷烟端部落丝测试仪原理图”。	增加了数据处理机和具有数据通讯接口的分析天平，仪器结构有改变； 考虑到与 ISO 3550-2:1997 的图 1“旋转箱法（sismelatophore）结构原理图”相一致。

ICS 65.160
X 87

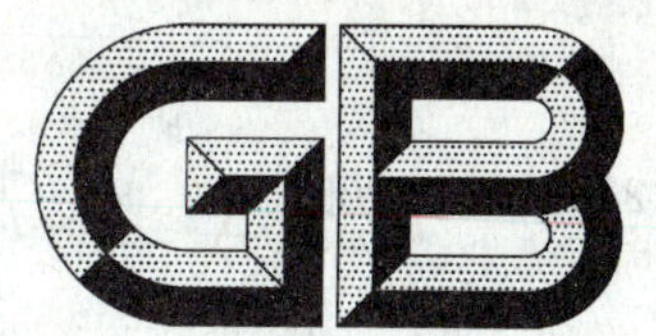

中华人民共和国国家标准

GB/T 22838.17—2009

卷烟和滤棒物理性能的测定
第17部分:卷烟端部掉落烟丝的测定 振动法

Determination of physical characteristics for cigarettes and filter rods—Part 17: Cigarettes—Determination of loss of tobacco from the ends—Method using a vibro-bench

2009-04-03 发布　　2009-05-01 实施

中华人民共和国国家质量监督检验检疫总局
中国国家标准化管理委员会　发布

前　言

GB/T 22838《卷烟和滤棒物理性能的测定》分为18个部分：

——第1部分：卷烟包装和标识；

——第2部分：长度　光电法；

——第3部分：圆周　激光法；

——第4部分：卷烟质量；

——第5部分：卷烟吸阻和滤棒压降；

——第6部分：硬度；

——第7部分：卷烟含末率；

——第8部分：含水率；

——第9部分：卷烟空头；

——第10部分：爆口；

——第11部分：卷烟熄火；

——第12部分：卷烟外观；

——第13部分：滤棒圆度；

——第14部分：滤棒外观；

——第15部分：卷烟　通风的测定　定义和测量原理；

——第16部分：卷烟　端部掉落烟丝的测定　旋转笼法；

——第17部分：卷烟　端部掉落烟丝的测定　振动法；

——第18部分：卷烟　端部掉落烟丝的测定　旋转箱法。

本部分为GB/T 22838的第17部分。

本部分的附录A为资料性附录。

本部分由国家烟草专卖局提出。

本部分由全国烟草标准化技术委员会(SAC/TC 144)归口。

本部分起草单位：中国烟草标准化研究中心、中国科学院合肥研究院安徽光学精密机械研究所、安徽中烟工业公司、上海烟草质量监督检测站、湖北中烟工业公司、西北烟草质量监督检测站、云南烟草质量监督检测站。

本部分主要起草人：冯茜、刘勇、梁伟、黄瑞、高汉华、张胜华、张勍、刘朝贤、吴晓松、赵继俊、冯群之、杨雷玉、汤旭东、李胜群、王安、张龙、李志刚、胡启秀、王锴、肖燕。

卷烟和滤棒物理性能的测定
第17部分:卷烟
端部掉落烟丝的测定　振动法

1　范围

GB/T 22838的本部分规定了使用振动台测定卷烟端部掉落烟丝的方法。

本部分适用于卷烟端部掉落烟丝的测定。

2　规范性引用文件

下列文件中的条款通过GB/T 22838的本部分的引用而成为本部分的条款。凡是注日期的引用文件,其随后所有的修改单(不包括勘误的内容)或修订版均不适用于本部分,然而,鼓励根据本部分达成协议的各方研究是否可使用这些文件的最新版本。凡是不注日期的引用文件,其最新版本适用于本部分。

GB/T 5606.1　卷烟　第1部分:抽样

GB/T 16447　烟草及烟草制品　调节和测试的大气环境(GB/T 16447—2004,ISO 3402:1999,IDT)

GB/T 22838.2　卷烟和滤棒物理性能的测定　第2部分:长度　光电法

GB/T 22838.3　卷烟和滤棒物理性能的测定　第3部分:圆周　激光法

3　原理

将一定数量的卷烟试料放入一个截面形状符合余弦函数的振动台内。在测试过程中,振动台沿水平方向往复运动,卷烟在振动台内震动,测定从卷烟裸露端掉落的烟丝量。

4　仪器设备

4.1　调节箱

应能按照GB/T 16447的要求调节大气环境。

4.2　卷烟端部落丝测试仪

卷烟端部落丝测试仪应符合下列要求:

a)　测试仪由振动台、驱动装置、称重单元和测量控制单元等组成,如图1所示。

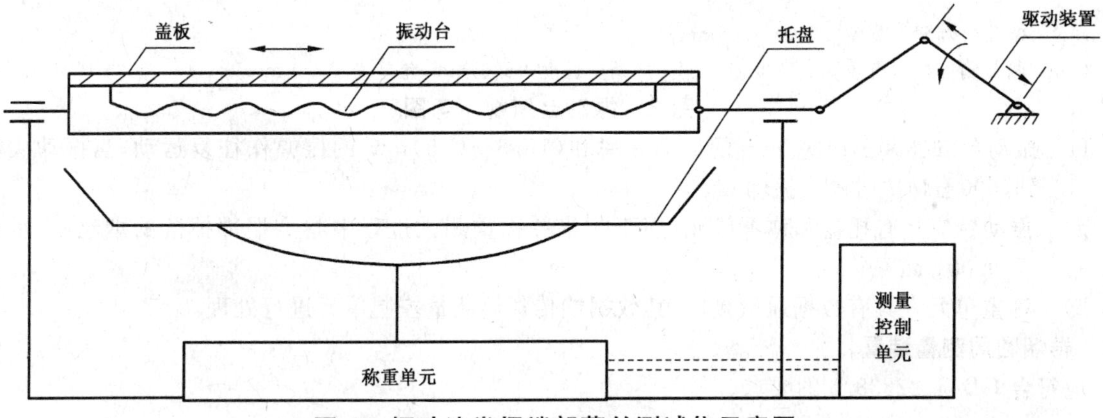

图1　振动法卷烟端部落丝测试仪示意图

b) 振动台纵截面示意图见图 2。

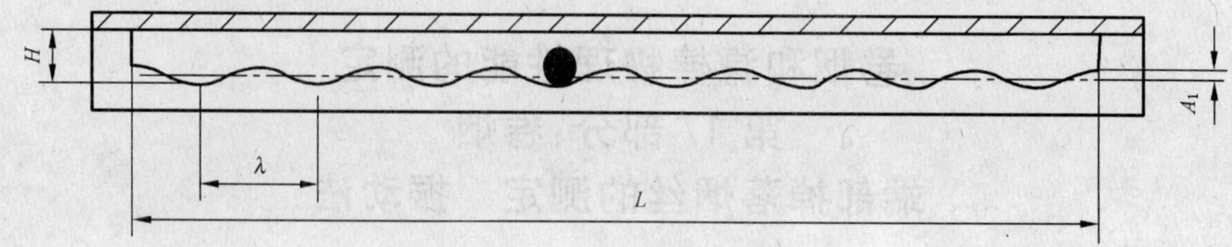

L——振动台长度(208.0±1.0)mm；

H——盖板与余弦函数波谷之间距离(13.0±0.5)mm。

图 2 振动台纵截面示意图

c) 振动台纵截面曲面函数见式(1)。

$$y = A_1 \cos \frac{2\pi}{\lambda} x \qquad \cdots\cdots(1)$$

式中：

y——y 坐标；

A_1——余弦函数的振幅(1.3±0.1)mm；

λ——余弦函数的波长(26.0±0.2)mm；

x——x 坐标。

d) 振动台应采用不锈钢材质，表面经过抛光处理。

e) 振动台俯视示意图见图 3。

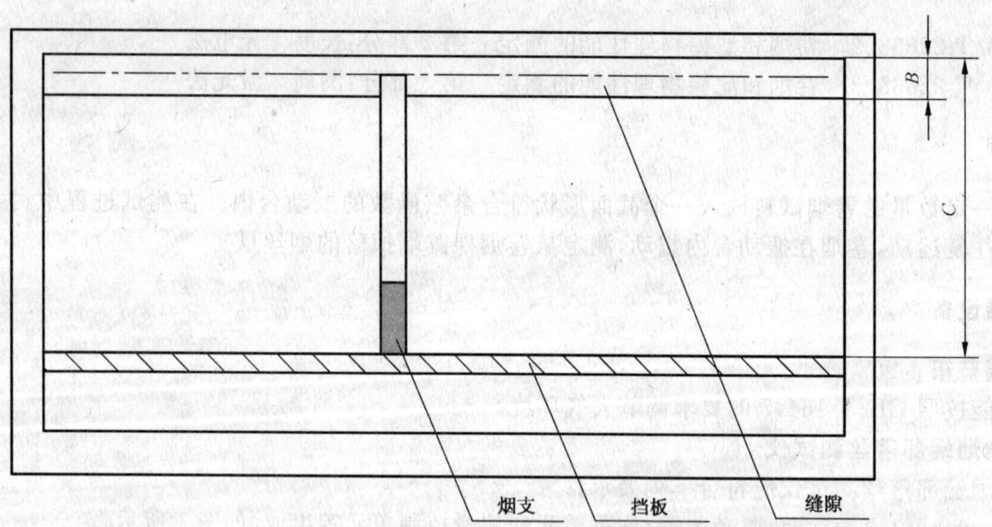

B——振动台侧缝隙宽度(10.0±1.0)mm；

C——调节侧挡板后有效测试宽度，其宽度为(烟支长度+5.0)mm，允差为±1.0 mm。

图 3 振动台俯视示意图

f) 振动台以(300±1)次/min 的振动频率和(19.5±0.5)mm 的振幅作往复运动，当振动次数达到(600±1)次时停止振动。

g) 振动台应具有托盘和称重单元，用于收集并称重测试过程中卷烟端部掉落的烟丝，称重精确至 0.001 g。

h) 称重单元宜具有数据通讯接口，其数据能传送给测量控制单元进行处理。

4.3 卷烟圆周测量装置

应符合 GB/T 22838.3 的要求。

4.4 刻度尺

刻度尺的分度值为毫米(mm),精确至 0.5 mm。

5 抽样

按 GB/T 5606.1 规定的程序抽样。也可以根据测试目的抽样,但应在测试报告中给出所采取的抽样步骤、细节和参考资料。

6 步骤

6.1 试样的调节

将试样置入调节箱(4.1)内,按 GB/T 16447 的要求调节样品。

6.2 试料

试料制备从调节好的试样中随机抽取,每份试料数量见表 1。

表 1 实测圆周所确定的卷烟数量表

测试烟支的圆周/mm	一份试料的卷烟支数
15.71	31
16.02	31
16.34	30
16.65	29
16.96	29
17.28	28
17.59	28
17.91	27
18.22	27
18.54	26
18.85	26
19.16	26
19.48	25
19.79	25
20.11	24
20.42	24
20.73	24
21.05	23
21.36	23
21.68	23
21.99	22
22.31	22
22.62	22
22.93	21

表 1（续）

测试烟支的圆周/mm	一份试料的卷烟支数
23.25	21
23.56	21
23.88	21
24.19	20
24.50	20
24.82	20
25.13	20
25.45	19
25.76	19
26.08	19
26.39	19
26.70	18
27.02	18
27.33	18
27.65	18
27.96	18
28.27	17
注：计算卷烟支数的回归分析参见附录 A。	

6.3 测定

6.3.1 在 GB/T 16447 规定的测试大气环境条件下进行测试。

6.3.2 按照 GB/T 22838.2 测定被测卷烟的烟支长度。调节挡板，使用刻度尺测量振动台的有效测试宽度 C。

6.3.3 按照 GB/T 22838.3 测定被测卷烟的圆周。

6.3.4 将试料放入振动台内，试料排列方式见图 3。

6.3.5 闭合测试单元，开始测试。

6.3.6 振动台振动(600±1)次后停止，称重单元称卷烟端部落丝量，精确至 0.001 g。

6.3.7 取出测试过的试料。

6.3.8 测量控制单元计算、显示和打印测试结果。

7 端部落丝量的计算

7.1 端部落丝量

端部落丝量 m_{LOE}，单位以毫克每支(mg/支)表示，用式(2)计算：

$$m_{LOE}=\frac{m_L}{q} \quad \cdots\cdots(2)$$

式中：

m_{LOE}——端部落丝量；

m_L——试料掉落的烟丝质量，单位为毫克(mg)；

q——测试卷烟数量，单位为支。

7.2 单位面积落丝量

单位面积落丝量 m_{LOA}，以毫克每平方厘米（mg/cm^2）表示，用式3计算：

$$m_{LOA} = \frac{m_L}{q \cdot A} \qquad \cdots\cdots(3)$$

式中：

m_{LOA}——单位面积落丝量；

m_L——试料掉落的烟丝质量，单位为毫克（mg）；

q——测试卷烟数量，单位为支；

A——裸露端的面积，单位为平方厘米（cm^2），精确至 0.01 cm^2。

8 测试报告

测试报告应包括以下内容：

——说明试样所必需的全部资料；

——卷烟特征参数（长度，圆周）；

——取样方法及日期；

——测试日期；

——测试的烟支数量；

——测试结果的数量；

——测试结果的平均值；

——测试结果的最大值和最小值；

——测试结果的标准偏差；

——测试结果的变异系数。

也应提及在本部分中没有规定的其他操作条件以及影响测试结果的任何情况。

附 录 A
（资料性附录）
计算卷烟支数的回归分析

不同直径的测试卷烟数量按式(A.1)计算：

$$y = a \cdot x^{b} \qquad \cdots\cdots (A.1)$$

式(A.1)是由 16.34 mm 和 27.33 mm 之间五种不同圆周的卷烟排满振动台 6 个波长长度所需的烟支数拟合得到的经验公式。例如圆周为 24.50 mm 的卷烟需 20 支。卷烟支数的回归分析表见表 A.1。

表 A.1 卷烟支数的回归分析表

样品编号	卷烟的圆周 x/mm	卷烟的数量 Y	y	$Y-y$	$[(Y-y)/y]$/%
A	16.34	30.00	29.99	0.01	0.03
B	18.85	26.00	26.02	−0.02	−0.07
C	21.36	23.00	22.97	0.03	0.13
D	24.50	20.00	20.04	−0.04	−0.20
E	27.33	18.00	17.98	0.02	0.11

其中：

$y=a \cdot x^{b}$ $\qquad \ln(y)=\ln(a)+b\times\ln(x)$

$\ln(a)=6.180\ 218$ $\qquad a=483.097\ 3$

$b=-0.994\ 894$

$B(\%)=99.995\ 17$

ICS 59.080.30
W 43

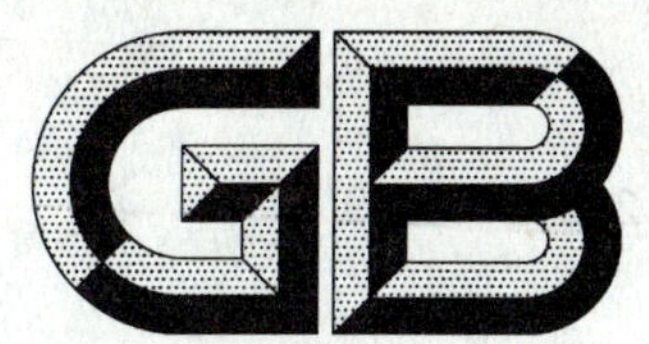

中华人民共和国国家标准

GB/T 22842—2009

里子绸

Lining

2009-04-21 发布 2009-12-01 实施

中华人民共和国国家质量监督检验检疫总局
中国国家标准化管理委员会 发布

前言

本标准的附录A为资料性附录。

本标准由中国纺织工业协会提出。

本标准由全国丝绸标准化技术委员会归口。

本标准起草单位:苏州江枫丝绸有限公司、浙江丝绸科技有限公司、苏州市职业大学、宁波宜科科技实业股份有限公司、杭州金富春丝绸化纤有限公司、达利丝绸(浙江)有限公司。

本标准主要起草人:张晓寰、周颖、李世超、王宗臻、黄勇、陈东生、吴志祥、梁栋、盛建祥、俞丹。

里　子　绸

1　范围

本标准规定了里子绸的术语和定义、要求、试验方法、检验规则、包装和标志。

本标准适用于评定涤纶、锦纶、醋酯、粘胶、铜氨长丝纤维纯织和由以上长丝纤维交织而成的各类服用里子绸的品质。

2　规范性引用文件

下列文件中的条款通过本标准的引用而成为本标准的条款。凡是注日期的引用文件，其随后所有的修改单(不包括勘误的内容)或修订版均不适用于本标准，然而，鼓励根据本标准达成协议的各方，研究是否可使用这些文件的最新版本。凡是不注日期的引用文件，其最新版本适用于本标准。

GB/T 250　纺织品　色牢度试验　评定变色用灰色样卡(GB/T 250—2008，ISO 105-A02:1993，IDT)

GB/T 2910　纺织品　二组分纤维混纺产品定量化学分析方法

GB/T 3917.2　纺织品　织物撕破性能　第2部分:舌形试样撕破强力的测定

GB/T 3920　纺织品　色牢度试验　耐摩擦色牢度(GB/T 3920—2008，ISO 105-X12:2001，MOD)

GB/T 3921—2008　纺织品　色牢度试验　耐皂洗色牢度(ISO 105-C10:2006，MOD)

GB/T 3922　纺织品耐汗渍色牢度试验方法

GB/T 3923.1　纺织品　织物拉伸性能　第1部分:断裂强力和断裂伸长率的测定　条样法

GB/T 4667　机织物幅宽的测定

GB/T 4668　机织物密度的测定

GB/T 4669　纺织品　机织物　单位长度质量和单位面积质量的测定

GB/T 4841.1　染料染色标准深度色卡　1/1

GB 5296.4　消费品使用说明　纺织品和服装使用说明

GB/T 5711　纺织品　色牢度试验　耐干洗色牢度(GB/T 5711—1997，eqv ISO 105-D01:1993)

GB/T 8628　纺织品　测定尺寸变化的试验中织物试样和服装的准备、标记及测量(GB/T 8628—2001，eqv ISO 3759:1994)

GB/T 8629—2001　纺织品　试验用家庭洗涤和干燥程序(eqv ISO 6330:2000)

GB/T 8630　纺织品　洗涤和干燥后尺寸变化的测定(GB/T 8630—2002，ISO 5077:1984，MOD)

GB/T 8631　纺织品　织物因冷水浸渍而引起的尺寸变化的测定(GB/T 8631—2001，eqv ISO 7771:1985)

GB/T 13772.1　机织物中纱线抗滑移性测定方法　缝合法

GB/T 14801　机织物和针织物纬斜和弓纬试验方法

GB/T 15552—2007　丝织物试验方法和检验规则

GB 18401　国家纺织产品基本安全技术规范

GB/T 19981.2　纺织品　织物和服装的专业维护、干洗和湿洗　第2部分:使用四氯乙烯干洗和整烫时性能试验的程序

FZ/T 01053　纺织品　纤维含量的标识

FZ/T 01057(所有部分)　纺织纤维鉴别试验方法

FZ/T 20021　织物经汽蒸后尺寸变化试验方法

3　术语和定义

下列术语和定义适用于本标准。

3.1

里子绸　lining

服装最里层的材料,通常称里子或夹里。一般由涤纶、锦纶、醋酯、粘胶、铜氨长丝纤维纯织和由以上长丝纤维交织而成。

3.2

标准面积　standard area

织物全幅×经向长 50 cm 的面积。用于评定里子绸外观疵点的一个基准单位。

4　要求

4.1　里子绸的技术要求包括密度偏差率、质量偏差率、纤维含量偏差率、断裂强力、撕破强力、纰裂程度、尺寸变化率、色牢度等内在质量和色差(与标样对比)、密度偏差率、幅宽偏差率、外观疵点等外观质量。

4.2　里子绸的评等以匹为单位。质量、纤维含量偏差、断裂强力、撕破强力、纰裂程度、尺寸变化率、色牢度等按批评等。色差、密度、幅宽、外观疵点等按匹评等。

4.3　里子绸的品质由内在质量、外观质量中的最低等级项目评定。其等级分为优等品、一等品、二等品。低于二等品的为等外品。

4.4　里子绸的基本安全性能应符合 GB 18401 的要求。

4.5　各类里子绸的内在质量分等规定。

4.5.1　涤纶、锦纶、醋酯纤维纯织里子绸内在质量分等规定见表 1。

表 1　涤纶、锦纶、醋酯纤维纯织里子绸内在质量分等规定

项　目			涤纶、锦纶纤维			醋酯纤维		
			优等品	一等品	二等品	优等品	一等品	二等品
密度偏差率/%			±3	±4	±5	±3	±4	±5
质量偏差率/%			±3	±4	±5	±3	±4	±5
断裂强力/N　≥				200			150	
撕破强力/N　≥				9.0			6.0	
纤维含量偏差(绝对百分比)/%			按 FZ/T 01053 执行					
纰裂程度(定负荷 80 N)/mm　≤				5.0		5.0	6.0	
尺寸变化率/%	水洗	经向	±1.5		±2.0	±3.0		±4.0
		纬向	±1.5		±2.0	±2.0	±2.5	±3.0
	干洗	经向	±1.5		±2.0	±2.0	±3.0	±4.0
		纬向	±1.5		±2.0	±2.0	±3.0	±4.0
	汽蒸	经向	±2.5		±3.0	±2.0	±2.5	±3.0
		纬向	±2.5		±3.0	±2.0	±2.5	±3.0

表 1（续）

项目			涤纶、锦纶纤维			醋酯纤维		
			优等品	一等品	二等品	优等品	一等品	二等品
色牢度/级	耐皂洗 耐干洗 耐汗渍	变色 ≥	4	3-4	3	3-4		3
		沾色 ≥	4	3-4	3	3-4	3	
	干摩擦	沾色(浅色[a]) ≥	4	3-4	3	4	3-4	3
		沾色(深色[b]) ≥	4	3-4	3	3-4		3
	湿摩擦	沾色(浅色) ≥	4	3-4	3	3-4		3
		沾色(深色) ≥	4	3-4	3	3		

a 小于 GB/T 4841.1 中 1/1 标准深度为浅色。

b 大于或等于 GB/T 4841.1 中 1/1 标准深度为深色。

4.5.2 粘胶、铜氨纤维纯织里子绸内在质量分等规定见表 2。

表 2 粘胶、铜氨纤维纯织里子绸内在质量分等规定

项目			粘胶纤维			铜氨纤维		
			优等品	一等品	二等品	优等品	一等品	二等品
密度偏差率/%			±3	±4	±5	±3	±4	±5
质量偏差率/%			±3	±4	±5	±3	±4	±5
断裂强力/N ≥			180					
撕破强力/N ≥			7.0			9.0		
纤维含量偏差(绝对百分比)/%			按 FZ/T 01053 执行					
纰裂程度[a](定负荷 80 N)/mm ≤			5.0	6.0		4.5	5.0	
尺寸变化率/%	水洗	经向	±3.0	±4.0	±5.0	—	—	—
		纬向	±3.0	±4.0	±5.0	—	—	—
	水浸	经向	—	—	—	±3.5	±4.0	±4.5
		纬向	—	—	—	±3.0	±3.5	±4.0
	干洗	经向	±2.0	±2.5	±3.0	±2.0	±3.0	±3.5
		纬向	±2.0	±2.5	±3.0	±2.0	±3.0	±3.5
	汽蒸	经向	±2.0	±2.5	±3.0	±2.0	±2.5	±3.0
		纬向	±2.0	±2.5	±3.0	±2.0	±2.5	±3.0

表 2（续）

项　目			粘胶纤维			铜氨纤维		
			优等品	一等品	二等品	优等品	一等品	二等品
色牢度/级	耐皂洗 耐干洗 耐汗渍	变色　≥	4	3-4	3	4	3-4	
		沾色　≥	4	3-4	3	4	3-4	
	干摩擦	沾色（浅色[b]）≥	4	3-4	3	4-5	4	
		沾色（深色[b]）≥	3-4		3	4	3-4	
	湿摩擦	沾色（浅色）≥	4	3-4	3	4	3-4	
		沾色（深色）≥	3			3		

[a] 铜氨里子绸质量≤70 g/m² 时，定负荷 50 N。

[b] 大于或等于 GB/T 4841.1 中 1/1 标准深度为深色，小于 GB/T 4841.1 中 1/1 标准深度为浅色。

4.5.3　涤纶/粘胶、涤纶/铜氨、粘胶/醋酯纤维交织里子绸内在质量分等规定见表 3。

表 3　涤纶/粘胶、涤纶/铜氨、粘胶/醋酯纤维交织里子绸内在质量分等规定

项　目			涤纶/粘胶、涤纶/铜氨纤维			粘胶/醋酯纤维		
			优等品	一等品	二等品	优等品	一等品	二等品
密度偏差率/%			±3	±4	±5	±3	±4	±5
质量偏差率/%			±3	±4	±5	±3	±4	±5
断裂强力/N　≥			180			150		
撕破强力/N　≥			8.0			7.0		
纤维含量偏差（绝对百分比）/%			按 FZ/T 01053 执行					
纰裂程度（定负荷 80 N）/mm ≤			5.0	6.0		5.0	6.0	
尺寸变化率/%	水洗	经向	±1.5	±1.5	±2.0	±3.0	±4.0	±5.0
		纬向	±3.0	±4.0	±5.0	±3.0	±4.0	±5.0
	干洗	经向	±1.5	±1.5	±2.0	±2.0	±3.0.	±4.0
		纬向	±2.0	±3.0	±4.0	±2.0	±3.0	±4.0
	汽蒸	经向	±2.5	±2.5	±2.5	±2.0	±2.5	±3.0
		纬向	±2.0	±2.5	±3.0	±2.0	±2.5	±3.0

表 3（续）

<table>
<tr><th colspan="3" rowspan="2">项　　目</th><th colspan="3">涤纶/粘胶、涤纶/铜氨纤维</th><th colspan="3">粘胶/醋酯纤维</th></tr>
<tr><th>优等品</th><th>一等品</th><th>二等品</th><th>优等品</th><th>一等品</th><th>二等品</th></tr>
<tr><td rowspan="6">色牢度/级</td><td rowspan="2">耐皂洗
耐干洗
耐汗渍</td><td>变色　≥</td><td>4</td><td>3-4</td><td>3</td><td>3-4</td><td>3-4</td><td>3</td></tr>
<tr><td>沾色　≥</td><td>4</td><td>3-4</td><td>3</td><td>3-4</td><td>3</td><td>3</td></tr>
<tr><td rowspan="2">干摩擦</td><td>沾色(浅色[a]) ≥</td><td>4</td><td>3-4</td><td>3</td><td>4</td><td>3-4</td><td>3</td></tr>
<tr><td>沾色(深色[b]) ≥</td><td>3-4</td><td>3</td><td>3</td><td>3-4</td><td>3-4</td><td>3</td></tr>
<tr><td rowspan="2">湿摩擦</td><td>沾色(浅色) ≥</td><td>4</td><td>3-4</td><td>3</td><td>4</td><td>3-4</td><td>3</td></tr>
<tr><td>沾色(深色) ≥</td><td>3</td><td>3</td><td>3</td><td>3</td><td>3</td><td>3</td></tr>
<tr><td colspan="9">a 小于 GB/T 4841.1 中 1/1 标准深度为浅色。
b 大于或等于 GB/T 4841.1 中 1/1 标准深度为深色。</td></tr>
</table>

4.6　里子绸外观质量的评定

4.6.1　里子绸外观质量分等规定见表 4。

表 4　外观质量分等规定

项　　目	优等品	一等品	二等品
色差(与标样对比)、同匹色差/级　≥	4	3-4	3
幅宽偏差率/%	±1.5	±2.0	±2.5
纬斜及弓纬/%　≤	2.5	3.0	3.5
外观疵点评定限度/(个/100 m)　≤	14	21	28

4.6.2　里子绸外观疵点评定说明

4.6.2.1　里子绸外观疵点的归类参见附录 A。

4.6.2.2　里子绸外观疵点采用有限度的累计疵点数评定。

4.6.2.3　在标准面积内如有多个疵点时，按一个疵点计算。在连续发生情况下以 50 cm 为基准加算。

4.6.2.4　同一批中，匹与匹之间色差(色泽不匀) 不低于 GB/T 250 中 3-4 级。

4.7　开剪拼匹和标疵放尺的规定

4.7.1　里子绸允许开剪拼匹或标疵放尺，两者只能采用一种。

4.7.2　开剪拼匹最多两段，其中最短的一段长度应超过 20 m，其等级、幅宽、色泽、花型应一致。

4.7.3　标疵放尺每 10 m 及以内允许标疵一次，应在标疵位置的布边上做明显的记号。每处标疵放尺 50 cm。标疵后疵点不再计数。局部性疵点的标疵间距或标疵疵点与匹端的距离不得少于 5 m。

5　试验方法

5.1　幅宽的测定按 GB/T 4667 执行。

5.2　密度的测定按 GB/T 4668 执行。

5.3　质量的测定按 GB/T 4669 执行。

5.4　断裂强力的测定按 GB/T 3923.1 执行。

5.5 撕破强力的测定按 GB/T 3917.2 执行。

5.6 纰裂程度的测定按 GB/T 13772.1 中方法 B(定负荷法)执行。

5.7 水洗尺寸变化率的测定按 GB/T 8628、GB/T 8629—2001、GB/T 8630 进行。洗涤程序采用 7A，干燥方法采用 A 法。

5.8 水浸尺寸变化率的测定按 GB/T 8631 执行。

5.9 干洗尺寸变化率的测定按 GB/T 19981.2 执行。

5.10 蒸汽尺寸变化率的测定按 FZ/T 20021 执行。

5.11 耐皂洗色牢度的测定按 GB/T 3921—2008 表 2 中 A(1)执行。其中，涤纶纤维里子绸按表 2 中 B(2)执行。

5.12 耐干洗色牢度的测定按 GB/T 5711 执行。

5.13 耐汗渍色牢度的测定按 GB/T 3922 执行。

5.14 耐摩擦色牢度的测定按 GB/T 3920 执行。

5.15 纤维含量的测定按 GB/T 2910、FZ/T 01057 执行。

5.16 纬斜和弓纬的测定按 GB/T 14801 执行。

5.17 色差的测定按 GB/T 15552—2007 中 3.28 执行。

5.18 外观质量检验按 GB/T 15552—2007 中 3.30 执行。

6 检验规则

里子绸的检验规则按 GB/T 15552—2007 中第 4 章执行。

7 包装和标志

7.1 里子绸根据用户要求分为卷筒及折叠两类。

7.2 包装材料

7.2.1 卷筒纸管规格：螺旋斜开机制管，内径 3.0 cm～3.5 cm，外径 4 cm，长度根据产品幅宽应满足卷取和包装要求。纸管要圆整挺直。

7.2.2 卷筒或折叠匹绸外用塑料袋或塑料薄膜包覆。

7.3 包装要求

7.3.1 同件(箱)内，优等品、一等品匹与匹之间色差，不低于 GB/T 250 中 4 级。

7.3.2 卷筒包装的内外层边的相对位移不大于 2 cm。

7.3.3 包装应牢固、防潮，便于仓贮及运输。

7.4 标志要求明确、清晰、耐久、便于识别。

7.5 每匹或每段里子绸两端距绸边 3 cm 以内、幅边 10 cm 以内盖一检验章及等级标记。每匹里子绸应吊标签一张，内容按 GB 5296.4 规定，包括品名、原料名称、幅宽、色别、长度、等级、执行标准编号、企业名称等。

7.6 每箱(件)应附装箱单。

7.7 纸箱(包装袋)刷唛要正确、整齐、清晰。纸箱(包装袋)唛头内容包括品名、批号、花色号、匹数、等级、企业名称、地址等。

7.8 每批产品出厂应附品质检验结果单。

8 其他

对里子绸的品质、包装、标志另有特殊要求者，供需双方可另订协议或合同，并按其执行。

附 录 A
（资料性附录）
外观疵点归类表

表 A.1 外观疵点归类表

序号	疵点名称	说 明
1	经向疵点	宽急经柳、粗细柳、筘柳、色柳、筘路、多少捻、缺经、断通丝、错经、碎糙、夹糙、夹断头、断小柱、叉绞、分经路、小轴松、水渍急经、宽急经、错通丝、综穿错、筘穿错、单爿头、双经、粗细经、夹起、懒针、煞星、渍经、灰伤、皱印等
2	纬向疵点	破纸板、综框梁子多少起、抛纸板、错纹板、错花、跳梭、煞星、柱渍、轧梭痕、筘锈渍、带纬、断纬、叠纬、坍纬、糙纬、灰伤、皱印、杂物织入、渍纬等
	其中：纬档	松紧档、撬档、撬小档、顺纡档、多少捻档、粗细纬档、缩纬档、急纬档、断花档、通绞档、毛纬档、拆毛档、停车档、渍纬档、错纬档、糙纬档、色纬档、拆烊档
3	印花疵	搭脱、渗进、漏浆、塞煞、色点、眼圈、套歪、露白、砂眼、双茎、拖版、搭色、反丝、叠版印、框子印、刮刀印、色皱印、回浆印、刷浆印、化开、糊开、花痕、野花、粗细茎、跳版深浅、接版深浅、雕色不清、涂料脱落、涂料颜色不清等
4	污渍、油渍	色渍、锈渍、油污渍、洗渍、皂渍、霉渍、蜡渍、白雾、字渍、水渍等
	破损性疵点	蛛网、披裂、拔伤、空隙、破洞等
5	边疵、松板印、撬小	宽急边、木耳边、粗细边、卷边、边糙、吐边、边修剪不净、针板眼、边少起、破边、凸铗、脱铗等
注：外观疵点归类表中没有归入的疵点按类似疵点评定。		

ICS 97.160
W 57

中华人民共和国国家标准

GB/T 22843—2009

枕、垫类产品

Cushion and pillow

2009-04-21 发布　　2009-12-01 实施

中华人民共和国国家质量监督检验检疫总局
中国国家标准化管理委员会　发布

前　言

本标准的附录B为规范性附录,附录A为资料性附录。

本标准由中国纺织工业协会提出。

本标准由全国家用纺织品标准化技术委员会归口。

本标准起草单位:江苏省纺织产品质量监督检验测试中心、江苏梦兰集团有限公司、江苏堂皇集团、深圳富安娜家居股份有限公司。

本标准主要起草人:高晋、钱月宝、荆玉堂、李辉。

枕、垫类产品

1 范围

本标准规定了枕、垫类产品的术语和定义、要求、抽样、试验方法、检验规则、标志、包装。

本标准适用于以纺织纤维为主要原料的各种枕、垫类产品。

2 规范性引用文件

下列文件中的条款通过本标准的引用而成为本标准的条款。凡是注日期的引用文件，其随后所有的修改单(不包括勘误的内容)或修订版均不适用于本标准，然而，鼓励根据本标准达成协议的各方研究是否可使用这些文件的最新版本。凡是不注日期的引用文件，其最新版本适用于本标准。

GB/T 250 纺织品 色牢度试验 评定变色用灰色样卡(GB/T 250—2008,ISO 105/A02:1993,IDT)

GB/T 2910 纺织品 二组分纤维混纺产品定量化学分析方法(GB/T 2910—1997,eqv ISO 1833:1977)

GB/T 2911 纺织品 三组分纤维混纺产品定量化学分析方法(GB/T 2911—1997,eqv ISO 5088:1976)

GB/T 3920 纺织品 色牢度试验 耐摩擦色牢度(GB/T 3920—2008,ISO 105/X12:2001,MOD)

GB/T 3921 纺织品 色牢度试验 耐皂洗色牢度(GB/T 3921—2008,ISO 105-C10:2006,MOD)

GB/T 3922 纺织品 色牢度试验 耐汗渍色牢度(GB/T 3922—1995,eqv ISO 105/E04:1994)

GB/T 3923.1 纺织品 织物拉伸性能 第1部分:断裂强力和断裂伸长率的测定 条样法

GB/T 4802.2 纺织品 织物起毛起球性能的测定 第2部分:改型马丁代尔法

GB 5296.4 消费品使用说明 纺织品和服装使用说明

GB/T 5711 纺织品 色牢度试验 耐干洗色牢度(GB/T 5711—1997,eqv ISO 105/D01:1993)

GB/T 8170 数值修约规则与极限数值的表示和判定

GB/T 8427 纺织品 色牢度试验 耐人造光色牢度 氙弧(GB/T 8427—2008,ISO 105-B02:1994,MOD)

GB/T 8628 纺织品 测定尺寸变化的试验中织物试样和服装的准备、标记及测量(GB/T 8628—2001,eqv ISO 3759:1994)

GB/T 8629 纺织品 试验用家庭洗涤和干燥程序(GB/T 8629—2001,eqv ISO 6330:2000)

GB/T 8630 纺织品 洗涤和干燥后尺寸变化的测定(GB/T 8630—2002,ISO 5077:1984,MOD)

GB/T 14801 机织物与针织物纬斜和弓斜试验方法

GB 18383 絮用纤维制品通用技术要求

GB 18401 国家纺织产品基本安全技术规范

FZ/T 01053 纺织品 纤维含量的标识

FZ/T 80007.3 使用粘合衬服装耐干洗测试方法

3 术语和定义

下列术语和定义适用于本标准。

3.1

枕(芯) pillow

织物经缝制并装有填充物(如纺织纤维或发泡材料等)、用作枕在头下的物品,分为可直接使用的枕和需加套才可使用的枕芯。

3.2

垫(芯) cushion

织物经缝制并装有填充物(如纺织纤维或发泡材料等),使用中起支撑或缓冲作用的物品,如靠垫、坐垫、床垫等,分为可直接使用的垫和需加套才可使用的垫芯。

3.3

填充物 filling

具有一定弹性的、填于两层织物中间起支撑作用的材料。

3.4

枕、垫套 pillowslip

枕、垫可脱卸的保护性外套,可进行干洗或水洗。

4 要求

4.1 产品的品等分为优等品、一等品和合格品。

4.2 产品的质量分为内在质量、外观质量、工艺质量等。

4.3 产品的内在质量包括纤维含量偏差、面料断裂强力、水洗尺寸变化率、干洗尺寸变化率、面料起球性能和色牢度,内在质量要求见表1。

表1 内在质量要求

<table>
<tr><th>序号</th><th colspan="3">考核项目</th><th>单位</th><th>优等品</th><th>一等品</th><th>合格品</th><th>备　注</th></tr>
<tr><td>1</td><td colspan="3">纤维含量偏差</td><td>%</td><td colspan="3">按 FZ/T 01053 执行</td><td></td></tr>
<tr><td>2</td><td colspan="2">面料断裂强力</td><td>≥</td><td>N</td><td colspan="2">250</td><td>220</td><td></td></tr>
<tr><td>3</td><td colspan="3">水洗尺寸变化率</td><td>%</td><td>±3.0</td><td>±4.0</td><td>±5.0</td><td>可水洗产品考核</td></tr>
<tr><td>4</td><td colspan="3">干洗尺寸变化率</td><td>%</td><td>±3.0</td><td>±4.0</td><td>±5.0</td><td>可干洗产品考核</td></tr>
<tr><td>5</td><td colspan="2">面料起球性能</td><td>≥</td><td>级</td><td>4</td><td>3</td><td>—</td><td></td></tr>
<tr><td rowspan="9">6</td><td rowspan="9">色牢度
≥</td><td>耐光</td><td>变色</td><td rowspan="9">级</td><td>4</td><td>4</td><td>3</td><td>丝绸面料一等品3级</td></tr>
<tr><td rowspan="2">耐皂洗</td><td>变色</td><td>4</td><td>3-4</td><td>3</td><td rowspan="2">可水洗产品考核,试验温度按使用说明但不低于40 ℃,或按本标准规定的温度</td></tr>
<tr><td>沾色</td><td>4</td><td>3-4</td><td>3</td></tr>
<tr><td rowspan="2">耐干洗</td><td>变色</td><td>4</td><td>3-4</td><td>3</td><td rowspan="2">可干洗产品考核</td></tr>
<tr><td>液沾色</td><td>4</td><td>3-4</td><td>3</td></tr>
<tr><td rowspan="2">耐汗渍</td><td>变色</td><td>4</td><td>3-4</td><td>3</td><td rowspan="2"></td></tr>
<tr><td>沾色</td><td>4</td><td>3-4</td><td>3</td></tr>
<tr><td rowspan="2">耐摩擦</td><td>干摩</td><td>4</td><td>3-4</td><td>3</td><td rowspan="2"></td></tr>
<tr><td>湿摩</td><td>3-4</td><td>3</td><td>2-3</td></tr>
<tr><td colspan="9">注:枕芯、垫芯只考核第1项。</td></tr>
</table>

4.4 产品外观质量包括规格尺寸偏差率、纬(花)斜、色花(差)、外观疵点、图案质量、缝针质量、绗缝质

量和缝纫质量。外观质量要求见表 2。

表 2　外观质量要求

<table>
<tr><th>序号</th><th colspan="2">考核项目</th><th>优等品</th><th>一等品</th><th>合格品</th></tr>
<tr><td>1</td><td colspan="2">规格尺寸偏差率/%</td><td>±1.5</td><td>±2.5</td><td>±3.5</td></tr>
<tr><td>2</td><td colspan="2">纬斜、花斜/%　≤</td><td>2.0</td><td>3.0</td><td>4.0</td></tr>
<tr><td>3</td><td colspan="2">色花、色差/级　≥</td><td>4-5</td><td>4</td><td>3-4</td></tr>
<tr><td rowspan="5">4</td><td rowspan="5">外观疵点</td><td>破损、针眼</td><td>不允许</td><td>不允许</td><td>破损不允许,针眼长度小于 20 cm</td></tr>
<tr><td>色、污渍</td><td>不允许</td><td>不允许</td><td>轻微允许 3 处/件</td></tr>
<tr><td>线状疵点</td><td>不允许</td><td>轻微允许 1 处/件</td><td>明显允许 1 处/件</td></tr>
<tr><td>条块状疵点</td><td>不允许</td><td>轻微允许 1 处/件</td><td>明显允许 1 处/件</td></tr>
<tr><td>印花不良</td><td>不允许</td><td>轻微搭、沾、渗色,漏印,不影响外观</td><td>不影响整体外观</td></tr>
<tr><td>5</td><td colspan="2">图案质量</td><td>图案整体位正不偏</td><td>图案整体位偏,大件不超过 3 cm,小件不超过 2 cm</td><td>不影响整体外观</td></tr>
<tr><td rowspan="2">6</td><td rowspan="2">缝针质量</td><td>缝纫针</td><td rowspan="2">无跳针、浮针、漏针、偏针、脱线</td><td>无跳针、浮针、漏针、脱线;偏针不超过 0.5 cm/20 cm</td><td>跳针、浮针、漏针、脱线 1 针/处,每件产品不超过 3 处;偏针不超过 0.5 cm/20 cm</td></tr>
<tr><td>绗缝针</td><td colspan="2">跳针、浮针、漏针、脱线每处不超过 1 cm,不允许超过 5 处/件</td></tr>
<tr><td>7</td><td colspan="2">绗缝质量</td><td colspan="3">缝迹流畅、平服,无折皱夹布;绗缝起止处应打回针,接针套正,无线头;同针迹整齐均匀</td></tr>
<tr><td>8</td><td colspan="2">缝纫质量</td><td colspan="3">缝迹匀、直、牢固,卷边拼缝平服齐直,宽狭一致,不露毛,面(里)料缝制错位小于 1 cm;接针套正,边口处应打回针。
针迹密度:平缝不小于 10 针/3 cm,包缝不小于 9 针/3 cm</td></tr>
<tr><td colspan="6">注 1:疵点轻微、明显程度参见附录 A。
注 2:枕套、垫套规格尺寸只考核负偏差。
注 3:最大尺寸(长方向或宽方向)大于 100 cm 为大件,不大于 100 cm 为小件。
注 4:绗缝针密不考核。</td></tr>
</table>

4.5　产品应符合 GB 18401 的要求。

4.6　填充物中絮用纤维应符合 GB 18383 的要求。

4.7　选用适合的缝线、钮扣、拉链等附件,且质量符合相关标准要求。

4.8　特殊要求按双方合同协议的约定执行。

5　抽样

5.1　内在质量检验抽样方案见表 3。

表 3 内在质量检验抽样方案

批量范围 N	样本大小 n	合格判定数 Ac	不合格判定数 Re
2～1 200	2	0	1
1 201～3 200	3	0	1
3 201～10 000	5	0	1
＞10 000	8	0	1
注：内在质量抽样的样本由满足进行表 1 检验的样品组成。			

5.2 外观质量检验抽样方案见表 4。

表 4 外观质量检验抽样方案

批量范围 N	样本大小 n	合格判定数 Ac	不合格判定数 Re
20～1 200	20	1	2
1 201～10 000	32	3	4
10 001～35 000	50	5	6
＞35 000	80	10	11

5.3 检验样本从检验批中随机抽取，外包装应完整。

5.4 实施抽样时，当样本大小 n 大于批量 N 时，实施全检，合格判定数 Ac 为 0。

5.5 抽样方案另有规定和合同协议的，按有关规定和合同协议执行。

6 试验方法

6.1 内在质量检验

6.1.1 纤维含量按 GB/T 2910 和 GB/T 2911 执行。填充物纤维含量取样方法按附录 B 执行。

6.1.2 断裂强力按 GB/T 3923.1 执行。

6.1.3 水洗尺寸变化率按 GB/T 8628，GB/T 8629，GB/T 8630 执行，选用 5A 程序，干燥方法 A。

6.1.4 干洗尺寸变化率按 FZ/T 80007.3 执行。

6.1.5 起球性能按 GB/T 4802.2 执行。

6.1.6 耐光色牢度按 GB/T 8427 方法 3 执行。

6.1.7 耐皂洗色牢度按 GB/T 3921 试验 C 执行。

6.1.8 耐干洗色牢度按 GB/T 5711 执行。

6.1.9 耐汗渍色牢度按 GB/T 3922 执行。

6.1.10 耐摩擦色牢度按 GB/T 3920 执行。

6.1.11 数值修约按 GB/T 8170 执行。

6.2 外观质量检验

6.2.1 外观质量检验时产品表面照度不低于 600 lx，检验人员眼部距产品约 1 m 左右，检验人员以目光进行检验。

6.2.2 规格尺寸偏差率的测定

6.2.2.1 工具：钢尺。

6.2.2.2 将产品平摊在检验台上，用手轻轻理平，使产品呈自然伸缩状态，用钢尺在整个产品长、宽方向的四分之一和四分之三处测量，精确到 1 mm，按式(1)进行计算，计算结果按 GB/T 8170 修约至 1 位小数。

$$P = \frac{L_1 - L_0}{L_0} \times 100 \qquad \cdots\cdots (1)$$

式中：

P——规格尺寸偏差率，%；

L_0——产品规格尺寸明示值，单位为毫米(mm)；

L_1——产品规格尺寸实测值，单位为毫米(mm)。

6.2.3 纬斜、花斜按 GB/T 14801 执行。

6.2.4 色花、色差用 GB/T 250 评定变色用灰色样卡进行评定。

7 检验规则

7.1 单件产品内在质量、外观质量分别按表 1、表 2 中最低一项评等，综合质量按内在质量和外观质量中的最低等评定。

7.2 批判定时内在质量按抽样检查表 3 执行，外观质量按抽样检查表 4 执行。不合格数小于或等于 Ac，则判检验批合格；不合格数大于或等于 Re，则判检验批不合格。

7.3 综合质量批判定按内在质量抽样检查和外观质量抽样检查中最低等评定。

8 标志、包装

8.1 产品使用说明应符合 GB 5296.4 的要求。产品应标明规格尺寸。

8.2 每件产品应有包装，包装大小根据具体产品而定。包装材料应选择适当，应保证不散落、不破损、不沾污、不受潮。用户有特殊要求的，供需双方协商确定。

附 录 A
（资料性附录）
外观疵点及程度说明

A.1 线状疵点：沿经向或纬向延伸的，宽度不超过 0.2 cm 的所有各类疵点。

A.2 条块状疵点：沿经向或纬向延伸的，宽度超过 0.2 cm 的疵点，不包括色、污渍。

A.3 破损：相邻的纱、线断 2 根及以上的破洞，破边，0.3 cm 及以上的跳花。

A.4 疵点轻微、明显程度规定见表 A.1。

表 A.1 外观疵点及程度说明

印染疵		
参比 GB/T 250 评定变色用灰色样卡，3-4 级及以上为轻微，3-4 级以下为明显		
纱、织疵		
线状	轻微	粗度不大于纱支 3 倍的粗经，线状错经，稀 1 根～2 根纱的筘路；粗度不大于纱支 3 倍的粗纬，双纬，线状百脚，竹节纱等
	明显	粗度大于纱支 3 倍的粗经，锯齿状错经，断经，跳纱，稀 2 根纱以上的筘路；粗度大于纱支 3 倍的粗纬、竹节纱，脱纬，锯齿状百脚，一梭 3 根的多纱，色、油、污纱等
条块状	轻微	杂物织入，条干不匀，经缩波纹，叠起来看不易发现的稀密路，拆痕不起毛
	明显	并列跳纱，明显影响外观的杂物织入、条干不匀，叠起来看容易发现的稀密路，拆痕起毛，经缩浪纹，宽 0.2 cm 以上的筘路、针路等

附　录　B
（规范性附录）
填充物纤维含量取样方法

B.1　取样方法按图B.1，在各取样处随机抽取约10 g样品，将每份样品自己充分混合均匀，组成第一组的8个混和样品。

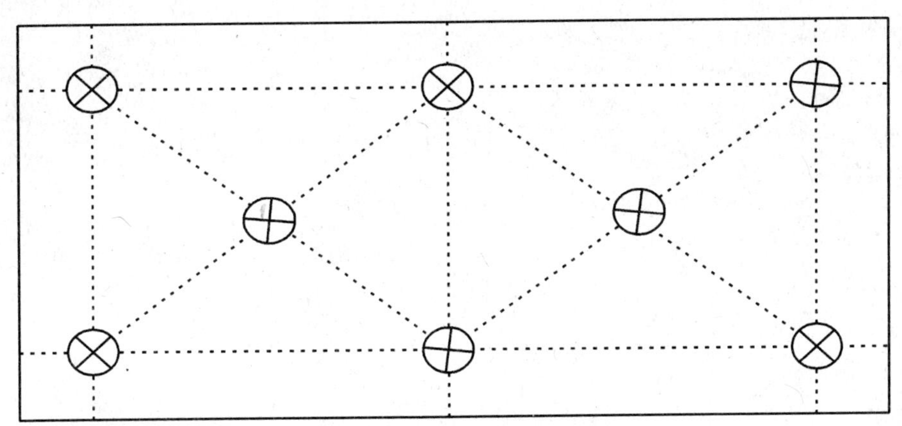

图B.1　纤维含量取样图

B.2　按图B.2所示，将第一组混和样品中的第1个样品与第2个样品合并混和，再分成两半，丢弃一半，保留一半；第3个样品与第4个样品合并混和，同样分成两半，丢弃一半，保留一半……第7个样品与第8个样品合并混和，再分成两半，丢弃一半，保留一半；组成第二组的4个混和样品。

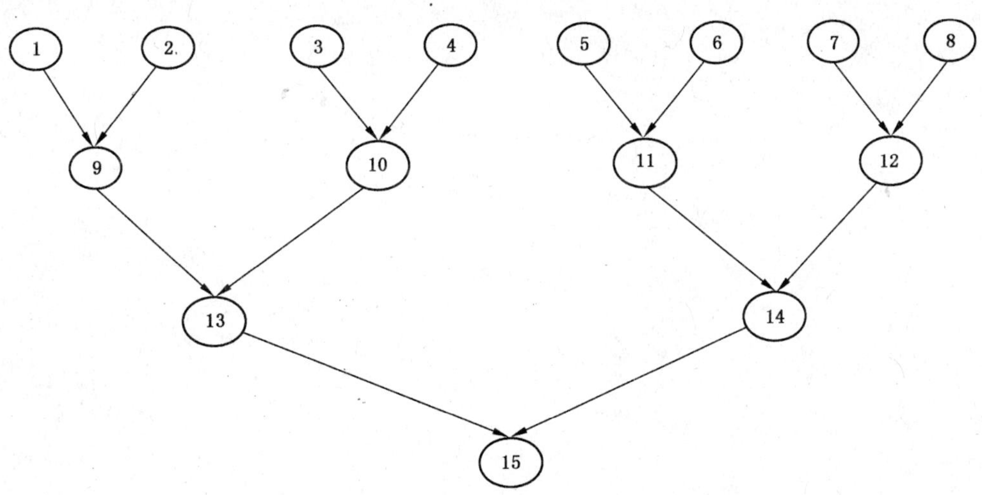

图B.2　纤维含量样品混合图示

B.3　将第二组混和样品中的第1个样品与第2个样品合并混和，再分成两半，丢弃一半，保留一半；第3个样品与第4个样品合并混和，再分成两半，丢弃一半，保留一半；组成第三组的2个混和样品。

B.4　将第三组的混和样品按第二组方法分样，最后得到一个约10 g的实验室试验样品，供纤维含量测试用。

ICS 97.160
W 57

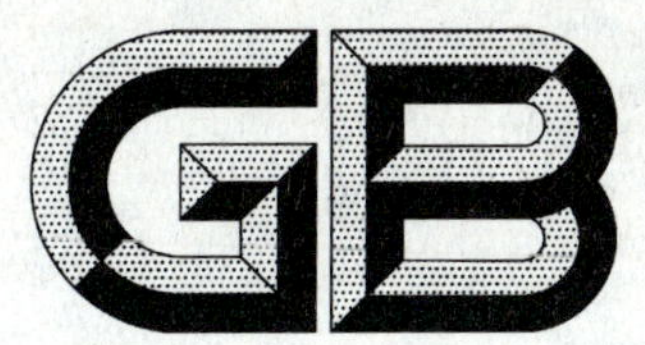

中华人民共和国国家标准

GB/T 22844—2009

配套床上用品

Matched bedding

2009-04-21 发布 | 2009-12-01 实施

中华人民共和国国家质量监督检验检疫总局
中国国家标准化管理委员会
发布

前　言

本标准由中国纺织工业协会提出。

本标准由全国家用纺织品标准化技术委员会归口。

本标准起草单位：江苏省纺织产品质量监督检验测试中心、江苏梦兰集团有限公司、江苏堂皇集团、青岛金泰家纺有限公司、深圳富安娜家居股份有限公司。

本标准主要起草人：葛利利、钱月宝、荆玉堂、金绍伟、李辉。

配套床上用品

1 范围

本标准规定了配套床上用品的质量要求、抽样、试验方法、标志、包装。

本标准适用于以纺织原料为主的配套床上用品。

2 规范性引用文件

下列文件中的条款通过本标准的引用而成为本标准的条款。凡是注日期的引用文件，其随后所有的修改单(不包括勘误的内容)或修订版均不适用于本标准，然而，鼓励根据本标准达成协议的各方研究是否可使用这些文件的最新版本。凡是不注日期的引用文件，其最新版本适用于本标准。

GB/T 250 纺织品 色牢度试验 评定变色用灰色样卡(GB/T 250—2008,ISO 105/A02:1993,IDT)

GB 5296.4 消费品使用说明 纺织品和服装使用说明

GB 18383 絮用纤维制品通用技术要求

GB 18401 国家纺织产品基本安全技术规范

GB/T 22796 被、被套

GB/T 22797 床单

GB/T 22843 枕、垫类产品

3 术语和定义

下列术语和定义适用于本标准。

3.1

被(芯) quilt

由两层织物与中间填充物以适当的方式缝制成，用于保暖的床上用品。分为可直接使用的被和需加被套才可使用的被(芯)。

3.2

填充物 filling

具有一定弹性的、填于两层织物中间起支撑作用的材料。

3.3

被套 quilt cover

被可脱卸的保护性外套。

3.4

枕(芯) pillow

织物经缝制并装有填充物(如纺织纤维或发泡材料等)、用作枕在头下的物品，分为可直接使用的枕和需加套才可使用的枕芯。

3.5

垫(芯) cushion

织物经缝制并装有填充物(如纺织纤维或发泡材料等)，使用中起支撑或缓冲作用的物品，如靠垫、坐垫、床垫等，分为可直接使用的垫和需加套才可使用的垫芯。

3.6

枕、垫套 pillowslip

枕、垫可脱卸的保护性外套,可进行干洗或水洗。

3.7

床单 sheet

以纺织纤维为原料的大面积机织产品,铺于床或垫之上的纺织品。

3.8

床罩 bedspread

以纺织纤维为原料的大面积机织物,铺于床或垫之上,可以是单层或多层复合的,常用作覆盖床的装饰品。

3.9

配套床上用品 matched bedding

以被、被套、枕、垫、枕垫套、床单、床罩中任意两种及以上的组合产品,并有统一的独立包装。

4 要求

4.1 配套床上用品的品等分为优等品、一等品和合格品。

4.2 配套床上用品的质量为各单件产品的质量。

4.3 多层复合床罩按 GB/T 22796 进行考核,其中内在质量只考核填充物含油率、纤维含量偏差和色牢度三项;单层床罩按 GB/T 22797 进行考核。

4.4 配套床上用品中各单件产品的等级宜相同,若不同则配套床上用品等级为各单件产品中最低等级。

4.5 配套床上用品中各单件之间的色差应优等品不小于 4-5 级;一等品、合格品不小于 4 级。

4.6 配套床上用品中,如能确定其面料或填充料为同一批,则内在质量相同考核项目可做一件。

4.7 配套床上用品应符合 GB 18401 规定的要求,填充物絮用纤维应符合 GB 18383 要求。

4.8 特殊要求按双方合同协议的约定执行。

5 抽样

5.1 内在质量检验抽样方案见表 1。

表 1 内在质量检验抽样方案

批量范围 N	样本大小 n	合格判定数 Ac	不合格判定数 Re
2～1 200	2	0	1
1 201～3 200	3	0	1
3 201～10 000	5	0	1
＞10 000	8	0	1

5.2 外观质量检验抽样方案见表 5。

表 2 外观质量检验抽样方案

批量范围 N	样本大小 n	合格判定数 Ac	不合格判定数 Re
20～1 200	20	1	2
1 201～10 000	32	3	4
10 001～35 000	50	5	6
＞35 000	80	10	11

5.3 检验样本应从检验批中随机抽取，外包装应完整。

5.4 实施抽样时，当样本大小 n 大于批量 N 时，实施全检，合格判定数 Ac 为 0。

5.5 抽样方案另有规定和合同协议的，按有关规定和合同协议执行。

6 试验方法

6.1 各单件之间的色差检测用 GB/T 250 评定变色用灰色样卡进行评定。

6.2 配套床上用品中各单件产品的检测分别按 GB/T 22796、GB/T 22797 和 GB/T 22843 执行。

7 检验规则

7.1 配套床上用品质量等级按各单件产品最低等级评定。

7.2 批判定时内在质量按抽样检查表 1 执行，外观质量按抽样检查表 2 执行。不合格数小于或等于 Ac，则判检验批合格；不合格数大于或等于 Re，则判检验批不合格。

7.3 批质量综合判定按内在质量抽样检查和外观质量抽样检查中最低评定。

8 标志、包装

8.1 产品使用说明应符合 GB 5296.4 规定的要求。

8.2 独立包装中的每件产品应按相应标准要求标注，床罩应标注规格尺寸和面（里）料、填充物的纤维名称及含量。

8.3 每件包装大小根据具体产品而定。包装材料应选择适当，应保证不散落、不破损、不沾污、不受潮。用户有特殊要求的，供需双方协商确定。

ICS 59.080.30
W 63

中华人民共和国国家标准

GB/T 22845—2009

防 静 电 手 套

Anti-electrostatic glove

2009-04-21 发布　　2009-12-01 实施

中华人民共和国国家质量监督检验检疫总局
中国国家标准化管理委员会　发布

前言

本标准由中国纺织工业协会提出。

本标准由全国纺织品标准化技术委员会针织分技术委员会归口(SAC/TC 209/SC 6)。

本标准起草单位:宁波百富田工业股份有限公司、国家针织产品质量监督检验中心等。

本标准主要起草人:彭诚、刘凤荣、单丽娟。

防 静 电 手 套

1 范围

本标准规定了防静电手套的术语和定义、分类、要求、试验方法、判定规则、标志及使用说明、包装、运输和贮存、穿戴要求。

本标准适用于鉴定防静电针织手套的品质，其他类防静电手套可参照执行。

2 规范性引用文件

下列文件中的条款通过本标准的引用而成为本标准的条款。凡是注日期的引用文件，其随后所有的修改单(不包括勘误的内容)或修订版均不适用于本标准，然而，鼓励根据本标准达成协议的各方研究是否可使用这些文件的最新版本。凡是不注日期的引用文件，其最新版本适用于本标准。

GB/T 250 纺织品 色牢度试验 评定变色用灰色样卡(GB/T 250—2008，ISO 105-A02:1993，IDT)

GB/T 251 纺织品 色牢度试验 评定沾色用灰色样卡(GB/T 251—2008，ISO 105-A03:1993，IDT)

GB/T 2910 纺织品 二组分纤维混纺产品定量化学分析方法(GB/T 2910—1997，eqv ISO 1833:1977)

GB/T 2911 纺织品 三组分纤维混纺产品定量化学分析方法(GB/T 2911—1997，eqv ISO 5088:1976)

GB/T 2912.1 纺织品 甲醛的测定 第1部分：游离水解的甲醛(水萃取法)

GB/T 3920 纺织品 色牢度试验 耐摩擦色牢度(GB/T 3920—2008，ISO 105-X12:2001，MOD)

GB/T 3922 纺织品耐汗渍色牢度试验方法(GB/T 3922—1995，eqv ISO 105-E04:1994)

GB/T 5713 纺织品 色牢度试验 耐水色牢度

GB/T 7573 纺织品 水萃取液 pH 值的测定(GB/T 7573—2002，ISO 3071:1980，MOD)

GB/T 8629 纺织品 试验用家庭洗涤和干燥程序(GB/T 8629—2001，eqv ISO 6330:2000)

GB/T 12624—2006 劳动防护手套通用技术条件

GB/T 12703 纺织品静电测试方法

GB 18401 国家纺织产品基本安全技术规范

GB/T 19976 纺织品 顶破强力的测定 钢球法

FZ/T 01026 四组分纤维混纺产品定量化学分析方法

FZ/T 01053 纺织品 纤维含量的标识

FZ/T 01057(所有部分) 纺织纤维鉴别试验方法

FZ/T 01095 纺织品 氨纶产品纤维含量的试验方法

3 术语和定义

下列术语和定义适用于本标准。

3.1

防静电手套 anti-electrostatic glove

用于需要戴手套操作的防静电环境，用防静电针织物为面料缝制或用防静电纱线编织而成的手套。

3.2

防静电纱线编织手套　glove knitted in anti-electrostatic yarn

采用金属或有机物的导电或亚导电材料制成的纱线编织而成的手套。

3.3

防静电布缝制手套　glove made of knitted anti-electrostatic fabric

采用防静电针织面料缝制成的手套。

4　分类

按产品类别分为防静电面料缝制手套、防静电纱线编织手套。

5　要求

5.1　要求内容

要求分内在质量和外观质量两个方面。内在质量包括防静电性能、甲醛含量、pH值、异味、可分解芳香胺染料、耐水色牢度、耐汗渍色牢度、耐摩擦色牢度、顶破强力、纤维含量、灵活性，外观质量包括规格尺寸、表面疵点、缝制和编织要求。

5.2　分等规定

5.2.1　防静电手套以双为单位，分A级和B级两个等级。

5.2.2　内在质量、外观质量同为A级者定为A级，内在质量、外观质量不同级别时，按最低级别定等。

5.3　内在质量要求

内在质量指标见表1。

表1　内在质量要求

项目		A级	B级
防静电性能	洗涤前带电电荷量/(μC/只)	<0.6	
	耐洗涤次数	5次	3次
	洗涤后带电电荷量/(μC/只)	<0.6	
甲醛含量/(mg/kg)		按GB 18401规定执行	
pH值			
异味			
可分解芳香胺染料/(mg/kg)			
耐水色牢度/级　≥	变色	3	
	沾色		
耐汗渍色牢度/级　≥	变色	3	
	沾色		
耐摩擦色牢度/级　≥	干摩	3	
顶破强力/N　≥		150	
纤维含量(净干含量)/%		按FZ/T 01053规定执行	
灵活性/级		5	

5.4　外观质量要求

5.4.1　手套规格的测量部位见图1。

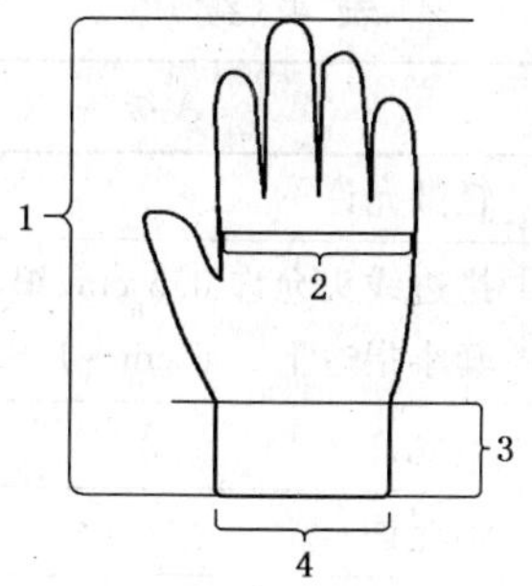

1——手套长；

2——手套宽；

3——袖筒长(罗纹长)；

4——筒口宽(罗口宽)。

图 1 手套规格的测量部位

5.4.2 手套测量方法见表 2。

表 2 手套测量方法

部 位	部 位 说 明
手套长	手套中指尖至筒口(罗口)间的距离
手套宽	手套拇指和食指的分叉处向上 20 mm 处周长的二分之一
袖筒长(罗纹长)	手套腕部至筒口(罗口)间的距离
筒口宽(罗口宽)	手套筒口(罗口)周长的二分之一

5.4.3 手套的规格尺寸见表 3。

表 3 手套规格尺寸

手套尺寸号码	适用范围	手套长度/mm	手套长度允差/mm	手套宽/mm	手套宽允差/mm
6	手部尺寸号码 6	220	0～2.5	95	−1.5～+1.5
7	手部尺寸号码 7	230	0～2.5	98	−1.5～+1.5
8	手部尺寸号码 8	240	0～2.5	100.5	−1.5～+1.5
9	手部尺寸号码 9	250	0～5	102.5	−2～+2
10	手部尺寸号码 10	260	0～5	105	−2～+2
11	手部尺寸号码 11	270	0～5	106.5	−2～+2

5.4.4 表面疵点见表 4。

表 4 表面疵点

序号	疵点名称	A 级	B 级
1	花针	允许轻微小花针 2 个	允许轻微小花针 3 个
2	跳针	允许 1 针	允许 2 针
3	修痕	不允许	允许轻微修痕 0.5 cm 1 处
4	修疤	不允许	不允许
5	断橡筋	不允许	不允许
6	大指部位不正	不允许	轻微允许
7	罗口大小	不允许	轻微允许

表 4（续）

序号	疵点名称	A级	B级
8	罗口松紧	轻微允许	明显不允许
9	拷边线头	拷边线头允许 0.5 cm,织口处沿手套小指边上 0.5 cm～1.5 cm 之间	拷边线头允许 1.0 cm,织口处允许偏差
10	热熔丝封口不牢	不允许	不允许
11	色花、油污、色渍、沾色	不允许	轻微允许
12	色差	同一双允许 4 级	同一双允许(3-4)级
13	长短不一	允许 0.5 cm,同一双手套不允许	允许 0.5 cm
14	纹路歪斜	不允许	轻微允许
15	前后松紧不一	不允许	轻微允许
16	斜角松紧不一	不允许	轻微允许
17	指头不圆滑	轻微允许	明显允许,显著不允许

注：疵点程度描述：

——轻微：疵点在直观上不明显，通过仔细辨认才可看到。

——明显：不影响总体效果，但能感觉到疵点的存在。

——显著：破损性疵点和明显影响总体效果的疵点。

5.4.5 缝制要求

手套的缝合部位，缝合要仔细，针迹密度不低于 7 针/cm，缝迹直向拉伸不脱不散，防脱散缝合长度不低于 1.5 cm。

5.4.6 编织要求

防静电纱手套应使用 13 针及 13 针以上的手套编织机编织。

6 试验方法

6.1 抽样数量

6.1.1 外观质量按批分品种、规格随机采样 1%～3%，不少于 20 双。如批量少于 20 双，则全数检验。

6.1.2 内在质量按批分品种、规格随机采样 5 双，不足时可增加取样数量。

6.2 外观质量检验条件

一般采用灯光检验，用 40 W 青光或白光日光灯一支，上面加灯罩，灯罩与检验台面中心距离垂直距离为 80 cm±5 cm，或在 D65 光源下。

6.3 试验项目

6.3.1 防静电性能试验

6.3.1.1 洗涤前带电电荷量试验

洗涤前带电电荷量试验按 GB/T 12703 中的 E 方法执行，试验件数为 3 只，按只逐一试验，每只做一次，逐一记录试验结果。

6.3.1.2 耐洗涤次数试验

6.3.1.2.1 按 GB/T 8629 方法中 5A 程序连续洗涤。洗涤次数视产品级数而定。

6.3.1.2.2 晾干后按 6.3.1.1 的方法试验。

6.3.1.3 若 6.3.1.1 试验结果有一只不合格者，则不再做 6.3.1.2 试验；若 6.3.1.1 试验结果合格，则连续试验，最终结果判定按表 1 要求。

6.3.2 灵活性试验

按 GB/T 12624—2006 中 5.3 的方法测定。

6.3.3 **甲醛含量试验**

按 GB/T 2912.1 的规定执行。

6.3.4 **pH 值试验**

按 GB/T 7573 规定执行。

6.3.5 **染色牢度试验**

6.3.5.1 耐水色牢度试验方法按 GB/T 5713 的规定执行。

6.3.5.2 耐汗渍色牢度试验方法按 GB/T 3922 的规定执行。

6.3.5.3 耐摩擦色牢度试验方法按 GB/T 3920 的规定执行。

6.3.5.4 色差评级按 GB/T 250、GB/T 251 评定。

6.3.6 **纤维含量试验**

按 GB/T 2910、GB/T 2911、FZ/T 01026、FZ/T 01057(所有部分)、FZ/T 01095 执行。

6.3.7 **顶破强力试验**

按 GB/T 19976 规定执行，钢球直径为(38±0.02)mm。

6.3.8 **异味试验**

按 GB 18401 规定执行。

6.3.9 **可分解芳香胺染料试验**

按 GB 18401 规定执行。

7 判定规则

7.1 外观质量按品种、规格计算不符品等率，凡不符品等率在 5.0%及以内者，判定该批产品合格，凡不符品等率在 5.0%以上者，判定该批产品不合格。

7.2 内在质量各项指标全部合格判定该批产品合格。

7.3 带电电荷量指标按标准中规定的洗涤次数后的最大带电量为检验结果。

8 标志及使用说明

8.1 **标志**

按 GB/T 12624—2006 中 6.2 规定，应缝制在手套背面筒口(罗口)内侧。

8.2 **使用说明**

按 GB/T 12624—2006 中 6.3 的规定。

9 包装、运输、贮存

9.1 手套以双为单位不经折叠平放入软袋中，再将软袋平放入硬质包装箱中。每个软袋中应附有产品合格证和说明书。

9.2 手套应贮存在通风良好、干燥的库房内，避免受潮及日晒，不得与酸、碱、油及腐蚀性物体存放在一起，在运输和贮存时切勿重压。

10 穿戴要求

10.1 穿戴防静电手套应根据防静电环境需要，与其他防静电装备配套穿戴。

10.2 防静电手套应直接贴手穿戴。

10.3 禁止在防静电手套上附加或佩戴任何金属物件。

10.4 禁止在易燃易爆场所穿脱手套。

ICS 59.080.30
W 62

中华人民共和国国家标准

GB/T 22846—2009

针织布(四分制)外观检验

Test methods of four points system for visually inspecting knitted fabrics

2009-04-21 发布　　　　2009-12-01 实施

中华人民共和国国家质量监督检验检疫总局
中国国家标准化管理委员会　发布

前　言

本标准由中国纺织工业协会提出。

本标准由全国纺织品标准化技术委员会针织品分技术委员会归口(SAC/TC 209/SC 6)。

本标准起草单位:福建凤竹纺织科技股份有限公司、山东省纤维检验局、广东溢达纺织有限公司、国家针织产品质量监督检验中心。

本标准主要起草人:常向真、樊蓉、刘永贵、张玉高、邢志贵。

针织布(四分制)外观检验

1 范围

本标准规定了针织布外观质量的检验方法——四分制检验法。

本标准适用于经编和纬编针织布,不包括毛针织布和蚕丝针织布。

2 规范性引用文件

下列文件中的条款通过本标准的引用而成为本标准的条款。凡是注日期的引用文件,其随后所有的修改单(不包括勘误的内容)或修订版均不适用于本标准,然而,鼓励根据本标准达成协议的各方研究是否可使用这些文件的最新版本。凡是不注日期的引用文件,其最新版本适用于本标准。

GB/T 250 纺织品 色牢度试验 评定变色用灰色样卡

GB/T 4667 机织物幅宽的测定

GB/T 8170 数值修约规则与极限数值的表示和判定

GB/T 14801 机织物与针织物纬斜和弓纬试验方法

FZ/T 70004 纺织品 针织物疵点术语

3 术语和定义

下列术语和定义适用于本标准。

3.1

四分制 four points system

无论疵点大小和数量多少,直向 1 m 全幅范围内最多计 4 分。

3.2

线状疵点 linear defect

一个针柱或一根纱线或宽度在 1 mm 及以内的疵点。

3.3

条块状疵点 massive defect

超过线状疵点的疵点。

3.4

破损性疵点 damaged defect

断掉一根及以上纱线或织物组织结构不完整的疵点。

3.5

局部性疵点 partial defect

在局部范围内,能明显观察到的疵点。

3.6

散布性疵点 diffusive defect

难以数清、不易量计的分散性疵点及通匹疵点。

3.7

明显散布性疵点 patent diffusive defect

明显影响外观效果的散布性疵点。

4 原理

在一定光线下，目测并计量疵点，按预定计分标准计分，评定针织布外观质量。

5 设备和工具

5.1 验布机：台面与垂直线成45°角，上下灯罩中分别安装6只～8只40 W日光灯，验布机速度为16 m/min～18 m/min，带有测量长度的装置。

5.2 验布台：宽度大于布幅，长度长于1 m，台面平整，距台面80 cm的40 W日光灯或正常北光照射。

5.3 直尺或卷尺：大于测量尺寸，最小刻度值为1 mm。

5.4 色卡：GB/T 250评定变色用灰色样卡。

6 抽样

按交货批分品种、规格、色别随机抽样1%～3%，但不少于200 m。交货批少于200 m，全部检验。

7 检验程序

7.1 织物直向移动通过目测区域，保证1 m长的可视范围进行检验。

7.2 以织物使用面为准，以目光距布面70 cm～90 cm评定疵点。

7.3 局部性疵点、线状疵点按疵点的长度计量，条块状疵点按疵点的最大长度或疵点的最大宽度计量，累计对照表1计分。

表1 疵点计分规定

疵点长度	计分
≤75 mm	1分
>75 mm，≤152 mm	2分
>152 mm，≤230 mm	3分
>230 mm	4分

7.4 无论疵点大小和数量，直向1 m全幅范围内最多计4分。

7.5 破损性疵点，1 m内无论疵点大小均计4分。

7.6 明显散布性疵点，每米计4分。

7.7 有效幅宽，按GB/T 4667测量，偏差超过±2.0%，每米计4分。

7.8 纹路歪斜，按GB/T 14801测量，直向以1 m为限，横向以幅宽为限，超过5.0%，每米计4分。有洗后扭曲测量要求的，纹路歪斜可由供需双方协商解决。

7.9 与标样色差，用GB/T 250评定，低于4级，每米计4分。

7.10 同匹色差，用GB/T 250评定，低于4-5级，全匹每米计4分。

7.11 同批色差，用GB/T 250评定，低于4级，两个对照匹每米计4分。

7.12 每个接缝计4分。

7.13 距布头30 cm以内的疵点不计分。

7.14 每匹布长度的测量按长度检测装置计量。

7.15 疵点的界定参照FZ/T 70004执行。

8 结果计算

8.1 每匹布的总分值以每百平方米计分或每百米（全幅）计算，计算公式见式（1）和式（2）：

$$R_1 = 10\,000 \times P/(W \times L) \qquad (1)$$

$$R_2 = 100P/L \quad \cdots\cdots (2)$$

式中：

R_1——每匹布每百平方米的平均分；

R_2——每匹布每百米的平均分；

P——每匹布总分；

W——实测有效幅宽，单位为厘米(cm)；

L——实测长度，单位为米(m)。

8.2 结果按 GB/T 8170 修约至整数。

9 报告

检验报告包括：

a) 本标准的编号和年号；

b) 样品的名称和规格；

c) 使用验布机或验布台；

d) 抽样基数和抽样数量；

e) 每百平方米或每百米的平均分。

ICS 59.080.30
W 62

中华人民共和国国家标准

GB/T 22847—2009

针织坯布

Knitted grey fabric

2009-04-21 发布 2009-12-01 实施

中华人民共和国国家质量监督检验检疫总局
中国国家标准化管理委员会 发布

前　言

本标准由中国纺织工业协会提出。

本标准由全国纺织品标准化技术委员会针织品分技术委员会归口(SAC/TC 209/SC 6)。

本标准起草单位:山东省纤维检验局、国家针织产品质量监督检验中心、广东溢达纺织有限公司、福建凤竹纺织科技股份有限公司等。

本标准主要起草人:卞爱荣、刘永贵、邢志贵、张玉高、常向真。

针 织 坯 布

1 范围

本标准规定了针织坯布的规格、要求、抽样、检验方法、检验规则和产品使用说明。

本标准适用于下机后未经整理的本色经编、纬编针织布。

2 规范性引用文件

下列文件中的条款通过本标准的引用而成为本标准的条款。凡是注日期的引用文件,其随后所有的修改单(不包括勘误的内容)或修订版均不适用于本标准,然而,鼓励根据本标准达成协议的各方研究是否可使用这些文件的最新版本。凡是不注日期的引用文件,其最新版本适用于本标准。

GB/T 2910 纺织品 二组分纤维混纺产品定量化学分析方法(GB/T 2910—1997,eqv ISO 1833:1977)

GB/T 2911 纺织品 三组分纤维混纺产品定量化学分析方法(GB/T 2911—1997,eqv ISO 5088:1976)

GB 5296.4 消费品使用说明 纺织品和服装使用说明

GB/T 8170 数值修约规则与极限数值的表示和判定

GB/T 19976 纺织品 顶破强力的测定 钢球法

GB/T 22846 针织布(四分制)外观检验

FZ/T 01026 四组分纤维混纺产品定量化学分析方法

FZ/T 01053 纺织品 纤维含量的标识

FZ/T 01057(所有部分) 纺织纤维鉴别试验方法

FZ/T 01095 纺织品 氨纶产品纤维含量的试验方法

FZ/T 70010 针织物平方米干燥重量试验的测定

3 规格

针织坯布的规格写为:纱线线密度×平方米干燥重量×幅宽,其中线密度用特克斯表示,多规格纱线交织,按其所占比例从大到小排列,中间用乘号相连;平方米干燥重量用克表示;幅宽指单层幅宽,用厘米表示。

4 要求

4.1 针织坯布以匹为单位,按内在质量和外观质量最低一项评等,分为优等品、一等品、合格品。

4.2 内在质量要求见表1,包括纤维含量、平方米干燥重量偏差、顶破强力三项,按批以三项最低一项评等。

表 1 内在质量要求

项目			优等品	一等品	合格品
纤维含量(净干含量)/%			按 FZ/T 01053 规定		
平方米干燥重量偏差/%			±4.0	±5.0	
顶破强力/N	≥	单面、罗纹、绒织物	180		
		双面织物	240		
注:镂空织物和氨纶织物不考核顶破强力。					

4.3 外观质量要求

4.3.1 外观质量以匹为单位，允许疵点评分见表 2。

表 2 外观质量要求

单位为分每百平方米

优 等 品	一 等 品	合 格 品
≤16	≤20	≤24

4.3.2 散布性疵点、接缝和长度大于 60 cm 的局部性疵点，每匹超过 3 个 4 分者，顺降一等。

5 抽样

5.1 外观质量按 GB/T 22846 抽样。

5.2 内在质量按交货批分品种、规格随机抽取至少 300 mm 全幅一块。

6 检验方法

6.1 纤维含量试验按 GB/T 2910、GB/T 2911、FZ/T 01026、FZ/T 01057、FZ/T 01095 执行。

6.2 平方米干燥重量按 FZ/T 70010 执行。

6.3 顶破强力试验按 GB/T 19976 执行，球的直径(38±0.02)mm。

6.4 外观质量检验按 GB/T 22846 执行，纹路歪斜和色差除外。

6.5 数值修约按 GB/T 8170 执行。

7 检验规则

7.1 外观质量

外观质量分品种、规格按式(1)计算不符品等率，不符品等率在 5%及以内，判该批产品外观质量合格，超过者，判该批产品外观质量不合格。

$$F = A/B \times 100 \quad \cdots\cdots(1)$$

式中：

F——不符品等率，%；

A——不合格量，单位为米(m)；

B——样本量，单位为米(m)。

7.2 内在质量

纤维含量、平方米干燥重量偏差、顶破强力三项均合格，判该批内在质量合格。

8 产品使用说明

产品使用说明按 GB 5296.4 执行。

ICS 59.080.30
W 62

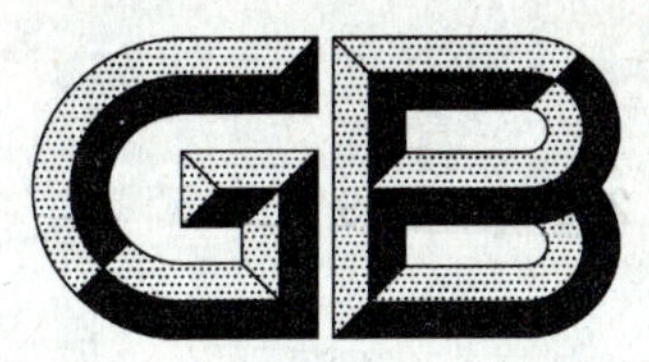

中华人民共和国国家标准

GB/T 22848—2009

针织成品布

Finished knitted fabric

2009-04-21 发布 2009-12-01 实施

中华人民共和国国家质量监督检验检疫总局
中国国家标准化管理委员会 发布

前　言

本标准由中国纺织工业协会提出。

本标准由全国纺织品标准化技术委员会针织品分技术委员会归口(SAC/TC 209/SC 6)。

本标准起草单位:山东省纤维检验局、福建凤竹纺织科技股份有限公司、广东溢达纺织有限公司、北京铜牛集团有限公司、上海三枪集团针织九厂、杭州美标实业有限公司、中山市康妮雅服饰有限公司、国家针织产品质量监督检验中心。

本标准主要起草人:刘永贵、卞爱荣、常向真、张玉高、漆小瑾、薛继凤、林声伟、唐伟、于建军。

针 织 成 品 布

1 范围

本标准规定了针织成品布的规格、要求、抽样、检验方法、检验规则和产品使用说明。

本标准适用于下机后经整理的经编、纬编针织布，不包括毛针织布、蚕丝针织布、针织泳装面料和涤纶针织面料。

2 规范性引用文件

下列文件中的条款通过本标准的引用而成为本标准的条款。凡是注日期的引用文件，其随后所有的修改单(不包括勘误的内容)或修订版均不适用于本标准，然而，鼓励根据本标准达成协议的各方研究是否可使用这些文件的最新版本。凡是不注日期的引用文件，其最新版本适用于本标准。

GB/T 250 纺织品 色牢度试验 评定变色用灰色样卡(GB/T 250—2008，ISO 105-A02:1993，IDT)

GB/T 251 纺织品 色牢度试验 评定沾色用灰色样卡(GB/T 251—2008，ISO 105-A03:1993，IDT)

GB/T 2910 纺织品 二组分纤维混纺产品定量化学分析方法(GB/T 2910—1997，eqv ISO 1833:1977)

GB/T 2911 纺织品 三组分纤维混纺产品定量化学分析方法(GB/T 2911—1997，eqv ISO 5088:1976)

GB/T 3920 纺织品 色牢度试验 耐摩擦色牢度(GB/T 3920—2008，ISO 105-X12:2001，MOD)

GB/T 3921 纺织品 色牢度试验 耐皂洗色牢度(GB/T 3921—2008，ISO 105-C01:2006，MOD)

GB/T 3922 纺织品 耐汗渍色牢度试验方法(GB/T 3922—1995，eqv ISO 105-E04:1994)

GB/T 4802.1 纺织品 织物起毛起球性能的测定 第1部分：圆轨迹法

GB 5296.4 消费品使用说明 纺织品和服装使用说明

GB/T 5713 纺织品 色牢度试验 耐水色牢度(GB/T 5713—1997，eqv ISO 105-E01:1994)

GB/T 8170 数值修约规则与极限数值的表示和判定

GB/T 8628 纺织品 测定尺寸变化的试验中织物试样和服装的准备、标记及测量(GB/T 8628—2001，eqv ISO 3759:1994)

GB/T 8629 纺织品 试验用家庭洗涤和干燥程序(GB/T 8629—2001，eqv ISO 6330:2000)

GB/T 8630 纺织品 洗涤和干燥后尺寸变化的测定(GB/T 8630—2002，ISO 5077:1984，MOD)

GB 18401 国家纺织产品基本安全技术规范

GB/T 18886 纺织品 色牢度试验 耐唾液色牢度

GB/T 19976 纺织品 顶破强力的测定 钢球法

GB/T 22846 针织布(四分制)外观检验

FZ/T 01026 四组分纤维混纺产品定量化学分析方法

FZ/T 01053 纺织品 纤维含量的标识

FZ/T 01057(所有部分) 纺织纤维鉴别试验方法

FZ/T 01095 纺织品 氨纶产品纤维含量的试验方法

FZ/T 70010 针织物平方米干燥重量的测定

GSB 16-2159-2007 针织产品标准深度样卡(1/12)

3 规格

针织成品布的规格写为:纱线线密度×平方米干燥重量×幅宽,其中线密度用特克斯表示,多规格纱线交织,按其所占比例从大到小排列,中间用乘号相连;平方米干燥重量用克表示;幅宽指单层幅宽,用厘米表示。

4 要求

4.1 针织成品布以匹为单位,按内在质量和外观质量最低一项评等,分为优等品、一等品、合格品。

4.2 内在质量要求见表 1,包括 pH 值、甲醛含量、异味、可分解芳香胺染料、纤维含量、平方米干燥重量偏差、顶破强力、起球、水洗后扭曲率、水洗尺寸变化率、染色牢度 11 项,按批以 11 项最低一项评等。

表 1 内在质量要求

<table>
<tr><th colspan="3">项 目</th><th>优等品</th><th>一等品</th><th>合格品</th></tr>
<tr><td colspan="3">pH 值</td><td colspan="3" rowspan="4">按 GB 18401 规定</td></tr>
<tr><td colspan="3">甲醛含量</td></tr>
<tr><td colspan="3">异味</td></tr>
<tr><td colspan="3">可分解芳香胺染料</td></tr>
<tr><td colspan="3">纤维含量(净干含量)</td><td colspan="3">按 FZ/T 01053 执行</td></tr>
<tr><td colspan="3">平方米干燥重量偏差/%</td><td>±4.0</td><td colspan="2">±5.0</td></tr>
<tr><td rowspan="2">顶破强力/N ≥</td><td colspan="2">单面、罗纹、绒织物</td><td colspan="3">150</td></tr>
<tr><td colspan="2">双面织物</td><td colspan="3">220</td></tr>
<tr><td colspan="3">起球/级 ≥</td><td>3.5</td><td colspan="2">3.0</td></tr>
<tr><td colspan="3">水洗后扭曲率/% ≤</td><td>4.0</td><td>5.0</td><td>6.0</td></tr>
<tr><td rowspan="4">水洗尺寸变化率/%</td><td rowspan="2">纤维素纤维总含量50%及以上</td><td>直向</td><td>−5.0～+2.0</td><td colspan="2">−7.0～+3.0</td></tr>
<tr><td>横向</td><td>−7.0～+2.0</td><td colspan="2">−9.0～+2.0</td></tr>
<tr><td rowspan="2">纤维素纤维总含量50%以下</td><td>直向</td><td>−4.0～+2.0</td><td colspan="2">−5.0～+3.0</td></tr>
<tr><td>横向</td><td>−5.0～+2.0</td><td colspan="2">−6.0～+2.0</td></tr>
<tr><td rowspan="10">染色牢度/级≥</td><td rowspan="2">耐皂洗</td><td>变色</td><td>4</td><td>3-4</td><td>3</td></tr>
<tr><td>沾色</td><td>4</td><td>3-4</td><td>3</td></tr>
<tr><td rowspan="2">耐汗渍</td><td>变色</td><td>4</td><td>3-4</td><td>3(婴幼儿 3-4)</td></tr>
<tr><td>沾色</td><td>4</td><td>3-4</td><td>3(婴幼儿 3-4)</td></tr>
<tr><td rowspan="2">耐水</td><td>变色</td><td>4</td><td>3-4</td><td>3(婴幼儿 3-4)</td></tr>
<tr><td>沾色</td><td>4</td><td>3-4</td><td>3(婴幼儿 3-4)</td></tr>
<tr><td rowspan="2">耐摩擦</td><td>干摩</td><td>4</td><td>3-4(婴幼儿 4)</td><td>3(婴幼儿 4)</td></tr>
<tr><td>湿摩</td><td>3-4</td><td>3(深色 2-3)</td><td>2-3(深色 2)</td></tr>
<tr><td rowspan="2">耐唾液</td><td>变色</td><td colspan="3">4</td></tr>
<tr><td>沾色</td><td colspan="3">4</td></tr>
<tr><td colspan="6">色别分档按 GSB 16-2159-2007,>1/12 标准深度为深色,≤1/12 标准深度为浅色。
注 1:镂空织物和氨纶织物不考核顶破强力。
注 2:耐唾液色牢度只考核婴幼儿类产品用途的面料。
注 3:顶破强力、水洗尺寸变化率和染色牢度指标,根据用途执行其成衣标准相应的等级要求,用途不明确或无成衣标准,执行该标准。</td></tr>
</table>

4.3 外观质量要求

4.3.1 外观质量以匹为单位,允许疵点评分见表 2。

表 2 外观质量要求

单位为分每百平方米

优 等 品	一 等 品	合 格 品
≤20	≤24	≤28

4.3.2 散布性疵点、接缝和长度大于 60 cm 的局部性疵点，每匹超过 3 个 4 分者，顺降一等。

5 抽样

5.1 外观质量按 GB/T 22846 抽样。

5.2 内在质量按批分品种、规格、色别随机抽样，水洗尺寸变化率和水洗后扭曲率试验从 3 匹中取 700 mm全幅三块，其他指标的试验至少取 500 mm 全幅一块。

6 检验方法

6.1 甲醛含量试验按 GB 18401 规定方法。

6.2 pH 值试验按 GB 18401 规定方法。

6.3 异味试验按 GB 18401 规定方法。

6.4 可分解芳香胺染料试验按 GB 18401 规定方法。

6.5 纤维含量试验按 GB/T 2910、GB/T 2911、FZ/T 01026、FZ/T 01057(所有部分)、FZ/T 01095 执行。

6.6 平方米干燥重量按 FZ/T 70010 执行。

6.7 顶破强力试验按 GB/T 19976 执行，球的直径 38 mm。

6.8 起球试验按 GB/T 4802.1 执行。采用压力 780 cN，起毛次数 0 次，起球次数 600 次，评级按针织物起毛起球样照。

6.9 水洗尺寸变化率按 GB/T 8628、GB/T 8629(5A 程序、悬挂晾干)、GB/T 8630 执行。其中，试样取全幅 700 mm，非筒状织物对折成 1/2 幅宽并缝合成筒状，将筒状试样的一端缝合，并在两侧剪开 50 mm口，洗后穿在直径为 20 mm～30 mm 的圆形直杆上晾干。测量标记如图 1，直向、横向的各自 3 个标记在一条直线上且互相垂直。以 3 块试样的平均值作为试验结果，当 3 块试样结果正负号不同时，分别计算，并以 2 块相同符号的结果平均值作为试验结果。

单位为毫米

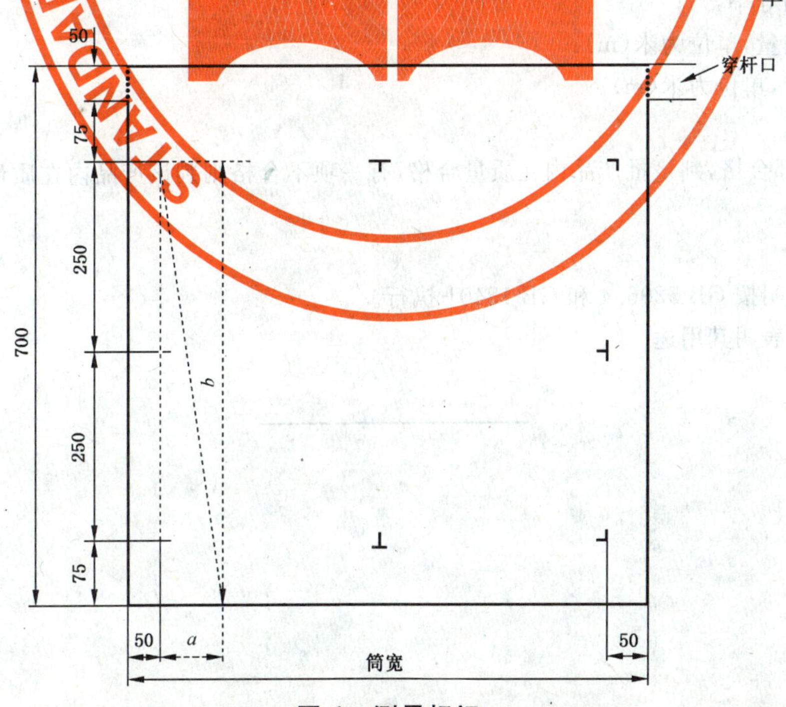

图 1 测量标记

6.10 水洗后扭曲率试验

按6.9规定测量试样水洗尺寸后，再以图1中左上角或右上角的标记为基准，如图1虚线所示，测出试样水洗后直向标记线（以洗后两端标记为准）与横向标记线垂线的偏离距离 a 和对应的直向距离 b，按式(1)计算水洗后扭曲率。以3块试样的平均值作为试验结果，结果保留至1位小数。

$$T = a/b \times 100 \quad \cdots\cdots(1)$$

式中：

T——水洗后扭曲率，%；

a——图1中偏离距离，单位为毫米(mm)；

b——图1中偏离距离对应的直向距离，单位为毫米(mm)。

6.11 染色牢度

6.11.1 耐皂洗色牢度试验，按GB/T 3921规定执行，试验条件按A(1)执行。

6.11.2 耐汗渍色牢度试验，按GB/T 3922规定执行。

6.11.3 耐水色牢度试验，按GB/T 5713规定执行。

6.11.4 耐摩擦色牢度试验，按GB/T 3920规定执行。

6.11.5 耐唾液色牢度试验，按GB/T 18886规定执行。

6.11.6 色牢度试验用单纤维贴衬，评级按GB/T 250、GB/T 251评定。

6.12 外观质量检验按GB/T 22846规定执行。

6.13 数值修约按GB/T 8170规定执行。

7 检验规则

7.1 外观质量

外观质量分品种、规格按式(2)计算不符品等率，不符品等率5%及以内，判该批产品外观质量合格，超过者，判该批产品外观质量不合格。

$$F = A/B \times 100 \quad \cdots\cdots(2)$$

式中：

F——不符品等率，%；

A——不合格量，单位为米(m)；

B——样本量，单位为米(m)。

7.2 内在质量

内在质量全部合格，判该批产品内在质量合格，有一项不合格则判该产品内在质量不合格。

8 产品使用说明

8.1 产品使用说明按GB 5296.4和GB 18401执行。

8.2 明确用途者表明其用途。

ICS 59.080.30
W 63

中华人民共和国国家标准

GB/T 22849—2009

针织T恤衫

Knitted T-shirt

2009-04-21 发布　　2009-12-01 实施

中华人民共和国国家质量监督检验检疫总局
中国国家标准化管理委员会　发布

前　言

本标准由中国纺织工业协会提出。

本标准由全国纺织品标准化技术委员会针织品分技术委员会归口(SAC/TC 209/SC 6)。

本标准起草单位:国家针织产品质量监督检验中心、中山市霞湖世家服饰有限公司、深圳市纤维纺织检验所、青岛即发集团股份有限公司、盖奇(苏州)纺织有限公司、上海美特斯邦威服饰股份有限公司、利郎(中国)有限公司、红豆集团有限公司、广东溢达纺织有限公司、安踏(中国)有限公司等。

本标准主要起草人:吴培枝、郭长棋、杨志敏、黄聿华、王勤读、孙元淑、王良星、葛东瑛、张玉高、李苏。

针织T恤衫

1 范围

本标准规定了针织T恤衫产品号型、要求、检验规则、判定规则、产品使用说明、包装、运输和贮存。

本标准适用于鉴定各类针织T恤衫的品质。

2 规范性引用文件

下列文件中的条款通过本标准的引用而成为本标准的条款。凡是注日期的引用文件，其随后所有的修改单(不包括勘误的内容)或修订版均不适用于本标准，然而，鼓励根据本标准达成协议的各方研究是否可使用这些文件的最新版本。凡是不注日期的引用文件，其最新版本适用于本标准。

GB/T 250 纺织品 色牢度试验 评定变色用灰色样卡(GB/T 250—2008,ISO 105-A02:1993,IDT)

GB/T 251 纺织品 色牢度试验 评定沾色用灰色样卡(GB/T 251—2008,ISO 105-A03:1993,IDT)

GB/T 1335(所有部分) 服装号型

GB/T 2910 纺织品 二组分纤维混纺产品定量化学分析方法(GB/T 2910—1997,eqv ISO 1833:1977)

GB/T 2911 纺织品 三组分纤维混纺产品定量化学分析方法(GB/T 2911—1997,eqv ISO 5088:1976)

GB/T 2912.1 纺织品 甲醛的测定 第1部分:游离水解的甲醛(水萃取法)

GB/T 3920 纺织品 色牢度试验 耐摩擦色牢度(GB/T 3920—1997,eqv ISO 105-X12:1993)

GB/T 3921 纺织品 色牢度试验 耐皂洗色牢度(GB/T 3921—2008,ISO 105-C10:2006,MOD)

GB/T 3922 纺织品耐汗渍色牢度试验方法(GB/T 3922—1995,eqv ISO 105-E04:1994)

GB/T 4802.1 纺织品 织物起毛起球性能的测定 第1部分:圆轨迹法

GB/T 4856 针棉织品包装

GB 5296.4 消费品使用说明 纺织品和服装使用说明

GB/T 5713 纺织品 色牢度试验 耐水色牢度(GB/T 5713—1997,eqv ISO 105-E01:1994)

GB/T 6411 针织内衣规格尺寸系列

GB/T 7573 纺织品 水萃取液pH值的测定(GB/T 7573—2002,ISO 3071:1980,MOD)

GB/T 8170 数值修约规则与极限数值的表示和判定

GB/T 8427 纺织品 色牢度试验 耐人造光色牢度:氙弧

GB/T 8878 棉针织内衣

GB/T 14576 纺织品耐光、汗复合色牢度试验方法

GB/T 14801 机织物与针织物纬斜和弓纬试验方法

GB/T 19976 纺织品 顶破强力的测定 钢球法

GB 18401 国家纺织产品基本安全技术规范

FZ/T 01026 四组分纤维混纺产品定量化学分析方法

FZ/T 01053 纺织品 纤维含量的标识

FZ/T 01057(所有部分) 纺织纤维鉴别试验方法

FZ/T 01095 纺织品 氨纶产品纤维含量的试验方法
GSB 16-1523-2002 针织物起毛起球样照
GSB 16-2159-2007 针织产品标准深度样卡(1/2)
GSB 16-2500-2008 针织物表面疵点彩色样照

3 产品号型

针织T恤衫号型按GB/T 6411规定或按GB/T 1335(所有部分)规定执行。

4 要求

4.1 要求内容

要求分为内在质量和外观质量两个方面。内在质量包括纤维含量、甲醛含量、pH值、异味、可分解芳香胺染料、水洗尺寸变化率、水洗后扭曲率、顶破强力、起球，耐光、汗复合色牢度，耐光色牢度、耐皂洗色牢度、耐水色牢度、耐汗渍色牢度、耐摩擦色牢度、印花耐皂洗色牢度、印花耐摩擦色牢度、拼接互染程度等项指标。外观质量包括表面疵点、规格尺寸偏差、本身尺寸差异、缝制规定等项指标。

4.2 分等规定

4.2.1 针织T恤衫的质量等级分为优等品、一等品、合格品。

4.2.2 针织T恤衫的质量定等:内在质量按批(交货批)评等,外观质量按件评等,两者结合并按最低等级定等。

4.3 内在质量要求

4.3.1 内在质量要求见表1。

表1 内在质量要求

项目			优等品	一等品	合格品
纤维含量(净干含量)/%			按FZ/T 01053规定执行		
甲醛含量/(mg/kg)			按GB 18401规定执行		
pH值					
异味					
可分解芳香胺染料/(mg/kg)					
水洗尺寸变化率/%	直向		−3.0～+1.5	−5.0～+3.0	−6.0～+3.0
	横向		−3.0～+1.5	−5.0～+2.0	−6.0～+3.0
水洗后扭曲率/%		≤	4.0	5.0	6.0
顶破强力/N		≥	150		
起球/级		≥	3.5	3.0	2.5
耐光、汗复合色牢度(碱性)/级		≥	3-4	2-3	2-3
耐光色牢度/级	深色	≥	4	4	
	浅色		4	3	
耐皂洗色牢度/级	变色	≥	4-5	4	3-4
	沾色		4	3-4	3
耐水色牢度/级	变色	≥	4	3-4	3
	沾色		4	3-4	3

表 1 （续）

项目		优等品	一等品	合格品
耐汗渍色牢度/级 ≥	变色	4-5	3-4	3
	沾色	3-4	3-4	3
耐摩擦色牢度/级 ≥	干摩	4	3-4	3
	湿摩	3	2-3	2-3(深色 2)
印花耐皂洗色牢度/级 ≥	变色	4	3-4	3
	沾色	3-4	3	3
印花耐摩擦色牢度/级 ≥	干摩	3	3	3
	湿摩	2-3	2-3	2
拼接互染程度(沾色)/级 ≥		4-5	4	
色别分档：按 GSB 16-2159-2007，>1/12 标准深度为深色，≤1/12 标准为浅色。 注 1：拼接互染程度只考核深色、浅色相拼接的产品。 注 2：弹力织物指织物中加入弹性纤维织物或罗纹织物。				

4.3.2 镂空和氨纶织物不考核顶破强力。

4.3.3 磨毛、起绒类产品不考核起球。

4.3.4 弹力织物横向不考核水洗尺寸变化率。

4.3.5 内在质量各项指标，以试验结果最低一项等级作为该批产品的评等依据。

4.4 外观质量要求

4.4.1 外观质量分等规定

4.4.1.1 外观质量评等以件为单位，按表面疵点、规格尺寸偏差、本身尺寸差异、缝制规定的评等来决定。

4.4.1.2 在一件产品上发现属于不同等级的外观疵点时，按最低等级评等。

4.4.2 表面疵点评等规定

4.4.2.1 表面疵点评等规定见表 2。

表 2 表面疵点评等规定

疵点名称		优等品	一等品	合格品
色差 ≥		4-5 级	主料之间 4-5 级 主辅料之间 4 级	主料之间 4 级 主辅料之间 3 级
纹路歪斜/%（不大于）	横向彩条	3	4	6
缝纫油污线		允许浅淡的 1 cm 3 处或 2 cm 1 处，领、襟、袋部位不允许		允许浅淡的 20 cm，深的 10 cm
底边脱针		每面 1 针 3 处，但不得连续，骑缝处三线包缝不超过 3 针，四、五线包缝不超过 4 针		超出一等品要求者
底边明针		不超过 0.15 cm，骑缝处 0.25 cm，单面长度累计不超过 3 cm		允许
明线曲折高低		0.2 cm		允许
表面疵点程度按 GSB 16-2500-2008 执行。 注 1：未列入表内的疵点按 GB/T 8878 表面疵点评等规定。 注 2：主要部位指前身上部及袖子外部的三分之二的部位。				

4.4.2.2　在一件产品上只允许有两个同等级的极限表面疵点,超过者应降一个等级。

4.4.3　成衣测量部位及规定

成衣测量部位及规定见图 1 和表 3。

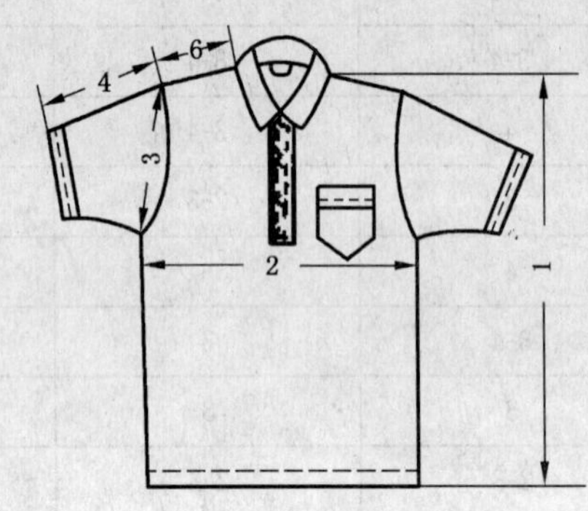

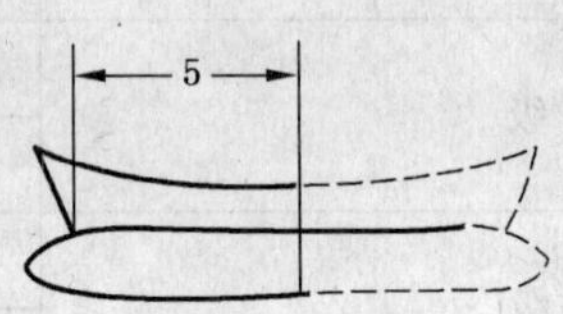

1——衣长;
2——1/2 胸围;
3——挂肩;
4——袖长;
5——1/2 领长;
6——单肩宽。

图 1　测量部位

表 3　成衣测量部位规定

序　号	部　位	测　量　方　法
1	衣长	由肩缝最高处量到底边
2	1/2 胸围	由袖窿缝与侧缝交叉处向下 2 cm 水平横量
3	挂肩	大身和衣袖接缝处自肩到腋的直线距离
4	袖长	由肩缝与袖窿缝的交点到袖口边
5	1/2 领长	领子对折,由里口横量;立领量上口
6	单肩宽	由肩缝最高处量到肩缝与袖窿缝的交点
注:各部位测量精确至 0.1 cm。		

4.4.4　规格尺寸偏差

规格尺寸偏差见表 4。

表 4　规格尺寸偏差　　单位为厘米

项　目		儿童、中童		成　人		
		优、一等品	合格品	优等品	一等品	合格品
衣长		−1.0	−2.0	±1.0	+2.0 −1.5	−2.0
胸宽		−1.0	−2.0	±1.0	±1.5	−2.0
袖长	长袖	−1.0	−2.0	±1.5	+2.0 −1.5	−2.5
	短袖	−0.5	−1.0	−1.0	−1.0	−2.0
领长	衬衫领	—	—	±0.5	±1.0	±1.5

4.4.5 本身尺寸差异

本身尺寸差异见表5。

表5 本身尺寸差异

单位为厘米

项　目		优等品	一等品	合格品
门襟不一		0.3	0.5	0.8
左右侧缝不一		1.0	1.0	1.5
袖宽、挂肩不一		0.5	1.0	1.0
左右单肩宽窄不一		0.5	0.5	0.8
袖长不一	长袖	1.0	1.0	1.5
	短袖	0.5	0.8	1.2
领尖不一	衬衫领	0.3	0.3	0.5
	横机领	0.4	0.4	0.6

4.4.6 缝制规定

4.4.6.1 合肩处应加衬本料直纹条、纱带或用四线、五线包缝机缝制。

4.4.6.2 凡四线、五线包缝机合缝，袖口处应用套结或平缝封口加固。

4.4.6.3 领型端正，门襟平直，袖底边宽窄一致，熨烫平整，缝道烫出，线头修清，无杂物。

4.4.6.4 针迹密度规定见表6。

表6 针迹密度规定

单位为针迹数每2厘米

机 种	平 缝	平双针	包 缝	包缝卷边
针迹数(不低于)	9	8	8	8
注：特殊设计除外。				

4.4.6.5 测量针迹密度以一个缝纫过程的中间处计量。

4.4.6.6 锁眼机针迹密度，按角计量，每厘米长度8针～9针，两端各打套结2针～3针。

4.4.6.7 钉扣的针迹密度，每个扣眼不低于5针。

4.4.6.8 包缝机缝边宽度，三线不低于0.4 cm，四线不低于0.5 cm，五线不低于0.7 cm。

4.4.6.9 缝纫针脚密度低于规定及双针绷缝机的短针跳针一针分散两处作0.5件漏验计算，平缝机的跳针，每件成品允许一针二处，但5 cm内不得连续，超过者作漏验计算。

5 检验规则

5.1 抽样数量

5.1.1 外观质量按批分品种、色别、规格尺寸随机采样1%～3%，但不得少于20件。

5.1.2 内在质量按批分品种、色别、规格尺寸随机采样4件。不足时可增加件数。

5.2 外观质量检验条件

5.2.1 一般采用灯光检验，用40 W青光或日光灯一支，上面加灯罩，灯罩与检验台中心垂直距离为80 cm±5 cm。

5.2.2 如在室内利用自然光，光源射入方向为北向左(或右)上角，不能使阳光直射产品。

5.2.3 检验时应将产品平摊在检验台上，台面铺白布一层，检验人员的视线应正视平摊产品的表面，目光与产品中间距离为35 cm以上。

5.3 试样准备和试验条件

5.3.1 所取试样不应有影响试验结果的疵点。

5.3.2 在产品不同部位取样。

5.3.3 顶破强力、水洗尺寸变化率试验需将试样放在常温下展开平放 20 h，然后在实验室温度为(20±2)℃，相对湿度为(65±4)%条件下放置 4 h 再进行试验。

5.4 试验项目

5.4.1 纤维含量试验

按 GB/T 2910、GB/T 2911、FZ/T 01057(所有部分)、FZ/T 01026、FZ/T 01095 规定执行。

5.4.2 甲醛含量试验

按 GB/T 2912.1 规定。

5.4.3 pH 值试验

按 GB/T 7573 规定执行。

5.4.4 水洗尺寸变化率

按 GB/T 8878 规定执行。

5.4.5 顶破强力试验

按 GB/T 19976 执行。钢球的直径为(38±0.02)mm。

5.4.6 起球试验

按 GB/T 4802.1 规定执行。试验采用压力 780 cN，起毛次数 0 次，起球次数 600 次，按 GSB 16-1523-2002 针织物起毛起球样照评级。

5.4.7 耐光、汗复合色牢度试验

按 GB/T 14576 B 法规定执行。

5.4.8 水洗后扭曲率试验

5.4.8.1 将做完水洗尺寸变化率的成衣铺在光滑的台面上，用手轻轻拍平，进行测量。

5.4.8.2 于每件成衣扭斜程度最大的一边测量，以三件扭曲率的平均值作为计算结果。

5.4.8.3 成衣扭曲部位见图 2。

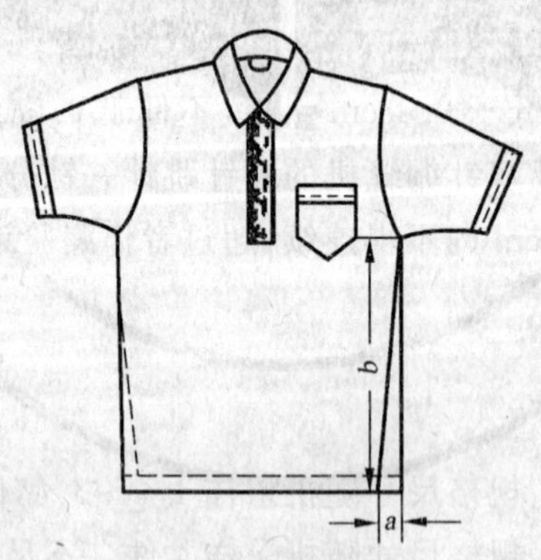

a——侧缝与袖窿交叉处垂直到底边的点与扭后端点间的距离；

b——侧缝与袖窿交叉处垂直到底边的距离。

图 2 成衣扭曲部位

5.4.8.4 扭曲率计算方法见式(1)，最终结果按 GB/T 8170 修约，精确至 0.1。

$$F = \frac{a}{b} \times 100 \quad \cdots\cdots\cdots\cdots (1)$$

式中：

F——扭曲率，%。

5.4.9 耐人造光色牢度试验

按 GB/T 8427 方法 3 执行。

5.4.10 耐皂洗色牢度试验

按 GB/T 3921 规定执行，试验条件按 A(1)执行。

5.4.11 耐汗渍色牢度试验

按 GB/T 3922 规定执行。

5.4.12 耐水色牢度试验

按 GB/T 5713 规定执行。

5.4.13 耐摩擦色牢度试验

按 GB/T 3920 规定执行，只做直向。

5.4.14 拼接互染程度试验

按附录 A 执行。

5.4.15 染色牢度评级

按 GB/T 250、GB/T 251 评定。

5.4.16 异味试验

按 GB 18401 规定执行。

5.4.17 可分解芳香胺染料试验

按 GB 18401 规定执行。

5.4.18 纹路歪斜试验

按 GB/T 14801 规定执行。

6 判定规则

6.1 外观质量

按品种、色别、规格尺寸计算不符品等率。内包装标志差错按件计算不符品等率，不允许有外包装差错。

凡不符品等率在 5.0%及以内者，判定该批产品合格。不符品等率在 5.0%以上者，判定该批产品不合格。

6.2 内在质量

6.2.1 水洗尺寸变化率以全部试样平均值作为检验结果，平均合格为合格。若同时存在收缩与倒涨的试验结果时，以收缩(或倒涨)的两件试样的算术平均值作为检验结果，合格者判定该批产品合格，不合格者判定该批产品不合格。

6.2.2 顶破强力、水洗后扭曲率、起球检验结果，取全部被测试样的算术平均值，合格者判定该批合格。不合格者，判定该批不合格。

6.2.3 纤维含量、甲醛含量、pH 值、可分解芳香胺染料、异味检验结果合格者，判定该批产品合格，不合格者判定该批不合格。

6.2.4 耐光，耐光、汗复合色牢度，耐皂洗色牢度、耐汗渍色牢度、耐水色牢度、耐摩擦色牢度、印花耐皂洗色牢度、印花耐摩擦色牢度检验结果合格者，判定该批产品合格，不合格者，分色别判定该批不合格。

6.2.5 严重影响服用性能的产品不允许。

6.3 复验

6.3.1 检验时任何一方对所检验的结果有异议时，在规定期限内，对所有有异议的项目均可要求复验。

6.3.2 提请复验时，应保留提请复验数量的全部。

6.3.3 复验时检验数量为验收时检验数量的 2 倍，复验结果按本标准 6.1、6.2 规定处理，以复验结果为准。

7 产品使用说明、包装、运输和贮存

7.1 产品使用说明按 GB 5296.4 规定执行。

7.2 包装按 GB/T 4856 规定执行。

7.3 产品装箱运输应防潮、防火、防污染。

7.4 产品应存放在阴凉、通风、干燥、清洁的库房内，防贮、防霉。

附　录　A
（规范性附录）
拼接互染程度测试方法

A.1　原理

成衣中拼接的两种不同颜色的面料组合成试样，放于皂液中，在规定的时间和温度条件下，经机械搅拌，再经冲洗、干燥。用灰色样卡评定试样的沾色。

A.2　试验要求与准备

A.2.1　在成衣上选取面料拼接部位，以拼接接缝为样本中心，取样尺寸为40 mm×200 mm，使试样的一半为拼接的一个颜色，另一半为另一个颜色。

A.2.2　成衣上无合适部位可直接取样的，可在成衣上或该批产品的同批面料上分别剪取拼接面料的40 mm×100 mm，再将两块试样沿短边缝合成组合试样。

A.3　试验操作程序

A.3.1　按GB/T 3921进行洗涤测试，试验条件按A(1)执行。

A.3.2　用GB/T 251样卡评定试样中两种面料的沾色。

ICS 59.080;59.080.30
W 43

中华人民共和国国家标准

GB/T 22850—2009

织锦工艺制品

Brocade craft products

2009-04-21 发布　　2009-12-01 实施

中华人民共和国国家质量监督检验检疫总局
中国国家标准化管理委员会　发布

前　言

本标准的附录A为规范性附录。

本标准由中国纺织工业协会提出。

本标准由全国丝绸标准化技术委员会归口。

本标准起草单位：杭州市质量技术监督检测院、浙江丝绸科技有限公司、杭州都锦生实业有限公司、绍兴县恒美花式丝有限公司、达利丝绸（浙江）有限公司、杭州金富春丝绸化纤有限公司。

本标准主要起草人：顾红烽、周颖、王明珠、赵利明、俞丹、盛建祥。

织锦工艺制品

1 范围

本标准规定了织锦制品的分类、要求、试验方法、检验规则、包装和标志。

本标准适用于各类以织锦为主要原料生产的织锦像景和织锦台毯等制品。

2 规范性引用文件

下列文件中的条款通过本标准的引用而成为本标准的条款。凡是注日期的引用文件，其随后所有的修改单(不包括勘误的内容)或修订版均不适用于本标准，然而，鼓励根据本标准达成协议的各方研究是否可使用这些文件的最新版本。凡是不注日期的引用文件，其最新版本适用于本标准。

GB/T 250 纺织品 色牢度试验 评定变色用灰色样卡(GB/T 250—2008，ISO 105-A02:1993，IDT)

GB/T 2828.1—2003 计数抽样检验程序 第1部分：按接收质量限(AQL)检索的逐批检验抽样计划(ISO 2859-1:1999，IDT)

GB/T 2910 纺织品 二组分纤维混纺产品定量化学分析方法

GB/T 3920 纺织品 色牢度试验 耐摩擦色牢度(GB/T 3920—2008，ISO 105-X12:2001，MOD)

GB/T 3921—2008 纺织品 色牢度试验 耐皂洗色牢度(ISO 105-C10:2006，MOD)

GB/T 3923.1 纺织品 织物拉伸性能 第1部分：断裂强力和断裂伸长率的测定 条样法

GB 5296.4 消费品使用说明 纺织品和服装使用说明

GB/T 5711 纺织品 色牢度试验 耐干洗色牢度(GB/T 5711—1997，eqv ISO 105-D01:1993)

GB/T 5713 纺织品 色牢度试验 耐水色牢度(GB/T 5713—1997，eqv ISO 105-E01:1994)

GB/T 8427—1998 纺织品 色牢度试验 耐人造光色牢度：氙弧(eqv ISO 105-B02:1994)

GB/T 8628 纺织品 测定尺寸变化的试验中织物试样和服装的准备、标记及测量(GB/T 8628—2001，eqv ISO 3759:1994)

GB/T 8629—2001 纺织品 试验用家庭洗涤和干燥程序(eqv ISO 6330:2000)

GB/T 8630 纺织品 洗涤和干燥后尺寸变化的测定(GB/T 8630—2002，ISO 5077:1984，MOD)

GB 18401 国家纺织产品基本安全技术规范

GB/T 19981.2 纺织品 织物和服装的专业维护、干洗和湿洗 第2部分：使用四氯乙烯干洗和整烫时性能试验的程序(GB/T 19981.2—2005，ISO 3175-2:1998，MOD)

FZ/T 01053 纺织品 纤维含量的标识

FZ/T 01057(所有部分) 纺织纤维鉴别试验方法

3 术语

下列术语和定义适用于本标准。

3.1

织锦工艺制品 brocade craft product

以织锦为主要原料，以印花、绘画和着色等特色工艺加工，富有装饰性的制品。

3.2

织锦像景 image brocade

以织锦为主要原料，呈现各色字、画、像、图案，主要悬挂或摆放于室内用于装饰的制品。

3.3

织锦台毯　brocade carpet used for the stage

以织锦为主要原料，用于铺盖室内桌、柜、椅、床等家具表面的制品。如桌毯、椅套、靠垫套、床罩等。

4　要求

4.1　织锦工艺制品的要求分内在质量和外观质量，内在质量包括纤维含量偏差、断裂强力、尺寸变化率、色牢度，外观质量包括色差、尺寸偏差、外观疵点。

4.2　织锦工艺制品的品质由内在质量、外观质量中的最低等级项目评定。其等级分为优等品、一等品、合格品。

4.3　织锦台毯应符合 GB 18401 要求。

4.4　织锦工艺制品的内在质量分等规定按表 1。

表 1　内在质量分等规定

项　目			要　求		
			优等品	一等品	合格品
纤维含量偏差/%			按 FZ/T 01053 执行		
断裂强力[a]/N　≥			200		
尺寸变化率[a,b]/%			−2.0～+1.0	−3.0～+2.0	−5.0～+3.0
色牢度/级 ≥	耐光		4	3	3
	耐皂洗[a,c]	变色	4	3-4	3-4
		沾色	3-4	3	2-3
	耐干洗[a,d]	变色	4	3-4	3-4
		沾色	3-4	3	2-3
	耐水[a]	变色	4	3-4	3-4
		沾色	3-4	3	3
	耐摩擦[a]	干摩	4	3-4	3
		湿摩	3-4	2-3	2

a 织锦像景不考核。

b 使用说明注明可水洗产品考核水洗尺寸变化率，只可干洗产品考核干洗尺寸变化率，不可洗涤产品不考核。

c 使用说明注明可水洗产品考核。

d 使用说明注明可干洗产品考核。

4.5　织锦工艺制品的外观质量分等规定按表 2。

表 2　外观质量分等规定

项　目		要　求		
		优等品	一等品	合格品
与确认样色差/级 ≥		4	3-4	3
尺寸偏差/cm　≥		−1.0～+1.0	−2.0～+2.0	−3.0～+3.0
外观疵点	图案	图案与确认样一致，整体不偏位	图案与确认样基本一致，整体轻微偏位，不影响外观	图案与确认样相似，整体轻微偏位，不影响外观

表 2（续）

项　目		要　求		
		优等品	一等品	合格品
外观疵点	缝制	针迹平服，无毛、脱漏，无跳针、浮针、漏针	针迹平服，无毛、脱漏，跳针、浮针、漏针每处不超过1针，每件不超过1处	针迹平服，无毛、脱漏，跳针、浮针、漏针每处不超过1针，每件不超过3处
	绘画	色彩准确，过渡自然，不错位		
	线状疵点	普通允许1处	普通允许2处	普通允许3处
	条块状疵点	不允许	普通允许1处	普通允许2处
	渍	不允许	普通允许1处	普通允许3处
	破损	不允许		
	附件	各类附件完整、不破损		

注1：规格尺寸大于100 cm的制品，每增加1 m及以内，尺寸偏差正偏差允许增加2 cm。
注2：线状疵点指宽度不超过0.2 cm的所有各类疵点。
注3：条块状疵点指宽度超过0.2 cm的疵点，不包括色、污渍和破损。
注4：破损指相邻的丝线断2根及以上的破洞，或0.3 cm及以上的蛛网。
注5：普通疵点指需近距离(60 cm～80 cm)仔细辨认才能发现的疵点，不影响产品总体外观。
注6：字、画、像的关键部位不允许有影响外观的疵点。

5　试验方法

5.1　纤维定性分析按FZ/T 01057进行，定量分析按GB/T 2910进行。

5.2　断裂强力按GB/T 3923.1进行。

5.3　水洗尺寸变化率按GB/T 8628、GB/T 8629—2001、GB/T 8630进行。洗涤程序采用7A，干燥方法采用A法。

5.4　干洗尺寸变化率按GB/T 19981.2执行，其中干洗程序中的干洗加载量降低至正常材料的66%，不使用水添加剂，洗涤时间降至5 min，冲洗时间降至3 min，其余材料干洗参数与正常材料相同。整烫使用熨斗。

5.5　耐光色牢度按GB/T 8427—1998中的方法3进行。

5.6　耐皂洗色牢度按GB/T 3921—2008进行，采用试验条件A(1)，单纤维贴衬。

5.7　耐干洗色牢度按GB/T 5711进行。

5.8　耐水色牢度按GB/T 5713进行，采用单纤维贴衬。

5.9　耐摩擦色牢度按GB/T 3920进行。

5.10　色差评定采用北空光照射，或用600 lx及以上等效光源。入射光与样品表面约成45°角，检验人员的视线大致垂直于样品表面，距离约60 cm目测，与GB/T 250样卡对比评定色差等级。

5.11　尺寸测量使用钢尺，矩形产品在整个产品长、宽方向的四分之一和四分之三处测量两处，测量精确至0.1 cm，分别计算测量值与规格值的差值，结果取算术平均值。

5.12　外观疵点以产品平摊正面为准，反面疵点影响正面时也应考核。检验时产品表面照度不低于600 lx，检验员眼部距产品60 cm～80 cm，检验员以目测、手感进行检验。

6 检验规则

6.1 检验分类

检验分为型式检验和出厂检验(交收检验)。型式检验时机根据生产厂实际情况或合同协议规定，一般在转产、停产后复产、原料或工艺有重大改变时进行。出厂检验在产品生产完毕交货前进行。

6.2 检验项目

型式检验项目为第4章中的所有要求项目。出厂检验项目为4.5的外观质量项目。

6.3 组批规则

型式检验以同一品种、花色为同一检验批。出厂检验以同一合同或生产批号为同一检验批，当同一检验批数量很大，需分期、分批交货时，可以适当再分批，分别检验。

6.4 抽样方案

样品应从经工厂检验的合格批产品中随机抽取，抽样数量按附录A的表A.1中的一般检验水平Ⅱ规定，采用正常检验一次抽样方案。内在质量检验用试样在样品中随机抽取各1份，但色牢度试样应按花色各抽取1份。每份试样的尺寸和取样部位根据方法标准的规定。

当批量较大、生产正常、质量稳定情况下，抽样数量可按附录A的表A.2中的一般检验水平Ⅱ规定，采用放宽检验一次抽样方案。

6.5 检验结果的判定

外观质量和工艺质量按件(套)评定等级，其他项目按批评定等级，以所有试验结果中最低评等评定样品的最终等级。

试样内在质量检验结果所有项目符合标准要求时判定该试样所代表的检验批内在质量合格。批外观质量和工艺质量的判定按GB/T 2828.1—2003中一般检验水平Ⅱ规定进行，接收质量限AQL为2.5不合格品百分数。批内在质量、外观质量和工艺质量均合格时判定为合格批。否则判定为不合格批。

6.6 复验

如交收双方对检验结果有异议时，可进行一次复验。复验按首次检验的规定进行，以复验结果为准。

7 标识、包装

7.1 产品使用说明应符合GB 5296.4的要求。规格以厘米为单位标注长度×宽度，非矩形产品可标注外形最大尺寸。织锦画像可不采用耐久性标签。

7.2 每件产品应有包装。包装材料应保证产品在贮藏和运输中不散落、不破损、不沾污、不受潮。用户有特殊要求的，供需双方协商确定。

8 其他

如供需双方对织锦工艺制品产品另有要求，可按合同或协议执行。

附 录 A
（规范性附录）
检验抽样方案

根据 GB/T 2828.1—2003，采用一般检验水平Ⅱ，AQL 为 2.5 的正常检验一次抽样方案如表 A.1 所示。

表 A.1 AQL 为 2.5 的正常检验一次抽样方案

批量 N	样本量字码	样本量 n	接收数 Ac	拒收数 Re
2～8	A	2	0	1
9～15	B	3	0	1
16～25	C	5	0	1
26～50	D	8	0	1
51～90	E	13	1	2
91～150	F	20	1	2
151～280	G	32	2	3
281～500	H	50	3	4
501～1 200	J	80	5	6
1 201～3 200	K	125	7	8
3 201～10 000	L	200	10	11

根据 GB/T 2828.1—2003，采用一般检验水平Ⅱ，AQL 为 2.5 的放宽检验一次抽样方案如表 A.2 所示。

表 A.2 AQL 为 2.5 的放宽检验一次抽样方案

批量 N	样本量字码	样本量 n	接收数 Ac	拒收数 Re
2～8	A	2	0	1
9～15	B	2	0	1
16～25	C	2	0	1
26～50	D	3	0	1
51～90	E	5	1	2
91～150	F	8	1	2
151～280	G	13	1	2
281～500	H	20	2	3
501～1 200	J	32	3	4
1 201～3 200	K	50	5	6
3 201～10 000	L	80	6	7

ICS 59.080.30
W 13

中华人民共和国国家标准

GB/T 22851—2009

色织提花布

Yarn-dyed pattern fabric

2009-04-21 发布　　2009-12-01 实施

中华人民共和国国家质量监督检验检疫总局
中国国家标准化管理委员会　发布

前言

本标准的附录A为资料性附录。

本标准由中国纺织工业协会提出。

本标准由纺织工业色织标准化技术归口单位归口。

本标准起草单位：江阴市宏泰纺织有限公司、广东溢达纺织有限公司、江苏联发纺织股份有限公司、南通东帝纺织品有限公司、江苏省纺织产品质量监督检验测试中心。

本标准主要起草人：高晋、唐文君、陆正洪、段琦新、徐晓锋、浦秋娟。

色 织 提 花 布

1 范围

本标准规定了色织提花布的要求、布面疵点评分、试验方法、检验规则、包装、标志、贮存和运输。

本标准适用于以棉、麻或化学纤维等原料生产的各类色织提花布(包括大提花和小提花)。

2 规范性引用文件

下列文件中的条款通过本标准的引用而成为本标准的条款。凡是注日期的引用文件,其随后所有的修改单(不包括勘误的内容)或修订版均不适用于本标准,然而,鼓励根据本标准达成协议的各方研究是否可使用这些文件的最新版本。凡是不注日期的引用文件,其最新版本适用于本标准。

GB/T 250 纺织品 色牢度试验 评定变色用灰色样卡(GB/T 250—2008,ISO 105-A02:1993,IDT)

GB/T 2828.1—2003 计数抽样检验程序 第1部分:按接收质量限(AQL)检索的逐批检验抽样计划

GB/T 2910 纺织品 二组分纤维混纺产品定量化学分析方法(GB/T 2910—1997,eqv ISO 1833:1977)

GB/T 2911 纺织品 三组分纤维混纺产品定量化学分析方法(GB/T 2911—1997,eqv ISO 5088:1976)

GB/T 3917.1 纺织品 织物撕破性能 第1部分:撕破强力的测定 冲击摆锤法

GB/T 3920 纺织品 色牢度试验 耐摩擦色牢度(GB/T 3920—2008,ISO 105-X12:2001,MOD)

GB/T 3921 纺织品 色牢度试验 耐皂洗色牢度(GB/T 3921—2008,ISO 105-C10:2006,MOD)

GB/T 3922 纺织品耐汗渍色牢度试验方法(GB/T 3922—1995,eqv ISO 105-E04:1994)

GB/T 3923.1 纺织品 织物拉伸性能 第1部分:断裂强力和断裂伸长率的测定 条样法

GB/T 4667 机织物幅宽的测定

GB/T 4668 机织物密度的测定

GB/T 4802.2 纺织品 织物起毛起球性能的测定 第2部分:改型马丁代尔法

GB 5296.4 消费品使用说明 纺织品和服装使用说明

GB/T 8170 数值修约规则

GB/T 8427 纺织品 色牢度试验 耐人造光色牢度:氙弧(GB/T 8427—2008,ISO 105-B02:1994,MOD)

GB/T 8628 纺织品 测定尺寸变化的试验中织物试样和服装的准备、标记及测量(GB/T 8628—2001,eqv ISO 3759:1994)

GB/T 8629—2001 纺织品 试验用家庭洗涤和干燥程序(eqv ISO 6330:2000)

GB/T 8630 纺织品 洗涤和干燥后尺寸变化的测定

GB/T 13772.2 纺织品 机织物接缝处纱线抗滑移的测定 第2部分:定负荷法(GB/T 13772.2—2008,ISO 13936-2:2004,IDT)

GB/T 14801 机织物与针织物纬斜和弓纬试验方法

GB 18401 国家纺织产品基本安全技术规范

FZ/T 01053 纺织品 纤维含量标识

FZ/T 01057　纺织纤维鉴别试验方法

3　术语和定义

下列术语和定义适用于本标准。

3.1

色织提花布　yarn-dyed pattern fabric

采用色纱、通过不同组织变化织造的，显出条状或花状的有层次、有凹凸立体感花纹的色织布。

4　要求

4.1　质量要求

4.1.1　色织提花布的质量分为内在质量和外观质量。

4.1.2　色织提花布的内在质量要求见表1。

表1　内在质量要求

<table>
<tr><th colspan="3" rowspan="2">项　目</th><th colspan="3">要　求</th></tr>
<tr><th>优等品</th><th>一等品</th><th>二等品</th></tr>
<tr><td colspan="3">纤维含量/%</td><td colspan="3">按 FZ/T 01053 执行</td></tr>
<tr><td colspan="3">密度偏差率(经纬向)/%</td><td>−2.0</td><td>−3.0</td><td>低于一等品要求</td></tr>
<tr><td rowspan="2">水洗尺寸变化率(经纬向)/%</td><td colspan="2">150 g/m^2 及以下</td><td>−2.5～+1.0</td><td>−3.0～+1.5</td><td rowspan="2">低于一等品要求</td></tr>
<tr><td colspan="2">150 g/m^2 以上</td><td>−3.0～+1.0</td><td>−5.0～+2.0</td></tr>
<tr><td rowspan="3">断裂强力(经纬向)/N　≥</td><td colspan="2">100 g/m^2 及以下</td><td colspan="3">150</td></tr>
<tr><td colspan="2">100 g/m^2 以上～150 g/m^2</td><td colspan="3">200</td></tr>
<tr><td colspan="2">150 g/m^2 以上</td><td colspan="3">250</td></tr>
<tr><td rowspan="2">撕破强力(经纬向)/N　≥</td><td colspan="2">150 g/m^2 及以下</td><td>9.0</td><td>7.0</td><td rowspan="2">低于一等品要求</td></tr>
<tr><td colspan="2">150 g/m^2 以上</td><td>15.0</td><td>12.0</td></tr>
<tr><td colspan="3">脱缝程度(经纬向)/mm　≤</td><td>5.0</td><td>6.0</td><td>低于一等品要求</td></tr>
<tr><td colspan="3">起球/级　≥</td><td>4</td><td>3</td><td>低于一等品要求</td></tr>
<tr><td rowspan="8">染色牢度/级　≥</td><td>耐光</td><td>变色</td><td>4</td><td>深色 4
浅色 3</td><td rowspan="3">低于一等品要求</td></tr>
<tr><td rowspan="2">耐皂洗</td><td>变色</td><td>4</td><td>3-4</td></tr>
<tr><td>沾色</td><td>3-4</td><td>3</td></tr>
<tr><td rowspan="2">耐摩擦</td><td>干摩</td><td>4</td><td>3-4</td><td>3</td></tr>
<tr><td>湿摩</td><td>3</td><td>深色 2
浅色 2-3</td><td>低于一等品要求</td></tr>
<tr><td rowspan="2">耐汗渍</td><td>变色</td><td>4</td><td>3-4</td><td>3</td></tr>
<tr><td>沾色</td><td>4</td><td>3-4</td><td>3</td></tr>
</table>

注1：稀薄型织物、起绒织物、免烫织物的撕破强力和断裂强力由供需双方商定。

注2：起绒织物的起球由供需双方商定。

注3：稀薄型、特殊品种的大提花织物的脱缝程度由供需双方商定。

注4：深色、浅色的分档参照染料染色标准深度卡区分：

——耐光色牢度：≥1/12 为深色，＜1/12 为浅色；

——耐摩擦色牢度：≥2/1 为深色，＜2/1 为浅色。

4.1.3 色织提花布的外观质量要求见表2。

表2 外观质量要求

项目		要求		
		优等品	一等品	二等品
幅宽偏差/cm ≥	幅宽 140 cm 及以下	−1.0	−1.5	−2.0
	幅宽 140 cm 以上～180 cm	−1.5	−2.0	−2.5
	幅宽 180 cm 以上	−2.0	−3.0	−4.0
纬斜/% ≤	横条、格子织物	1.5	2.0	2.5
	其他织物	2.0	3.0	4.0
色差/级 ≥	左、中、右色差	4-5	4	低于一等品要求
	段(匹)前后色差	4	3-4	
	同包匹间色差	4	3-4	
	同批包间色差	3-4	3	
布面疵点/(平均分/m^2) ≤		0.2	0.3	0.6

4.2 **分等规定**

4.2.1 色织提花布的品等分为优等品、一等品、二等品，低于二等品的为等外品。

4.2.2 色织提花布的内在质量按批评等，以最低项评等。

4.2.3 色织提花布的外观质量按段(匹)评等，以最低项评等。

4.2.4 色织提花布的品等以内在质量和外观质量综合评定，按其中的最低等级定等；内在质量和外观质量均评为二等品时，综合评定为等外品。

4.2.5 一等品内不应存在一处评为4分的破损性疵点或横档疵点；若存在一处评为4分的破损性疵点或横档疵点，应具有假开剪标志(30 m 及以内允许1处，60 m 及以内允许2处，100 m 及以内允许3处)；布头两端3 m 内不允许存在一处评为4分的明显疵点。

4.2.6 连续10 m 以上的纬斜全段(匹)布降等。

4.3 **安全性能**

应符合 GB 18401 的规定。

5 布面疵点评分

5.1 评分方法

5.1.1 布面疵点评分方法见表3。

表3 布面疵点评分方法

疵点分类	评分数			
	1	2	3	4
经向疵点(包括隐沉纱)	8 cm 及以下	8 cm 以上～16 cm	16 cm 以上～24 cm	24 cm 以上～100 cm
纬向疵点(包括抛花)	8 cm 及以下	8 cm 以上～16 cm	16 cm 以上～半幅	半幅以上
横档疵点(包括对花不准)	—	—	—	严重
严重污渍	—	—	2.5 cm 及以下	2.5 cm 以上
破损性疵点(破洞、跳花)	—	—	0.5 cm 及以下	0.5 cm 以上

表 3（续）

<table>
<tr><td colspan="2" rowspan="2">疵点分类</td><td colspan="4">评 分 数</td></tr>
<tr><td>1</td><td>2</td><td>3</td><td>4</td></tr>
<tr><td rowspan="3">边疵</td><td>破边
豁边</td><td>经向每长 8 cm 及以内</td><td>—</td><td>—</td><td>—</td></tr>
<tr><td>针眼边
（深入 1.5 cm 以上）</td><td>每 100 cm</td><td>—</td><td>—</td><td>—</td></tr>
<tr><td>卷边</td><td>每 100 cm</td><td>—</td><td>—</td><td>—</td></tr>
<tr><td colspan="6">注 1：棉结、棉点疵点由供需双方协定。
注 2：按 GB/T 250 评级，≤3-4 级为严重污渍。
注 3：无边组织的织物，边组织以 0.5 cm 计。
注 4：疵点名称说明参见附录 A。</td></tr>
</table>

5.1.2 经向 1 m 内累计评分最多 4 分。

5.1.3 每段(匹)布允许总评分按式(1)计算，计算结果按 GB/T 8170 修约至整数。

$$A = a \times L \times W \quad \cdots\cdots(1)$$

式中：

A——每段(匹)布允许总评分，单位为分；

a——每平方米允许评分数，单位为分每平方米(分/m^2)；

L——段(匹)长，单位为米(m)；

W——幅宽，单位为米(m)。

5.2 布面疵点的检验规定

5.2.1 布面疵点的检验条件按 7.1 执行。

5.2.2 检验布面疵点时，以布的正面为准，但破损性疵点以严重一面为准。正反面难以区别的织物以严重一面为准。有两种疵点重叠在一起时，以严重一项评分。

5.3 布面疵点的计量规定

5.3.1 疵点长度以经向或纬向最大长度计量。

5.3.2 条的计量方法：一个或几个经(纬)向疵点，宽度在 1 cm 及以内的按一条评分；宽度超过 1 cm 的每 1 cm 为一条，其不足 1 cm 的按一条计。

5.3.3 在经向一条内连续或断续发生的疵点，长度超过 1 m 的，其超过部分，按表 3 再行评分。

5.3.4 在一条内断续发生的疵点，在经(纬)向 8 cm 及以内，有 2 个及以上的疵点，按连续长度测量评分。

6 试验方法

6.1 纤维含量的测定按 GB/T 2910、GB/T 2911、FZ/T 01057 或其他相关标准执行。

6.2 密度的测定按 GB/T 4668 执行。

6.3 水洗尺寸变化率的测定按 GB/T 8628、GB/T 8629（洗涤程序：纯棉织物 2A，含蚕丝织物 7A，其他织物 4A；干燥：含蚕丝织物 A，其他织物 F）、GB/T 8630 执行。

6.4 断裂强力的测定按 GB/T 3923.1 执行。

6.5 撕破强力的测定按 GB/T 3917.1 执行。

6.6 脱缝程度的测定按 GB/T 13772.2 执行。试验条件：150 g/m^2 及以下，定负荷 80 N；150 g/m^2 以上，定负荷 120 N。

6.7 起球性能的测定按 GB/T 4802.2 执行。

6.8 耐光色牢度的测定按 GB/T 8427 方法 3 执行。

6.9 耐皂洗色牢度的测定按 GB/T 3921 方法 C(含蚕丝织物方法 A)执行。

6.10 耐摩擦色牢度的测定按 GB/T 3920 执行。

6.11 耐汗渍色牢度的测定按 GB/T 3922 执行。

6.12 幅宽的测定按 GB/T 4667 执行。

6.13 纬斜的测定按 GB/T 14801 执行。在 1 段(匹)布的两端各距布头 4 m 每隔三分之一段(匹)均匀测量 3 处,以平均数计。

6.14 色差的评定按 GB/T 250 执行。

7 检验规则

7.1 检验条件和方法

7.1.1 采用验布机检验时,以 40 W 加罩青光日光灯 3 支～4 支,光源与布面距离为 1 m～1.2 m,照度不低于 750 lx。验布机上验布板的角度为 45°。验布机速度一般为 15 m/min～20 m/min。

7.1.2 采用台板检验时,布段(匹)应平摊桌面上,检验人员的视线应正视布面,逐幅展开,速度一般掌握在平均 3 m/min～5 m/min。采用灯光以 40 W 加罩青光日光灯两支,光源距桌面为 80 cm～90 cm,照度不低于 400 lx。

7.1.3 幅宽在 140 cm 以上的色织提花布应两人检验。

7.2 抽样方法和检验结果的评定

7.2.1 外观质量检验按 GB/T 2828.1—2003 中正常检验一次抽样方案一般检验水平Ⅱ,接收质量限(AQL)为 2.5 规定抽样,具体抽样方案见表 4。

表 4 外观质量检验抽样方案

批量 N/匹	正常检验一般检验水平Ⅱ		
	样本大小 n	接收数 Ac	拒收数 Re
1～15	3	0	1
16～25	5	0	1
26～50	8	0	1
51～90	13	1	2
91～150	20	1	2
151～280	32	2	3
281～500	50	3	4
501～1 200	80	5	6
1 201～3 200	125	7	8
3 201～10 000	200	10	11
10 001～35 000	315	14	15

注：每匹＝30 m。

7.2.2 内在质量抽样以批为单位,以同一品种、规格、花型及生产工艺为一批,每批不少于三块(应包括全部色号),检验结果以全部抽验样品合格作为全批合格。如有试验结果不合格,可对该不合格项复验一次,以复验结果为准。

7.3 验收

交货时,收货方应依据本标准或双方协议、合同等规定进行验收。

7.4 复验

如供需双方对检验结果有异议时，可要求复验或委托专业检验机构进行检验。

8 包装、标志

8.1 包装

8.1.1 色织提花布的包装均应保证其质量不受损伤，便于贮存和运输。

8.1.2 色织提花布包装分内包装和外包装。

8.1.2.1 内包装分为平幅折叠、卷筒两类。内包装形式及技术要求见表5。

表5 内包装形式及技术要求

内包装形式	技术要求
平幅折叠	布匹折幅每幅为1 m(或1 yd)，折叠时，应布面平整，布边整齐，两端平整无折皱，采用包头式，包头长度不超过1 m(或1 yd)，布的正面朝里，包设折叠口，防止玷污
卷筒	按商定长度将布匹卷绕在规定尺寸的卷轴上，平整紧密，圆筒卷装两边要整齐，两边进出差距不得超过2 cm，无折皱，布的正面朝里。使用腰封的织物，两边腰封应对称不歪斜，腰封使用透明胶水或胶带粘接

8.1.2.2 外包装分为布包、纸箱、编织袋、塑料袋四类。包装用材料应符合相关标准规定要求，特殊包装形式按供需双方要求自行制定。

8.1.3 成包(件)时，应按产品等级分别成包，包(件)重量和数量(长度)按客户合同规定。

8.2 标志

8.2.1 标志应符合GB 5296.4规定，明确、清晰、耐久，便于识别。

8.2.2 每匹或每段色织提花布成品上，均应附有标签，样式见图1。

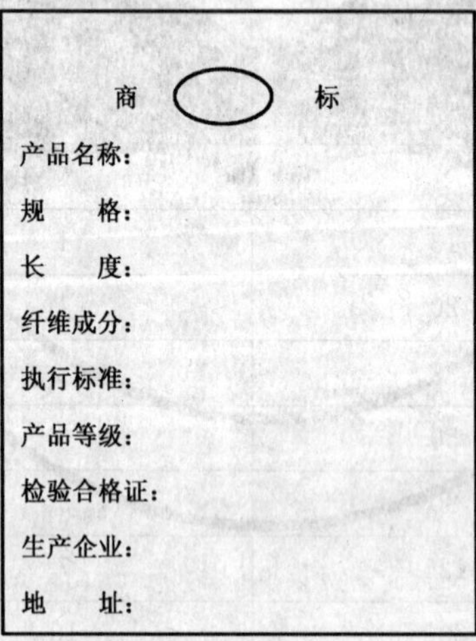

图1 包装标签

8.2.3 每匹或每段布的正面两端5 cm以内，应加盖清晰的厂梢印。拼匹时(拼匹应在客户允许的条件下方可进行，一般情况不得拼匹)应在两端布连接处加盖骑缝印。梢印不能渗透到布正面，并能经水洗净为宜。

8.2.4 每件布包(纸箱)内应有拼件单。

8.2.5 外包装上标志确保清晰易辨、不褪色，并注明名称、等级、色号、包号、数量(长度)、重量及日期等。

9 贮存、运输

包装完好的色织提花布应存放于干燥、通风、无易燃物、无污物的仓库内；运输搬运时注意防火、防潮、防污。

10 其他

用户对色织提花布有特殊要求的，由供需双方另订协议。

附　录　A
（资料性附录）
疵点名称说明

A.1　经向疵点

沿经向延伸的，明显看得出影响外观的疵点。其中"隐沉纱"是指由于提综装置不良造成经纱组织错乱的经向疵点。

A.2　纬向疵点

除横档以外，沿纬向延伸的，明显看得出影响外观的疵点。其中"抛花"是指由于纸板损坏（多孔或少孔）造成纬纱组织错乱或纬纱断续浮于布面的纬向疵点。

A.3　横档疵点

横跨织物全幅的，与正常纱线形成可见差异呈带状，并严重影响外观的单个疵点或密集型散布疵点，如稀纬、密路、拆痕、色档、皱条等。其中"对花不准"是指由于拆布后回头不清造成花型脱节、不连续的横档疵点。

A.4　破洞

三根及以上经、纬纱共断或单断经、纬纱（包括隔开1根～2根好纱）的破损。

A.5　跳花

三根及以上的经、纬纱相互脱离组织，包括隔开一个完全组织。

ICS 59.080.30
W 62

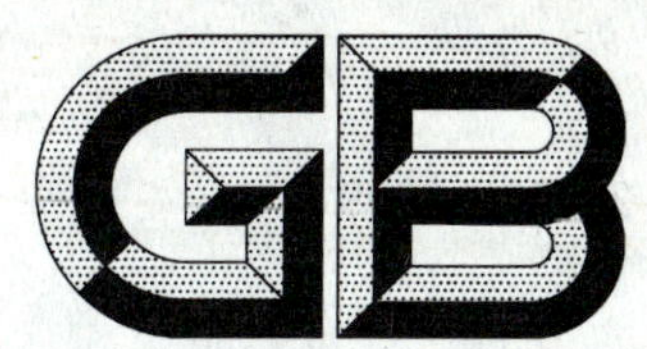

中华人民共和国国家标准

GB/T 22852—2009

针织泳装面料

Knitted swimwear fabric

2009-04-21 发布　　　　2009-12-01 实施

中华人民共和国国家质量监督检验检疫总局
中国国家标准化管理委员会　发布

前 言

本标准由中国纺织工业协会提出。

本标准由全国纺织品标准化技术委员会针织品分技术委员会归口(SA/TC 209/SC 6)。

本标准主要起草单位:海宁中天检测有限公司、海宁德俊织染集团有限公司、安莉芳(中国)有限公司、浙江宏达经编股份有限公司、上海申美商品检测有限公司、福建省晋江市浩沙制衣有限公司、海宁市超达经编有限责任公司、福建劲霸经编有限公司、海宁东雁印染有限公司。

本标准主要起草人:沈国康、王桂军、曹海辉、胡丽娟、高铭、林献玺、金燕红、郝西泉、戚新甫、沈新宇。

针 织 泳 装 面 料

1 范围

本标准规定了针织泳装面料的分类、要求、试验方法、检验规则及产品使用说明等内容。

本标准适用于针织泳装面料。

2 规范性引用文件

下列文件中的条款通过本标准的引用而成为本标准的条款。凡是注日期的引用文件，其随后所有的修改单(不包括勘误的内容)或修订版均不适用于本标准，然而，鼓励根据本标准达成协议的各方研究是否可使用这些文件的最新版本。凡是不注日期的引用文件，其最新版本适用于本标准。

GB/T 250 纺织品 色牢度试验 评定变色用灰色样卡(GB/T 250—2008,ISO 105-A02:1993,IDT)

GB/T 251 纺织品 色牢度试验 评定沾色用灰色样卡(GB/T 251—2008,ISO 105-A03:1993,IDT)

GB/T 2910 纺织品 二组分纤维混纺产品定量化学分析方法(GB/T 2910—1997,eqv ISO 1833:1977)

GB/T 2911 纺织品 三组分纤维混纺产品定量化学分析方法(GB/T 2911—1997,eqv ISO 5088:1976)

GB/T 3920 纺织品 色牢度试验 耐摩擦色牢度(GB/T 3920—2008,ISO 105-X12:2001,MOD)

GB/T 3921 纺织品 色牢度试验 耐皂洗色牢度(GB/T 3921—2008,ISO 105-C10:2006,MOD)

GB/T 3922 纺织品耐汗渍色牢度试验方法(GB/T 3922—1995,eqv ISO 105-E04:1994)

GB 5296.4 消费品使用说明 纺织品和服装使用说明

GB/T 5713 纺织品 色牢度试验 耐水色牢度(GB/T 5713—1997,eqv ISO 105-E01:1994)

GB/T 5714 纺织品 色牢度试验 耐海水色牢度(GB/T 5714—1997,eqv ISO 105-E02:1994)

GB/T 8170 数值修约规则与极限数值的表示和判定

GB/T 8427 纺织品 色牢度试验 耐人造光色牢度:氙弧(GB/T 8427—2008,ISO 105-B02:1994,MOD)

GB/T 8433 纺织品 色牢度试验 耐氯化水色牢度(游泳池水)(GB/T 8433—1998,eqv ISO 105-E03:1994)

GB/T 8628 纺织品 测定尺寸变化的试验中织物试样和服装的准备、标记及测量(GB/T 8628—2001,eqv ISO 3759:1994)

GB/T 8629 纺织品 试验用家庭洗涤和干燥程序(GB/T 8629—2001,eqv ISO 6330:2000)

GB/T 8630 纺织品 洗涤和干燥后尺寸变化的测定(GB/T 8630—2002,ISO 5077:1984,MOD)

GB 18401 国家纺织产品基本安全技术规范

GB/T 18886 纺织品 色牢度试验 耐唾液色牢度

GB/T 22846 针织布(四分制)外观检验

FZ/T 01053 纺织品 纤维含量的标识

FZ/T 01057(所有部分) 纺织纤维鉴别试验方法

FZ/T 01095 纺织品 氨纶产品纤维含量的试验方法

FZ/T 70006 针织物拉伸弹性回复率试验方法

FZ/T 70010 针织物平方米干燥重量的测定

GSB 16-2159—2007 针织产品标准深度样卡(1/12)

3 产品分类

针织泳装面料分为经编、纬编两大类。

4 要求

4.1 要求内容

要求分为内在质量和外观质量两个方面。内在质量包括 pH 值、甲醛含量、异味、可分解芳香胺染料、纤维含量、平方米干燥重量偏差、定力伸长率、耐氯化水(游泳池水)拉伸弹性回复率、水洗尺寸变化率、染色牢度等十项指标;外观质量考核每匹布每 100 m² 计分。

4.2 评定规定

针织泳装面料以匹为单位,质量等级分为优等品、一等品、合格品,按内在质量和外观质量最低等级评等。

4.2.1 内在质量

内在质量各项指标以检验结果最低一项作为该批产品的评等依据,评等规定见表 1。

表 1 内在质量要求评等规定

<table>
<tr><th colspan="3">项 目</th><th>优等品</th><th>一等品</th><th>合格品</th></tr>
<tr><td colspan="3">pH 值</td><td colspan="3" rowspan="4">按 GB 18401 规定执行</td></tr>
<tr><td colspan="3">甲醛含量/(mg/kg)</td></tr>
<tr><td colspan="3">异味</td></tr>
<tr><td colspan="3">可分解芳香胺染料/(mg/kg)</td></tr>
<tr><td colspan="3">纤维含量(净干含量)/%</td><td colspan="3">按 FZ/T 01053 规定执行</td></tr>
<tr><td rowspan="2">平方米干燥重量偏差</td><td colspan="2">100 g/m² 及以下</td><td>±4.0 g</td><td colspan="2">±5.0 g</td></tr>
<tr><td colspan="2">100 g/m² 以上</td><td>±4.0%</td><td colspan="2">±5.0%</td></tr>
<tr><td rowspan="2">定力伸长率/%</td><td colspan="2">直向</td><td>$M_1 \pm 10$</td><td>$M_1 \pm 15$</td><td>$M_1 \pm 20$</td></tr>
<tr><td colspan="2">横向</td><td>$M_2 \pm 10$</td><td>$M_2 \pm 15$</td><td>$M_2 \pm 20$</td></tr>
<tr><td rowspan="2">耐氯化水(游泳池水)拉伸弹性回复率/% ≥</td><td colspan="2">直向</td><td>70</td><td>65</td><td>60</td></tr>
<tr><td colspan="2">横向</td><td>70</td><td>65</td><td>60</td></tr>
<tr><td rowspan="2">水洗尺寸变化率/%</td><td colspan="2">直向</td><td>−2.0～+1.0</td><td>−3.0～+2.0</td><td>−5.0～+3.0</td></tr>
<tr><td colspan="2">横向</td><td>−2.0～+1.0</td><td>−3.0～+2.0</td><td>−5.0～+3.0</td></tr>
<tr><td rowspan="8">染色牢度/级 ≥</td><td rowspan="2">耐皂洗</td><td>变色</td><td>4</td><td colspan="2">3-4</td></tr>
<tr><td>沾色</td><td>3-4</td><td colspan="2">3(深色 2-3)</td></tr>
<tr><td rowspan="2">耐汗渍</td><td>变色</td><td>4</td><td colspan="2">3(婴幼儿 3-4)</td></tr>
<tr><td>沾色</td><td>3-4</td><td colspan="2">3(婴幼儿 3-4)</td></tr>
<tr><td rowspan="2">耐水</td><td>变色</td><td colspan="3" rowspan="2">按 GB 18401 规定执行</td></tr>
<tr><td>沾色</td></tr>
<tr><td rowspan="2">耐海水</td><td>变色</td><td>4</td><td>3-4</td><td>3</td></tr>
<tr><td>沾色</td><td>3-4</td><td colspan="2">3</td></tr>
</table>

表 1（续）

项　目			优 等 品	一 等 品	合 格 品
染色牢度/级　≥	耐摩擦	干摩	4	3(婴幼儿 4)	
		湿摩	4	3(深色 2-3)	
	耐唾液	变色	按 GB 18401 规定执行		
		沾色			
	耐氯化水(游泳池水)	变色	4	3-4	2-3
	耐光	变色	4	3	
色别分档按 GSB 16-2159—2007，>1/12 标准深度为深色，≤1/12 标准深度为浅色。 注 1：氨纶纤维含量(净干含量)偏差：优等品≥−2.0%；一等品、合格品≥−3.0%。 注 2：M_1、M_2 为直、横向定力伸长率中心值，由供需双方确定。					

4.2.2　外观质量要求

4.2.2.1　外观质量以匹为单位，允许疵点评分见表 2。

表 2　外观质量评等规定

单位为分每百平方米

优　等　品	一　等　品	合　格　品
≤20	≤24	≤28

4.2.2.2　幅宽偏差超过±3.0%，每米计 4 分。

5　试验方法

5.1　内在质量

5.1.1　**pH 值试验**

按 GB 18401 规定方法执行。

5.1.2　**甲醛含量试验**

按 GB 18401 规定方法执行。

5.1.3　**异味试验**

按 GB 18401 规定方法执行。

5.1.4　**可分解芳香胺染料试验**

按 GB 18401 规定方法执行。

5.1.5　**纤维含量试验**

按 FZ/T 01057(所有部分)、FZ/T 01095、GB/T 2910、GB/T 2911 等规定执行。

5.1.6　**平方米干燥重量试验**

按 FZ/T 70010 规定执行。

5.1.7　**定力伸长率试验**

按 FZ/T 70006 规定执行，其中预加张力 10 cN，定力 15 N。

5.1.8　**耐氯化水(游泳池水)拉伸弹性回复率试验**

5.1.8.1　试样的准备：随机取样数量为直、横向各三块，试样的有效尺寸为 100 mm×50 mm。试样的处理按 GB/T 8433 执行，其中有效氯浓度为 50 mg/L，在容器中搅拌 4 h。

5.1.8.2　操作：按 FZ/T 70006 规定执行，其中预加张力 10 cN，定力 15 N，反复拉伸次数 5 次。

5.1.9　**水洗尺寸变化率试验**

5.1.9.1　试样的准备：按 GB/T 8628 规定执行。

5.1.9.2　操作：按 GB/T 8629 中 5A 程序规定执行，其中干燥方法用 A——悬挂晾干。

5.1.9.3　测量：按 GB/T 8630 规定执行。

5.1.10 **染色牢度试验**

5.1.10.1 耐皂洗色牢度试验按 GB/T 3921 规定执行,试验条件按 A(1)执行 。

5.1.10.2 耐汗渍色牢度试验按 GB/T 3922 规定执行。

5.1.10.3 耐水色牢度试验按 GB/T 5713 规定执行。

5.1.10.4 耐海水色牢度试验按 GB/T 5714 规定执行。

5.1.10.5 耐摩擦色牢度试验按 GB/T 3920 规定执行。

5.1.10.6 耐唾液色牢度试验按 GB/T 18886 规定执行。

5.1.10.7 耐氯化水(游泳池水)色牢度试验按 GB/T 8433 规定执行,其中有效氯浓度为 50 mg/L。

5.1.10.8 耐光色牢度试验按 GB/T 8427 方法 3 规定执行。

5.1.11 **染色牢度评级**

按 GB/T 250 及 GB/T 251 规定执行。

5.2 **外观质量试验**

按 GB/T 22846 规定执行。

5.3 **数值修约**

按 GB/T 8170 规定执行。

6 检验规则

6.1 **抽样**

6.1.1 外观质量按 GB/T 22846 抽样。

6.1.2 内在质量按批分品种、规格、色别随机取样,水洗尺寸变化率试验从 3 匹中取 700 mm 全幅三块,其他指标的试验至少取 500 mm 全幅一块。

6.2 **检验规定**

6.2.1 **外观质量**

外观质量分品种、规格按式(1)计算不符品等率,不符品等率 5%及以内,判该批产品外观质量合格,超过者,判该批产品外观质量不合格。

$$F = A/B \times 100 \qquad (1)$$

式中:

F——不符品等率,%;

A——不合格量,单位为米(m);

B——样本量,单位为米(m)。

6.2.2 **内在质量**

内在质量全部合格,判该批产品内在质量合格,有一项不合格则判该批产品内在质量不合格。

7 产品使用说明

7.1 产品使用说明按 GB 5296.4 规定执行。

7.2 按 GB 18401 标明产品类别。

ICS 59.080.30
W 63

中华人民共和国国家标准

GB/T 22853—2009

针织运动服

Knitted sportwear

2009-04-21 发布 2009-12-01 实施

中华人民共和国国家质量监督检验检疫总局
中国国家标准化管理委员会 发布

前　言

本标准的附录 A、附录 B 为规范性附录。

本标准由中国纺织工业协会提出。

本标准由全国纺织品标准化技术委员会针织品分技术委员会归口(SAC/TC 209/SC 6)。

本标准起草单位:李宁(中国)体育用品有限公司、安踏(中国)有限公司、七匹狼体育用品有限公司、福建泉州匹克体育用品有限公司、国家针织产品质量监督检验中心。

本标准主要起草人:徐明明、李苏、郭沧旸、戴建辉、刘凤荣。

针 织 运 动 服

1 范围

本标准规定了针织运动服产品的号型、要求、检验规则、判定规则、产品使用说明、包装、运输和贮存。

本标准适用于鉴定针织运动服的品质。

2 规范性引用文件

下列文件中的条款通过本标准的引用而成为本标准的条款。凡是注日期的引用文件，其随后所有的修改单(不包括勘误的内容)或修订版均不适用于本标准，然而，鼓励根据本标准达成协议的各方研究是否可使用这些文件的最新版本。凡是不注日期的引用文件，其最新版本适用于本标准。

GB/T 250 纺织品 色牢度试验 评定变色用灰色样卡(GB/T 250—2008，ISO 105-A02：1993，IDT)

GB/T 251 纺织品 色牢度试验 评定沾色用灰色样卡(GB/T 251—2008，ISO 105-A03：1993，IDT)

GB/T 1335(所有部分) 服装号型

GB/T 2910 纺织品 二组分纤维混纺产品定量化学分析方法(GB/T 2910—1997，eqv ISO 1833：1977)

GB/T 2911 纺织品 三组分纤维混纺产品定量化学分析方法(GB/T 2911—1997，eqv ISO 5088：1976)

GB/T 2912.1 纺织品 甲醛的测定 第1部分：游离水解的甲醛(水萃取法)

GB/T 3920 纺织品 色牢度试验 耐摩擦色牢度(GB/T 3920—2008，ISO 105-X12：2001，MOD)

GB/T 3921 纺织品 色牢度试验 耐皂洗色牢度(GB/T 3921—2008，ISO 105-C10：2006，MOD)

GB/T 3922 纺织品耐汗渍色牢度试验方法(GB/T 3922—1995，eqv ISO 105-E04：1994)

GB/T 4802.1 纺织品 织物起毛起球性能的测定 第1部分：圆轨迹法

GB/T 4856 针棉织品包装

GB 5296.4 消费品使用说明 纺织品和服装使用说明

GB/T 5713 纺织品 色牢度试验 耐水色牢度(GB/T 5713—1997，eqv ISO 105-E01：1994)

GB/T 6411 针织内衣规格尺寸系列

GB/T 7573 纺织品 水萃取液 pH 值的测定(GB/T 7573—2002，ISO 3071：1980，MOD)

GB/T 8170 数值修约规则与极限数值的表示和判定

GB/T 8427 纺织品 色牢度试验 耐人造光色牢度：氙弧

GB/T 8629 纺织品 试验用家庭洗涤和干燥程序

GB/T 8878 棉针织内衣

GB/T 14576 纺织品耐光、汗复合色牢度试验方法

GB/T 14801 机织物与针织物纬斜和弓纬的试验方法

GB/T 17592 纺织品 禁用偶氮染料检测方法

GB 18401—2003 国家纺织产品基本安全技术规范

GB/T 19976 纺织品 顶破强力的测定 钢球法

FZ/T 01026　四组分纤维混纺产品定量化学分析方法

FZ/T 01031　针织物和弹性机织物接缝强力和伸长率的测定　抓样拉伸法

FZ/T 01053　纺织品　纤维含量的标识

FZ/T 01057(所有部分)　纺织纤维鉴别试验方法

FZ/T 01095　纺织品　氨纶产品纤维含量的试验方法

GSB 16-1523-2002　针织物起毛起球样照

GSB 16-2159-2007　针织产品标准深度样卡(1/12)

GSB 16-2500-2008　针织物表面疵点彩色样照

3　号型

针织运动服的号型按 GB/T 1335(所有部分)或 GB/T 6411 规定执行。

4　要求

4.1　要求内容

要求分为内在质量和外观质量两个方面，内在质量包括起球、顶破强力、接缝强力、水洗尺寸变化率、水洗后扭曲率、拼接互染程度、耐皂洗色牢度、耐水色牢度、耐汗渍色牢度、耐摩擦色牢度、印(烫)花耐皂洗色牢度、印(烫)花耐摩擦色牢度、耐光色牢度，耐光、汗复合色牢度，甲醛含量、pH 值、异味、可分解芳香胺染料、纤维含量等项指标，外观质量包括表面疵点、规格尺寸偏差、本身尺寸差异、缝制规定等项指标。

4.2　分等规定

4.2.1　针织运动服的质量等级分为：优等品、一等品、合格品。

4.2.2　内在质量按批(交货批)以最低一项评等，外观质量按件以最低一项评等，两者结合以最低等级定等。

4.3　内在质量要求

内在质量要求见表 1。

表 1　内在质量要求

<table>
<tr><th colspan="3">项　目</th><th>优等品</th><th>一等品</th><th>合格品</th></tr>
<tr><td colspan="2">起球/级</td><td>≥</td><td>3.5</td><td>3.0</td><td>2.5</td></tr>
<tr><td rowspan="2">顶破强力/N</td><td rowspan="2">≥</td><td>上衣</td><td colspan="3">180</td></tr>
<tr><td>裤子</td><td colspan="3">220</td></tr>
<tr><td>接缝强力/N</td><td>≥</td><td>裤后裆缝</td><td colspan="3">140</td></tr>
<tr><td colspan="2" rowspan="2">水洗尺寸变化率/%</td><td>直向</td><td>−4.0～+2.0</td><td>−5.5～+3.0</td><td>−6.5～+3.0</td></tr>
<tr><td>横向</td><td>−4.0～+2.0</td><td>−5.5～+3.0</td><td>−6.5～+3.0</td></tr>
<tr><td rowspan="2">水洗后扭曲率/%</td><td rowspan="2">≤</td><td>上衣</td><td>4.0</td><td>6.0</td><td>8.0</td></tr>
<tr><td>长裤</td><td>1.5</td><td>3.0</td><td>3.5</td></tr>
<tr><td rowspan="2">耐皂洗色牢度/级</td><td rowspan="2">≥</td><td>变色</td><td>4</td><td>4</td><td>3-4</td></tr>
<tr><td>沾色</td><td>4</td><td>3-4</td><td>3</td></tr>
<tr><td rowspan="2">耐水色牢度/级</td><td rowspan="2">≥</td><td>变色</td><td>4</td><td>3-4</td><td>3</td></tr>
<tr><td>沾色</td><td>4</td><td>3-4</td><td>3</td></tr>
</table>

表 1（续）

项　目		优等品	一等品	合格品
耐汗渍色牢度/级　≥	变色	4	3-4	3
	沾色	4	3-4	3
耐摩擦色牢度/级　≥	干摩	4	3-4	3
	湿摩	3	2-3(深色 2)	2-3(深色 2)
印(烫)花耐皂洗色牢度/级　≥	变色	4	3-4	3
	沾色	3-4	3	3
印(烫)花耐摩擦色牢度/级　≥	干摩	3-4	3	3
	湿摩	3	2-3	2-3(深色 2)
拼接互染程度/级　≥		4-5	4	
耐光色牢度/级　≥		4	4(浅色 3)	3
耐光、汗复合色牢度(碱性)/级　≥		3-4	3	2-3
甲醛含量/(mg/kg)　≤		按 GB 18401 规定执行		
pH 值				
异味				
可分解芳香胺染料/(mg/kg)				
纤维含量(净干含量)/%		按 FZ/T 01053 规定执行		

色别分档：按 GSB 16-2159-2007 标准，>1/12 标准深度为深色，≤1/12 标准深度为浅色。

注 1：镂空织物、含氨纶织物不考核顶破强力和接缝强力。

注 2：短裤、罗纹织物及含氨纶织物不考核横向水洗尺寸变化率。

注 3：耐光、汗复合色牢度只考核短袖上衣、背心及短裤。

注 4：拼接互染程度只考核深色与浅色相拼接的产品。

注 5：磨毛、起绒类产品不考核起球。

注 6：罗纹和松紧下摆款式不考核水洗后扭曲率。

4.4 外观质量要求

4.4.1 表面疵点评等规定见表 2。

表 2 表面疵点评等规定

类别	疵点名称	优等品	一等品	合格品
面料	粗纱、大肚纱、油纱、色纱、面子跳纱、里子纱露面	主要部位不允许，其他部位轻微者允许	轻微者允许	
	毛丝、稀密路、横路	不允许		轻微者允许
	花针、油针、丝拉紧	主要部位不允许，其他部位轻微者允许		轻微者允许
	色差	主料之间 4-5 级，主辅料之间 4 级	主料之间 4 级，主辅料之间 3-4 级	主料之间 3-4 级，主辅料之间 3 级
	纹路歪斜/%　≤	3.0	4.0	6.0
	起毛不匀、起毛露底、脱绒、风渍、极光印、折痕、色花	不允许	主要部位不允许，其他部位轻微者允许	

表 2（续）

类别	疵点名称	优等品	一等品	合格品
面料	断纱、破洞、细纱、烫黄、锈斑、修疤	不允许		
缝纫	油污线	浅淡 1 cm 3 处或 2 cm 1 处，领、襟部位不允许		浅淡的 20 cm，深色的 10 cm
	跳针	链式线迹及领、襟部位不允许，其他线迹 1 针 2 处		链式线迹不允许，其他线迹 1 针 4 处或 2 针 2 处
	针洞、漏缝	不允许		
	底边脱针	每面 1 针 3 处，不应连续脱针，骑缝处三线包缝≤3 针，四、五线包缝≤4 针		不考核
	表面死线头	2 cm 2 处或 3 cm 1 处	3 cm 2 处或 4 cm 1 处	允许
	缝纫不平服	主要部位不允许，其他部位轻微者允许	轻微者允许	
	重针	合理接头外限 4 cm 1 处，领、襟部位不允许		限 4 cm 2 处
	接线双轨	主要部位不允许，其他部位 1 cm 2 处		1 cm 3 处或 2 cm 1 处
	明线曲折高低	主要部位 0.2 cm，其他部位 0.5 cm(不包括止口及捏缝)		0.5 cm
印花	沙眼、气泡、露底	不明显允许		不严重允许
	阴花、渗花	主要部位不允许，其他部位细线条不超过一倍，粗线条小于 0.2 cm 允许		不严重允许
绣花	露底线、变形	主要部位不允许，其他部位轻微者允许	轻微者允许	
	套版不正、缺花	主要部位不允许，次要部位轻微者允许	轻微者允许	主要部位轻微者允许，次要部位超出明显者不允许
	漏绣	不允许		
辅(配)料	扣与眼位互差	≤0.3 cm	≤0.5 cm	
	粘衬渗胶	不允许	轻微者允许	
	掉扣、拉链缺牙、锁头脱落、洗涤后掉漆或锈蚀	不允许		

表面疵点程度按 GSB 16-2500-2008 执行。

注 1：上衣的主要部位指前身上部的三分之二(包括后领窝露面部位)。

注 2：裤子的主要部位指裤前身上部二分之一。

注 3：纹路歪斜仅考核彩条上衣的横向。

注 4：本标准未涉及到的疵点可参照 GB/T 8878 疵点规定。

注 5：在同一件产品上只允许有两个同等级的极限表面疵点，超过者降一个等级。

4.4.2 成衣主要测量部位及规定(精确至 0.1 cm)

4.4.2.1 背心测量部位见图 1。

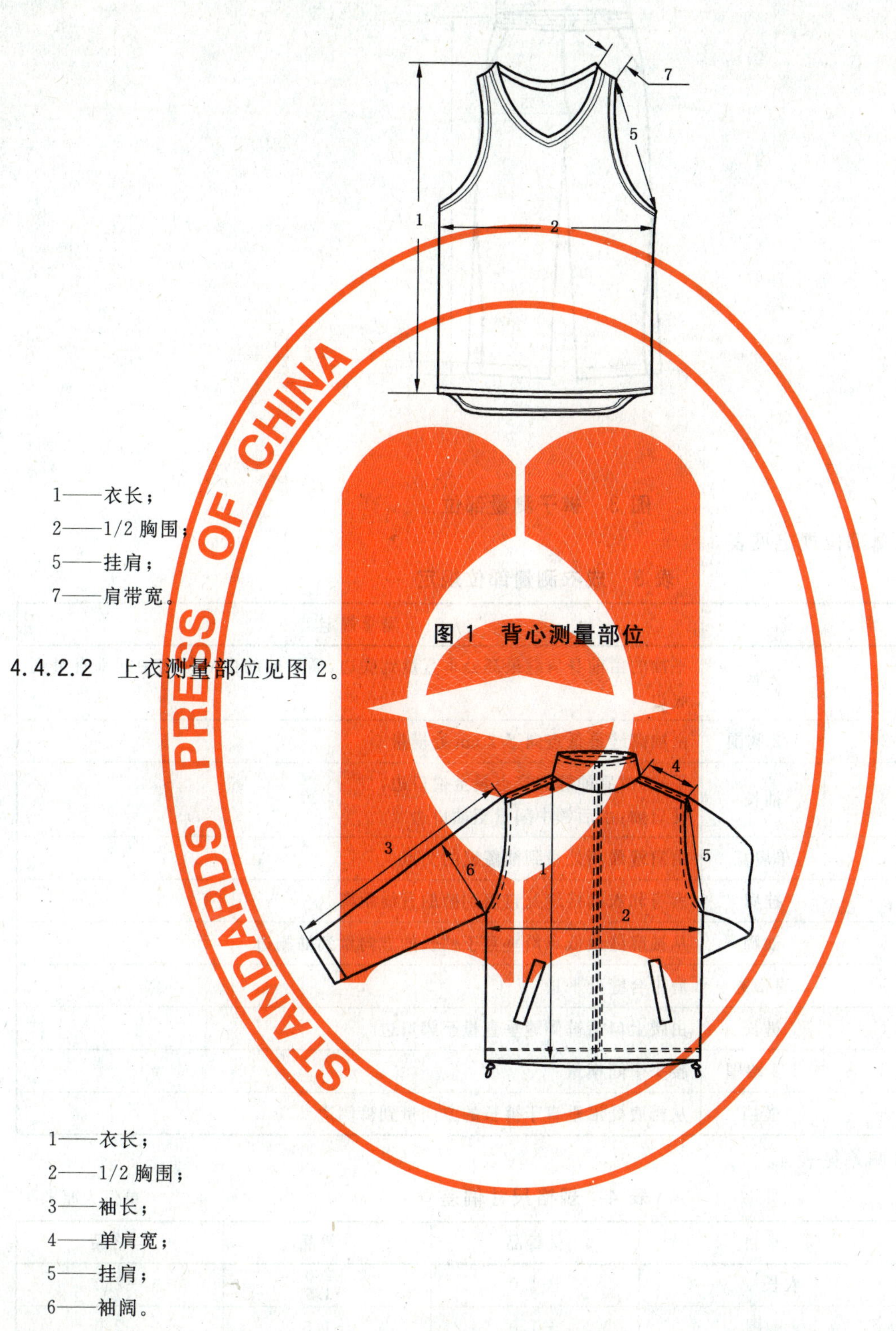

1——衣长；
2——1/2 胸围；
5——挂肩；
7——肩带宽。

图 1　背心测量部位

4.4.2.2　上衣测量部位见图 2。

1——衣长；
2——1/2 胸围；
3——袖长；
4——单肩宽；
5——挂肩；
6——袖阔。

图 2　上衣测量部位

4.4.2.3　裤子测量部位见图 3。

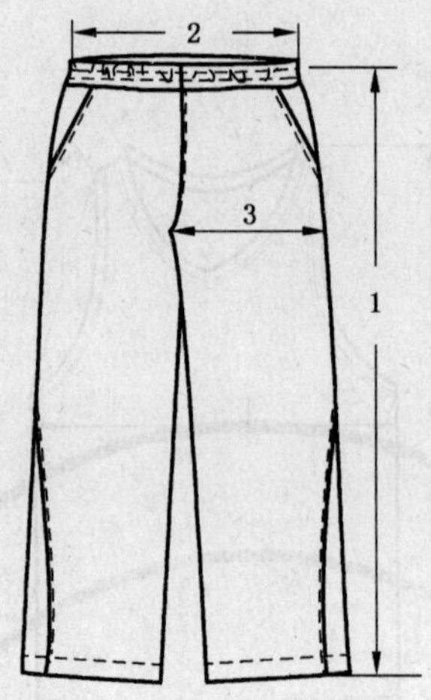

1——裤长；
2——1/2 腰围；
3——横裆。

图 3 裤子测量部位

4.4.2.4 成衣测量部位规定见表 3。

表 3 成衣测量部位规定

类 别	序 号	部 位	测量规定
上衣	1	衣长	平袖的由前身肩缝最高处垂直量到底边，插肩袖的由后领窝中间垂直量到底边
	2	1/2 胸围	由袖窿缝最低点向下 2 cm 处横量
	3	袖长	平袖：由肩袖缝的交点量至袖口边， 插肩袖：由后领中间量至袖口边
	4	单肩宽	由肩缝最高处量到袖窿缝的交点
	5	挂肩	大身和衣袖接缝处自肩到腋的直线距离
	6	袖阔	从袖窿缝最低点沿垂直于袖长的方向量到袖侧边
	7	肩带宽	肩带合缝处平量
裤子	1	裤长	由腰上口沿裤侧缝垂直量至脚口边
	2	1/2 腰围	腰头中间横量
	3	横裆	从裆底处沿垂直于裤长的方向量到裤侧边

4.4.3 规格尺寸偏差见表 4。

表 4 规格尺寸偏差

单位为厘米

类 别	项 目		优等品	一等品	合格品
上衣	衣长		±1.0	+2.0 −1.5	−2.0
	1/2 胸围		±1.0	±1.5	−2.0
	袖长	长袖	±1.5	+2.0 −1.5	−2.0
		短袖	−0.8	−1.0	−1.5
裤子	裤长	长裤	±1.5	±2.0	−3.0
		短裤	−1.0	−1.5	−2.0
	1/2 腰围		±1.5	±2.0	−2.0

4.4.4 本身尺寸差异见表5。

表5 本身尺寸差异

单位为厘米

类别	项目		优等品 ≤	一等品 ≤	合格品 ≤
上衣	门襟不一		0.5	0.8	1.0
	左、右侧缝不一		1.0	1.5	2.0
	袖长不一	长袖	0.8	1.0	1.5
		短袖	0.5	0.8	1.0
	袖阔不一、挂肩不一		0.5	1.0	1.5
	肩宽不一		0.5	0.8	1.2
	肩带宽不一		0.5	0.5	0.8
裤子	裤长不一	长裤	0.8	1.0	1.5
		短裤	0.5	0.8	1.0
	腿阔不一		0.8	1.0	1.5

4.4.5 缝制规定

4.4.5.1 合肩处应加衬本料直纹条或纱带，在包缝机上缝制。

4.4.5.2 合缝处明缝迹用四线或五线包缝。

4.4.5.3 平缝机在缝纫结束时应打回针。

4.4.5.4 沿边包缝合缝处应打回针或加固。

4.4.5.5 凡采用包缝机上领的，后领部位应采用双针绷缝或包领条。

4.4.5.6 缝制时需采用适合所用面辅料性能的近似色的缝纫线(装饰线颜色除外)。

4.4.5.7 缝制时应采用与面料相适宜的粘合衬、纽扣、拉链及附件，其质量应该符合相应产品标准的规定。

4.4.5.8 针迹密度规定见表6。

表6 针迹密度规定

项目		针迹密度	备注
明暗线	≥	7针/2 cm	装饰线除外
包缝线	≥	6针/2 cm	缝边宽度大于0.5 cm
锁眼	≥	9针/ cm	按角计量，两端各打套结2针～3针
钉扣	≥	5针/眼	—

5 检验(测试)方法

5.1 抽样数量

5.1.1 内在质量按批分品种、色别、规格尺寸随机抽样4件，不足时可以增加件数。

5.1.2 外观质量按件分品种、色别、规格尺寸随机抽样1%～3%，但不少于20件。

5.2 外观质量检验条件

5.2.1 一般采用灯光检验，用40 W青光或白光日光灯一支，上面加灯罩，灯罩与检验台面中心垂直距离为80 cm±5 cm，或在D65光源下。

5.2.2 如在室内利用自然光，光源射入方向为北向左(或右)上角，不应使阳光直射产品。

5.2.3 检验时应将产品平摊在检验台上，台面铺一层白布，检验人员的视线应正视产品的表面，目视距离为 35 cm 以上。

5.3 试样的准备和试验条件

5.3.1 所取试样不应有影响试验的疵点。

5.3.2 进行顶破强力、水洗尺寸变化率试验时，需将试样在常温下平摊放置 20 h，在实验室温度为 20 ℃±2 ℃，相对湿度为 65%±4%的条件下，调湿放置 4 h 后再进行试验。

5.4 试验项目

5.4.1 起球试验

按 GB/T 4802.1 规定执行。其中压力为 780 cN，起毛次数为 0 次，起球次数为 600 次，评级按 GSB 16-1523-2002 针织物起毛起球样照评定。

5.4.2 强力试验

按 GB/T 19976 规定执行。钢球直径采用为(38±0.02)mm。

5.4.3 接缝强力试验

按 FZ/T 01031，取样部位按本标准附录 B 规定，取样一条，接缝处应适当加宽取样，以免脱线影响试验结果。

5.4.4 水洗尺寸变化率试验

5.4.4.1 测量部位

上衣取衣长与胸围作为直向和横向的测量部位，衣长以前后左右 4 处的平均值作为计算依据，胸围以腋下 5 cm 处作为测量部位。裤子取裤长与裆宽作为直向和横向的测量部位，直向以左右侧裤长的平均值作为计算依据，横向以左右裆宽的平均值作为计算依据。在测量时做出标记，以便水洗后测量。

5.4.4.2 洗涤程序

按 GB/T 8629 中 5A 规定执行，洗涤件数为 3 件。

5.4.4.3 干燥方法

采用悬挂晾干。上衣采用竿穿过两袖，使胸围挂肩处保持平直，并从下端用手将前后身分开理平。裤子采用对折搭晾，使横裆部位在晾竿上，并轻轻理平。将晾干后的试样放置在温度为(20±2)℃，相对湿度为(65±4)%环境的平台上。停放 4 h 后，轻轻拍平折痕，再进行测量。

5.4.4.4 结果计算

按式(1)分别计算直向和横向的水洗尺寸变化率，以负号(－)表示尺寸收缩，以正号(＋)表示尺寸伸长。以 3 件试样的算术平均值作为检验结果，若同时存在收缩与倒涨的试验结果，以收缩(或倒涨)的两件试样的算术平均值作为检验结果，合格者判定该批产品合格，不合格者判定为该批产品不合格。最终结果按 GB/T 8170 修约到 0.1。

$$A=\frac{L_1-L_0}{L_0}\times 100 \qquad \cdots\cdots(1)$$

式中：

A——直向或横向水洗尺寸变化率，%；

L_1——直向或横向水洗后尺寸的平均值，单位为厘米(cm)；

L_0——直向或横向水洗前尺寸的平均值，单位为厘米(cm)。

5.4.5 水洗后扭曲率

5.4.5.1 水洗方法：按 GB/T 8629 中 5A 规定执行，洗涤件数为 3 件。

5.4.5.2 水洗后测量方法：将水洗后的成衣平铺在光滑的台面上，用手轻轻拍平。每件成衣以扭斜程度最大的一边测量，以 3 件的扭曲率平均值作为计算结果。

5.4.5.3 成衣扭曲部位见图 4、图 5。

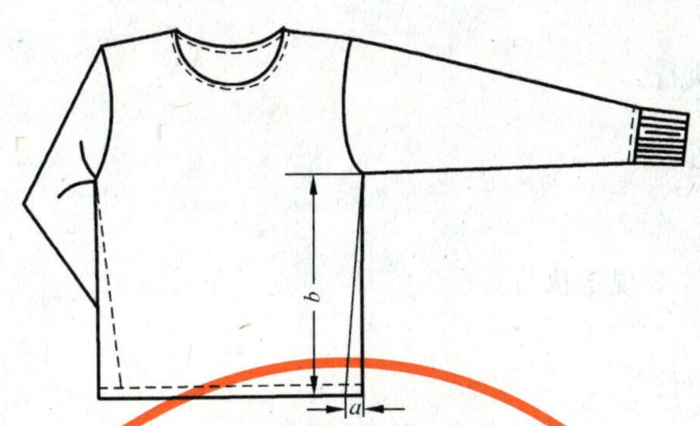

a——侧缝与袖窿交叉处垂到底边的点与水洗后侧缝与底边交点间的距离；

b——侧缝与袖窿缝交叉处垂直到底边的距离。

图 4 上衣扭曲部位示意

a——内侧缝与裤口边交叉点与水洗后内侧缝与底边交点间的距离；

b——裆底点到裤边口的内侧缝距离。

图 5 裤子扭曲部位示意

5.4.5.4 扭曲率计算方法见式(2)，最终结果精确到0.1。

$$F = a/b \times 100 \qquad (2)$$

式中：

F——扭曲率，%。

5.4.6 耐皂洗色牢度、印(烫)花耐皂洗色牢度

按GB/T 3921试验方法A(1)规定执行。

5.4.7 耐水色牢度

按GB/T 5713规定执行。

5.4.8 耐汗渍色牢度

按GB/T 3922规定执行。

5.4.9 耐摩擦色牢度、印(烫)花耐摩擦色牢度

按GB/T 3920规定执行。

5.4.10 拼接互染程度试验

按附录A规定执行。

5.4.11 耐光色牢度

按GB/T 8427方法3规定执行。

5.4.12 耐光、汗复合色牢度

按GB/T 14576 B法规定执行。

5.4.13 甲醛含量

按 GB/T 2912.1 规定执行。

5.4.14 pH 值

按 GB/T 7573 规定执行。

5.4.15 异味

按 GB 18401—2003 中 6.7 规定执行。

5.4.16 可分解芳香胺染料

按 GB/T 17592 规定执行。

5.4.17 纤维含量

按 FZ/T 01057(所有部分)、GB/T 2910、GB/T 2911、FZ/T 01026、FZ/T 01095 规定执行。

5.4.18 色差

按 GB/T 250、GB/T 251 评定。

5.4.19 纹路歪斜

按 GB/T 14801 规定执行。

6 判定规则

6.1 内在质量

6.1.1 水洗尺寸变化率以全部试样平均值作为检验结果,平均合格为合格。若同时存在收缩与倒涨的试验结果时,以收缩(或倒涨)的两件试样的算术平均值作为检验结果,合格者判定该批产品合格,不合格者判定该批产品不合格。

6.1.2 顶破强力、水洗后扭曲率、起球检验结果,取全部被测试样的算术平均值,合格者判定该批产品合格,不合格者判定该批产品不合格。

6.1.3 纤维含量、甲醛含量、pH 值、可分解芳香胺染料、异味检验结果合格者,判定该批产品合格,不合格者判定该批产品不合格。

6.1.4 耐光色牢度、耐光、汗复合色牢度、耐皂洗色牢度、耐汗渍色牢度、耐水色牢度、耐摩擦色牢度、印花耐皂洗色牢度、印花耐摩擦色牢度、拼接互染程度检验合格者,判定该批产品合格,不合格者,分色别判定该批不合格。

6.1.5 严重影响服用性能的产品不允许。

6.2 外观质量

6.2.1 外观质量按品种、色别、规格尺寸等计算不符品等率,凡不符品等率在 5%及以内者,判定该批产品合格,不符品等率在 5%以上者,判定该批产品不合格。

6.2.2 内包装标志差错按件计算,不应有外包装差错。

6.3 复检

6.3.1 检验时任何一方对所检验的结果有异议时,在规定期限内,对所有异议的项目均可要求复检。

6.3.2 提请复检时,应保留提请复检数量的全部。

6.3.3 复检时检验数量为验收时检验数量 2 倍,复检结果按 6.1、6.2 规定执行,以复检结果为准。

7 产品使用说明、包装、运输和贮存

7.1 使用说明按 GB 5296.4、GB 18401 规定执行。

7.2 包装按 GB/T 4856 规定执行。

7.3 产品装箱运输应防潮、防火、防污。

7.4 产品应存放在阴凉、通风、干燥、清洁的库房内,防蛀、防霉。

附 录 A
（规范性附录）
拼接互染程度测试方法

A.1 原理

成衣中拼接的两种不同颜色的面料组合成试样，放于皂液中，在规定的时间和温度条件下，经机械搅拌，再经冲洗、干燥。用灰色样卡评定浅色（白色）试样的沾色。

A.2 试验要求与准备

A.2.1 在成衣上选取拼接部位，以拼接接缝为样本中心，取样尺寸为 40 mm×200 mm，使试样的一半为拼接的一个颜色，另一半为另一个颜色。

A.2.2 成衣上无合适部位可直接取样的，可在成衣上分别剪取拼接面料的 40 mm×100 mm，再将两块试样沿短边缝合成组合试样。

A.2.3 对于拼接面料很窄或加牙产品的取样，以拼接面料或拆开加牙部位，剪取最大面积，再将两块试样沿短边缝合成组合试样。

A.3 试验操作程序

A.3.1 按 GB/T 3921 方法 A(1)进行洗涤测试。

A.3.2 用 GB/T 251 样卡评定试样中两种面料的沾色。

附 录 B
（规范性附录）
裤子后裆接缝强力试验取样部位示意图

裤子后裆接缝强力试验取样部位见图 B.1。

单位为厘米

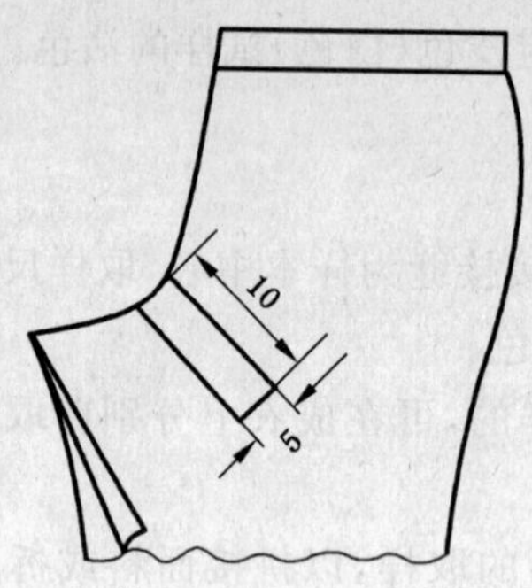

注：横向取样。

图 B.1 裤子后裆接缝强力试验取样部位示意图

ICS 59.080.30
W 63

中华人民共和国国家标准

GB/T 22854—2009

针织学生服

Knitted school uniform

2009-04-21 发布　　　　2009-12-01 实施

中华人民共和国国家质量监督检验检疫总局
中国国家标准化管理委员会　发布

前　言

本标准的附录 A、附录 B 为规范性附录。

本标准由中国纺织工业协会提出。

本标准由全国纺织品标准化技术委员会针织品分技术委员会归口(SAC/TC 209/SC 6)。

本标准起草单位:浙江省纤维检验局、深圳市纤维纺织检测所、安踏(中国)有限公司、深圳默根服装有限公司、温州市智升服装有限公司、国家针织产品质量监督检验中心、北京市服装质量监督检验一站等。

本标准主要起草人:徐勤、杨志敏、于建军、李苏、张岩峰、李光亮、裘日亮、王艺。

针 织 学 生 服

1 范围

本标准规定了针织学生服的号型、要求、检验规则、判定规则、产品使用说明、包装、运输和贮存。

本标准适用于鉴定以针织物为主要原料成批生产的学生服产品。

2 规范性引用文件

下列文件中的条款通过本标准的引用而成为本标准的条款。凡是注日期的引用文件,其随后所有的修改单(不包括勘误的内容)或修订版均不适用于本标准,然而,鼓励根据本标准达成协议的各方研究是否可使用这些文件的最新版本。凡是不注日期的引用文件,其最新版本适用于本标准。

GB/T 250 纺织品 色牢度试验 评定变色用灰色样卡(GB/T 250—2008,ISO 105-A02:1993,IDT)

GB/T 251 纺织品 色牢度试验 评定沾色用灰色样卡(GB/T 251—2008,ISO 105-A03:1993,IDT)

GB/T 1335(所有部分) 服装号型

GB/T 2910 纺织品 二组分纤维混纺产品定量化学分析方法(GB/T 2910—1997,eqv ISO 1833:1977)

GB/T 2911 纺织品 三组分纤维混纺产品定量化学分析方法(GB/T 2911—1997,eqv ISO 5088:1976)

GB/T 2912.1 纺织品 甲醛的测定 第1部分:游离水解的甲醛(水萃取法)

GB/T 3920 纺织品 色牢度试验 耐摩擦色牢度(GB/T 3920—2008,ISO 105-X12:2001,MOD)

GB/T 3921 纺织品 色牢度试验 耐皂洗色牢度(GB/T 3921—2008,ISO 105-C10:2006,MOD)

GB/T 3922 纺织品耐汗渍色牢度试验方法(GB/T 3922—1995,eqv ISO 105-E04:1994)

GB/T 4802.1 纺织品 织物起毛起球性能的测定 第1部分:圆轨迹法

GB 5296.4 消费品使用说明 纺织品和服装使用说明

GB/T 5713 纺织品 色牢度试验 耐水色牢度

GB/T 6411 针织内衣规格尺寸系列

GB/T 8170 数值修约规则与极限数值的表示和判定

GB/T 8427 纺织品 色牢度试验 耐人造光色牢度:氙弧

GB/T 8878 棉针织内衣

GB/T 14576 纺织品耐光、汗复合色牢度试验方法

GB 18401 国家纺织产品基本安全技术规范

GB/T 19976 纺织品 顶破强力的测定 钢球法

FZ/T 01031 针织物和弹性机织物接缝强力和伸长率的测试 抓样拉伸法

FZ/T 01053 纺织品 纤维含量的标识

FZ/T 01057(所有部分) 纺织纤维鉴别试验方法

FZ/T 01095 纺织品 氨纶产品纤维含量的试验方法

FZ/T 80002 服装标志、包装、运输和贮存

GSB 16-1523—2002 针织物起毛起球样照

GSB 16-2159—2007　针织产品标准深度样卡(1/12)

GSB 16-2500—2008　针织物表面疵点彩色样照

3　号型

针织学生服号型设置按 GB/T 1335(所有部分)或 GB/T 6411 规定选用执行。

4　要求

4.1　要求内容

要求分为内在质量和外观质量两个方面。内在质量包括顶破强力、接缝强力、水洗尺寸变化率、水洗后扭曲率、耐皂洗色牢度、耐汗渍色牢度、耐摩擦色牢度,耐光、汗复合色牢度,耐水色牢度、耐光色牢度、印花耐皂洗色牢度、印花耐摩擦色牢度、起球、甲醛含量、pH 值、可分解芳香胺染料、异味、纤维含量、拼接互染程度等项指标。外观质量包括表面疵点、规格尺寸偏差、本身尺寸差异、缝制规定等项指标。

4.2　分等规定

4.2.1　针织学生服的质量等级分为优等品、一等品和合格品。

4.2.2　针织学生服的质量定等:内在质量按批以最低一项评等,外观质量按件以最低一项评等,二者结合以最低等级定等。

4.3　内在质量要求

内在质量要求见表 1。

表 1　内在质量要求

<table>
<tr><th colspan="3">项　目</th><th>优等品</th><th>一等品</th><th>合格品</th></tr>
<tr><td>顶破强力/N</td><td colspan="2">≥</td><td colspan="3">180</td></tr>
<tr><td>接缝强力/N</td><td>≥</td><td>裤后裆缝</td><td colspan="3">140</td></tr>
<tr><td rowspan="2" colspan="2">水洗尺寸变化率/%</td><td>直向</td><td>−4.0～+2.0</td><td>−5.5～+3.0</td><td>−6.5～+3.0</td></tr>
<tr><td>横向</td><td>−4.0～+2.0</td><td>−5.5～+3.0</td><td>−6.5～+3.0</td></tr>
<tr><td rowspan="2">水洗后扭曲率/%</td><td rowspan="2">≤</td><td>上衣</td><td>5.0</td><td>6.0</td><td>7.0</td></tr>
<tr><td>裤子</td><td>1.5</td><td>2.5</td><td>3.0</td></tr>
<tr><td rowspan="2">耐皂洗色牢度/级</td><td rowspan="2">≥</td><td>变色</td><td>4</td><td>3-4</td><td>3</td></tr>
<tr><td>沾色</td><td>4</td><td>3-4</td><td>3</td></tr>
<tr><td rowspan="2">耐汗渍色牢度/级</td><td rowspan="2">≥</td><td>变色</td><td>4</td><td>3-4</td><td>3</td></tr>
<tr><td>沾色</td><td>4</td><td>3-4</td><td>3</td></tr>
<tr><td rowspan="2">耐水色牢度/级</td><td rowspan="2">≥</td><td>变色</td><td>3-4</td><td>3</td><td>3</td></tr>
<tr><td>沾色</td><td>3-4</td><td>3</td><td>3</td></tr>
<tr><td rowspan="2">耐摩擦色牢度/级</td><td rowspan="2">≥</td><td>干摩</td><td>4</td><td>3-4</td><td>3</td></tr>
<tr><td>湿摩</td><td>3</td><td>3(深 2-3)</td><td>2-3</td></tr>
<tr><td rowspan="2">印花耐皂洗色牢度/级</td><td rowspan="2">≥</td><td>变色</td><td>3-4</td><td>3</td><td>3</td></tr>
<tr><td>沾色</td><td>3-4</td><td>3</td><td>3</td></tr>
<tr><td rowspan="2">印花耐摩擦色牢度/级</td><td rowspan="2">≥</td><td>干摩</td><td>3-4</td><td>3</td><td>3</td></tr>
<tr><td>湿摩</td><td>3</td><td>2-3</td><td>2</td></tr>
</table>

表 1（续）

项　　目		优等品	一等品	合格品
耐光色牢度/级	≥	4	4(浅色 3)	3
耐光、汗复合色牢度(碱性)/级	≥	3-4	3	2-3
起球/级	≥	4.0	3.5	3.0
甲醛含量/(mg/kg)		按 GB 18401 规定执行		
pH 值				
异味				
可分解芳香胺染料/(mg/kg)				
纤维含量(净干含量)/%		按 FZ/T 01053 规定执行		
拼接互染程度/级	≥	4-5	4	3-4

色别分档按 GSB 16-2159—2007，>1/12 标准深度为深色，≤1/12 标准深度为浅色。
注 1：茄克式学生服上衣不考核水洗后扭曲率。
注 2：磨毛、起绒类产品不考核起球。
注 3：弹性织物产品不考核横向水洗尺寸变化率，短裤不考核水洗尺寸变化率。
注 4：拼接互染程度只考核深色与浅色相拼接的产品。
注 5：耐光、汗复合色牢度只考核 B 类(直接接触皮肤)产品。

4.4 外观质量要求

4.4.1 表面疵点规定见表 2。

表 2 表面疵点规定

序号	疵点名称		优等品	一等品	合格品
1	毛丝		不允许		
2	色差(不低于)		主料之间 4 级，主副料之间 3-4 级		
3	大肚纱、长花针		主要部位：不允许， 次要部位：轻微者允许	轻微者允许	
4	修疤、变质、残破		不允许		
5	丝拉紧(挂紧丝)		不允许	累计不超过 5 cm	累计不超过 8 cm
6	油棉飞花		不允许	布面平整无洞眼者 1 cm 一处	布面平整无洞眼者 1 cm 两处
7	门襟	不平直	不允许	轻微的允许	明显的允许，显著的不允许
8	拉链	绱拉链不平服、不顺直	不允许	轻微的允许	明显的允许，显著的不允许
		拉链拉脱	不允许		
9	熨烫	不平服	不允许	轻微的允许	明显的允许，显著的不允许
		烫黄、烫焦	不允许		
10	锁眼间距		锁眼间距互差不大于 0.3 cm	锁眼间距互差不大于 0.5 cm	锁眼间距互差不大于 0.8 cm

表 2（续）

序号	疵点名称	优等品	一等品	合格品
11	扣眼互差	扣与眼位互差不大于 0.2 cm	扣与眼位互差不大于 0.3 cm	扣与眼位互差不大于 0.5 cm
12	钉扣不牢	不允许		
13	丢工、错工、缺件	不允许		

表面疵点程度按 GSB 16-2500—2008 执行。

注 1：未列入表内的疵点按 GB/T 8878 中表面疵点评等规定执行。

注 2：主要部位是指上衣前身上部的三分之二（包括领窝露面部位），裤类无主要部位。

注 3：在同一件产品上只允许有两个同等级的极限表面疵点，超过者降一个等级。

注 4：轻微：直观上不明显，通过仔细辩认才可看出。明显：不影响整体效果，但能感觉到疵点的存在。显著：明显影响整体效果的疵点。

4.4.2 规格尺寸偏差见表 3。

表 3 规格尺寸偏差

单位为厘米

项目		身高 160 cm 及以下			身高 160 cm 以上		
		优等品	一等品	合格品	优等品	一等品	合格品
衣长		−0.5	−1.0	−1.0	±1.0	+2.0 −1.5	+2.0 −2.0
1/2 胸（腰）围		−0.5	−1.0	−1.5	±1.0	±1.5	±2.0
袖长	长袖	−0.5	−1.0	−1.0	±1.0	±1.5	±2.0
	短袖	−0.5	−1.0	−1.0	−1.0	−1.0	−1.5
裤长	长裤	−1.0	−1.5	−1.5	±1.0	±1.5	±2.0
	短裤	−0.5	−1.0	−1.0	−1.0	−1.5	−2.0
总肩宽		±0.5	±0.8	±1.0	±1.0	±1.5	±2.0
挂肩		−0.5	−0.8	−1.0	−1.0	−1.5	−2.0
直裆		±1.0	±1.5	±1.5	±1.0	±1.5	±2.0
横裆		−1.0	−1.5	−2.0	−1.0	−1.5	−2.0
袖口宽		±0.5	±0.5	±0.5	±0.5	±0.5	±0.5

4.4.3 本身尺寸差异见表 4。

表 4 本身尺寸差异

单位为厘米

项目		优等品	一等品	合格品
门襟、左右侧缝不一		0.5	0.8	1.0
肩宽不一		0.5	0.8	1.0
挂肩不一		1.0	1.0	1.5
袖长不一	长袖	0.8	1.0	1.5
	短袖	0.5	0.8	1.0
裤长不一	长裤	0.8	1.0	1.5
	短裤	0.5	0.8	1.0
腿阔不一		0.8	1.0	1.5

4.4.4 成衣测量部位及规定(精确至0.1 cm)

4.4.4.1 长袖衫测量部位见图1。

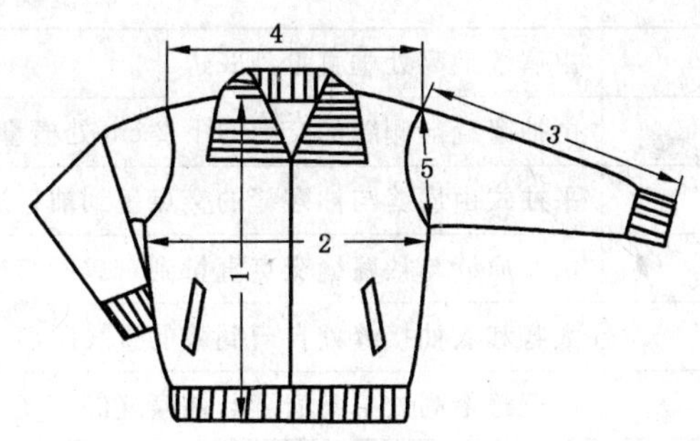

1——衣长；

2——1/2胸围；

3——袖长；

4——总肩宽；

5——挂肩。

图1 长袖衫测量部位

4.4.4.2 短袖衫测量部位见图2。

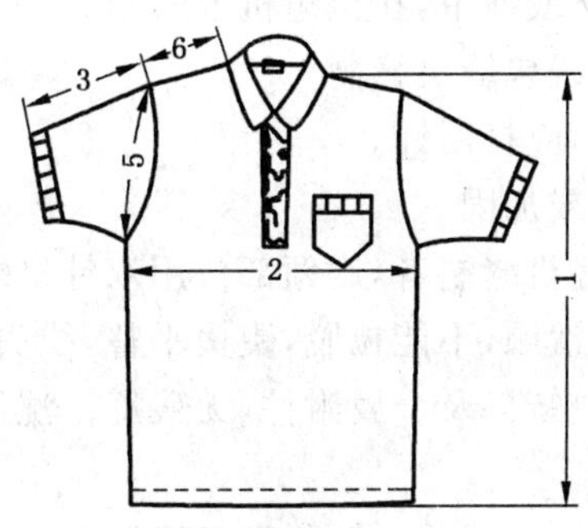

1——衣长；

2——1/2胸围；

3——袖长；

5——挂肩；

6——单肩宽。

图2 短袖衫测量部位

4.4.4.3 裤子测量部位见图3。

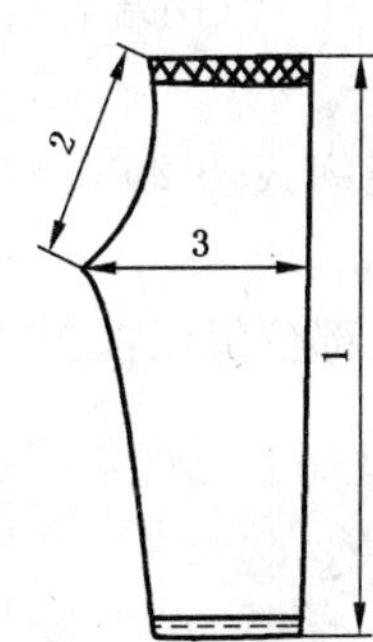

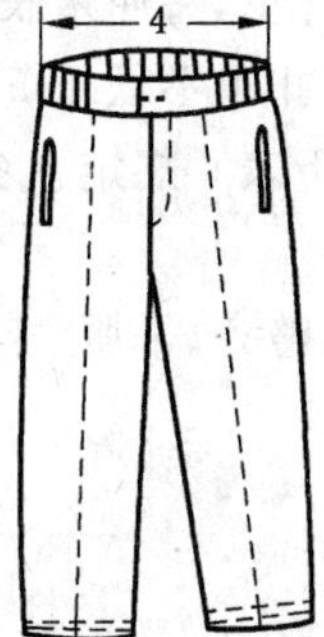

1——裤长；

2——直裆；

3——横裆；

4——1/2腰围。

图3 裤子测量部位

4.4.4.4 成衣测量部位规定见表5。

表5　成衣测量部位规定

类别	序号	部位	测量规定
上衣类	1	衣长	由肩缝最高处垂直量到底边
	2	1/2 胸围	由袖窿缝与侧缝的交点向下 2 cm 处横量
	3	袖长	平袖式由肩缝与袖窿缝的交点量到袖口边，插肩式由后领中间量到袖口边
	4	总肩宽	由左肩缝与袖窿缝交点直量到右肩缝与袖窿缝交点
	5	挂肩	大身和衣袖接缝处自肩到腋的直线距离
	6	单肩宽	由肩缝最高处量到肩缝与袖窿缝的交点
裤类	1	裤长	沿裤缝由侧腰边垂直量到裤口边
	2	直裆	裤身相对折，从腰边口向下斜量到裆角处
	3	横裆	裤身相对折，从裆角处横量
	4	1/2 腰围	腰边横量

4.4.5　缝制规定(不分品等)

4.4.5.1　合肩处，应加衬本料直纹条或纱带，在包缝机上缝制。

4.4.5.2　合缝处明缝迹用四线或五线包缝机缝制。

4.4.5.3　平缝机的针迹缝到边口处，应打回针。

4.4.5.4　沿边包缝合缝处应打回针或加固。

4.4.5.5　双针机绷缝：凡上领用包缝机缝制者，后领部位用双针机绷缝或包领条。

4.4.5.6　领型端正，门襟平直，拉链滑顺，不能拉脱，熨烫平整，线头修清。

4.4.5.7　采用适合于面料的纽扣、拉链以及金属附件，无残疵。洗后不变形，不生锈、不变色。

4.4.5.8　针迹密度规定见表6。

表6　针迹密度规定

单位为针迹数每2厘米

机种	平缝机	四线包缝机	双针绷缝机	平双针压条机	三针机	宽紧带机	包缝卷边机	捏缝机
针迹数(不低于)	9	8	7	8	9	7	7	8

4.4.5.9　测量针迹密度以一个缝纫过程的中间处计量。

4.4.5.10　锁眼机针迹密度按角计量，每厘米长度8针～9针，两端各打套结2针～3针。

4.4.5.11　钉扣的针迹密度，每个扣眼不低于5针。

4.4.5.12　缝纫针迹密度不得低于表6规定。各部位缝纫线迹20 cm内不得有两处连续跳针，链缝不允许跳线。

4.4.5.13　各部位缝制线路顺直、整齐、平服、牢固，明线部位缝纫曲折高低不大于0.3 cm。

5　检验规则

5.1　抽样数量

5.1.1　外观质量按批随机采样1%～3%，但不得少于20件(条)。

5.1.2　内在质量按批随机采样5件(条)，不足时可增加件(条)数。

5.2　外观质量检验条件

5.2.1　一般采用灯光检验，用40 W青光或白光日光灯一支上面加灯罩，灯罩与检验台面中心垂直距离为80 cm±5 cm。

5.2.2　如在室内利用自然光，光源射入方向为北向左(或右)上角，不能使阳光直射产品。

5.2.3　检验时应将产品平放在检验台上，台面铺白布一层，检验人员的视线应正视平摊产品的表面，目光与产品中间距离为 35 cm 以上。

5.3　试验方法

5.3.1　试样准备和试验条件

实验室温度为 20 ℃±2 ℃，相对湿度为 65%±4%。顶破强力、接缝强力、水洗尺寸变化率、水洗后扭曲率试验前，将试样在常温下展开平放 20 h，然后进入实验室展开平放 4 h 后进行试验。

5.3.2　顶破强力试验

按 GB/T 19976 规定执行，钢球的直径为 38 mm±0.02 mm。

5.3.3　裤后裆接缝强力试验

测试 1 条，取样部位按附录 A 执行。试验按 FZ/T 01031 方法 B 规定执行。

5.3.4　水洗尺寸变化率试验

按 GB/T 8878 规定执行，测试 3 件(条)。

5.3.5　水洗后扭曲率试验

5.3.5.1　水洗后扭曲率测量方法：将做完水洗尺寸变化率的成衣平铺在光滑的台上，用手轻轻拍平，每件成衣以扭斜程度最大的一边测量，以 3 件样品扭曲率的平均值作为计算结果。

5.3.5.2　成衣扭曲测量部位

5.3.5.2.1　上衣扭曲测量部位见图 4。

a——侧缝与袖窿交叉处垂到底边的点与水洗后侧缝与底边交点间的距离；

b——侧缝与袖窿缝交叉处垂直到底边的距离。

图 4　上衣扭曲测量部位

5.3.5.2.2　裤子扭曲测量部位见图 5。

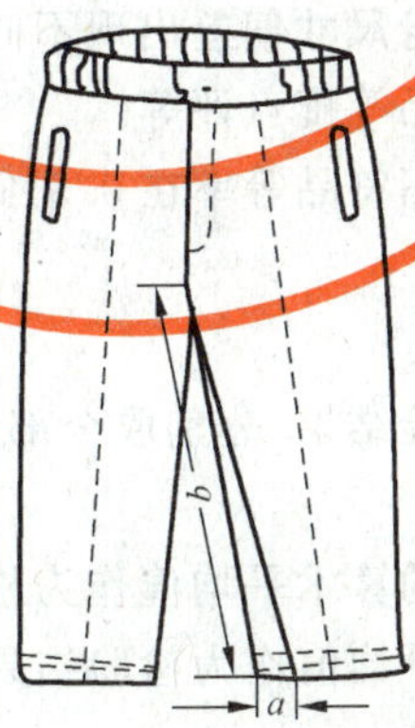

a——内侧缝与裤口边交叉点与水洗后内侧缝与底边交点间的距离；

b——裆底点到裤边口的内侧缝距离。

图 5　裤子扭曲测量部位

5.3.5.3　扭曲率计算方法见式(1)，结果按 GB/T 8170 修约，精确至 0.1。

$$F = a/b \times 100 \qquad (1)$$

式中：

F——扭曲率，%。

5.3.6 耐皂洗色牢度、印花耐皂洗色牢度试验

按 GB/T 3921 规定执行，试验条件按 A(1)执行。

5.3.7 耐汗渍色牢度试验

按 GB/T 3922 规定执行。

5.3.8 耐摩擦色牢度、印花耐摩擦色牢度试验

按 GB/T 3920 规定执行，只做直向。

5.3.9 耐光、汗复合色牢度试验

按 GB/T 14576 规定执行。

5.3.10 耐水色牢度试验

按 GB/T 5713 执行。

5.3.11 耐光色牢度试验

按 GB/T 8427 方法 3 规定执行。

5.3.12 起球试验

按 GB/T 4802.1 规定执行，其中压力为 780 cN，起毛次数 0 次，起球次数 600 次，评级按 GSB 16-1523—2002 评定。

5.3.13 甲醛含量试验

按 GB/T 2912.1 规定执行。

5.3.14 pH 值、可分解芳香胺染料、异味试验

按 GB 18401 规定执行。

5.3.15 纤维含量试验按 GB/T 2910、GB/T 2911、FZ/T 01057(所有部分)、FZ/T 01095 等规定执行。

5.3.16 拼接互染程度试验

按附录 B 执行。

5.3.17 色牢度评级

按 GB/T 250、GB/T 251 评定。

6 判定规则

6.1 外观质量

6.1.1 同件产品上，当规格尺寸偏差、本身尺寸偏差出现不同品等部位，表面疵点、缝制质量出现不同品等疵点时，分别按最低品等部位和最低品等疵点评等。

6.1.2 外观质量按件计算不符品等率。不符品等率在 0.5%及以内者，判定该批产品合格。不符品等率在 5.0%以上者，判该批产品不合格。

6.2 内在质量

6.2.1 顶破强力、水洗后扭曲率、起球检验结果，分别取全部测试样的算术平均值，合格者判定该批产品合格，不合格者判定该批产品不合格。

6.2.2 水洗尺寸变化率以三件(条)试样的算术平均值作为检验结果。若同时存在收缩与倒涨试验结果时，以收缩(或倒涨)的两件试样的算术平均值作为检验结果，合格者判定该批产品合格，不合格者判定该批产品不合格。

6.2.3 接缝强力、纤维含量、甲醛含量、pH 值、可分解芳香胺染料、异味检验结果合格者判定该批产品合格，不合格者判定该批产品不合格。

6.2.4 耐皂洗色牢度、耐汗渍色牢度、耐水色牢度、耐摩擦色牢度、印花耐皂洗色牢度、印花耐摩擦色牢度、耐光色牢度，耐光、汗复合色牢度，拼接互染程度检验合格者，判定该批产品合格，不合格者分色别判

定该批产品不合格。

6.3 复验

6.3.1 任何一方对检验结果(异味除外)有异议时,均可要求复验。

6.3.2 要求复验时,应保留要求复验批的全部。

6.3.3 复验时检验数量为验收时检验数量的2倍,复验结果按本标准6.1、6.2规定执行,以复验结果为准。

7 产品使用说明、包装、运输和贮存

7.1 产品使用说明按GB 5296.4规定执行。

7.2 产品包装按FZ/T 80002或企业自定。

7.3 产品运输应防潮、防火、防污染。

7.4 产品应存放在阴凉、通风、干燥库房内。

附 录 A
（规范性附录）
裤后裆接缝强力试验取样部位示意图

裤后裆接缝强力试验取样部位见图 A.1。

单位为厘米

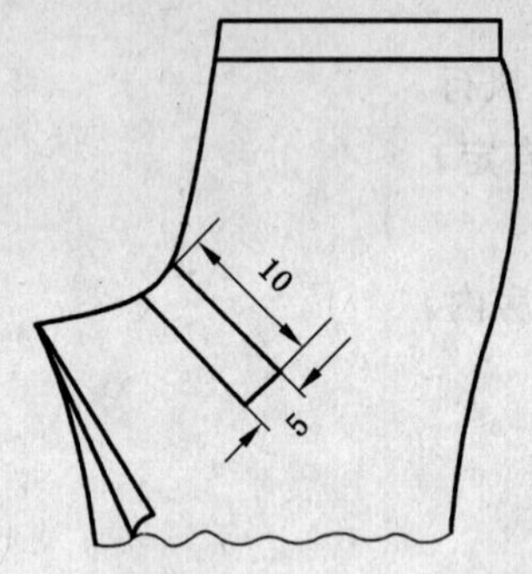

图 A.1 裤后裆接缝强力试验取样部位示意图

附 录 B
（规范性附录）
拼接互染程度测试方法

B.1 原理

成衣中拼接的两种不同颜色的面料组合成试样，放于皂液中，在规定的时间和温度条件下，经机械搅拌，再经冲洗、干燥。用灰色样卡评定试样的沾色。

B.2 试验要求与准备

B.2.1 在成衣上选取面料拼接部位，以拼接接缝为样本中心，取样尺寸为 40 mm×200 mm，使试样的一半为拼接的一个颜色，另一半为另一个颜色。

B.2.2 成衣上无合适部位可直接取样的，可在成衣或该批产品的同批面料上分别剪取拼接面料的 40 mm×100 mm，再将两块试样沿短边缝合成组合试样。

B.2.3 对于拼接面料很窄或加牙产品的取样，以拼接面料或拆开加牙部位，剪取最大面积，再将两块试样沿短边缝合成组合试样。

B.3 试验操作程序

B.3.1 按 GB/T 3921 进行洗涤测试，试验条件按 A(1)执行。

B.3.2 用 GB/T 251 样卡评定试样中两种面料的沾色。

ICS 97.160
W 57

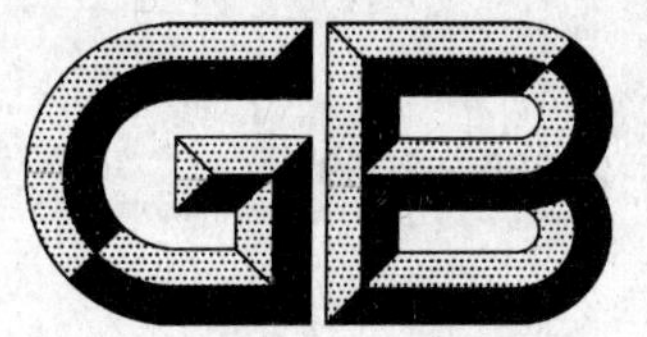

中华人民共和国国家标准

GB/T 22855—2009

拉舍尔床上用品

Raschel bedding

2009-04-21 发布　　　　2009-12-01 实施

中华人民共和国国家质量监督检验检疫总局
中国国家标准化管理委员会　发布

前　言

本标准的附录B、附录C、附录D为规范性附录，附录A为资料性附录。

本标准由中国纺织工业协会提出。

本标准由全国家用纺织品标准化技术委员会归口。

本标准起草单位：宁波博洋纺织有限公司、宁波出入境检验检疫局、江苏省纺织产品质量监督检验测试中心。

本标准主要起草人：戎巨川、杨力生、颜爱娣、傅科杰、李辉。

拉舍尔床上用品

1 范围

本标准规定了拉舍尔床上用品的术语和定义、技术要求、试验方法、检验规则、标志和包装。

本标准适用于各种纤维纯纺或混纺以经编单层拉舍尔为主要面料制成的床上用品。

本标准不适用于以羽绒、羊毛为填充物的产品。

2 规范性引用文件

下列文件中的条款通过本标准的引用而成为本标准的条款。凡是注日期的引用文件，其随后所有的修改单(不包括勘误的内容)或修订版均不适用于本标准，然而，鼓励根据本标准达成协议的各方研究是否可使用这些文件的最新版本。凡是不注日期的引用文件，其最新版本适用于本标准。

GB/T 250 纺织品 色牢度试验 评定变色用灰色样卡(GB/T 250—2008,ISO 105/A02:1993,IDT)

GB/T 2910 纺织品 二组分纤维混纺产品定量化学分析方法(GB/T 2910—1997,eqv ISO 1833:1977)

GB/T 2911 纺织品 三组分纤维混纺产品定量化学分析方法(GB/T 2911—1997,eqv ISO 5088:1976)

GB/T 3920 纺织品 色牢度试验 耐摩擦色牢度(GB/T 3920—2008,ISO 105-X12:2001,MOD)

GB/T 3922 纺织品耐汗渍色牢度试验方法(GB/T 3922—1995,eqv ISO 105/E04:1994)

GB/T 3923.1 纺织品 织物拉伸性能 第1部分:断裂强力和断裂伸长率的测定 条样法

GB 5296.4 消费品使用说明 纺织品和服装使用说明

GB/T 5711 纺织品 色牢度试验 耐干洗色牢度(GB/T 5711—1997,eqv ISO 105-D01:1993)

GB/T 6529 纺织品 调湿和试验用标准大气(GB/T 6529—2008,ISO 139:2005,MOD)

GB/T 8170 数值修约规则与极限数值的表示和判定

GB/T 8427 纺织品 色牢度试验 耐人造光色牢度:氙弧(GB/T 8427—2008,ISO 105-B02:1994,MOD)

GB/T 8628 纺织品 测定尺寸变化的试验中织物试样和服装的准备、标记和测量(GB/T 8628—2001,eqv ISO 3759:1994)

GB/T 8629 纺织品 试验用家庭洗涤和干燥程序(GB/T 8629—2001,eqv ISO 6330:2000)

GB/T 8630 纺织品 洗涤和干燥后尺寸变化的测定(GB/T 8630—2002,ISO 5077:1984,MOD)

GB/T 12490 纺织品 色牢度试验 耐家庭和商业洗涤色牢度(GB/T 12490—2007,ISO 105 C06:1994,MOD)

GB 18401 国家纺织产品基本安全技术规范

FZ/T 01053 纺织品 纤维含量的标识

FZ/T 60029 毛毯脱毛测定方法

3 术语和定义

下列术语和定义适用于本标准。

3.1

拉舍尔面料 raschel fabric

用拉舍尔经编机织出的针织布，经割绒、印染、整理后制成的面料。

3.2

拉舍尔床上用品 raschel bedding

由经编单层拉舍尔为主要面料制成的床上用品，有拉舍尔床单、拉舍尔床罩、拉舍尔被、拉舍尔被套、拉舍尔枕、拉舍尔垫、拉舍尔枕垫套等。

3.3

拉舍尔床单 raschel sheet

由经编单层拉舍尔为主要面料制成，铺于床或垫之上的纺织品。

3.4

拉舍尔床罩 raschel bedspreads

由经编单层拉舍尔为主要面料制成，覆盖床或垫之上的纺织品。

3.5

拉舍尔被 raschel quilt

由经编单层拉舍尔为主要面料与中间的填充物以适当方式缝制成的，用于遮盖、保暖的床上用品。

3.6

拉舍尔被套 raschel quilt cover

被子可脱卸的保护性外套，由经编单层拉舍尔为主要面料制成。

3.7

拉舍尔枕 raschel pillow

由经编单层拉舍尔为主要面料缝制并装有填充物（如纺织纤维或发泡材料等），用作躺时枕在头下的物品。

3.8

拉舍尔垫 raschel cushion

由经编单层拉舍尔为主要面料缝制并装有填充物（如纺织纤维或发泡材料等），用作休息时作支撑或缓冲的物品，如靠垫、坐垫、床垫。

3.9

拉舍尔枕、垫套 raschel sheath

枕、垫可脱卸的保护性外套，由经编单层拉舍尔为主要面料制作而成。

3.10

拉舍尔配套床上用品 raschel matched bedding

拉舍尔床单、拉舍尔床罩、拉舍尔被、拉舍尔被套、拉舍尔枕、拉舍尔垫、拉舍尔枕垫套的任意两种及以上的组合产品，并有统一的独立包装。

4 技术要求

4.1 拉舍尔床上用品的质量分为内在质量、外观质量、工艺质量。

4.2 内在质量要求见表1。

表1 内在质量要求

序号	考核项目			单位	优等品	一等品	合格品	备注
1	填充物质量偏差率 ≥			%	−5.0			
2	压缩回弹性能 ≥	压缩率		%	30			单位质量 150 g/m² 及以下不考核
		回复率			60			
3	纤维含量偏差			%	按 FZ/T 01053 执行			
4	标准条重偏差率			%	+4.0～−4.0	≥−5.0	≥−8.0	明示条重的为考核内容
5	水洗尺寸变化率			%	+2.0～−3.0	+2.0～−4.0	+2.0～−5.0	使用说明中注明“只可干洗”的产品不考核
6	面料断裂强力 ≥			N	200	160		
7	脱毛量 ≤			mg/100 cm²	3.0	5.0		
8	色牢度 ≥	耐光	变色	级	4	4	3	
		耐洗	变色	级	4	3-4	3	使用说明中注明“只可干洗”的产品不考核
			沾色	级	4	3-4	3	
		耐干洗	变色	级	4	3-4	3	使用说明中注明“不可干洗”的产品不考核
			沾色	级	4	3-4	3	
		耐汗渍	变色	级	4	3-4	3	
			沾色	级	4	3-4	3	
		耐摩擦	干摩	级	4	3-4	3	
			湿摩	级	3-4	3	2-3	

注1：被套、床单、枕垫套产品只考核3、4、5、6、7、8项。

注2：枕垫产品只考核1、3、4、5、6、7、8项。

注3：被全项考核。

4.3 外观质量要求见表2。

表2 外观质量要求

考核项目		优等品	一等品	合格品
规格尺寸偏差率/%	大件产品	+3.0～−1.0	+4.0～−2.0	+5.0～−3.0
	小件产品	+3.0～−1.5	+4.0～−2.5	+5.0～−3.5
外观疵点	色花、色差/级 ≥	4-5	4	3
	印花不良	不允许	不明显	轻微
	局部露底	不允许		不明显
	剪割不良、条痕	不允许	不明显	轻微
	斑疵	不允许	不明显	轻微累计 4 cm 及以内/面
	长宽不齐	不大于 2 cm	不大于 3 cm	不大于 5 cm

注1：外观疵点及程序说明参见附录A。

注2：最大尺寸(长度或宽度方向)大于100 cm为大件，小于等于100 cm为小件。

4.4 工艺质量要求见表3。

表3 工艺质量要求

<table>
<tr><th colspan="2">项 目</th><th>优等品</th><th>一 等 品</th><th>合 格 品</th></tr>
<tr><td colspan="2">填充物均匀程度</td><td colspan="2">厚薄均匀充实</td><td>厚薄不匀明显允许1处</td></tr>
<tr><td colspan="2">图案质量</td><td>图案整体位正不偏</td><td>图案整体位偏,大件不大于3 cm,小件不大于2 cm</td><td>不影响整体外观</td></tr>
<tr><td colspan="2">刺绣质量</td><td colspan="3">各种针法平、齐、匀、活、净:
——平:针码平服,绣面平整;
——齐:图案花型变化自然,绣边轮廓齐整;
——匀:针码均匀细薄、细密适当;
——活:行针流畅,掺色自然,富有立体感;
——净:绣面洁净无沾污。
贴绣平服,无明显漏绣,喷绣色彩准确,过渡自然,不重叠、不错位</td></tr>
<tr><td rowspan="2">缝针质量</td><td>缝纫针</td><td>无跳针、浮针、漏针、偏针、脱线</td><td>无跳针、浮针、漏针、脱线;偏针不超0.5 cm/20 cm</td><td>跳针、浮针、漏针、脱线1针/处,每件不超过3处;偏针不超过0.8 cm/20 cm</td></tr>
<tr><td>绗缝针</td><td>无跳针、浮针、漏针、偏针、脱线</td><td colspan="2">跳针、浮针、漏针每处不超过2针,不允许超过3处/件,脱线每处不超过1 cm,不允许超过3处/件</td></tr>
<tr><td colspan="2">绗缝质量</td><td colspan="3">轨迹流畅、平服,无折皱夹布;绗缝起止处应打回针,接针套正缝合1.5 cm以上固定缝制,无线头;针迹整齐均匀</td></tr>
<tr><td colspan="2">缝纫质量</td><td colspan="3">轨迹匀、直、牢固,卷边拼缝平服齐直,宽狭一致,不露毛,面(里)料缝制错位小于1 cm;接针套正缝合1 cm以上固定缝制,起止处应打回针
针迹密度:平缝≥8针/3 cm,包缝≥7针/3 cm</td></tr>
<tr><td colspan="5">注1:绗缝针密不考核。
注2:最大尺寸(长度或宽度方向)大于100 cm为大件,小于等于100 cm为小件。</td></tr>
</table>

4.5 选用适合的面料及缝线、钮扣、拉链等附件,且质量符合相关标准要求。

4.6 产品无缝针、断针等对人体有伤害的金属异物。

4.7 产品应符合国家有关纺织品强制性标准的要求。

4.8 特殊要求按双方合同协议的约定执行。

5 抽样

5.1 内在质量检验抽样方案见表4。

表4 内在质量检验抽样方案

批量范围 N	样本大小 n	合格判定数 Ac	不合格判定数 Re
2～1 200	2	0	1
1 201～3 200	3	0	1
3 201～10 000	5	0	1
＞10 000	8	0	1
注:内在质量抽样的样本由满足进行表1检验的样品组成。			

5.2 外观质量、工艺质量检验抽样方案见表5。

表5 外观质量、工艺质量检验抽样方案

批量范围 N	样本大小 n	合格判定数 Ac	不合格判定数 Re
20～1 200	20	1	2
1 201～10 000	32	3	4
10 001～35 000	50	5	6
>35 000	80	10	11

5.3 内在质量、外观质量和工艺质量的检验样本应从检验批中随机抽取，外包装应完整。

5.4 实施抽样时，当样本量 n 大于批量 N 时，实施全检，合格判定数 Ac 为 0。

6 试验方法

6.1 内在质量检测

6.1.1 填充物质量偏差率检测按附录B执行。

6.1.2 压缩回弹性能检测按附录C执行。

6.1.3 纤维含量检测按 GB/T 2910 和 GB/T 2911 执行，填充物取样按附录D执行。

6.1.4 标准条重偏差率检测按附录B执行。

6.1.5 断裂强力检测按 GB/T 3923.1 执行。

6.1.6 水洗尺寸变化率检测按 GB/T 8628、GB/T 8629 和 GB/T 8630 执行；洗涤程序为7A，干燥程序为C——摊平晾干。

6.1.7 脱毛量检测按 FZ/T 60029 执行，正反面均进行试验。

6.1.8 耐光色牢度检测按 GB/T 8427 中方法3执行。

6.1.9 耐洗色牢度检测按 GB/T 12490 中 A1S 法执行。

6.1.10 耐汗渍色牢度检测按 GB/T 3922 执行。

6.1.11 耐干洗色牢度检测按 GB/T 5711 执行。

6.1.12 耐摩擦色牢度检测按 GB/T 3920 执行。

6.2 外观质量、工艺质量检验

6.2.1 在自然北光或日光灯下进行，检验台表面照度不低于 600 lx，且照度均匀，检验人员眼部距产品约 1 m 左右，检验人员以目光、手感进行检验。

6.2.2 色花、色差检测按 GB/T 250 评定变色用灰色样卡进行评定。

6.2.3 长度、宽度偏差率检测按附录B执行。

6.2.4 用检针机，检测产品缝针、断针等金属异物。

7 检验规则

7.1 单件产品内在质量、外观质量和工艺质量分别按表1、表2和表3中最低一项评等，综合质量按内在质量、外观质量和工艺质量中的最低等评定。

7.2 批判定时内在质量按表4执行，外观质量、工艺质量按表5执行。不合格数小于或等于 Ac，则判检验批合格；不合格数大于或等于 Re，则判检验批不合格。

7.3 综合质量批判定按内在质量、外观质量和工艺质量抽样检查中最低等评定。

8 包装和标志

8.1 产品使用说明应符合 GB 5296.4 要求，产品应标明规格、填充物质量。

8.2 每件产品应有包装，包装大小根据具体产品而定。包装材料应选择适当，应保证在储运中产品的包装不散落、不破损、不沾污、不受潮。

附 录 A
（资料性附录）
外观疵点及程度说明

A.1 外观疵点及量计方法

A.1.1 色花：由于洗缩和染色操作不良，使绒面色泽不匀，呈现深浅不同的云斑或条花者。

A.1.2 印花不良：套版不正，印花错色，渗透不良，两边深浅，印花搭色、偏离等致影响美观者。

A.1.3 局部露底：绒面起毛不良、秃斑致底组织局部露出者。

A.1.4 剪割不良：剪毛、切割不良。

A.1.5 条痕：绒面产生不同反光条痕或凹凸痕迹者。

A.1.6 斑疵：绒面上的油、污、色、锈斑渍影响外观者，量其最大长度，散布性则累计计算。

A.1.7 长宽不齐：产品平铺台上，长与宽分别按纵横垂直向量计，取其最大差异。

A.2 疵点程度说明

A.2.1 不明显：指疵点比较模糊，检验员能隐约看到，一般消费者不易发现，不影响美观和使用。

A.2.2 轻微：指疵点本身有比较明显的界限，用于触摸能感受到或能直接看到，轻微影响美观和使用。

附 录 B
（规范性附录）
填充料质量、条重、长度和宽度偏差率测定

B.1 标准大气

B.1.1 调湿和试验用标准大气：应在 GB/T 6529 规定的条件下进行调湿和试验。

B.1.2 预调湿大气：温度不高于 50 ℃，相对湿度 10%～25%。

B.2 试样准备

将产品在预调湿大气中调湿 4 h，然后展开暴露在标准大气中调湿平衡至少 24 h。

B.3 填充物质量偏差率测定

B.3.1 设备

精度为±2 g 的衡器。

B.3.2 操作步骤

将调湿平衡后的产品，称量填充物的质量，精确到 2 g。

B.3.3 填充物质量偏差率计算

填充物质量偏差率按式(B.1)计算：

$$W = \frac{m_1 - m_0}{m_0} \times 100 \qquad \cdots\cdots\cdots\cdots (B.1)$$

式中：

W——填充物质量偏差率，%；

m_1——实测填充物条重，单位为克(g)；

m_0——标注填充物条重，单位为克(g)。

计算结果按 GB/T 8170 修约，精确至一位小数。

B.4 标准条重偏差率测定

B.4.1 设备

感量 5 g 的衡器。

B.4.2 操作步骤

将调湿平衡后的产品，放在感量 5 g 的衡器上称量。

B.4.3 标准条重偏差率计算

标准条重偏差率按式(B.2)计算：

$$G = \frac{n_1 - n_0}{n_0} \times 100 \qquad \cdots\cdots\cdots\cdots (B.2)$$

式中：

G——标准条重偏差率，%；

n_1——实测条重，单位为克(g)；

n_0——标注条重，单位为克(g)。

计算结果按 GB/T 8170 修约，精确至小数点后一位。

B.5 长度和宽度偏差率测定

B.5.1 器材

精度为 1 mm 的钢尺。

B.5.2 操作步骤

B.5.2.1 将调湿平衡后的产品平铺在试验台上，用手轻轻理平，使产品呈自然伸缩状态。

B.5.2.2 大件产品，在长、宽方向每间隔四分之一处测量长度 1 次，共各 3 次，见图 B.1。

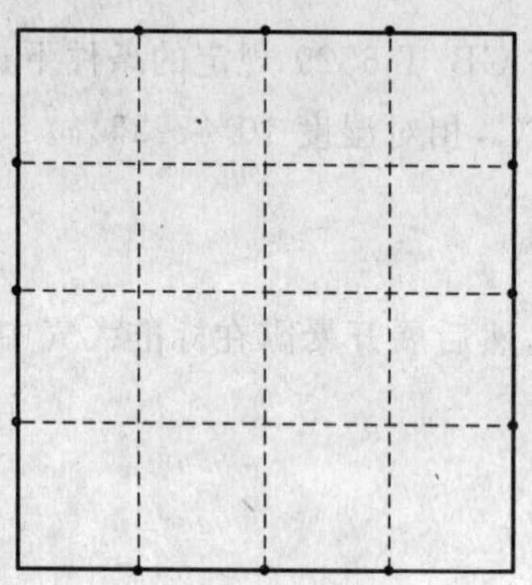

图 B.1 大件产品测量示意图

B.5.2.3 小件产品，在长、宽方向的四分之一和四分之三处测量长度 1 次，共各 2 次，见图 B.2。

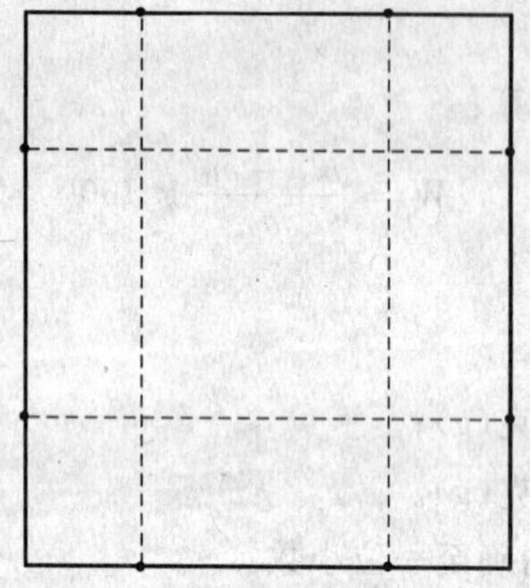

图 B.2 小件产品测量示意图

B.5.2.4 测量精度至 1 mm。

B.5.3 计算

B.5.3.1 分别计算几次长度和宽度测量结果的算术平均值。

B.5.3.2 规格尺寸偏差率按式(B.3)计算：

$$P=\frac{L_1-L_0}{L_0}\times 100 \qquad \cdots\cdots\cdots\cdots(\text{B.3})$$

式中：

P——规格尺寸偏差率，%；

L_0——规格尺寸明示值，单位为毫米(mm)；

L_1——规格尺寸实测值，单位为毫米(mm)。

计算结果按 GB/T 8170 修约，精确至小数点后一位。

附 录 C
（规范性附录）
压缩回复率测试方法

C.1 原理

试样在一定时间、压强作用下，其厚度产生受压压缩后去掉负荷，回弹恢复，测定其不同压强时的厚度值，以计算试样的压缩和回复的性能。

C.2 设备和工具

C.2.1 砝码A，质量2 kg；砝码B，质量4 kg；天平（分度值为1 g）。

C.2.2 单位面积质量为0.5 g/cm^2 的材料制成的20 cm×20 cm的正方形测试压片，其工作面应平整、光洁，无任何毛刺或伤痕。

C.2.3 工作台，用于放置试样，面积不小于20 cm×20 cm，工作面应平整、光洁，与调试压片工作面接触时吻合平行。

C.2.4 钢直尺（标尺或指示表，其分度值为1 mm），用于测量指示测试压片的工作面与工作台工作面之间垂直距离。

C.2.5 计时秒表、剪刀以及用于清擦工作台、调试压片的柔软物品。

C.3 试验用标准大气与调湿

C.3.1 调湿和试验用标准大气规定为温度20 ℃±2 ℃，相对湿度65%±3%。

C.3.2 样品应在吸湿状态下调温调湿平衡，可先置于相对湿度为10%～25%，温度不超过50 ℃的大气中0.5 h～1 h。

C.3.3 试验前，将样品暴露在试验用标准大气中调温调湿24 h。

C.4 样品

C.4.1 样品应按本标准所规定的取样方法抽取或按有关方面商定的方法进行。

C.4.2 样品应具有代表性且不能有影响试验结果的疵点。

C.5 试样

C.5.1 试样应在距边10 cm以上处，沿经向（纵向）剪去数块，每块试样面积为20 cm×20 cm。

C.5.2 将每块试样用天平准确称量，使其组成质量约为60 g的一组试样，共测试三组。

C.6 操作步骤

C.6.1 将每组试样分别整齐叠放在工作台上。

C.6.2 将测试压片放在试样上然后再加上砝码A，30 s后取下砝码，放置30 s，这样操作反复3次后，去掉砝码放置30 s后，测量试样从工作台到测试压片的四角高度，取其平均值为h_0。

C.6.3 在测试压片上再加上砝码B，30 s后测量试样从工作台到测试压片的四角高度，取其平均值为h_1。

C.6.4 然后取下砝码B，放置3 min后，测定试样从工作台到测试压片的四角高度，取其平均值为h_2。

C.7 结果计算

C.7.1 压缩率按式（C.1）计算：

$$P_1 = \frac{h_0 - h_1}{h_0} \times 100 \quad \cdots\cdots\cdots\cdots(\text{C.1})$$

式中：

P_1——压缩率，%；

h_0——操作 C.6.2 后试样的高度，单位为毫米(mm)；

h_1——操作 C.6.3 加砝码 B 后试样的高度，单位为毫米(mm)。

C.7.2 回复率按式(C.2)计算：

$$P_2 = \frac{h_2 - h_1}{h_0 - h_1} \times 100 \quad \cdots\cdots\cdots\cdots(\text{C.2})$$

式中：

P_2——回复率，%；

h_0——操作 C.6.2 后试样的高度，单位为毫米(mm)；

h_1——操作 C.6.3 加砝码 B 后试样的高度，单位为毫米(mm)；

h_2——操作 C.6.4 去掉砝码 B，3 min 后试样的高度，单位为毫米(mm)。

C.7.3 计算结果，求三组试样的算术平均值，按 GB/T 8170 进行修约，精确至小数点后一位。

C.8 试验报告

试验报告应包括下列内容：

a) 写明试验是按本标准进行的；

b) 样品名称、编号、原料、规格；

c) 试验日期、实验室温湿度；

d) 试样 h_0、h_1、h_2、压缩率、回复率；

e) 必要的试验参数；

f) 任何偏离本标准的情况。

附　录　D
（规范性附录）
填充物纤维含量取样方法

D.1　取样方法按图D.1，在各取样处随机抽取约10 g样品，将每份样品自己充分混合均匀，组成第一组的8个混合样品。

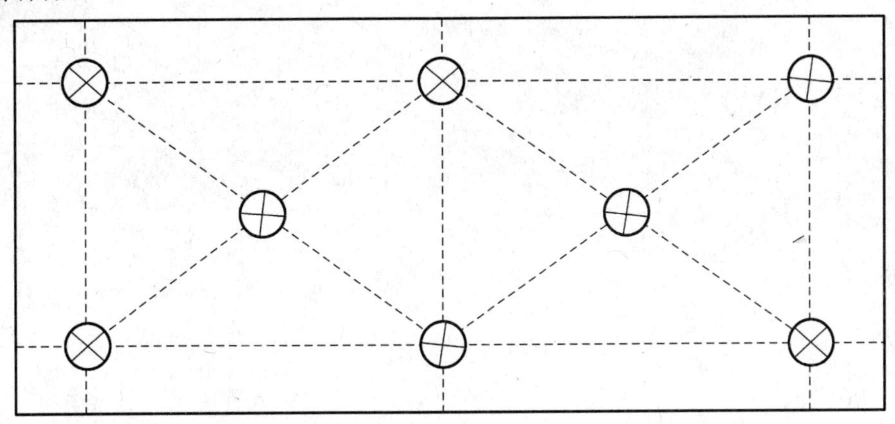

注：图中⊗处为取样点。

图 D.1　纤维含量取样图

D.2　按图D.2所示，将第一组混合样品中的第1个样品与第2个样品合并混合，再分成两半，丢弃一半，保留一半；第3个样品与第4个样品合并混合，同样分成两半，丢弃一半，保留一半……第7个样品与第8个样品合并混合，再分成两半，丢弃一半，保留一半。组成第二组的4个混合样品。

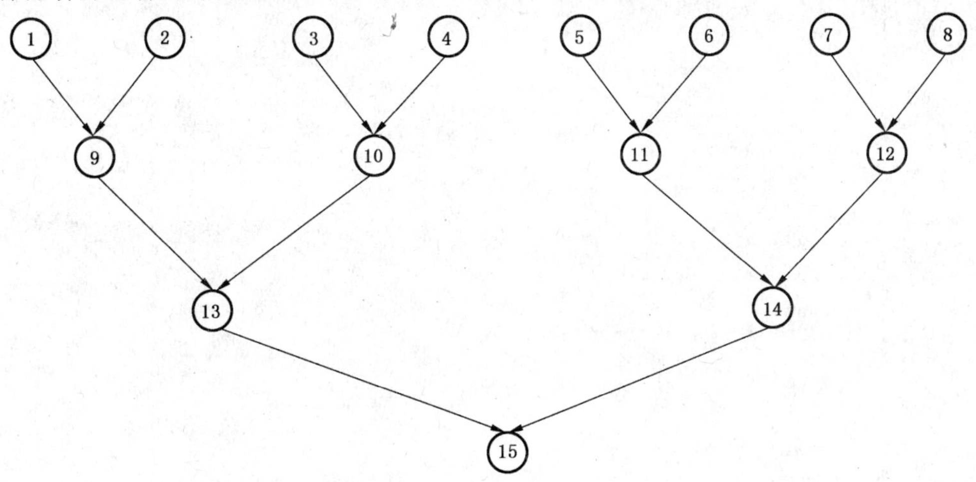

图 D.2　纤维含量样品混合图示

D.3　将第二组混合样品中的第1个样品与第2个样品合并混合，再分成两半，丢弃一半，保留一半；第3个样品与第4个样品合并混合，再分成两半，丢弃一半，保留一半；组成第三组的2个混合样品。

D.4　将第三组的混合样品按第二组方法分样，最后得到一个约10 g的实验室试验样品，供纤维含量测试用。

ICS 59.080.30
W 43

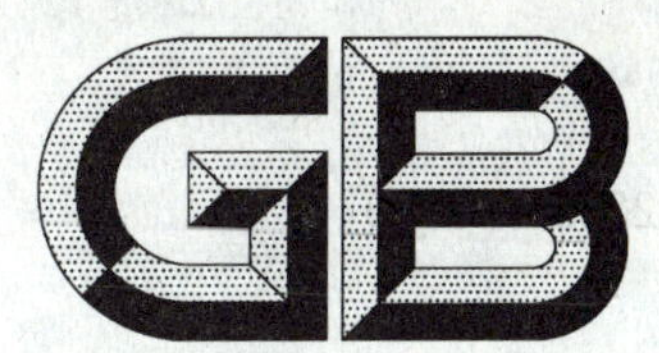

中华人民共和国国家标准

GB/T 22856—2009

莨绸

Gambiered canton silk

2009-04-21 发布　　　　2009-12-01 实施

中华人民共和国国家质量监督检验检疫总局
中国国家标准化管理委员会　发布

前　言

本标准的附录 A 为资料性附录。

本标准由中国纺织工业协会提出。

本标准由全国丝绸标准化技术委员会归口。

本标准起草单位：广东省丝绸纺织集团有限公司、中华人民共和国广东出入境检验检疫局、浙江丝绸科技有限公司、深圳市梁子时装实业有限公司、深圳市计量质量检测研究院、佛山市顺熙晒莨厂、达利丝绸(浙江)有限公司。

本标准主要起草人：李淳、陈南生、周颖、李慧、吴苑丛、周红英、周晓刚、郑欢欢、俞丹、张卓、黄幼瑚。

莨　绸

1　范围

本标准规定了莨绸的术语和定义、要求、试验方法、检验规则、包装和标志。

本标准适用于评定以纯桑蚕丝织物为原料加工而成的原色或彩色莨绸。

2　规范性引用文件

下列文件中的条款通过本标准的引用而成为本标准的条款。凡是注日期的引用文件，其随后所有的修改单(不包括勘误的内容)或修订版均不适用于本标准，然而，鼓励根据本标准达成协议的各方研究是否可使用这些文件的最新版本。凡是不注日期的引用文件，其最新版本适用于本标准。

GB/T 250　纺织品　色牢度试验　评定变色用灰色样卡(GB/T 250—2008,ISO 105-A02:1993,IDT)

GB 5296.4　消费品使用说明　纺织品和服装使用说明

GB/T 8170　数值修约规则与极限数值的表示和判定

GB/T 15551—2007　桑蚕丝织物

GB/T 15552—2007　丝织物试验方法和检验规则

GB 18401　国家纺织产品基本安全技术规范

3　术语和定义

下列术语和定义适用于本标准。

3.1

原色莨绸　original color gambiered canton silk

以纯桑蚕丝织物为原料经薯莨汁浸泡多次后，经过河泥、晾晒等传统手工艺加工而成的表面呈黑色发亮、底面呈咖啡色正反异色的织物。

3.2

彩色莨绸　multicolour gambiered canton silk

在原色莨绸的基础上，经印染加工而成的织物；或先印染再经传统手工艺加工而成的织物。

3.3

坯绸固有外观疵点　inherent appearance defects of greige

制作莨绸的桑蚕丝织物坯绸上原本固有的外观疵点。

3.4

莨绸特有外观疵点　special appearance defects of gambiered canton

莨绸在加工过程中形成的特有疵点。

3.5

反面莨斑　gambiered speckle on the reverse side

莨绸在浸泡、晒制过程中薯莨液积聚过多的部位，或莨绸在晒制过程中因绸边未理平其反转过来的部位受阳光直接照射时间过长，在莨绸反面及两边形成深咖啡色色差，此深咖啡色色差称之为反面莨斑。

3.6

正面莨斑　gambiered speckle on the face

莨绸在浸泡、晒制过程中薯莨液积聚过多的部位，经过泥后在正面形成发亮的深黑色色差，此深黑色色差称之为正面莨斑。

3.7

泥斑　mud speckle

正常生产的原色莨绸为正反异色：正面为黑色，反面为啡色。但在莨绸过河泥工艺中，其反面的咖啡色会意外沾上河泥而形成黑色的疵点，此黑色疵点经水洗、纱洗、印染等后整理工序都无法消除，称之为泥斑。

4　要求

4.1　莨绸的要求包括断裂强力、纤维含量偏差、纰裂程度、水洗尺寸变化率、色牢度等内在质量和色差（与标样对比）、幅宽偏差率、外观疵点等外观质量。

4.2　莨绸的评等以匹为单位。内在质量按批评等，外观质量按匹评等。

4.3　莨绸的品质由内在质量、外观质量中的最低等级评定，分为优等品、一等品、二等品，低于二等品的为等外品。

4.4　莨绸的基本安全性能应符合 GB 18401 的要求。

4.5　莨绸的原料坯绸其密度偏差率、质量偏差率指标应符合 GB/T 15551—2007 表 1 规定的三等品及以上要求。

4.6　莨绸的内在质量分等规定见表 1。

表 1　莨绸内在质量分等规定

<table>
<tr><th colspan="4" rowspan="2">项　目</th><th colspan="3">指　标</th></tr>
<tr><th>优等品</th><th>一等品</th><th>二等品</th></tr>
<tr><td colspan="3">断裂强力[a]/N</td><td>≥</td><td colspan="3">200</td></tr>
<tr><td colspan="4">纤维含量偏差（绝对百分比）/%</td><td colspan="3">0</td></tr>
<tr><td colspan="3">纰裂程度[a]（定负荷，67 N）/mm</td><td>≤</td><td colspan="3">6</td></tr>
<tr><td colspan="2" rowspan="2">水洗尺寸变化率/%</td><td colspan="2">经向</td><td>+1.0～−3.0</td><td>+1.0～−4.0</td><td>+1.0～−5.0</td></tr>
<tr><td colspan="2">纬向</td><td>+1.0～−2.0</td><td>+1.0～−3.0</td><td>+1.0～−4.0</td></tr>
<tr><td rowspan="4">色牢度/级[b]
≥</td><td rowspan="2">耐水、耐皂洗、耐汗渍</td><td colspan="2">变色</td><td>3-4</td><td colspan="2">3</td></tr>
<tr><td colspan="2">沾色</td><td>3-4</td><td colspan="2">3</td></tr>
<tr><td colspan="3">耐干摩擦</td><td colspan="3">3</td></tr>
<tr><td colspan="3">耐光</td><td>4</td><td colspan="2">3</td></tr>
<tr><td colspan="7">a　纱、绡类织物不考核。
b　未经过后整理处理的原色和彩色莨绸坯绸色牢度不考核。</td></tr>
</table>

4.7　莨绸的外观质量评定

4.7.1　莨绸的外观质量分等规定见表 2。

表 2　莨绸外观质量分等规定

项目		优等品	一等品	二等品
色差（与标样对比）/级	≥	4	3-4	3
幅宽偏差率/%		±2.0	±3.0	±4.0
坯绸固有外观疵点、莨绸特有外观疵点合计评分限度/（分/100 m^2）	≤	40	80	120

4.7.2 莨绸的外观疵点分坯绸固有外观疵点和莨绸特有外观疵点两大类：

a) 坯绸固有外观疵点评分见表3；

表3 坯绸固有外观疵点评分表

序号	疵点	分数			
		1	2	3	4
1	经向疵点	8 cm 及以下	8 cm 以上～16 cm	16 cm 以上～24 cm	24 cm 以上～100 cm
2	纬向疵点	8 cm 及以下	8 cm 以上至半幅		半幅以上
	纬档		普通		明显
3	印花疵	8 cm 及以下	8 cm 以上～16 cm	16 cm 以上～24 cm	24 cm 以上～100 cm
4	污渍、油渍、破损性疵点		2.0 cm 及以下		2.0 cm 以上
5	边疵、松板印、撬小	经向每 100 cm 及以下			
注：纬档以经向 10 cm 及以下为一档。					

b) 莨绸特有外观疵点评分见表4。

表4 莨绸特有外观疵点评分表

序号	疵点		分数			
			1	2	3	4
1	正、反面莨斑	条状[a]	30 cm 及以下	30 cm 以上～50 cm	50 cm 以上～80 cm	80 cm 以上～100 cm
		块状[b]	10 cm 及以下	10 cm 以上～30 cm	30 cm 以上～50 cm	50 cm 以上～80 cm
2	泥斑	条状[a]	5 cm 以上～30 cm	30 cm 以上～50 cm	50 cm 以上～80 cm	80 cm 以上～100 cm
		块状[b]	2 cm 以上～10 cm	10 cm 以上～30 cm	30 cm 以上～50 cm	50 cm 以上～80 cm
[a] 宽度在 2 cm 及以内的长条形疵点。 [b] 宽度在 2 cm 以上的长块形疵点。						

4.7.3 莨绸外观疵点评分说明：

a) 外观疵点的评分采用有限度的累计评分；

b) 彩色莨绸两种工艺制作过程中所产生的印花疵均按表3规定评分；

c) 达不到 2 cm 评分起点的点状泥斑，1 m 内达 3 个合计评 1 分，密集性点状泥斑则视面积大小按块状泥斑评分；

d) 在莨绸过河泥工序中，工人抓捏布边时手指造成的泥斑及布边上的正反面莨斑，离两边宽度在 4 cm 以内的不评分；

e) 检验时，以合同约定的一面检验，合同未约定的以差的一面检验；

f) 原色莨绸如通匹存在不明显的莨斑，且对后道加工后的绸面有不良影响的，则该批莨绸最高只能评为二等品。如该批莨绸还存在其他疵点，则视其他疵点的最后评分限度，综合确定该批莨绸的最低等级；

g) 经向 1 m 内累计评分最多 4 分，超过 4 分按 4 分计；

h) 严重的连续性病疵每米评 4 分，超过 3 m 降为等外品；

i) 莨绸面料自然龟裂痕及不均匀龟裂痕为正常现象，不作为疵点考核；

j) 同匹色差(色泽不匀)达 GB/T 250 中 4 级及以下，1 m 及以内评 4 分。

4.7.4 每匹莨绸最高允许分数由式(1)计算得出,计算结果按 GB/T 8170 修约至整数。

$$q=\frac{c}{100}\times l\times w \qquad (1)$$

式中:

q——每匹最高分数,单位为分;

c——外观疵点评分限度,单位为分每百平方米(分/100 m^2);

l——匹长,单位为米(m);

w——幅宽,单位为米(m)。

5 试验方法

莨绸的试验方法按 GB/T 15552—2007 第 3 章执行。

6 检验规则

莨绸的检验规则按 GB/T 15552—2007 中第 4 章执行。

7 包装

7.1 包装分类

莨绸包装根据用户要求分为卷筒、卷板两类。

7.2 包装材料

7.2.1 卷筒纸管规格:螺旋斜开机制管,内径 3.0 cm～3.5 cm,外径 4 cm,长度按纸箱长减去 2 cm。纸管要圆整、挺直。

7.2.2 卷板用双瓦楞纸板。卷板的宽度为 15 cm,长度根据莨绸的幅宽或对折后的宽度决定。

7.2.3 包装用纸箱采用高强度牛皮纸制成的双瓦楞叠盖式纸箱。要求坚韧、牢固、整洁、并涂防潮剂。

7.3 包装要求

7.3.1 同件(箱)内,优等品匹与匹之间色差不低于 GB/T 250 中 4 级。

7.3.2 卷筒、卷板包装的内外层边的相对位移不大于 2 cm。

7.3.3 绸匹外包装采用纸箱时,纸箱内应加衬塑料内衬袋或拖蜡防潮纸,用胶带封口。纸箱外用塑料打包带和铁皮轧扣箍紧打箱。

7.3.4 包装应牢固、防潮,便于仓贮及运输。

7.3.5 绸匹成包时,应保存在通风、温湿度适当的仓储条件下,每匹实测回潮率不低于 8.0%,避免布料脆裂。

8 标志

8.1 标志应明确、清晰、耐久、便于识别。

8.2 每匹或每段莨绸两端距绸边 3 cm 以内、幅边 10 cm 以内盖一检验章及等级标记。每匹或每段莨绸应吊标签一张,内容按 GB 5296.4 规定,包括品名、品号、原料名称及成分、幅宽、色别、长度、等级、执行标准编号、企业名称、产品检验合格证。

8.3 每箱(件)应附装箱单。

8.4 纸箱(布包)刷唛要正确、整齐、清晰。纸箱唛头内容包括合同号、箱号、品名、品号、花色号、幅宽、等级、匹数、毛重、净重及运输标志、企业名称、地址。

8.5 每批产品出厂应附品质检验结果单。

9 其他

莨绸的品质、包装和标志另有特殊要求者,供需双方可另订协议或合同,并按其执行。

附 录 A
（资料性附录）
坯绸固有外观疵点归类表

表 A.1

序号	疵点名称	说 明
1	经向疵点	宽急经柳、粗细柳、筘柳、色柳、筘路、多少捻、缺经、断通丝、错经、碎糙、夹糙、夹断头、断小柱、叉绞、分经路、小轴松、水渍急经、宽急经、错通丝、综穿错、筘穿错、单爿头、双经、粗细经、夹起、懒针、煞星、渍经、灰伤、皱印等
2	纬向疵点	破纸板、综框梁子多少起、抛纸板、错纹板、错花、跳梭、煞星、柱渍、轧梭痕、筘锈渍、带纬、断纬、叠纬、坍纬、糙纬、灰伤、皱印、杂物织入、渍纬等
	纬档	松紧档、撬档、撬小挡、顺纡档、多少捻档、粗细纬档、缩纬档、急纬档、断花档、通绞档、毛纬档、拆毛档、停车档、渍纬档、错纬档、糙纬档、色纬档、拆烊档
3	印花疵	搭脱、渗进、漏浆、塞煞、色点、眼圈、套歪、露白、砂眼、双茎、拖版、搭色、反丝、叠版印、框子印、刮刀印、色皱印、回浆印、刷浆印、化开、糊开、花痕、野花、粗细茎、跳版深浅、接版深浅、雕色不清、涂料脱落、涂料颜色不清等
4	污渍、油渍	色渍、锈渍、油污渍、洗渍、皂渍、霉渍、蜡渍、白雾、字渍、水渍等
	破损性疵点	蛛网、披裂、拔伤、空隙、破洞等
5	边疵、松板印、撬小	宽急边、木耳边、粗细边、卷边、边糙、吐边、边修剪不净、针板眼、边少起、破边、凸铗、脱铗等
注 1：对经、纬向共有的疵点，以严重方向评分。 注 2：外观疵点归类表中没有归入的疵点按类似疵点评分。		

ICS 59.080.20
W 42

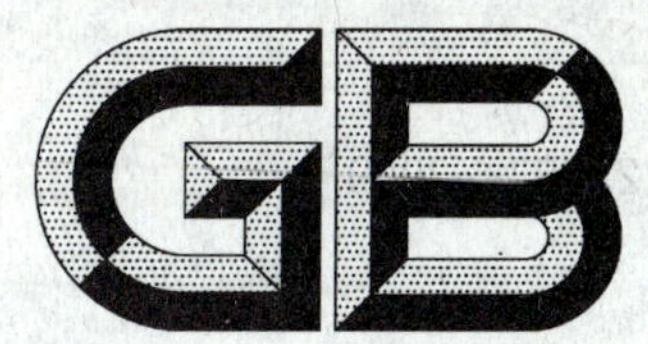

中华人民共和国国家标准

GB/T 22857—2009

筒装桑蚕捻线丝

Mulberry thrown silk on cones

2009-04-21 发布　　　　2009-12-01 实施

中华人民共和国国家质量监督检验检疫总局
中国国家标准化管理委员会　发布

前言

本标准由中国纺织工业协会提出。

本标准由全国丝绸标准化技术委员会归口。

本标准起草单位：浙江丝绸科技有限公司、浙江凯喜雅国际股份有限公司、达利丝绸（浙江）有限公司、杭州金富春丝绸化纤有限公司、安徽出入境检验检疫局、杭州经纬捻线有限公司。

本标准主要起草人：周颖、卞幸儿、林平、盛建祥、孟毅祥、俞丹、陈振屏。

筒装桑蚕捻线丝

1 范围

本标准规定了筒装桑蚕捻线丝的术语和定义、标示、要求、检验方法、检验规则和包装标志。

本标准适用于2 000捻/m及以下,9根及以下所用原料生丝的名义纤度在49 den(54.4 dtex)及以下的筒装桑蚕捻线丝的品质评定。

2 规范性引用文件

下列文件中的条款通过本标准的引用而成为本标准的条款。凡是注日期的引用文件,其随后所有的修改单(不包括勘误的内容)或修订版均不适用本标准,然而,鼓励根据本标准达成协议的各方研究是否可使用这些文件的最新版本。凡是不注日期的引用文件,其最新版本适用于本标准。

GB/T 2543.1 纺织品 纱线捻度的测定 第1部分:直接计数法

GB/T 6529 纺织品 调湿和试验用标准大气

GB/T 8170 数值修约规则与极限数值的表示和判定

GB/T 8693 纺织品 纱线的标示

GB/T 8694 纺织纱线及有关产品捻向的标示

GB/T 9995 纺织材料含水率和回潮率的测定 烘箱干燥法

GB/T 14033—2008 桑蚕捻线丝

3 术语和定义

下列术语和定义适用于本标准。

3.1

筒装桑蚕捻线丝 mulberry thrown silk on cone

单根或两根及两根以上的无捻或有捻生丝经并合加捻的本色丝,其卷装形式为筒装。

3.2

筒装桑蚕捻线丝的名义纤度 nominal denenier of mulberry thrown silk on cone

以原料生丝的名义纤度乘以根数,作为筒装桑蚕捻线丝的名义纤度。

4 筒装桑蚕捻线丝的标示

筒装桑蚕捻线丝的标示、符号按GB/T 8693规定,捻向按GB/T 8694规定。

示例1:20/22 den(23 dtex)f3 S 230,表示三根20/22 den(23 dtex)无捻生丝S向230捻/m。

示例2:20/22 den(23 dtex) f1 Z 725×2 S 625,表示单根20/22 den(23 dtex)Z向725捻/m生丝,2股S向625捻/m。

示例3:20/22 den(23 dtex)f3 Z 600×3 S 500,表示三根20/22 den(23 dtex)Z向600捻/m生丝,3股S向500捻/m。

5 要求

5.1 回潮率

筒装桑蚕捻线丝的公定回潮率为11.0%,实测回潮率不得低于8.0%,不得超过14.0%,实测回潮率超过14.0%或低于8.0%时,应退回委托方重新整理平衡。

5.2 品质技术指标

筒装桑蚕捻线丝的品质技术指标规定见表1。

表1 筒装桑蚕捻线丝的品质技术指标规定

检验项目		规格	等级				
			双特级	特级	一级	二级	三级
捻度变异系数[a]/%	≤	100捻/m～200捻/m	8.50	9.50	11.00	13.00	15.00
		201捻/m～500捻/m	6.00	7.00	8.50	10.50	12.50
		501捻/m～800捻/m	5.50	6.50	8.00	10.00	12.00
		801捻/m～1 250捻/m	5.00	6.00	7.50	9.50	11.50
		1 251捻/m～2 000捻/m	4.50	5.50	7.00	8.50	10.50
捻度偏差率[a]/%	≤	100捻/m～200捻/m	5.50	6.50	8.50	10.50	12.50
		201捻/m～500捻/m	4.00	4.50	6.50	8.00	10.50
		501捻/m～800捻/m	3.50	4.00	5.00	6.50	8.50
		801捻/m～1 250捻/m	3.00	3.50	4.50	6.00	8.00
		1 251捻/m～2 000捻/m	2.50	3.00	4.00	5.00	7.00
断裂强度[b]/[gf/den(cN/dtex)]		≥	3.40 (3.00)		3.30 (2.91)		3.30以下 (2.91以下)
断裂伸长率[b]/%		≥	16.0		15.0		15.0以下
纤度变异系数[c]/%	≤	2根及以下	7.00	7.50	8.00	9.00	12.00
		3根	6.00	6.50	7.00	8.00	11.00
		4根	5.50	6.00	6.50	7.50	9.50
		5根～9根	5.00	5.50	6.00	7.00	9.00
清洁/分		≥	96.5	95.0	90.0	84.0	75.0
洁净/分		≥	92.00	90.00	86.00	82.00	73.00

[a] 名义捻度100捻/m以下筒装桑蚕捻线丝的捻度变异系数、捻度偏差率不作考核。

[b] 筒装桑蚕捻线丝名义纤度为200 den(222.2 dtex)以上时，断裂强度及伸长率项目不作考核。

[c] 名义捻度在800捻/m以上的筒装桑蚕捻线丝，纤度变异系数不作考核。

5.3 筒装捻线丝的外观疵点分类和批注规定

筒装捻线丝的外观疵点分类和批注规定见表2。

表2 筒装捻线丝的外观疵点分类和批注规定

疵点名称		疵点说明	批注数量/筒
主要疵点	宽急股	单丝或股丝松紧不一，呈麻花状	10
	拉白丝	张力过大，光泽变异，丝条拉白	8
	多根(股)与缺根(股)	股丝线中比规定出现多根(股)或缺根(股)，长度在1.5 m及以上者	1
	双线	双线长度在1.5 m及以上者	1
	污染丝	丝条被异物污染	8
	成形不良	丝筒两端不平整，高低差4 mm者或两端塌边有松紧丝层	20

表 2（续）

疵点名称		疵点说明	批注数量/筒
一般疵点	缩曲丝	定型后丝条呈卷曲状	10
	切丝	股丝中存在一根及以上的断丝	8
	色不齐	筒与筒之间，颜色程度差异较明显	10
	色圈	同一丝筒内颜色程度差异较明显	20
	杂物飞入	废丝及杂物带入丝筒内	10
	长结	结端长度在 4 mm 以上	10
	丝筒不匀	筒子重量相差在 15%以上者，即：$\frac{\text{大筒重量}-\text{小筒重量}}{\text{大筒重量}}\times 100\%>15\%$	20
	跳丝	丝筒一端丝条跳出，其弦长：菠萝形大头为 50 mm，圆柱形为 30 mm	10
注：达不到一般疵点者，为轻微疵点。			

5.4 分等规定

5.4.1 分级原则

筒装桑蚕捻线丝品质以批为单位评定等级。依据筒装桑蚕捻线丝的品质技术指标和外观疵点的综合成绩，分为双特级、特级、一级、二级、三级和级外品。

5.4.2 基本等级的评定

受验筒装桑蚕捻线丝根据品质技术指标检验结果，其中清洁、洁净引用原料生丝的检验结果，以其最低一项成绩确定该批捻线丝的基本等级，若任何一项低于三级品指标时，作级外品。

5.4.3 外观疵点的降级规定

外观检验评为稍劣者，依 5.4.2 所确定的等级再降一级；若按 5.4.2 已评为三级品者，则降为级外品；若外观检验评为级外品，则一律作级外品。

5.4.4 其他

凡发现产品不符合规格要求、原料混批，应作级外品处理，并在检验单上注明。

6 组批

6.1 筒装桑蚕捻线丝根据原料生丝同一品种、同一规格组批。每批为 20 箱，约 600 kg；也可以 10 箱组批，约 300 kg。

6.2 10 箱～19 箱的按 20 箱规定组批，不足 10 箱的按 10 箱规定组批。

7 检验方法

7.1 抽样

7.1.1 抽样方法

在外观检验的同时，抽取具有代表性的重量和品质检验用样丝。抽样时应遍及箱与箱内的不同部位，每箱抽 1 筒。

7.1.2 抽样数量

7.1.2.1 重量检验样丝数量

重量检验样丝数量：每批抽 4 份，每份 2 筒，共 8 筒；其中上、下层各抽 2 筒，中层抽 4 筒。每筒从表层剥取约 100 g 质量（重量）检验用丝；然后将筒子作出标记放回原箱。

7.1.2.2 品质检验样丝数量

品质检验样丝数量：每批抽20筒。其中上层8筒、中层6筒、底层6筒。待品质检验结束后，将样丝放回原箱。

7.1.2.3 若10箱组批时，则抽样数量及有关检验项目按比例计算。

7.2 重量检验

7.2.1 仪器设备

仪器设备如下：

a) 电子秤：分度值≤0.05 kg；

b) 电子天平：分度值≤0.01 g；

c) 带有天平的烘箱，天平：分度值≤0.01 g。

7.2.2 检验规程

7.2.2.1 净重

全批受验丝抽样后，逐箱在电子秤上称量核对，得出“毛重”。“毛重”复核时允许差异为0.10 kg，以第一次“毛重”为准。用电子秤称五只纸箱（包括箱中的定位纸板、防潮纸等）的重量，加上筒管平均重量（使用前称计）以及包丝纸（纱套）的重量，以此推算出全丝受验丝的包装用品重量。将全批丝“毛重”减去全批丝的“皮重”，即为全批丝的“净重”。

7.2.2.2 湿重

将按7.1.2.1规定抽得的试样，以份为单位依次编号，立即在天平上称量核对，得出各份的湿重。

湿重复核时允许差异为0.20 g，以第一次湿重为准。

试样间的重量允许差异规定：20 g以内。

7.2.2.3 干重

将称过“湿重”的样丝，以份为单位，松散地放置在烘篮内，以(140±2)℃的温度烘至恒重，得出“干重”。相邻两次称重恒重的判定按GB/T 9995的规定掌握，即当连续两次称见质量的差异小于后一次称见质量的0.1%时，后一次的称见质量，即为干重。

7.2.2.4 回潮率

回潮率按式(1)计算，计算结果取小数点后两位。

$$W = \frac{m - m_0}{m_0} \times 100 \qquad \cdots\cdots(1)$$

式中：

W——实测回潮率，%；

m——试样的湿重，单位为克(g)；

m_0——试样的干重，单位为克(g)。

将同批各份试样的总湿重和总干重代入式(1)，计算结果作为该批丝的实测平均回潮率。

同批各份试样之间的回潮率极差超过2.8%或该批丝的实测平均回潮率超过14.0%或低于8.0%时，应退回委托方重新整理平衡。

7.2.2.5 公量

公量按式(2)计算，计算结果取小数点后两位。

$$m_K = m_J \times \frac{100 + W_K}{100 + W} \qquad \cdots\cdots(2)$$

式中：

m_K——公量，单位为千克(kg)；

m_J——净重，单位为千克(kg)；

W_K——公定回潮率，%；

W——实测平均回潮率，%。

7.3 品质检验

7.3.1 检验条件

捻度、断裂强度、断裂伸长率、纤度的测定应按 GB/T 6529 规定的标准大气和容差范围，在温度(20.0±2.0)℃、相对湿度(65.0±4.0)%下进行，试样应在上述条件下平衡 12 h 以上方可进行检验。

7.3.2 外观检验

7.3.2.1 设备

7.3.2.1.1 内装日光荧光灯的平面组合灯罩或集光灯罩。要求光线以一定的距离柔和均匀地照射于丝筒上，其照度为 450 lx～500 lx。

7.3.2.1.2 检验台。

7.3.2.2 检验规程

将全批受验丝随机抽取 300 只丝筒，逐筒拆除包丝纸或纱套，放在检验台上，用手将筒子倾斜 30°～40°，转动一周，检查筒子的端面和侧面；以感官检验全批丝的外观质量。发现表 2 各项外观疵点的丝筒，应剔除；若达到表 2 规定的批注数量，则给予批注。

色不齐和色圈，如两项均为批注起点，可批注一项。

7.3.2.3 外观评等

外观评等分为良、普通、稍劣、级外品：

——良：丝筒成形良好，光泽软硬略有差异，有 1 项轻微疵点者；

——普通：丝筒成形一般，光泽软硬有差异，有 1 项以上轻微疵点者；

——稍劣：主要疵点 1 项～2 项或一般疵点 1 项～3 项或主要疵点 1 项和一般疵点 1 项～2 项者；

——级外品：超过稍劣范围者。

7.3.3 捻度检验

7.3.3.1 设备

设备如下：

a) 捻度试验仪；

b) 挑针。

7.3.3.2 检验规程

按 GB/T 2543.1 规定测试捻度，当捻线丝的名义捻度＜1 250 捻/m 时，隔距长度为(500±0.5)mm；当捻线丝的名义捻度≥1 250 捻/m 时，隔距长度为(250±0.5)mm，预加张力(0.05±0.01)cN/dtex。每只丝筒试验两次，共测 40 次。

7.3.3.3 检验结果计算

按 GB/T 14033—2008 中 7.3.3.3 中规定进行。

7.3.4 断裂强度及伸长率检验

7.3.4.1 设备

设备如下：

a) 等速伸长试验仪(CRE)：量程 0～500 N(0～50 kgf)，读数精度为 0.1 N(0.01 kgf)，隔距长度为 100 mm，动夹持器移动的恒定速度为 150 mm/min；

b) 天平：分度值≤0.01 g；

c) 纤度机：机框周长为 1.125 m，速度 300 r/min 左右，并附有回转计数器，自动停止装置。

7.3.4.2 检验规程

检验规程如下：

a) 取丝筒 10 个，其中面层 4 筒、中层(约在 250 g 处)3 筒、内层(约在 120 g 处)3 筒。按表 3 规定卷取的回数每筒制取一绞试样，共卷取 10 绞。

表 3 断裂强度和断裂伸长率检验样丝规定

名义纤度/ den(dtex)	每绞样丝回数/ 回
33(36.7)及以下	300
34～50(37.8～55.6)	200
51～100(56.7～111.1)	100
101～200(112.2～222.2)	50

b) 用天平称量出平衡后的试样总重量并记录，逐绞进行拉伸试验。将试样丝均分、平直、理顺，放入上、下夹持器，夹持松紧适当，防止试样拉伸时在钳口滑移和切断。记录最大强力及最大强力时的伸长率作为试样的断裂强力及断裂伸长率。

7.3.4.3 检验结果计算

按 GB/T 14033—2008 中 7.3.4.3 规定进行。

7.3.5 纤度变异系数检验

7.3.5.1 设备

设备如下：

a) 纤度机：机框周长 1.125 m，速度 270 r/min～300 r/min，附有回转计数及自停装置；

b) 生丝纤度仪：分度值≤0.5 den(0.56 dtex)；

c) 天平：分度值≤0.01 g。

7.3.5.2 纤度丝数量、回数、读数精度及纤度总和与纤度总量间的允许差异

纤度丝数量、回数、读数精度及纤度总和与纤度总量间的允许差异规定见表 4。

表 4 纤度丝数量、回数、读数精度及纤度总和与纤度总量的允差规定

捻线丝名义纤度/ den(dtex)	每批纤度丝数量/ 绞	每绞纤度丝回数/ 回	每组纤度总和与纤度 总量间允许差异/ den(dtex)	读数精度/ den(dtex)
33(36.7)及以下	100	400	3.5(3.89)	0.5(0.56)
34～100(37.8～111.1)	100	100	7.0(7.78)	1(1.11)
101～200(112.2～222.2)	100	100	14.0(15.56)	2(2.22)
200(222.2)以上	100	50	28.0(31.11)	2(2.22)

7.3.5.3 检验规程

将丝筒用纤度机按表 4 规定卷取纤度丝。将卷取的纤度丝以 50 绞为一组，逐绞在生丝纤度仪上称量，求得“纤度总和”，然后分组在天平上称得“纤度总量”，两者间允许差异见表 4。超过规定时，应逐绞复称至允许差额以内为止。

7.3.5.4 检验结果计算

按 GB/T 14033—2008 中 7.3.5.4 规定进行。

7.4 计算数据

各检验结果计算数据在所规定的精确程度以外的数字取舍时，按 GB/T 8170 规定修约。

8 检验规则

8.1 交收检验

以批为单位，按照本标准规定进行重量和品质检验，并评定筒装桑蚕捻线丝的等级。

8.2 复验

按 GB/T 14003—2008 中 8.2 规定执行。

9 包装和标志

9.1 包装

9.1.1 筒装桑蚕捻线丝的整理和重量规定见表5。

表5 筒装捻线丝的整理和重量规定

筒装形式		菠萝形	圆柱形
筒子平均直径,mm		Φ120±10	
丝层长度	起始导程/mm	200±10	200±10
	终了导程/mm	150±10	
内包装		筒子打双套结。根据贸易需要,外包包丝纸或纱套或封塑,筒子大小头颠倒或小头向上排列,穿入纸箱孔内,箱内四周六面衬防潮纸	
每筒重量/g		460～540	
每箱净重/kg		30±2	
每箱筒数/只		约60	
每批箱数/箱		20	
每批筒数/筒		约1 200	

9.1.2 筒装捻线丝的纸箱质量和装箱规定见表6。

表6 筒装捻线丝的纸箱质量和装箱规定

筒装形式		菠萝形	圆柱形
装箱排列		每箱三层、每层四盒、每盒五筒	
纸箱质量		用双瓦楞纸制成。坚韧、牢固、整洁	
纸箱规格（内壁尺寸）	长/mm	730	
	宽/mm	630	
	高/mm	735	
纸箱印刷		每个纸箱外按统一规定印字,字迹应清晰,并涂防潮剂	
封箱包扎		箱底箱面用胶带封口,外用塑料带捆扎成“廿”字形	

9.1.3 每批20箱,净重或公量为570 kg～630 kg,箱与箱之间重量差异不超过6 kg。

9.1.4 包装应牢固,便于仓储及运输。包装用的纸箱、纸、绳等应清洁、坚韧、整齐一致。

9.2 标志

9.2.1 标志应明确、清楚、便于识别。

9.2.2 每箱捻线丝内应附商标,每箱捻线丝外包装上应标明商品名称、规格、包件号、企业代号等。

9.2.3 每批捻线丝应附有品质和重量检测报告。

10 其他

对筒装捻线丝的规格、品质、包装、标志有特殊要求者,供需双方可另行协议。

ICS 59.080;59.080.30
W 43

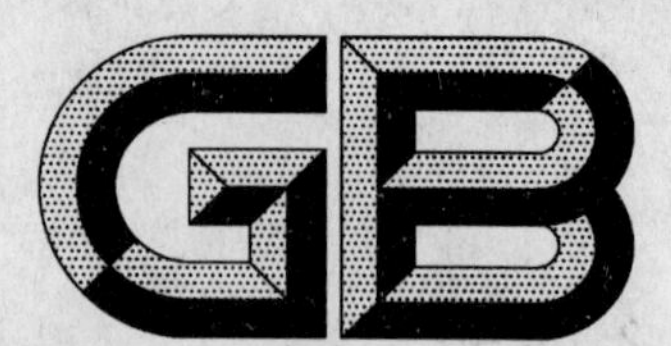

中华人民共和国国家标准

GB/T 22858—2009

丝 绸 书

Silk books

2009-04-21 发布　　2009-12-01 实施

中华人民共和国国家质量监督检验检疫总局
中国国家标准化管理委员会　发布

前　言

本标准的附录 A 为资料性附录。

本标准由中国纺织工业协会提出。

本标准由全国丝绸标准化技术委员会归口。

本标准起草单位:万事利集团有限公司、浙江丝绸科技有限公司、杭州凯达丝绸印染有限公司。

本标准主要起草人:张祖琴、周颖、陈柳玉、马廷方、沈雪美。

引　言

目前以真丝织物为材质的图书大量出现在礼品市场，作为馈赠和收藏之用。由于真丝印染织物与普通材质印刷品相比，具有一定的特殊性，在生产和使用中有其特殊要求，特制定本标准以补充其他材质装订印刷品标准中与丝绸书产品不相适应的规定。

丝　绸　书

1　范围

本标准规定了丝绸书的术语和定义、要求、试验方法、检验规则、包装、标志、运输和贮存。

本标准适用于评定以桑蚕丝织物为主要材质装潢而成的图书的品质。

2　规范性引用文件

下列文件中的条款通过本标准的引用而成为本标准的条款。凡是注日期的引用文件，其随后所有的修改单(不包括勘误的内容)或修订版均不适用于本标准，然而，鼓励根据本标准达成协议的各方研究是否可使用这些文件的最新版本。凡是不注日期的引用文件，其最新版本适用于本标准。

GB/T 191　包装储运图示标志

GB/T 788　图书和杂志开本及其幅面尺寸

GB 5296.4　消费品使用说明　纺织品和服装使用说明

GB/T 12451　图书在版编目数据

GB/T 15552—2007　丝织物试验方法和检验规则

CY/T 12　书刊印刷品检验抽样规则

CY/T 27　装订质量要求及检验方法——精装

3　术语和定义

下列术语和定义适用于本标准。

3.1

丝绸书　silk book

采用织造、印染等加工工艺，将文字、图片清晰地显示在桑蚕丝织物上，并以此为材质装潢而成的图书类产品。

3.2

飘口　overhang cover edges

精装书刊经套合加工后，书封壳超出书芯切口的部分。

3.3

歪斜误差　skewed error

书籍裁切时由于四角未能保持垂直而引起的页面对角线长度偏差。

4　要求

4.1　原材料

4.1.1　丝绸书须按要求选用适合的桑蚕丝织物作为原材料，用于制作书芯和封面。

4.1.2　书籍用材料内在质量分等规定见表1。

表 1

项目		指标	
		优等品	合格品
质量偏差率/%		±3.0	±6.0
密度偏差率/%		±3.0	±6.0
撕破强力/N ≥		7	
色牢度/级 ≥	耐干摩擦	3	
	耐光	3	

4.1.3 书籍用材料整洁无明显污渍，无破损性疵点。其他疵点规定见表 2。

表 2

单位为毫米

项目		指标	
		优等品	合格品
织造疵点	主要部位	≤2	≤5
	次要部位	≤5	≤10
印花疵点	主要部位	≤0.5	≤1
	次要部位	≤2	≤5
渍	主要部位	≤0.5	≤1
	次要部位	≤2	≤5
疵点比例/%		≤0.5	≤0.8

注 1：主要部位指书籍正文内容所在版面和位置。

注 2：疵点比例指单位成品中织物疵点数占书籍总字数的百分比，含图部分按图片所占页面折算字数。

4.2 成品外观

4.2.1 书籍的文字、图片等内容应尊重样稿。

4.2.2 文字的提花、印花线条清晰完整，无缺笔断划，无误解文意的疵点。

4.2.3 书籍版面均匀、整洁，与样稿无明显差别。

4.2.4 书页平服整齐，无明显皱折、折角、残页、缺页。

4.2.5 页码和版面顺序正确，裁切边无毛边、卷边、破边现象。

4.3 成品规格误差

4.3.1 书芯裁切尺寸应符合 GB/T 788 的要求，非标准尺寸按合同或设计要求。考虑到书芯织物特殊性，裁切成品误差应符合表 3 规定。

表 3

单位为毫米

成品幅面	误差范围
148×210 及以下	±2.0
148×210 以上	±5.0

4.3.2 成品文字、图案位置偏差应符合表 4 规定。

表 4

单位为毫米

成品幅面	误差范围
148×210 及以下	±1.0
148×210 以上	±2.0

4.3.3 书背文字或标记应处在中心线位置，其位置误差范围应符合表5规定。

表5

单位为毫米

书背厚度	误差范围
10及以下	≤1.0
11～20	≤1.5
21～30	≤2.0
30以上	≤2.5

4.3.4 书芯与书壳套合后三面飘口一致，书的四角垂直，歪斜误差不大于2 mm。

4.3.5 飘口尺寸及误差应符合表6规定。

表6

单位为毫米

成品幅面	尺寸及误差范围
148×210及以下	3±0.5
210×297	3.5±0.5
210×297以上	4±0.5
注：非标准尺寸参照最接近的尺寸执行。	

4.4 装订

4.4.1 锁线订

4.4.1.1 锁线订针位应均匀分布在书帖的后一折缝线上，针位和针数应符合表7规定。

表7

单位为毫米

成品幅面	上下针位与上下切口的距离	针数	针组
105×144及以下	10～15	5～6	2～3
148×210	15～20	6～10	3～5
210×297及以上	20～25	10～16	6～8

4.4.1.2 用线规格应为42公支或60公支纱、4股或6股蜡光塔线，或相同规格的塔形化纤线。

4.4.1.3 锁线后书芯各帖应排列正确、整齐，书芯厚度应基本一致。

4.4.1.4 锁线松紧适当，无卷帖、歪帖、漏锁、扎破衬、折角、断线和线圈。

4.4.2 胶粘订

4.4.2.1 胶粘装订用粘合剂应粘度适当。

4.4.2.2 胶粘装订以使粘合剂能渗透到书帖最里页张上并粘牢为准，不得有脱胶和外渗现象。

4.4.2.3 订后书芯每本厚度应基本一致，书背平直。

4.4.3 书芯、书壳及套合要求

书芯、书壳及套合要求应符合CY/T 27规定。

4.5 著录数据和使用说明

4.5.1 丝绸书成品应简明、准确、清晰地体现图书著录数据和使用说明两部分内容。

4.5.2 著录数据部分应包括：书名和作者，版本和版次，出版地、出版者和出版时间，标准书号项，附加说明。

4.5.3 使用说明部分应包括：版本设计者、制造者的名称和地址，原材料成分和含量，成品规格尺寸，使用和贮存注意事项，产品标准编号，产品质量等级，质量检验合格证书。

4.5.4 著录数据选取规则和格式按GB/T 12451相应条款执行。使用说明应印染或织造在产品上，格式和基本要求按GB 5296.4相应条款执行。

5 试验方法

5.1 外观质量的试验方法

5.1.1 外观质量中的成品外观采用目测法，按本标准中4.2的要求目测相应部位的外观质量。

5.1.2 外观质量中的成品规格误差、装订等采用测量法，按4.3和4.4的要求，采用直尺测量成品规格误差、针距、针数等(测量结果精确至1 mm)。

5.2 内在质量的试验方法

5.2.1 质量偏差率的试验方法按GB/T 15552—2007中3.3执行。

5.2.2 密度偏差率的试验方法按GB/T 15552—2007中3.4执行。

5.2.3 撕破强力的试验方法按GB/T 15552—2007中3.6执行。

5.2.4 色牢度的试验方法按GB/T 15552—2007中3.13执行。

6 检验规则

6.1 生产条件基本相同的，同一品种、同时交货的一组单位产品为一批。

6.2 丝绸书成品按其用途确定抽样数量。收藏馈赠用应逐本检验，普通用途可按CY/T 12执行。

6.3 质量等级划分

6.3.1 单件产品全部指标均达到优等品要求，该产品判为优等品；有一项及以上技术指标达不到合格品要求，该产品判为不合格品；其他为合格品。

6.3.2 批量判定：整批产品中优等品数≥95%，且不含不合格品，该批判为优等品批；合格以上产品数≥95%，该批判为合格品批；其他为不合格批。

7 标志和包装

7.1 一般用专用包装盒单本包装，包装盒材质可为木材、纸板或织物。应符合防水、防污、防霉要求。

7.2 每个独立包装内可按需要放置收藏证书，并配备专用手套、专用书签等配件。

7.3 外包装一般使用纸箱，要求坚韧、牢固、整洁。纸箱内应加塑料内衬或拖蜡防潮纸，用胶带封口。包装件上按GB/T 191打印包装储运图示标志。

7.4 每箱应附装箱单，标注品名、产品规格、数量、包装方式、生产单位名称和地址等内容。

8 运输和贮存

8.1 运输中不允许将包件由高处扔下。不许砸、踏。注意防雨、防潮、防晒、防腐，不能重压。

8.2 贮存环境应温湿度适宜。注意防潮、防晒、防燥热、防油、防蛀、防腐，不能重压。

8.3 运输和贮存应遵守包装件上的包装储运图示标志规定。

9 其他

对丝绸书的品质、试验方法、检验规则及包装另有特殊要求者，可按合同或设计要求执行。

附　录　A
（资料性附录）
书芯用材料疵点归类表

表 A.1

序号	疵点类别	说　明
1	织造疵点	经柳、筘路、多少捻、缺经、断通丝、错经、碎糙、夹糙、夹断头、断小柱、叉绞、分经路、小轴松、水渍急经、宽急经、错通丝、综穿错、单爿头、双经、粗细经、夹起、懒针、煞星、渍经、灰伤、皱印、破纸板、综框梁子多少起、抛纸板、错纹板、错花、跳梭、柱渍、轧梭痕、筘锈渍、带纬、断纬、叠纬、坍纬、糙纬、皱印、杂物织入、渍纬、松紧档、撬档、撬小档、顺纡档、多少捻档、粗细纬档、缩纬档、急纬档、断花档、通绞档、毛纬档、拆毛档、停车档、渍纬档、错纬档、糙纬档、色纬档、拆烊档等
2	印花疵点	搭脱、渗进、漏浆、塞煞、色点、眼圈、套歪、露白、砂眼、双茎、拖版、搭色、反丝、叠版印、框子印、刮刀印、色皱印、回浆印、刷浆印、化开、糊开、花痕、野花、粗细茎、跳版深浅、接版深浅、雕色不清、涂料脱落、涂料颜色不清等
3	渍	色渍、锈渍、油污渍、洗渍、皂渍、霉渍、蜡渍、白雾、字渍、水渍等
注：表中没有归类的疵点，按类似疵点评分。		

ICS 59.080.20
W 42

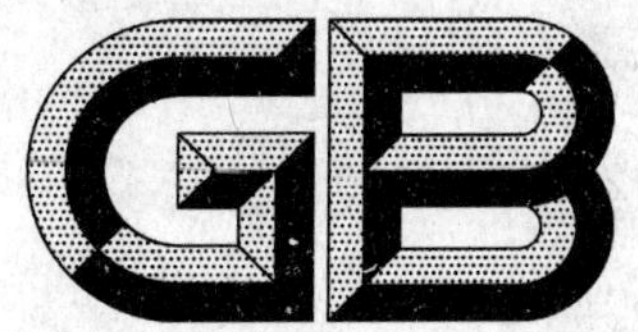

中华人民共和国国家标准

GB/T 22859—2009

染色桑蚕捻线丝

Dyed mulberry thrown silk

2009-04-21 发布　　2009-12-01 实施

中华人民共和国国家质量监督检验检疫总局
中国国家标准化管理委员会　发布

前　言

本标准由中国纺织工业协会提出。

本标准由全国丝绸标准化技术委员会归口。

本标准起草单位：杭州喜得宝集团有限公司、浙江丝绸科技有限公司、达利丝绸（浙江）有限公司、浙江巴贝领带有限公司、杭州达利富丝绸染整有限公司、广东出入境检验检疫局

本标准主要起草人：赵之毅、樊启平、周颖、林平、屠永坚、阮根尧、李淳、蔡桂花。

染色桑蚕捻线丝

1 范围

本标准规定了染色桑蚕捻线丝的要求、试验方法、检验规则、包装和标志。

本标准适用于经染色加工后的2 000捻/m及以下，所用原料是9根及以下生丝，其单根生丝的名义纤度在49 den(54.4 dtex)及以下绞装、筒装桑蚕捻线丝的品质评定。

2 规范性引用文件

下列文件中的条款通过本标准的引用而成为本标准的条款。凡是注日期的引用文件，其随后所有的修改单(不包括勘误的内容)或修改版均不适用于本标准，然而，鼓励根据本标准达成协议的各方研究是否可使用这些文件的最新版本。凡是不注日期的引用文件，其最新版本适用于本标准。

GB/T 250 纺织品 色牢度试验 评定变色用灰色样卡(GB/T 250—2008，ISO 105-A02:1993，IDT)

GB/T 2543.1 纺织品 纱线捻度的测定 第1部分：直接计数法

GB/T 3916 纺织品 卷装纱 单根纱线断裂强力和断裂伸长率的测定

GB/T 3920 纺织品 色牢度试验 耐摩擦色牢度(GB/T 3920—1997，eqv ISO 105-X12:2001，MOD)

GB/T 3921—2008 纺织品 色牢度试验 耐皂洗色牢度(ISO 105-C01:2006，MOD)

GB/T 3922 纺织品 耐汗渍色牢度试验方法

GB/T 4841.1 染料染色标准深度色卡 1/1

GB/T 5711 纺织品 色牢度试验 耐干洗色牢度(GB/T 5711—1997，eqv ISO 105-D01:1993)

GB/T 5713 纺织品 色牢度试验 耐水色牢度(GB/T 5713—1997，eqv ISO 105-E01:1994)

GB/T 6529 纺织品 调湿和试验用标准大气

GB/T 8170 数值修约规则与极限数值的表示和判定

GB/T 8427—1998 纺织品 色牢度试验 耐人造光色牢度：氙弧(eqv ISO 105-B02:1994)

GB/T 8693 纺织品 纱线的标示

GB/T 9995 纺织材料含水率和回潮率的测定 烘箱干燥法

GB 18401 国家纺织产品基本安全技术规范

3 术语和定义

下列术语和定义适用于本标准。

3.1

染色桑蚕捻线丝 dyed mulberry thrown silk

经染色加工后的绞装和筒装桑蚕捻线丝。

4 染色桑蚕捻线丝纤度和细度的标示

染色桑蚕捻线丝纤度以原料生丝的名义纤度乘以根数，作为染色桑蚕捻线丝的名义纤度。名义纤度以旦尼尔表示，符号为den，染色桑蚕捻线丝标示、符号按GB/T 8693规定，捻向按GB/T 8693规定。

示例1：20/22 den(23 dtex) f3 S 230，表示三根20/22 den(23 dtex)无捻生丝S向230捻/m。

示例2：20/22 den(23 dtex) f1 Z 725×2 S 625，表示单根20/22 den(23 dtex)Z向725捻/m生丝，2股S向

625 捻/m。

示例 3:20/22 den(23 dtex) f3 Z 600×3 S 500,表示三根 20/22 den(23 dtex)Z 向 600 捻/m 生丝,3 股 S 向 500 捻/m。

5 要求

5.1 分等规定

5.1.1 染色桑蚕捻线丝的品质评等以批为单位。按内在质量和外观质量的检验结果综合评定,并以其中最低一项评定等级。分为优等品、一等品、二等品,低于二等品的为等外品。

5.1.2 染色桑蚕捻线丝的要求包括色牢度、捻度变异系数、捻度偏差率、纤度变异系数、断裂强度、断裂伸长率等内在质量和色差、疵绞(疵筒)等外观质量。

5.1.3 色牢度、捻度变异系数、捻度偏差率、纤度变异系数、断裂强度、断裂伸长率等内在质量和色差和疵绞(疵筒)外观质量均按批评等。

5.2 回潮率

染色桑蚕捻线丝的公定回潮率为 11.0%,实测回潮率不得低于 8.0%,不得超过 14.0%,实测回潮率超过 14.0%或低 8.0%时,应退回委托方重新整理平衡。

5.3 基本安全性能

染色桑蚕捻线丝的基本安全性能应符合 GB 18401 的规定。

5.4 内在质量要求

染色桑蚕捻线丝的内在质量规定见表 1。

表 1 染色桑蚕捻线丝的内在质量规定

检验项目			等级		
			优等品	一等品	二等品
色牢度/级 ≥	耐水 耐皂洗 耐汗渍	变色	4	3-4	3
		沾色	4	3-4	3
	耐干摩擦		4	3-4	3
	耐湿摩擦		3-4	3,2-3(深色[a])	
	耐干洗		4	3-4	3
	耐光		4	3	
捻度变异系数[b](绞装)/% ≤	100 捻/m~200 捻/m		7.50	10.00	14.00
	201 捻/m~500 捻/m		5.50	8.00	12.00
	501 捻/m~800 捻/m		4.50	6.50	10.00
	801 捻/m~1 250 捻/m		4.00	6.00	9.00
	1 251 捻/m~2 000 捻/m		3.50	5.00	8.00
捻度变异系数[b](筒装)/% ≤	100 捻/m~200 捻/m		8.50	11.00	15.00
	201 捻/m~500 捻/m		6.00	8.50	12.50
	501 捻/m~800 捻/m		5.50	8.00	12.00
	801 捻/m~1 250 捻/m		5.00	7.50	11.50
	1 251 捻/m~2 000 捻/m		4.50	7.00	10.50

表 1（续）

检 验 项 目		等 级		
		优等品	一等品	二等品
捻度偏差率[b]/% ≤	100 捻/m～200 捻/m 及以下	5.00	8.00	12.00
	201 捻/m～500 捻/m	4.00	6.50	10.50
	501 捻/m～800 捻/m	3.50	5.00	8.50
	801 捻/m～1 250 捻/m	3.00	4.50	8.00
	1 251 捻/m～2 000 捻/m	2.50	4.00	7.00
纤度变异系数[c]/% ≤	2 根及以下	7.00	8.00	12.00
	3 根	6.00	7.00	11.00
	4 根	5.50	6.50	9.50
	5 根～9 根	5.00	6.00	9.00
断裂强度[d]/[gf/den(cN/dtex)] ≥		3.20(2.82)	3.10(2.74)	
断裂伸长率[c]/% ≥		16.00	15.00	
a 大于或等于 GB/T 4841.1 中 1/1 标准深度为深色。 b 名义捻度 100 捻/m 以下染色桑蚕捻线丝的捻度变异系数、捻度偏差率不考核。 c 名义捻度在 800 捻/m 以上染色桑蚕捻线丝的纤度变异系数不考核。 d 名义纤度为 200 den(222.2 dtex)以上染色桑蚕捻线丝断裂强度及伸长率不考核。				

5.5 外观质量要求

5.5.1 绞装染色桑蚕捻线丝的外观疵点评定见表 2，对达到表 2 程度的丝绞则被判为疵绞。

表 2 绞装染色桑蚕捻线丝外观疵点的评定规定

序号	疵点名称	外观疵点说明
1	白雾	丝绞的表面产生明显的白色的雾状
2	污渍	丝绞上有明显污渍
3	断丝	丝绞内两根以上断丝
4	起毛	丝绞表面明显起毛
5	凌乱丝	丝片花绞不清，络交紊乱，不易络筒
6	色花	被检丝绞中最严重一绞呈现不规则的色泽差异达 3 级以下
7	多股(根)与少股(根)	股丝线中比规定出现多股(根)与少股(根)，长度在 1.5 m 及以上者
注：当一绞中有几种疵点存在时，以最严重程度的疵点评定。		

5.5.2 筒装染色桑蚕捻线丝的外观疵点评定见表 3，对达到表 3 程度的丝筒则被判为疵筒。

表 3 筒装染色桑蚕捻线丝外观疵点的评定规定

序号	疵点名称	外观疵点说明
1	白雾	丝筒的表面产生白色的雾状
2	污渍	丝筒上有明显污渍
3	断丝	丝筒内存在两根以上断丝
4	起毛	丝筒上明显起毛

表 3（续）

序号	疵点名称	外观疵点说明
5	成形不良	丝筒端面有菊花状，明显压印、平头筒子、侧面重叠、跳丝、端面卷边、筒管破损、垮筒、松筒等情况之一者
6	色圈	同一丝筒端面颜色有明显差异达 3 级以下
7	轧白	丝筒之间摩擦产生擦伤、擦白印
8	色花	丝筒内呈现不规则的色泽差异达 3 级以下
9	色差	筒子内层与筒子外层色差 3 级以下
10	丝筒不匀	筒子重量相差在 15% 以上者，即： $\frac{\text{大筒重量}-\text{小筒重量}}{\text{大筒重量}}\times 100\% > 15\%$
注：当一筒中有几种疵点存在时，以最重程度的疵点评定。		

5.5.3 外观质量评等规定见表 4。

表 4 绞（筒）装染色桑蚕捻线丝外观质量评等规定

项　目		优等品	一等品	二等品
色差/级	与标样对比	4-5	4	3-4
	批内	4-5	4	3-4
疵绞、疵筒率/%	≤	3	4	5

6 检验规则

6.1 组批

同一品种、同一色号、同一合同或生产批号为同一检验批，每批约 150 kg，不足 150 kg 的仍按一批计算。

6.2 抽样

6.2.1 抽样数量

6.2.1.1 绞装、筒装染色桑蚕捻线丝的重量、内在质量检验试样抽样数量按表 5 规定。

表 5 重量和内在质量样丝抽样数量

包装形式	重量检验		内在质量试样数
	份	每份绞、筒数	
绞装/绞	2	2	10
筒装/筒[a]	2	2	5

a 每筒从表层剥取约 100 g 质量（重量）检验用丝。

6.2.1.2 外观质量检验试样抽样数量

绞装、筒装染色桑蚕捻线丝外观质量的抽样数量按抽检丝批丝绞或丝筒总数量的 10% 抽取。

6.2.2 抽样方法

染色桑蚕捻线丝重量检验、内在质量和外观质量检验样丝抽样应遍及件（箱）内的不同部位。

6.2.3 绞装捻线丝的试样丝锭制备

抽取绞装捻线丝的内在质量检验试样，按表 6 规定卷绕丝锭。

表 6 内在质量样丝卷绕速度和卷绕时间规定

捻线丝名义纤度/den(dtex)	丝锭卷绕速度/(m/min)	丝锭卷绕时间/min	丝锭个数	
			面层	底层
33(36.7)及以下	165	20	10	10
34～100(37.8～111.1)	165	10	10	10
100(111.1)以上	165	5	20	20

7 检验方法

7.1 重量检验

7.1.1 仪器设备

仪器设备如下：

a) 台秤：分度值≤0.05 kg；

b) 天平：分度值≤0.01 g；

c) 带有天平的烘箱。天平：分度值≤0.01 g。

7.1.2 检验规程

7.1.2.1 皮重

袋装丝取布袋 2 只，箱装丝取纸箱 2 只(包括箱中的定位纸板、防潮纸)用台秤称其重量，得出外包装重量；绞装丝任择 3 把，拆下纸、绳(筒装丝任择 10 只筒管及纱套)，用天平称其重量，得出内包装重量；根据内、外包装重量，折算出每箱(件)的皮重。

7.1.2.2 毛重

全批受验丝抽样后，逐箱(件)在台秤上称量核对，得出每箱(件)的毛重和全批丝的毛重。毛重复核时允许差异为 0.10 kg，以第一次毛重为准。

7.1.2.3 净重

每箱(件)的毛重减去每箱(件)的皮重即为每箱(件)的净重，以此得出全批丝的净重。

7.1.2.4 湿重(原重)

将按 6.2.1 规定抽得的试样，以份为单位依次编号，立即在天平上称量核对，得出各份的湿重。筒装丝初次称量后，将丝筒复摇成绞，称得空筒管重量，再由初称重量减去空筒管重量加上编丝线重量，即得湿重。

湿重复核时允许差异为 0.20 g，以第一次湿重为准。

试样间的重量允许差异规定：绞装丝在 30 g 以内，筒装丝在 50 g 以内。

7.1.2.5 干重

将称过湿重的试样，以份为单位，松散地放置在烘篮内，以(140±2)℃的温度烘至恒重，得出干重。

相邻两次称量的间隔时间和恒重判定按 GB/T 9995 规定执行。

7.1.2.6 实测回潮率

按式(1)计算，计算结果取小数点后两位。

$$W = \frac{m - m_0}{m_0} \times 100 \qquad \cdots\cdots(1)$$

式中：

W——实测回潮率，%；

m——试样的湿重，单位为克(g)；

m_0——试样的干重，单位为克(g)。

将同批各份试样的总湿重和总干重代入式(1)，计算结果作为该批丝的实测平均回潮率。

当该批丝的实测平均回潮率超过 14.0%或低于 8.0%时，应退回委托方重新整理平衡。

7.1.2.7 公量

按式(2)计算，计算结果取小数点后两位。

$$m_K = m_J \times \frac{100 + W_K}{100 + W} \quad \cdots\cdots(2)$$

式中：

m_K——公量，单位为千克(kg)；

m_J——净重，单位为千克(kg)；

W_K——公定回潮率，%；

W——实测平均回潮率，%。

7.2 内在质量检验

7.2.1 检验条件

捻度、断裂强度、断裂伸长率、纤度的测定应按 GB/T 6529 规定的标准大气和容差范围，在温度(20.0±2.0)℃、相对湿度(65.0±4.0)%下进行，试样应在上述条件下平衡 12 h 以上方可进行检验。

7.2.2 色牢度试验方法

7.2.2.1 试样的制备：

采用内在质量检验的样丝，制取能满足色牢度测试要求的针织或机织布片一块。

7.2.2.2 色牢度试验方法：

a) 耐水色牢度按 GB/T 5713 进行；
b) 耐皂洗色牢度按 GB/T 3921—2008 中采用试验条件 B(2)；
c) 耐汗渍色牢度按 GB/T 3922 进行；
d) 耐摩擦色牢度按 GB/T 3920 进行；
e) 耐光色牢度按 GB/T 8427—1998 中的方法 3 进行；
f) 耐干洗色牢度按 GB/T 5711 执行。

7.2.3 捻度偏差率

7.2.3.1 设备：

a) 捻度试验仪；
b) 挑针。

7.2.3.2 检验规程：

a) 绞装丝：取内在质量试样 10 绞，每绞卷取 2 只丝锭，每只丝锭测 1 次，共测 20 次。
b) 筒装丝：取内在质量试样 5 筒，每个丝筒测 4 次，共测 20 次。
c) 按 GB/T 2543.1 规定测试捻度，当染色捻线丝的名义捻度＜1 250 捻/m 时，隔距长度为(500±0.5)mm；当染色捻线丝的名义捻度≥1 250 捻/m 时，隔距长度为(250±0.5)mm。预加张力(0.05±0.01)cN/dtex。

7.2.3.3 检验结果计算

7.2.3.3.1 平均捻度按式(3)计算，计算结果精确到小数一位。

$$\overline{X} = \frac{\sum_{i=1} X_i \times 1\ 000}{N \times L} \quad \cdots\cdots(3)$$

式中：

$\overline{X}$——平均捻度，单位为捻每米(捻/m)；

X_i——每个试样捻数测试结果，单位为捻；

N——试验次数；

L——试样长度，单位为毫米(mm)。

7.2.3.3.2 捻度偏差率按式(4)计算,计算结果精确到小数两位。

$$S=\frac{|X-\overline{X}|}{X}\times 100 \qquad \cdots\cdots(4)$$

式中:

S——捻度偏差率,%;

$\overline{X}$——平均捻度,单位为捻每米(捻/m);

X——名义捻度,单位为捻每米(捻/m)。

7.2.4 纤度变异系数

7.2.4.1 设备:

a) 纤度机:机框周长 1.125 m,速度 270 r/min~300 r/min,附有回转计数及自停装置;

b) 生丝纤度仪:分度值 0.10 den;

c) 天平:量程≥1 000 g,最小分度值≤0.01 g。

7.2.4.2 纤度丝数量、回数、读数精度及纤度总和与纤度总量间的允许差异规定见表 7。

表 7 纤度丝数量、回数、读数精度及纤度总和与纤度总量的允差规定

捻线丝名义纤度/den(dtex)	每批纤度丝数量/绞	每绞纤度丝回数/回	每组纤度总和与纤度总量间允许差异/den(dtex)	读数精度/den(dtex)
33(36.7)及以下	100	400	3.5(3.89)	0.5(0.56)
34~100(37.8~111.1)	100	100	7.0(7.78)	1(1.11)
101~200(112.2~222.2)	100	100	14.0(15.56)	2(2.22)
200(222.2)以上	100	50	28.0(31.11)	2(2.22)

7.2.4.3 检验规程:

a) 绞装丝:20 只丝锭,用纤度机卷取纤度丝,每只丝锭卷取 5 绞,共计 100 绞;

b) 筒装丝:5 只丝筒,每筒卷取 20 绞,共计 100 绞;

c) 将卷取的纤度丝以 50 绞为一组,逐绞在纤度仪上称计,求得"纤度总和",然后分组在天平上称得"纤度总量",把每组"纤度总和"与"纤度总量"进行核对,其允许差异规定见表 7,超过规定时,应逐绞复称至每组允差以内为止。

7.2.4.4 检验结果计算

7.2.4.4.1 平均纤度按式(5)计算,计算结果精确到小数两位。

$$\overline{D}=\frac{\sum_{i=1}^{n} f_i D_i}{N} \qquad \cdots\cdots(5)$$

式中:

$\overline{D}$——平均纤度,单位为旦(分特)[den(dtex)];

D_i——各组纤度丝的纤度,单位为旦(分特)[den(dtex)];

f_i——各组纤度丝的绞数,单位为绞;

n——纤度的组数;

N——纤度丝总绞数,单位为绞。

7.2.4.4.2 纤度变异系数按式(6)计算,计算结果精确到小数两位。

$$CV_D=\frac{\sqrt{\sum_{i=1}^{n} f_i(D_i-\overline{D})^2/N}}{\overline{D}}\times 100 \qquad \cdots\cdots(6)$$

式中：

CV_D——纤度变异系数，%；

$\overline{D}$——平均纤度，单位为旦(分特)[den(dtex)]；

D_i——各绞纤度丝的纤度，单位为旦(分特)[den(dtex)]；

f_i——各组纤度丝的绞数，单位为绞；

n——纤度的组数；

N——纤度丝总绞数，单位为绞。

7.2.5 染色桑蚕捻线丝的断裂强度和断裂伸长率

7.2.5.1 设备：

a) 等速伸长试验仪(CRE)：隔距长度为(500±2)mm，拉伸速度为 500 mm/min；预张力为(0.05±0.01)cN/dtex(1/18 gf/den)，强力读数精度≤0.01 kg(0.1 N)，伸长率读数精度≤0.1%。

b) 天平：分度值≤0.01 g。

7.2.5.2 检验规程：

a) 绞装丝：20 只丝锭，每只丝锭测一次，共测 20 次；

b) 筒装丝：5 只丝筒，每个丝筒测四次，共测 20 次；

c) 按 GB/T 3916 规定测试断裂强力与断裂伸长率。

7.2.5.3 试验结果计算：

a) 断裂强度按式(7)计算：

$$\text{断裂强度}[(\text{gf/den}(\text{cN/dtex})] = \frac{\text{平均断裂强力}[\text{gf}(\text{cN})]}{\text{平均纤度}[\text{den}(\text{dtex})]} \qquad \cdots\cdots\cdots\cdots(7)$$

计算结果精确至小数点后两位。

b) 平均断裂伸长率按式(8)计算：

$$\text{平均断裂伸长率}(\%) = \frac{\text{各次断裂伸长总和(mm)}}{\text{试验次数}\times\text{名义隔距长度(500 mm)}}\times 100 \qquad \cdots\cdots(8)$$

计算结果精确至小数点后两位。

7.3 外观质量检验方法

7.3.1 检验条件

设备如下：

a) 检验台：表面光滑无反光；

b) 检验光源：检验光源采用天然北光，或采用内装荧光管的平面组合灯罩或集光灯罩，光线以一定的距离柔和均匀地照射于丝把(丝筒)的端面上，端面的照度为 450 lx～500 lx；

c) 评定变色用灰色样卡(GB/T 250)；

d) D65 标准灯箱或按用户合同或协议要求的其他标准灯箱。

7.3.2 检验规程

7.3.2.1 与标样对比色差的检验方法

采用 D65 标准光源，在外观质量检验样丝中，取与标样丝相近质量且色泽深浅差异最大的两绞或两筒丝中的样丝，与标样同时放入 D65 标准灯箱中，入射光与试样表面约成 45°角，检验人员的视线垂直于试样和标样表面，距离约 60 cm 目测，与 GB/T 250 标准样卡对比评级。

7.3.2.2 批内色差的检验方法

将抽取的外观质量丝绞(丝筒)平摊放置在检验台上，以感观评定同批丝绞(丝筒)的色差。当批内色差有深浅时，对照 GB/T 250 标准样卡进行评定。

7.3.2.3 外观质量检验方法

7.3.2.3.1 绞装丝：将抽取的样丝平摊并整齐地排列在检验台上，逐绞检查样丝表面、中层、内层有无各种外观疵点，对照表 2 所列的疵点名称和疵点说明进行评定疵绞。

7.3.2.3.2 筒装丝：将抽取的样丝筒子放在检验台上，大头向上，用手将筒子倾斜 30°～40°转动一周，检查筒子的端面和侧面；逐筒检查试样的上、下端面和侧面，对照表 3 所列的疵点名称和疵点说明进行评定疵筒。

7.3.2.3.3 发现表 2、表 3 程度的疵绞、疵筒应记录并剔除。

7.3.2.3.4 疵绞、疵筒率的计算方法：

$$疵绞、疵筒率(\%)=\frac{疵绞、疵筒数}{丝绞、丝筒被检数}\times 100$$

7.4 检验分类

检验分为型式检验和出厂检验(交收检验)。型式检验时机根据生产厂实际情况或合同协议规定，一般在转产、停产后复产、原料或工艺有重大改变时进行。出厂检验在产品生产完毕交货前进行。

检验项目均按照本标准规定进行。

7.5 检验项目

检验项目均按照本标准规定进行。

7.6 出厂检验和型式检验抽样数量

内在质量的抽样数量按本标准 6.2.1 进行，外观质量抽样数量不低于该批丝绞(筒)数的 5%。

7.7 检验结果判定

7.7.1 染色桑蚕捻线丝质量的判定按内在质量和外观质量的检验结果综合评定，并以最低一项判定该批产品的等级。

7.7.2 内在质量按表 1 检验项目中最低一项检验结果评定。

7.7.3 外观质量按色差和疵绞、疵筒数综合评定，疵绞、疵筒率在 5%及以下者，判定该批产品外观质量合格；疵绞、疵筒率在 5%以上者，判定该批产品外观质量不合格。

8 包装和标志

8.1 包装

8.1.1 每批染色桑蚕捻线丝净重或公量为 150 kg。件与件(箱与箱)之间重量差异不超过 2 kg。

8.1.2 染色桑蚕捻线丝的整理、重量和装箱规定按用户要求执行。

8.1.3 包装应牢固，保证染色桑蚕捻线丝品质不受损伤，并便于仓储及运输。包装用的布袋、纸箱、纸、绳等应清洁、坚韧、整齐。

8.2 标志

8.2.1 标志应明确、清楚、便于识别。

8.2.2 每件(箱)染色桑蚕捻线丝的外包装应有如下标志：品名、品号、批号、色号、箱(包)号、规格、品质等级、执行标准、制造商、生产日期。

8.2.3 每批染色桑蚕捻线丝应附有品质和重量检验证书。

9 数值修约

本标准的各种数值计算，均按 GB/T 8170 数值修约规则取舍。

10 其他

对染色桑蚕捻线丝的规格、品质、包装、标志包装有特殊要求者，供需双方可另行协议。

ICS 59.080.01
W 40

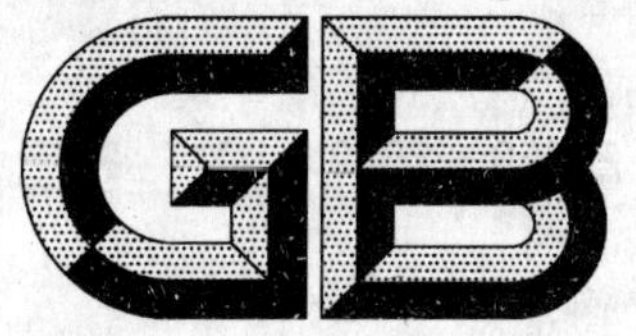

中华人民共和国国家标准

GB/T 22860—2009

丝绸(机织物)的分类、命名及编号

Classing,naming and coding of silk (woven fabric)

2009-04-21 发布　　　　2009-12-01 实施

中华人民共和国国家质量监督检验检疫总局
中国国家标准化管理委员会　发布

前 言

本标准由中国纺织工业协会提出。

本标准由全国丝绸标准化技术委员会归口。

本标准起草单位:浙江丝绸科技有限公司、达利(浙江)丝绸有限公司、杭州金富春丝绸化纤有限公司。

本标准主要起草人:周颖、林平、盛建祥、俞丹、叶生华。

丝绸(机织物)的分类、命名及编号

1 范围

本标准规定了丝绸(机织物)产品的分类、命名及编号。

本标准适用于各类丝绸(机织物)产品的分类、命名及编号。

2 分类

丝绸(机织物)产品共分为14大类和38小类。

2.1 大类

2.1.1

绡类 chiffon

采用平纹或假纱等组织,通常采用经、纬加捻,密度较小,质地轻薄透孔的织物。

2.1.2

纺类 habotai

采用平纹组织,经、纬不加捻或弱捻,绸面平整缜密的织物。

2.1.3

绉类 crepe

采用平纹或其他组织结构,运用加捻工艺,绸面呈现明显的绉效应,并富有弹性的织物。

2.1.4

缎类 satin

采用缎纹组织,绸面平滑肥亮的织物。

2.1.5

锦类 brocade

采用斜纹、缎纹等组织,经、纬不加捻或低捻,绸面呈瑰丽多彩,花纹精致的色织提花织物。

2.1.6

绫类 ghatpot

采用斜纹或斜纹变化组织,绸面具有明显斜向纹路的织物。

2.1.7

绢类 yarn-dyed silk fabric

采用平纹或平纹变化组织,熟织或色织套染,绸面细密平挺的织物。

2.1.8

纱类 gauze

全部或部分采用纱组织,绸面呈现清晰纱孔的织物。

2.1.9

罗类 leno

全部或部分采用罗组织,绸面纱孔呈条状的织物。

2.1.10

绨类 bengaline

采用平纹组织、以各种长丝作经、棉纱蜡线或其他短纤维纱线原料作纬,质地比较粗厚的织物。

2.1.11

葛类 poplin

采用平纹、平纹变化组织或急斜纹组织，经细纬粗，经密纬疏，质地厚实，有比较明显的横绫织物。

2.1.12

绒类 velvet

全部或部分采用绒组织，绸面呈明显绒毛或绒圈的织物。

2.1.13

呢类 suiting silk

采用或混用基本组织、联合组织及变化组织，质地丰厚的织物。

2.1.14

绸类 silk & filament fabric

采用或混用各种基本组织及变化组织，质地较紧密或无以上各类特征的织物。

2.2 小类

2.2.1

双绉类 crepe de chine

应用平纹组织，纬向采用2S、2Z排列的强捻丝，绸面呈均匀绉效应的织物。

2.2.2

碧绉类 kade crepe

纬向采用碧绉线，绸面呈现细密绉纹的织物。

2.2.3

乔其类 georgette

采用平纹组织，经向、纬向均采用中、强捻丝，质地较稀疏轻薄，绸面呈现纱孔和绉效应的织物。

2.2.4

顺纡类 crepon

纬向采用单向强捻丝，绸面呈现不规则直向皱纹的织物。

2.2.5

塔夫类 taffeta

采用平纹组织、质地细密挺括的并有明显的丝鸣感的熟织物。

2.2.6

生类 unboiled-fabric

采用生丝织造，不经精练的织物。

2.2.7

电力纺类 habotai

一般指采用桑蚕丝(柞丝)生织的平纹织物。

2.2.8

薄纺类 paj

一般指采用桑蚕丝生织，绸重在26 g/m^2 及以下的平纹织物。

2.2.9

绢纺类 spun silk

经纬均采用绢丝的平纹织物。

2.2.10

绵绸类 noil poplin

经纬均采用紬丝的平纹织物。

2.2.11

双宫类　doupion silk

全部或部分采用双宫丝的织物。

2.2.12

疙瘩类　slubbed fabric

全部或部分采用疙瘩、竹节丝，绸面呈疙瘩效应的织物。

2.2.13

条子类　striped

采用不同的组织、原料、排列、密度、色彩等各种方法，外观呈现横、直条形花纹的织物。

2.2.14

格子类　check

采用不用的组织、原料、排列、密度、色彩等各种方法，外观呈现格形花纹的织物。

2.2.15

透凉类　mock-leno

采用假纱组织，构成似纱眼的透孔织物。

2.2.16

色织类　yarn-dyed

全部或部分采用色丝织造的织物。

2.2.17

双面类　reversible fabric

应用多重组织正反面均具有同类型斜纹或缎纹组织的织物。

2.2.18

提花类　jacquard fabric

提花织物。

2.2.19

修(剪)花类　broche

按照花型要求，修剪除去多余的浮长丝线的织物。

2.2.20

特染类　special dyeing

经、纬线采用扎染等特种染色工艺，绸面呈现两色及以上花色效应的织物。

2.2.21

印经类　warp-printing

经线印花后再进行织造的织物。

2.2.22

拉绒类　raising

经过拉绒整理的织物。

2.2.23

立绒类　up-right pile silk

经过立绒整理的织物。

2.2.24

和服类　kimono silk

幅宽在 45 cm 以下，或织有开剪缝，供加工和服专用的织物。

2.2.25

挖花类 swivel silk

采用手工或者特殊机械装置，挖成整齐光洁的花纹，背面没有浮长丝线，不需要修剪的丝组织。

2.2.26

烂花类 etched-out fabric

采用化学腐蚀方法，产生花纹的织物。

2.2.27

轧花类 gauffer

采用刻有花纹钢辊筒的轧压工艺，绸面呈现显著的松板纹、云纹、水纹等有折光效应和凹凸花纹的织物。

2.2.28

高花类 relief

采用重经组织或者重纬组织，粗细悬殊的原料，不同原料的强伸强缩等方法，绸面呈现显著凸起花纹的织物。

2.2.29

圈绒类 loop-pile

采用经起绒组织、绸面呈现细密均匀的绒圈织物。

2.2.30

领带类 necktic

专门制作领带的织物。

2.2.31

光类 lustering

采用金银铝皮线和各种不同光泽特征的丝线，辅之以不同的组织和排列，绸面呈现亮光、星光、闪光、隐光等不同光泽效应的织物。

2.2.32

纹类 dobby

采用绉组织或其他组织，绸面呈现星纹或各种小花纹的织物。

2.2.33

罗纹类 tussores

单面或双面呈经浮横条的织物。

2.2.34

腰带类 obi

专门制作和服腰带的织物。

2.2.35

打字类 typewriter ribbon silk

专门制作打字色带的织物。

2.2.36

莨绸类 gambiered canton silk

将纯桑蚕丝织物为原料经薯莨汁浸泡多次后，经过河泥、晾晒等传统手工艺加工而成的表面呈黑色发亮、底面呈咖啡色正反异色的织物。

2.2.37

大条类 large striped

经、纬采用柞大条丝的平纹织物。

2.2.38

花线类 fancy yarn

全部或部分采用花色捻线或拼色线的织物。

3 命名原则

3.1 丝绸产品的命名以织物组织结构、使用原料、加工工艺、外观形态等为依据，确定其所属丝绸产品类别，品名的最后一个字应为该丝绸产品的大类属性。

3.2 平素丝绸的品名由小类名称冠在大类名称前组成。

3.3 提花织物以地部组织确定大类，凡是有纱、罗和绒组织的提花丝绸应归入纱、罗和绒大类。提花丝绸除按上述方法命名外，也可采用与绸缎美丽华贵的外观，轻盈滑爽的质地等特征相称的词汇冠在大类名称前组成。

3.4 不具备有上述明显小类特征的丝绸，可以用其原料名称的简称冠在大类名称前组成，交织绸需联用两种原料名称作小类名称的，应将经向原料名称列在纬向名称前面，联用原料名称的简称冠在大类名称前组成。

3.5 具有两种小类特征的丝绸，命名时亦可将两小类名称联用冠在大类名称前组成。

3.6 被面命名仍沿用习惯名称，用原料和特征以及锦、缎大类冠在被面名称前组成。

3.7 品名应简单明了，通俗易懂，织物形象地反映丝绸的特征。品名一般由二至三字组成，最多不超过五个字。

4 品号编号原则

4.1 丝绸产品的品号由代表丝绸产品原料属性、类别、产品规格序号的五位阿拉伯数字组成。

4.2 第1位数代表织物所用原料属性。

4.3 第2位或第3位数代表大类品名。如绢、纺、绉、绸、缎、锦、绡、绫、罗、纱、葛、绨、绒、呢等。

4.4 第3、4、5位数则代表丝绸产品规格的顺序号。

4.5 具体编号方法见表1。

表1 丝绸产品的品号编号原则

第1位数		第2位或第3位数		第3、4、5位数	
序数	原料属性	序数	大类名称	序数	规格序号
1	表示桑蚕丝类原料（包括桑蚕丝、双宫丝、桑蚕绢丝、桑蚕䌷丝）纯织及桑蚕丝含量占50%以上的桑柞交织织物	0	绢	001～999	规格序号
		1	纺	001～999	规格序号
2	表示合成纤维长丝、合成纤维长丝与合成短纤纱线（包括合成短纤与粘胶、棉混纺的纱线）交织的织物	2	绉	001～999	规格序号
		3	绸	001～999	规格序号
3	表示天然蚕丝短纤与其他短纤混纺的纱线所组成的织物	40～47	缎	001～799	规格序号
4	表示柞丝类原料（包括柞蚕丝、柞蚕绢丝、柞蚕䌷丝）纯织及柞丝含量占50%以上的柞桑交织织物	48～49	锦	801～999	规格序号
		50～54	绡	001～499	规格序号
5	表示粘胶纤维长丝或铜氨、醋酸纤维长丝及与其短纤维纱线的交织物	55～59	绫	501～999	规格序号
		60～64	罗	001～499	规格序号
6	表示除上述“1”,“2”,“3”,“4”,“5”以外的经、纬由两种或两种以上原料交织的织物。若其主要原料含量在95%以上（绡类可放宽至90%），其余原料仅起点缀作用者，仍列入主要原料所属类别	65～69	纱	501～999	规格序号
		70～74	葛	001～499	规格序号
		75～79	绨	501～999	规格序号
		80～84	绒	001～499	规格序号
		85～89	呢	501～999	规格序号
7	按习惯沿用代表被面	—			

4.6　上表五位数从左至右排列。

4.7　在本标准实施之前已录入《中国出口绸缎统一规格》中的丝绸产品的品号按原来编的品号执行。

4.8　若是没有录入《中国出口绸缎统一规格》中的丝绸新产品，在编制绸缎规格表时，可在五位品号后，加上全国各丝绸主产区代号和企业名称或企业注册商标的第一个拼音字母。全国各主产区代号见表2。

表2　全国各丝绸主产区代号

地区	代号	地区	代号	地区	代号	地区	代号	地区	代号
北京	B	四川	C	辽宁	D	江西	J	陕西	Q
广东	G	浙江	H	新疆	I	山西	P	吉林	V
山东	L	福建	M	广西	N	河北	U		
重庆	R	上海	S	天津	T	黑龙江	Z		
安徽	W	湖南	X	河南	Y	云南	F		
贵州	GZ	海南	HN	湖北	E	江苏	K		

5　示例

12101 双绉：

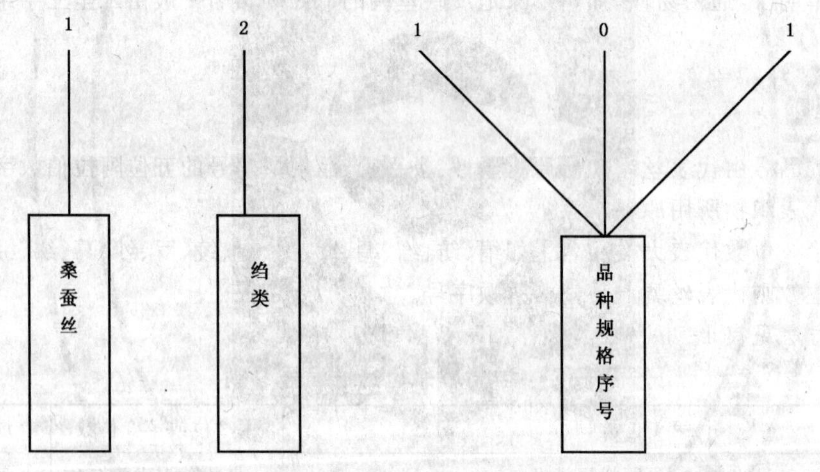

参 考 文 献

[1] 中国出口绸缎统一规格. 中国丝绸工业总公司，中国丝绸进出口总公司. 1995.

ICS 59.080.30
W 23

中华人民共和国国家标准

GB/T 22861—2009

精粗梳交织毛织品

Worsted yarn interweave with wollen yarn fabric

2009-04-21 发布

2009-12-01 实施

中华人民共和国国家质量监督检验检疫总局
中国国家标准化管理委员会 发布

前　言

本标准的附录 A、附录 B 为规范性附录。

本标准由中国纺织工业协会提出。

本标准由全国纺织品标准化技术委员会毛精纺分技术委员会(SAC/TC 209/SC 8)归口。

本标准由江苏阳光集团有限公司负责起草。

本标准参与起草单位:中国毛纺织行业协会、泰安康平纳毛纺织集团有限公司、浙江凌龙纺织有限公司。

本标准主要起草人:陈丽芬、杨海军、彭燕丽、黄淑媛、李椿和、陶丽敏、何良、马秀华、曹秀明、赵会堂、顾祖栋、王桂珍。

精粗梳交织毛织品

1 范围

本标准规定了精粗梳交织毛织品的技术要求、试验方法、检验规则及包装标志。

本标准适用于鉴定各类机织服用精粗梳交织毛织品(羊毛及其他动物纤维含量30%及以上)的品质。

2 规范性引用文件

下列文件中的条款通过本标准的引用而成为本标准的条款。凡是注日期的引用文件,其随后所有的修改单(不包括勘误的内容)或修订版均不适用于本标准,然而,鼓励根据本标准达成协议的各方研究是否可使用这些文件的最新版本。凡是不注日期的引用文件,其最新版本适用于本标准。

GB/T 250 纺织品 色牢度试验 评定变色用灰度卡(GB/T 250—2008,ISO 105-A02:1993,IDT)

GB/T 2910 纺织品 二组分纤维混纺产品定量化学分析方法(GB/T 2910—1997,eqv ISO 1833:1977)

GB/T 2911 纺织品 三组分纤维混纺产品定量化学分析方法(GB/T 2911—1997,eqv ISO 5088:1976)

GB/T 3917.2—1997 纺织品 织物撕破性能 第2部分:舌形试样撕破强力的测定

GB/T 3920 纺织品 色牢度试验 耐摩擦色牢度(GB/T 3920—2008,ISO 105-X12:2001,MOD)

GB/T 3922 纺织品耐汗渍色牢度试验方法(GB/T 3922—1995,eqv ISO 105/E04:1994)

GB/T 3923.1—1997 纺织品 织物拉伸性能 第1部分:断裂强力和断裂伸长率的测定 条样法

GB/T 4667 机织物幅宽的测定

GB/T 4802.1 纺织品 织物起毛起球性能的测定 第1部分:圆轨迹法

GB 5296.4 消费品使用说明 纺织品和服装使用说明

GB/T 5711 纺织品 色牢度试验 耐干洗色牢度(GB/T 5711—1997,eqv ISO 105-D01:1993)

GB/T 5713 纺织品 色牢度试验 耐水色牢度(GB/T 5713—1997,eqv ISO 105-E01:1994)

GB/T 6152 纺织品 色牢度试验 耐热压色牢度(GB/T 6152—1997,eqv ISO 105-X11:1994)

GB/T 8170 数值修约规则与极限数值的表示和判定

GB/T 8427—1998 纺织品 色牢度试验 耐人造光色牢度:氙弧(eqv ISO 105-B02:1994)

GB 9994 纺织材料公定回潮率

GB/T 16988 特种动物纤维与绵羊毛混合物含量的测定

GB 18401 国家纺织产品基本安全技术规范

FZ/T 01026 四组分纤维混纺产品定量化学分析方法

FZ/T 01048 蚕丝/羊绒混纺产品混纺比的测定

FZ/T 01053 纺织品 纤维含量的标识

FZ/T 01095 纺织品 氨纶产品纤维含量的试验方法

FZ/T 20008 毛织物单位面积质量的测定

FZ/T 20009 毛织物尺寸变化的测定 静态浸水法

FZ/T 20019 毛机织物脱缝程度试验方法

FZ/T 20021 织物经汽蒸后尺寸变化试验方法

3 术语和定义

下列术语和定义适用于本标准。

3.1

精粗梳交织毛织品 worsted yarn interweave with wollen yarn fabric

织物由精梳纱线和粗梳纱线交织而成,且表面呈现精梳纱线和粗梳纱线的毛织品。

4 技术要求

技术要求包括安全性要求、实物质量、内在质量和外观质量四个方面。精粗梳交织毛织品的安全性应符合相关国家强制性标准要求;实物质量包括呢面、手感和光泽三项;内在质量包括幅宽不足、平方米重量允差、静态尺寸变化率、汽蒸尺寸变化率、纤维含量、起球、断裂强力、撕破强力、落水变形、脱缝程度和染色牢度等项指标;外观质量包括局部性疵点和散布性疵点两项。

4.1 基本安全性要求

精粗梳交织毛织品的基本安全技术要求应符合 GB 18401 的规定。

4.2 分等规定

4.2.1 精粗梳交织毛织品的质量等级分为优等品、一等品和二等品,低于二等品的降为等外品。

4.2.2 精粗梳交织毛织品的品等以匹为单位。按实物质量、内在质量和外观质量三项检验结果评定,并以其中最低一项定等。三项中最低品等有两项及以上同时降为二等品的,则直接降为等外品。

注:织品匹长及组成:每匹净长不短于 12 m,净长 17 m 及以上的可由两段组成,但最短一段不短于 6 m。拼匹时,两段织物应品等相同,色泽一致。

4.3 实物质量的评等

4.3.1 实物质量系指织品的呢面、手感和光泽。凡正式投产的不同规格产品,应根据需要建立优等品或一等品封样。对于来样加工,生产方应根据来样方要求,建立封样,并经双方确认,检验时逐匹比照封样评等。

4.3.2 符合优等品封样者为优等品。

4.3.3 符合或基本符合一等品封样者为一等品。

4.3.4 明显差于一等品封样者为二等品。

4.3.5 严重差于一等品封样者为等外品。

4.4 内在质量的评等

内在质量的评等由物理指标和染色牢度综合评定,并以其中最低一项定等。

4.4.1 纤维含量按 FZ/T 01053 规定执行,纯毛产品羊毛纤维含量的有关规定见附录 A 第 A.4 章。

4.4.2 其他物理性能的评等按表 1 规定执行。

表 1 物理指标要求

项目			单位	优等品	一等品	二等品	备注
幅宽不足		≤	cm	2	3	5	
平方米重量允差			%	−4.0~+4.0	−5.0~+7.0	−14.0~+10.0	
静态尺寸变化率	常规产品		%	−3.0~+3.0	−3.0~+3.0	−4.0~+4.0	
	含粘胶 10%及以上			−4.0~+4.0	−4.0~+4.0	−5.0~+5.0	
起球 ≥	绒面		级	3	2-3	2-3	大衣面料按粗梳毛织品法测试起球
	光面			3-4	3	3	
	大衣面料			3-4	3	3	

表 1 (续)

项目		单位	优等品	一等品	二等品	备注
断裂强力 ≥		N	157	157	157	上装类产品按合约
撕破强力 ≥		N	12.0	10.0	10.0	
汽蒸尺寸变化率	常规产品	%	−1.5～+1.0	−2.0～+2.0	—	
	含弹性纤维产品		−3.0～+3.0	−3.0～+3.0	—	
落水变形 ≥		级	4	3	3	
脱缝程度 ≤		mm	6.0	6.0	8.0	休闲类服装为 10
注：松结构产品按合约。						

4.4.3 染色牢度的评等按表 2 规定执行。

表 2 染色牢度指标要求

项目		单位	优等品	一等品	二等品
耐日晒色牢度 ≥	浅色	级	4	3	2-3
	深色	级	4	4	3
耐水浸色牢度 ≥	色泽变化	级	4	3-4	3
	毛布沾色	级	3-4	3	3
	其他贴衬沾色	级	3-4	3	3
耐汗渍色牢度 ≥	色泽变化(酸性)	级	4	3-4	3
	毛布沾色(酸性)	级	4	3-4(深色 3)	3
	其他贴衬沾色(酸性)	级	4	3-4(深色 3)	3
	色泽变化(碱性)	级	4	3-4	3
	毛布沾色(碱性)	级	4	3-4(深色 3)	3
	其他贴衬沾色(碱性)	级	4	3-4(深色 3)	3
耐熨烫色牢度 ≥	色泽变化	级	4	4	3-4
	棉布沾色	级	4	3-4	3
耐摩擦色牢度 ≥	干摩擦	级	4	3-4	3
	湿摩擦	级	3-4	3	2-3
耐干洗色牢度 ≥	色泽变化	级	4	4	3-4
	溶剂变化	级	4	4	3-4

4.5 外观质量的评等

4.5.1 外观疵点按其对服用的影响程度与出现状态不同，分局部性外观疵点与散布性外观疵点两种，分别予以结辫和评等。

4.5.2 局部性外观疵点，按其规定范围结辫，每辫放尺 10 cm，在经向 10 cm 范围内不论疵点多少仅结辫一只。

4.5.3 散布性外观疵点，刺毛痕、边撑痕、剪毛痕、折痕、磨白纱、经档、纬档、厚段、薄段、斑疵、缺纱、稀缝、小跳花、严重小弓纱和边深浅中有两项及以上最低品等同时为二等品时，则降为等外品。

4.5.4 降等品结辫规定

4.5.4.1 二等品中除薄段、纬档、轧梭痕、边撑痕、刺毛痕、剪毛痕、蛛网、斑疵、破洞、吊经条、补洞痕、缺纱、死折痕、严重的厚段、严重稀缝、严重织稀、严重纬停弓纱和磨损按规定范围结辫外,其余疵点不结辫。

4.5.4.2 等外品中除破洞、严重的薄段、蛛网、补洞痕和轧梭痕按规定范围结辫,其余疵点不结辫。

4.5.5 局部性外观疵点基本上不开剪,但大于 2 cm 的破洞,严重的磨损和破损性轧梭,严重影响服用的纬档,大于 10 cm 的严重斑疵,净长 5 m 的连续性疵点和 1 m 内结辫 5 只者,应在工厂内剪除。

4.5.6 平均净长 2 m 结辫 1 只时,按散布性外观疵点规定降等。

4.5.7 优等品平均 20 m 结辫一只(不足 20 m 按 20 m 计),一等品平均 10 m 结辫一只(不足 10 m 按 10 m 计),特殊产品根据产品特点供需双方协议商定。

4.5.8 外观疵点结辫、评等规定见表 3。

表 3 外观疵点结辫、评等要求

疵点名称		疵点程度	局部性结辫	散布性降等	备注
经向	粗纱、细纱、双纱、松纱、紧纱、错纱、呢面局部狭窄	明显 10 cm～100 cm	1		
		大于 100 cm,每 100 cm	1		
		明显散布全匹		二等	
		严重散布全匹		等外	
	油纱、污纱、异色纱、磨白纱、边撑痕、剪毛痕	明显 5 cm～50 cm	1		
		大于 50 cm,每 50 cm	1		
		散布全匹		二等	
		明显散布全匹		等外	
	缺经、死折痕	明显 50 cm 及以内	1		
		大于 50 cm,每 50 cm	1		
		明显散布全匹		等外	
	经档(包括绞经档)、折痕(包括条折痕)、条痕水印(水花)、经向换纱印、边深浅、呢匹两端深浅	明显经向 40 cm～100 cm	1		边深浅色差 4 级为二等品,3-4 级及以下为等外品
		大于 100 cm,每 100 cm	1		
		明显散布全匹		二等	
		严重散布全匹		等外	
	条花、色花	明显经向 20 cm～100 cm	1		
		大于 100 cm,每 100 cm	1		
		明显散布全匹		二等	
		严重散布全匹		等外	
	刺毛痕	明显经向 20 cm 及以内	1		
		大于 20 cm,每 20 cm	1		
		明显散布全匹		等外	
	边上破洞、破边	2 cm～100 cm	1		
		大于 100 cm,每 100 cm	1		
		明显散布全匹		二等	
		严重散布全匹		等外	
	刺毛边、边上磨损、边字发毛、边字残缺、边字严重沾色、漂白织品的边上针锈、自边缘深入 1.5 cm 以上的针眼、针锈、荷叶边、边上稀密	明显 0 cm～100 cm	1		
		大于 100 cm,每 100 cm	1		
		散布全匹		二等	

表 3（续）

疵点名称		疵点程度	局部性结辫	散布性降等	备　注
纬向	粗纱、细纱、双纱、松纱、紧纱、错纱、换纱印	明显 10 cm 到全幅 明显散布全匹 严重散布全匹	1	 二等 等外	
纬向	缺纱、油纱、污纱、异色纱、小辫子纱、稀缝	明显 5 cm 到全幅 散布全匹 明显散布全匹	1	 二等 等外	
经纬向	厚段、纬影、严重搭头印、严重电压印、条干不匀	明显经向 20 cm 以内 大于 20 cm，每 20 cm 明显散布全匹 严重散布全匹	1 1	 二等 等外	
经纬向	薄段、纬档、织纹错误、蛛网、织稀、斑疵、补洞痕、轧梭痕、大肚纱、吊经条	明显经向 10 cm 以内 大于 10 cm，每 10 cm 明显散布全匹	1 1	 等外	大肚纱 1 cm 为起点，0.5 cm 以内的小斑疵按注 2 规定
经纬向	破洞、严重磨损	2 cm 以内(包括 2 cm) 散布全匹	1	 等外	
经纬向	毛粒、小粗节、草屑、死毛、小跳花、稀隙	明显散布全匹 严重散布全匹		二等 等外	
经纬向	呢面歪斜	素色织物 4 cm 起，格子织物 3 cm 起，40 cm～100 cm 大于 100 cm，每 100 cm 素色织物： 4 cm～6 cm 散布全匹 大于 6 cm 散布全匹 格子织物： 3 cm～5 cm 散布全匹 大于 5 cm 散布全匹	1 1	 二等 等外 二等 等外	优等品格子织物 2 cm 起，素色织物 3 cm 起

注 1：边缘起 1.5 cm 及以内的疵点(有边线的指边线内缘深入布面 0.5 cm 以内的边上疵点)在鉴别品等时不予考核，但边上破洞、破边、边上刺毛、边上磨损、漂白织物的针锈及边字疵点都应考核。若疵点长度延伸到边内时，应连边内部分一起量计。

注 2：严重小跳花和不到结辫起点的小缺纱、小弓纱(包括纬停弓纱)、小辫子纱、小粗节、稀缝、接头洞和 0.5 cm 以内的小斑疵明显影响外观者，在经向 20 cm 范围内综合达 4 只，结辫一只。小缺纱、小弓纱、接头洞严重散布全匹应降为等外品。

注 3：外观疵点中，如遇超出上述规定的特殊情况，可按其对服用的影响程度参考类似疵点的结辫评等规定酌情处理。

注 4：散布性外观疵点中，特别严重影响服用性能者，按质论价。

注 5：优等品不得有 1 cm 及以上的破洞、蛛网、轧梭，不得有严重纬档。

5 试验方法

5.1 物理试验采样

5.1.1 在同一品种、原料、组织和工艺生产的总匹数中按表 4 规定随机取出相应的匹数。凡采样在两匹以上者，各项物理性能的试验结果，用算术平均法算平均数，作为该批的评等依据。

表 4 采样数量的规定

一批或一次交货的匹数	批量样品的采样匹数
9 及以下	1
10～49	2
50～300	3
300 以上	1%

5.1.2 试样应在距大匹两端 5 m 以上部位(或 5 m 以上开匹处)裁取。裁取时不可歪斜,不得有分等规定中所列举的严重表面疵点。

5.1.3 色牢度试样以同一原料、品种,同一加工过程、染色工艺处方及色号为一批,或按每一品种每一万米抽一次(包括全部色号),不到一万米也抽一次,每份试样裁取 0.2 m 全幅。

5.1.4 每份试样应加注标签,并记录下列资料:厂名、品名、匹号、色号、批号、试样长度、采样日期、采样者等。

5.2 试验结果按 GB/T 8170 进行修约,修约位数应与本标准表 1 中规定的有效位数相一致。

5.3 各单项试验方法

5.3.1 幅宽不足试验按 GB/T 4667(方法一)执行(织物的幅宽也可由工厂在检验机上直接测量,但是在仲裁试验时,应按 GB/T 4667 进行测量)。幅宽不足按式(1)计算:

$$L = L_2 - L_1 \qquad \cdots\cdots(1)$$

式中:

L——幅宽不足,单位为厘米(cm);

L_1——实际测量的幅宽值,单位为厘米(cm);

L_2——幅宽设定值,单位为厘米(cm)。

5.3.2 平方米重量允差试验按 FZ/T 20008 执行。

5.3.3 静态尺寸变化率试验按 FZ/T 20009 执行。

5.3.4 纤维含量试验按 GB/T 2910、GB/T 2911、GB/T 16988、FZ/T 01026、FZ/T 01048、FZ/T 01095 执行,结合公定回潮率计算,公定回潮率按 GB 9994 执行。

5.3.5 起球试验按 GB/T 4802.1 执行,大衣面料按粗梳毛织品的相应方法执行,其中精粗梳交织毛织品(绒面)起球次数为 400 次。

5.3.6 断裂强力试验按 GB/T 3923.1—1997 执行。

5.3.7 撕破强力试验按 GB/T 3917.2—1997(单舌法)执行。

5.3.8 落水变形按附录 B 执行。

5.3.9 脱缝程度试验按 FZ/T 20019 执行。

5.3.10 汽蒸尺寸变化率试验按 FZ/T 20021 执行。

5.3.11 耐光色牢度试验按 GB/T 8427—1998 方法 3 执行。

5.3.12 耐水色牢度试验按 GB/T 5713 执行。

5.3.13 耐汗渍色牢度试验按 GB/T 3922 执行。

5.3.14 耐熨烫色牢度试验按 GB/T 6152 和附录 A 第 A.4 章执行。

5.3.15 耐摩擦色牢度试验按 GB/T 3920 执行。

5.3.16 耐干洗色牢度试验按 GB/T 5711 执行。

6 检验规则

6.1 检验织品外观疵点时,应将其正面放在与垂直线成 15°角的检验机台面上。在北光下,检验者在检验机的前方进行检验,织品应穿过检验机的下导辊,以保证检验幅面和角度。在检验机上应逐匹量计幅宽,每匹不得少于三处。

6.2 检验机规格：

车速：14 m/min～18 m/min；

——大滚筒轴心至地面的距离：210 cm；

——斜面板长度：150 cm；

——斜面板磨砂玻璃宽度：40 cm；

——磨砂玻璃内装日光灯：40 W×(2 只～4 只)。

6.3 如因检验光线影响外观疵点的程度而发生争议时，应以白昼正常北光下，在检验机前方检验为准。

6.4 需方按本标准进行验收。

6.5 物理指标复试规定

6.5.1 原则上不复试，但有下列情况之一者，可复试一次：

——三匹平均合格，其中有两匹不合格；

——三匹平均不合格，其中有两匹合格。

6.5.2 复试结果：三匹平均合格，其中两匹不合格；三匹平均不合格，其中两匹合格，均为不合格。

6.6 实物质量、外观疵点的抽验按同品种交货匹数的4%进行检验，但不少于三匹。批量在300匹以上时，每增加50匹，加抽一匹(不足50匹的按50匹计)。抽验数量中，如发现实物质量、散布性外观疵点有30%等级不符，外观质量判定为不合格；局部性外观疵点百米漏辫超过2只时，每个漏辫放尺20 cm。

7 包装和标志

7.1 包装

7.1.1 包装方法和使用材料，以坚固和适于运输为原则。

7.1.2 每匹织品应正面向里对折成双幅或平幅，卷在纸板或纸管上加放防蛀剂，用防潮材料或牛皮纸包好，纸外用绳扎紧。每匹一包。每包用布包装，缝头处加盖布，刷唛头。

7.1.3 因长途运输而采用木箱时，木板厚度不得低于1.5 cm，木箱应干燥，箱内应衬防潮材料。

7.2 标志

7.2.1 每匹织品应在反面里端加盖厂名梢印(形式可由工厂自定)。外端加注织品的匹号、长度、等级标志。拼段组成时，拼段处加烫骑缝印。

7.2.2 织品因局部性疵点结辫时，应在疵点左边结上线标，并在右布边对准线标用不褪色笔作一箭头。如疵点范围大于放尺范围时，则在右边针对疵点上下端用不褪色笔划两个相对的箭头。

7.2.3 每包应吊硬纸牌一张。

正面

厂　名
品名 …………
品号 …………
匹号 …………
色号 …………
幅宽 …………
毛长 …………
净长 …………
结辫 …………
段数 …………
品等 …………
匹重 …………
降等原因：
检验者：

反面

原 料 成 分
………… %
………… %
………… %
………… %
出厂年月 …………
样　品

7.2.4 织品出厂时的标识标注需符合 GB 5296.4 的要求外，每包外包装还应刷以下内容：制造厂名、品名、品号、净长、等级、色号、包号、净重等。

8 其他

标准中的某些项目，如供需双方另有要求可按合约规定执行。

附 录 A
(规范性附录)
几项补充规定

A.1 实物质量封样

A.1.1 优等品实物质量封样系指:生产的优等品应与经全国评优后封样的质量水平相一致。

A.1.2 一等品实物质量封样系指:供需双方共同封样为交货验收的实物依据。

A.2 实物质量要求

A.2.1 优等品不得复染。

A.2.2 反面疵点按表3注3要求。

A.2.3 纯毛产品中,为改善纺纱性能、提高耐用程度,成品允许加入5%合成纤维;含有装饰纤维的成品(装饰纤维应是可见的、有装饰作用的),非毛纤维含量不超过7%;但改善性能和装饰纤维两者之和不得超过7%。

A.2.4 色差规定:同批同色号匹与匹之间色差4级;同一匹面料头与尾色差4级,边与中央色差4-5级。色差评级按GB/T 250规定执行。

A.2.5 纤维含量试验应结合公定回潮率计算,各种纤维公定回潮率按GB 9994规定。

A.3 外观疵点说明及量计方法

A.3.1 纱疵:

——粗、细纱:指纱线条干粗于正常一倍或细于一半者,或粗细未达上述程度,但显著影响外观者。

——紧纱:指紧捻纱、吊紧纱。

——松纱:指松紧纱。

——错纱:包括错支、错批、错捻、错股、错原料的纱。

——弓纱(包括纬停弓纱):由于纱线局部张力过小或纬停失灵,使纱线在织品表面弓起圈状者。

——油、污、异色纱:指纱线沾上油污或颜色、色毛飞入或异色纱。

——吊经条:指三根及以上吊紧纱并列或间隔并列者。

——大肚纱:由于粗节纱或回毛带入纱线织在织品中粗于原纱三倍及以上成为枣核形者。

——磨白纱:纱线受到不正常摩擦,在织品表面呈现白色者。

A.3.2 厚段、薄段、纬影:在织造时纬向密度未控制好,造成纬密过多或过少,在织品表面上形成一个明显的分界线者。

A.3.3 蛛网:经、纬纱各两根或两根以上,不依组织起伏,形成蛛网者,量其最大长度。

A.3.4 织纹错误:织造时纹板弄错、棕丝穿错或棕框升降错误而造成织纹错误者,量其经向长度。

A.3.5 斑疵:包括明显油污斑、锈斑、白斑、色斑、水斑、毛斑等,量其最大长度。

A.3.6 换纱印:由于换粗纱而造成的阴影,明显影响外观者。

A.3.7 稀缝:由于织入不正常纱线,经修除后在织品表面呈现局部密度明显稀于正常者。

A.3.8 稀隙:由于修除草屑或操作不良,造成呢面透视时呈现明显小空隙者。

A.3.9 织稀:由于修除织入回丝、回毛、杂物及大肚纱,使呢面呈现严重孔隙或小洞者。

A.3.10 呢面局部狭窄:织品幅面呈现局部狭窄,超过连边幅宽最小限度或凹入与正常部位比较达2 cm者,按其经向量计。

A.3.11 经档:局部经向排列错误、纱线用错、稀密不均匀或纱线被摩擦发毛,使织品表面呈现经向档痕者。

A.3.12 纬档:异常纱两根及以上并列或间隔并列,当其长度达半幅及以上者为档子。包括紧纱档、色档、松纱档、错纱档、粗纱档、树脂档等。

A.3.13 条痕、条花、色花、折痕:由于在染整过程中处理不好或织品折叠造成的,量其经向长度。

A.3.14 死折痕:由于蒸呢、煮呢、电压等操作不良,造成呢面局部折叠,经熨烫后不能消除,呈现明显折痕者。

A.3.15 剪毛痕:因剪毛不良,造成剪毛痕迹者,量其经向长度。

A.3.16 破边、边上破洞:织品边上破裂在边 1.5 cm 以内,以经向量计。

A.3.17 破洞:经、纬向纱连断两根或同时各断一根及以上者,量其最大长度。

A.3.18 刺毛边、边上稀密:由于边撑运转不良,致使织品边上形成刺毛或稀密不匀者。

A.3.19 边上针眼、针锈:拉幅烘干机钢针过粗或生锈,造成织品上呈现针眼或针锈,量其经向长度。

A.3.20 荷叶边:织品边上明显不整齐或起伏的波浪状态,按经向长度计。

A.3.21 小跳花:单根纱不依组织起伏,织品表面形成连续或断续之小跳花。

A.3.22 呢面歪斜:经纬纱未能呈现垂直位置,纬纱歪斜以距水平最大距离计算。

A.3.23 刺毛痕、边撑痕:经纬纱被刺毛辊或边撑勾损者,量其经向长度。

A.3.24 严重搭头印:织品在煮呢、蒸呢过程中处理不当,在织品表面呈现明显分界线者。

A.3.25 毛粒:因原料或工艺不当,造成小毛球者。

A.3.26 轧梭痕、破损性轧梭:织造时发生轧梭,致使呢面呈现毛痕或稀密不匀者,为轧梭痕,量其经向长度。当经纱集中断裂或纬纱严重稀密时,为破损性轧梭,量其最大长度。

A.3.27 条干不匀:由于纱线条干不匀,严重影响织物外观者,造成呢面局部呈现花纹者。

A.3.28 水印(水花):由于煮呢加工不良,造成呢面局部呈现花纹者。

A.3.29 严重电压印:在电压过程中处理不当,使织品表面呈现严重明显分界线者。

A.4 耐热压(熨烫)色牢度试验选用潮压条件

A.4.1 耐热压(熨烫)试验中对不同纤维试验温度的规定:

a) 麻:(200±2)℃;

b) 纯毛、粘纤、涤纶、丝:(180±2)℃;

c) 腈纶:(150±2)℃;

d) 锦纶、维纶:(120±2)℃。

A.4.2 混纺和交织物的规定试验温度采用其中温度低的一种(混纺比例低于10%不作考虑)。

A.5 试验用大气条件

A.5.1 仲裁试验用标准大气:温度(20±2)℃;相对湿度(65±3)%。

A.5.2 工厂常规试验用标准大气:温度(20±2)℃;相对湿度(65±5)%。

A.5.3 试验前样品要展开平放实验室内暴露 16 h 以上。

附 录 B
（规范性附录）
落水变形试验方法

B.1 仪器及工具

温度计、量杯、浸渍盆、灯光评级箱、合成洗剂、五级制标样一套。

B.2 试样

裁取 25 cm×25 cm 的试样两块。

B.3 操作方法

B.3.1 配制溶液：每 1 000 mL 水加 5 g 合成洗剂，浴比 1∶30。

B.3.2 将试样放入温度为(25±2)℃的溶液内，浸渍 10 min(一次试验同时浸入试样最多 6 块)。然后，用双手执其两角，逐块提出液面。

B.3.3 将试样置于温度 20 ℃～30 ℃之清水中，用手执其两角，在水中上下摆动，经、纬向各反复操作五次。逐块提出液面，再在清水中过清一次，操作同前。

B.3.4 试样在滴水状态下，用夹子夹住试样经向两角。在室温下，将试样悬挂起来晾干，晾干到与原重相差±2%时，平置恒温恒湿室内暴露 6 h 以上。

B.3.5 使用熨斗熨烫试样时，不要让熨斗在试样上面来回熨烫，将熨斗直接压在试样上即可。熨斗温度为(150±2)℃。

B.3.6 将试样在(20±2)℃，相对湿度为(65±3)%的环境下，平衡 4 h 后，对照落水变形标准样照进行评级。

ICS 59.080.30
W 43

中华人民共和国国家标准

GB/T 22862—2009

海岛丝织物

Sea-island filament fabrics

2009-04-21 发布 2009-12-01 实施

中华人民共和国国家质量监督检验检疫总局
中国国家标准化管理委员会 发布

前言

本标准的附录A为资料性附录。

本标准由中国纺织工业协会提出。

本标准由全国丝绸标准化技术委员会归口。

本标准起草单位：国家丝绸质量监督检验中心、浙江丝绸科技有限公司、吴江德伊时装面料有限公司、吴江祥盛纺织染整有限公司、江苏盛虹集团、杭州金富春丝绸化纤有限公司、达利丝绸（浙江）有限公司。

本标准主要起草人：蔡为、周小进、周颖、黄中权、赵民钢、任伟荣、杨平平、盛建祥、俞丹。

海 岛 丝 织 物

1 范围

本标准规定了海岛丝织物的术语和定义、分类、要求、试验方法、检验规则、包装和标志。

本标准适用于评定各类家纺、服用的练白、染色(色织)、印花的经向(或纬向)采用海岛丝或海岛复合丝与其他纤维交织的海岛丝织物面料的品质。

2 规范性引用文件

下列文件中的条款通过本标准的引用而成为本标准的条款。凡是注日期的引用文件,其随后所有的修改单(不包括勘误的内容)或修订版均不适用于本标准,然而,鼓励根据本标准达成协议的各方研究是否可使用这些文件的最新版本。凡是不注日期的引用文件,其最新版本适用于本标准。

GB/T 250 纺织品 色牢度试验 评定变色用灰色样卡(GB/T 250—2008,ISO 105-A02:1993,IDT)

GB/T 3917.1 纺织品 织物撕破性能 第1部分:撕破强力的测定 冲击摆锤法

GB/T 3921—2008 纺织品 色牢度试验 耐皂洗色牢度(ISO 105-C10:2006,MOD)

GB/T 4802.2 纺织品 织物起毛起球性能的测定 第2部分:改型马丁代尔法(GB/T 4802.2—2008,ISO 12945-2:2000,MOD)

GB/T 4841.1 染料染色标准深度色卡 1/1

GB 5296.4 消费品使用说明 纺织品和服装使用说明

GB/T 8170 数值修约规则与极限数值的表示和判定

GB/T 15552—2007 丝织物试验方法和检验规则

GB 18401 国家纺织产品基本安全技术规范

FZ/T 01053 纺织品 纤维含量的标识

3 术语和定义

下列术语和定义适用于本标准。

3.1

海岛丝 sea-island filament

将一种聚合物分散于另一种聚合物中,在纤维截面中分散相呈“岛”状态,而母体则相当于“海”。最终通过织物后整理将海岛组分溶解,获得单丝直径低于3.0 μm的超细纤维。

3.2

海岛复合丝 sea-island compound filament

海岛丝与涤或锦聚合物经复合纺丝法纺制成复合长丝。通常是海岛丝与一根涤纶或锦纶长丝复合而成的长丝。

3.3

海岛丝织物 sea-island filament fabrics

经向(或纬向)采用海岛丝或海岛复合丝与其他纤维交织成的丝织物。

4 海岛丝织物分类

海岛丝织物分为以下两类:

——薄织物：150 g/m² 及以下的织物。

——厚织物：150 g/m² 以上的织物。

5 要求

5.1 海岛丝织物的要求包括密度偏差率、质量偏差率、断裂强力、纤维含量偏差率、纰裂程度、水洗尺寸变化率、色牢度等内在质量和色差（与标样对比）、幅宽偏差率、外观疵点等外观质量。

5.2 海岛丝织物的评等以匹为单位。质量、断裂强力、纤维含量偏差、纰裂程度、水洗尺寸变化率、色牢度等按批评等。密度、幅宽、外观疵点、色差按匹评等。

5.3 海岛丝织物的品质由内在质量、外观质量中的最低等级项目评定。其等级分为优等品、一等品、二等品、三等品。低于三等品的为等外品。

5.4 海岛丝织物基本安全性能应符合 GB 18401 的要求。

5.5 海岛丝织物的内在质量分等规定见表1。

表1 内在质量分等规定

项目			指标			
			优等品	一等品	二等品	三等品
密度偏差率/%			±2.0	±3.0	±4.0	
质量偏差率/%			±3.0	±4.0	±5.0	
纤维含量偏差/%			按 FZ/T 01053 执行			
断裂强力/N ≥	薄织物		200			
	厚织物		300			
撕破强力/N ≥	薄织物		9.0		8.0	
	厚织物		10.0		9.0	
纰裂程度（定负荷）/mm ≤	薄织物，100 N		5		6	
	厚织物，120 N					
水洗尺寸变化率/%			+2.0～−2.0		+2.0～−3.0	
起毛起球/级 ≥			4	3-4		3
色牢度/级 ≥	耐水 耐汗渍	变色	4	4	3-4	
		沾色	3-4	3	3	
	耐皂洗	变色	4	4	3-4	
		沾色	3-4,3（深色[a]）	3,2-3（深色[a]）	3,2-3（深色[a]）	
	耐干洗	变色	4	4	3-4	
		沾色	3-4	3	3	
	耐干摩擦		4	4	3-4	
	耐湿摩擦		3-4	3	3	
	耐热压		4	3-4	3	
	耐光		4,3（浅色[b]）	3	3	

[a] 大于或等于 GB/T 4841.1 中 1/1 标准深度为深色。

[b] 小于 GB/T 4841.1 中 1/1 标准深度为浅色。

5.6 海岛丝织物的外观质量的评定

5.6.1 海岛丝织物的外观质量分等规定见表2。

表2 外观质量分等规定

项　　目		优等品	一等品	二等品	三等品
色差(与标样对比)/级	≥	4	3-4		3
幅宽偏差率/%		−1.0～2.0	−2.0～2.0		
外观疵点评分限度/(分/100 m^2)	≤	10	25	40	80

5.6.2 海岛丝织物外观疵点评分见表3。

表3 外观疵点评分表

序　号	疵　　点	分　　数			
		1	2	3	4
1	经向疵点	8 cm及以下	8 cm以上～16 cm	16 cm以上～24 cm	24 cm以上～100 cm
2	纬向疵点	8 cm及以下	8 cm以上～半幅	—	半幅以上
	纬档[a]	—	普通[b]	—	明显[b]
3	印花疵	8 cm及以下	8 cm以上～16 cm	16 cm以上～24 cm	24 cm以上～100 cm
4	污渍、油渍、破损性疵点	—	2.0 cm及以下	—	2.0 cm以上
5	边疵(荷叶边、针眼边[c]、明显深浅边)	经向每100 cm及以下	—	—	—
6	纬斜、花斜、格斜、幅不齐	—	—	—	100 cm及以下大于3%

[a] 纬档以经向10 cm及以下为一档。

[b] 达GB/T 250中4级为普通,4级以下为明显。

[c] 针板眼进入内幅1.5 cm及以下不计。

5.6.3 海岛丝织物外观疵点评分说明

5.6.3.1 海岛丝织物外观疵点的评分采用有限度的累计评分。

5.6.3.2 海岛丝织物的外观疵点长度以经向或纬向最大方向量计。

5.6.3.3 难以数清,不易量计的分散性疵点,根据其分散的最大长度和轻重程度,参照经向或纬向的疵点分别量计、累计评分,每米最多评4分。

5.6.3.4 同一批中,匹与匹之间色差不低GB/T 250中3-4级。同匹色差(色泽不匀)不低于GB/T 250中4级。

5.6.3.5 经向1 m内累计评分最多4分,超过4分按4分计。

5.6.3.6 程度为普通“经柳”和其他全匹性连续疵点,定等限度为二等品,程度为明显“经柳”和其他全匹性连续疵点,定等限度为三等品,程度为严重的“经柳”和其他全匹性连续疵点,定等限度为等外品。

5.6.3.7 严重的连续性病疵每米扣4分,超过4m降为等外品。

5.6.3.8 优等品、一等品内不允许有破洞等严重疵点。

5.6.4 每匹海岛丝织物最高分数,由式(1)计算得出,计算结果按GB/T 8170修约至整数。

$$q=\frac{c}{100}\times l\times w \qquad \cdots\cdots(1)$$

式中:

q——每匹最高分数,单位为分;

c——外观疵点评分限度,单位为分每百平方米(分/100 m^2);

l——匹长,单位为米(m);

w——幅宽,单位为米(m)。

5.7 开剪拼匹和标疵放尺的规定

5.7.1 海岛丝织物允许开剪拼匹或标疵放尺,两者只能采用一种。

5.7.2 开剪拼匹各段的等级、幅宽、色泽、花型应一致。

5.7.3 绸匹平均每 20 m 及以内允许标疵一次。每 3 分和 4 分的疵点允许标疵,超过 10 cm 的连续疵点可连标。每处标疵放尺 10 cm。标疵后的疵点不再计分。局部性疵点的标疵间距或标疵疵点与绸匹端的距离不得少于 4 m。

6 试验方法

6.1 海岛丝织物内在质量检验

6.1.1 海岛丝织物的密度、质量、纤维含量偏差、断裂强力、纰裂程度、水洗尺寸变化率、耐水耐汗渍、耐摩擦、耐热压、耐光等内在质量检验试验方法按 GB/T 15552 执行。

6.1.2 撕破强力的测定按 GB/T 3917.1 执行。

6.1.3 耐皂洗色牢度的测定按 GB/T 3921—2008 表 2 中试验方法编号 B(2)执行。

6.1.4 起毛起球测定按 GB/T 4802.2 执行。

6.2 海岛丝织物外观质量检验

6.2.1 海岛丝织物外观质量检验采用经向检验机,验绸机速度为(15±5)m/min。

6.2.2 光源采用日光荧光灯时,台面平均照度 600 lx~700 lx,环境光源控制在 150 lx 以下。

6.2.3 检验员眼睛距绸面中心约 60 cm~80 cm,幅宽 114 cm 及以下的产品由一人检验,幅宽 114 cm 以上的产品由两人检验,或检验速度减小一半。

7 检验规则

海岛丝织物检验规则按 GB/T 15552—2007 中第 4 章执行。

8 包装

8.1 包装形式

海岛丝织物包装采用卷装。

8.2 包装材料

卷筒纸管规格:螺旋斜开机制管,内径 3.0 cm~3.5 cm,外径 4 cm,长度根据产品幅宽应满足卷取和包装要求。纸管要圆整挺直。

8.3 包装要求

8.3.1 同件(箱)内优等品、一等品,匹与匹之间色差不低于 GB/T 250 中 4 级。

8.3.2 卷筒包装的内外层边的相对位移不大于 2 cm。

8.3.3 卷筒外包装采用塑料袋包装。

8.3.4 包装应牢固、防潮。便于仓贮及运输。

9 标志

9.1 标志应明确、清晰、耐久、便于识别。

9.2 每匹或每段丝织物两端距绸边 3 cm 以内、幅边 10 cm 以内盖一检验章及等级标记。每匹或每段丝织物应吊标签一张,内容按 GB 5296.4 规定,包括品名、货号、成分及含量、幅宽、色别、长度、等级、执行标准编号、企业名称。

9.3 每批产品应附装箱单。

9.4 采用纸箱包装时刷唛要正确、整齐、清晰。纸箱唛头内容包括合同号、箱号、品名、货号、花色号、幅宽、等级、匹数、毛重、净重及运输标志、企业名称、地址。

9.5 每批产品出厂应附品质检验结果单。

10 其他

特殊品种及用户对产品另有特殊要求,可按合同或协议执行。

附 录 A
(资料性附录)
外观疵点归类表

表 A.1 外观疵点归类表

序号	疵点名称	说明
1	经向疵点	经柳、宽急经、色柳、筘路、缺经、错经、双经、开纤不良、磨毛条、磨毛不匀、擦亮条、皱印等
2	纬向疵点	错纹板、带纬、断纬、叠纬、纬斜、皱印、开纤不良、磨毛不匀等
	纬档	松紧档、撬档、急纬档、停车档、色纬档等
3	印染疵	色花、搭脱、渗进、漏浆、塞煞、色点、套歪、露白、砂眼、双茎、拖版、叠版印、框子印、刮刀印、色皱印、回浆印、化开、糊开、粗细茎、接版深浅、雕色不清等
4	污渍、油渍	色渍、污渍、油渍、洗渍、浆渍、水渍等
	破损性疵点	纰裂、破洞等
5	边疵	宽急边、定型脱针、荷叶边、针板印等
注1:对经、纬向共有的疵点,以严重方向评分。 注2:外观疵点归类表中没有归入的疵点按类似疵点评分。		

ICS 59.080.30
W 23

中华人民共和国国家标准

GB/T 22863—2009

半精纺毛织品

Semi-worsted fabric

2009-04-21 发布　　　　2009-12-01 实施

中华人民共和国国家质量监督检验检疫总局
中国国家标准化管理委员会　发布

前言

本标准的附录A、附录B为规范性附录。

本标准由中国纺织工业协会提出。

本标准由全国纺织品标准化技术委员会毛精纺分技术委员会(SAC/TC 209/SC 8)归口。

本标准由江苏阳光集团有限公司负责起草。

本标准参与起草单位:中国毛纺织行业协会、泰安康平纳毛纺织集团有限公司。

本标准主要起草人:陈丽芬、杨海军、彭燕丽、黄淑媛、李椿和、曹秀明、何良、马秀华、陶丽敏、赵会堂、王桂珍。

半精纺毛织品

1 范围

本标准规定了半精纺毛织品的技术要求、试验方法、检验规则及包装标志。

本标准适用于鉴定各类机织服用半精纺毛织品(羊毛及其他动物纤维含量30%及以上)的品质。

2 规范性引用文件

下列文件中的条款通过本标准的引用而成为本标准的条款。凡是注日期的引用文件,其随后所有的修改单(不包括勘误的内容)或修订版均不适用于本标准,然而,鼓励根据本标准达成协议的各方研究是否可使用这些文件的最新版本。凡是不注日期的引用文件,其最新版本适用于本标准。

GB/T 250 纺织品 色牢度试验 评定变色用灰色样卡(GB/T 250—2008,ISO 105-A02:1993,IDT)

GB/T 2910 纺织品 二组分纤维混纺产品定量化学分析方法(GB/T 2910—1997,eqv ISO 1833:1977)

GB/T 2911 纺织品 三组分纤维混纺产品定量化学分析方法(GB/T 2911—1997,eqv ISO 5088:1976)

GB/T 3917.2—1997 纺织品 织物撕破性能 第2部分:舌形试样撕破强力的测定

GB/T 3920 纺织品 色牢度试验 耐摩擦色牢度(GB/T 3920—2008,ISO 105-X12:2001,MOD)

GB/T 3922 纺织品耐汗渍色牢度试验方法(GB/T 3922—1995,eqv ISO 105/E04:1994)

GB/T 3923.1—1997 纺织品 织物拉伸性能 第1部分:断裂强力和断裂伸长率的测定 条样法

GB/T 4667—1995 机织物幅宽的测定

GB/T 4802.1 纺织品 织物起毛起球性能的测定 第1部分:圆轨迹法

GB 5296.4 消费品使用说明 纺织品和服装使用说明

GB/T 5711 纺织品 色牢度试验 耐干洗色牢度(GB/T 5711—1997,eqv ISO 105-D01:1993)

GB/T 5713 纺织品 色牢度试验 耐水色牢度(GB/T 5713—1997,eqv ISO 105-E01:1994)

GB/T 6152 纺织品 色牢度试验 耐热压色牢度(GB/T 6152—1997,eqv ISO 105-X11:1994)

GB/T 8170 数值修约规则与极限数值的表示和判定

GB/T 8427—1998 纺织品 色牢度试验 耐人造光色牢度:氙弧(eqv ISO 105-B02:1994)

GB 9994 纺织材料公定回潮率

GB/T 12490—2007 纺织品 色牢度试验 耐家庭和商业洗涤色牢度(ISO 105-C06-1994,MOD)

GB/T 16988 特种动物纤维与绵羊毛混合物含量的测定

GB 18401 国家纺织产品基本安全技术规范

FZ/T 01026 四组分纤维混纺产品定量化学分析方法

FZ/T 01048 蚕丝/羊绒混纺产品混纺比的测定

FZ/T 01053 纺织品 纤维含量的标识

FZ/T 01095 纺织品 氨纶产品纤维含量的试验方法

FZ/T 20008 毛织物单位面积质量的测定

FZ/T 20009 毛织物尺寸变化的测定 静态浸水法

FZ/T 20019 毛机织物脱缝程度试验方法

FZ/T 20021　织物经汽蒸后尺寸变化试验方法

FZ/T 70009　毛纺织产品经机洗后的松弛及毡化收缩试验方法

3　术语和定义

下列术语和定义适用于本标准。

3.1

半精纺毛机织纱线　semi-worsted woven yarn

各种纺织纤维运用短流程纺纱系统纯纺或混纺的，兼有精梳毛纺和粗梳毛纺风格的机织纱线。

3.2

半精纺毛织品　semi-worsted fabric

以半精纺毛纱为主织成的毛织物以及半精纺毛纱与精纺毛纱交织成的毛织物。

4　技术要求

技术要求包括安全性要求、实物质量、内在质量和外观质量四个方面。半精纺毛织品的安全性应符合相关国家强制性标准要求；实物质量包括呢面、手感和光泽三项；内在质量包括：幅宽不足、平方米重量允差、静态尺寸变化率、汽蒸尺寸变化率、纤维含量、起球、断裂强力、撕破强力、落水变形、脱缝程度和染色牢度等项指标；外观质量包括局部性疵点和散布性疵点两项。

4.1　基本安全性要求

半精纺毛织品的基本安全技术要求应符合 GB 18401 的规定。

4.2　分等规定

4.2.1　半精纺毛织品的质量等级分为优等品、一等品和二等品，低于二等品的降为等外品。

4.2.2　半精纺毛织品的品等以匹为单位。按实物质量、内在质量和外观质量三项检验结果评定。并以其中最低一项定等。三项中最低品等有两项及以上同时降为二等品的，则直接降为等外品。

注：织品匹长及组成：每匹净长不短于 12 m，净长 17 m 及以上的可由两段组成，但最短一段不短于 6 m。拼匹时，两段织物应品等相同，色泽一致。

4.3　实物质量评等

4.3.1　实物质量系指织品的呢面、手感和光泽。凡正式投产的不同规格产品，应分别以优等品和一等品封样。对于来样加工，生产方应根据来样方要求，建立封样，并经双方确认，检验时逐匹比照封样评等。

4.3.2　符合优等品封样者为优等品。

4.3.3　符合或基本符合一等品封样者为一等品。

4.3.4　明显差于一等品封样者为二等品。

4.3.5　严重差于一等品封样者为等外品。

4.4　内在质量的评等

内在质量的评等由物理指标和染色牢度综合评定，并以其中最低一项定等。

4.4.1　纤维含量按 FZ/T 01053 规定执行，纯毛产品羊毛纤维含量的有关规定见附录 A 第 A.4 章。

4.4.2　其他物理性能的评等按表 1 规定执行。

表 1　物理指标要求

项目		单位	优等品	一等品	二等品	备注
幅宽不足	≤	cm	2	2	5	
平方米重量允差		%	−4.0～+4.0	−5.0～+7.0	−14.0～+10.0	
静态尺寸变化率	常规产品	%	−3.0～+3.0	−3.0～+3.0	—	
	含粘胶 10%及以上		−4.0～+4.0	−4.0～+4.0	—	

表 1（续）

项目		单位	优等品	一等品	二等品	备注
起球　≥	绒面	级	3-4	3	3	大衣面料按粗梳毛织品法测试起球
	光面		4	3-4	3-4	
	大衣面料		3-4	3	3	
断裂强力　≥		N	147	147	147	上装类产品按合约
撕破强力　≥		N	12.0	10.0	10.0	
汽蒸尺寸变化率	常规产品	%	－1.5～＋1.0	－2.0～＋2.0	—	
	含弹性纤维产品		－3.0～＋3.0	－3.0～＋3.0	—	
落水变形　≥		级	4	3	3	
脱缝程度　≤		mm	6.0	6.0	8.0	休闲类服装为 10
注：松结构产品按合约。						

4.4.3　染色牢度的评等

4.4.3.1　含丝、棉、麻产品染色牢度的评等按表 2 规定执行。

表 2　含丝、棉、麻产品染色牢度指标要求

项目		单位	优等品	一等品	二等品
耐日晒色牢度　≥	浅色	级	4	3	2-3
	深色	级	4	3-4	3
耐水浸色牢度　≥	色泽变化	级	4	3-4	3
	毛布沾色	级	3-4	3	3
	其他贴衬沾色	级	3-4	3	3
耐汗渍色牢度　≥	色泽变化(酸性)	级	4	3-4	3
	毛布沾色(酸性)	级	4	3-4(深色 3)	3
	其他贴衬沾色(酸性)	级	4	3-4(深色 3)	3
	色泽变化(碱性)	级	4	3-4	3
	毛布沾色(碱性)	级	4	3-4(深色 3)	3
	其他贴衬沾色(碱性)	级	4	3-4(深色 3)	3
耐熨烫色牢度　≥	色泽变化	级	4	4	3-4
	棉布沾色	级	4	3-4	3
耐摩擦色牢度　≥	干摩擦	级	4	3-4	3
	湿摩擦	级	3	2-3	2-3
耐洗色牢度　≥	色泽变化	级	4	3-4	3-4
	毛布沾色	级	4	3-4	3
	其他贴衬沾色	级	4	3-4	3
耐干洗色牢度　≥	色泽变化	级	4	4	3-4
	溶剂变化	级	4	4	3-4
注：“只可干洗”类产品不考核耐洗色牢度和耐湿摩擦色牢度；“小心手洗”和“可机洗”类产品不考核耐干洗牢度。					

4.4.3.2 其他产品染色牢度的评等按表3规定执行。

表3 其他产品染色牢度指标要求

项目		单位	优等品	一等品	二等品
耐日晒色牢度 ≥	浅色	级	4	3	2-3
	深色	级	4	4	3
耐水浸色牢度 ≥	色泽变化	级	4	3-4	3
	毛布沾色	级	3-4	3	3
	其他贴衬沾色	级	3-4	3	3
耐汗渍色牢度 ≥	色泽变化(酸性)	级	4	3-4	3
	毛布沾色(酸性)	级	4	3-4(深色3)	3
	其他贴衬沾色(酸性)	级	4	3-4(深色3)	3
	色泽变化(碱性)	级	4	3-4	3
	毛布沾色(碱性)	级	4	3-4(深色3)	3
	其他贴衬沾色(碱性)	级	4	3-4(深色3)	3
耐熨烫色牢度 ≥	色泽变化	级	4	4	3-4
	棉布沾色	级	4	3-4	3
耐摩擦色牢度 ≥	干摩擦	级	4	3-4	3
	湿摩擦	级	3-4	3	2-3
耐洗色牢度 ≥	色泽变化	级	4	3-4	3-4
	毛布沾色	级	4	3-4	3
	其他贴衬沾色	级	4	3-4	3
耐干洗色牢度 ≥	色泽变化	级	4	4	3-4
	溶剂变化	级	4	4	3-4

注1:"只可干洗"类产品不考核耐洗色牢度和耐湿摩擦色牢度。

注2:"小心手洗"和"可机洗"类产品不考核耐干洗牢度。

4.4.4 "可机洗"类产品水洗尺寸变化率考核指标按表4规定执行。

表4 "可机洗"类产品水洗尺寸变化率要求

项 目		单位	优等品、一等品、二等品	
			西服、裤子、服装外套、大衣、连衣裙、上衣、裙子	衬衣、晚装
松弛尺寸变化	最大宽度收缩率	%	−3	−3
	最大长度收缩率	%	−3	−3
洗涤程序			1×7A	1×7A
总尺寸变化	最大宽度收缩率	%	−3	−3
	最大长度收缩率	%	−3	−3
	最大边沿收缩率差	%	−1	−1
洗涤程序			3×5A	5×5A

4.5 外观质量的评等

4.5.1 外观疵点按其对服用的影响程度与出现状态不同，分局部性外观疵点与散布性外观疵点两种，分别予以结辫和评等。

4.5.2 局部性外观疵点，按其规定范围结辫，每辫放尺 10 cm，在经向 10 cm 范围内不论疵点多少仅结辫一只。

4.5.3 散布性外观疵点，刺毛痕、边撑痕、剪毛痕、折痕、磨白纱、经档、纬档、厚段、薄段、斑疵、缺纱、稀缝、小跳花、严重小弓纱和边深浅中有两项及以上最低品等同时为二等品时，则降为等外品。

4.5.4 降等品结辫规定

4.5.4.1 二等品中除薄段、纬档、轧梭痕、边撑痕、刺毛痕、剪毛痕、蛛网、斑疵、破洞、吊经条、补洞痕、缺纱、死折痕、严重的厚段、严重稀缝、严重织稀、严重纬停弓纱和磨损按规定范围结辫外，其余疵点不结辫。

4.5.4.2 等外品中除破洞、严重的薄段、蛛网、补洞痕和轧梭痕按规定范围结辫，其余疵点不结辫。

4.5.5 局部性外观疵点基本上不开剪，但大于 2 cm 的破洞，严重的磨损和破损性轧梭，严重影响服用的纬档，大于 10 cm 的严重斑疵，净长 5 m 的连续性疵点和 1 m 内结辫 5 只者，应在工厂内剪除。

4.5.6 平均净长 2 m 结辫 1 只时，按散布性外观疵点规定降等。

4.5.7 优等品平均 20 m 结辫一只(不足 20 m 按 20 m 计)，一等品平均 10 m 结辫一只(不足 10 m 按 10 m 计)，特殊产品根据产品特点供需双方协议商定。

4.5.8 外观疵点结辫、评等规定见表 5。

表 5 外观疵点结辫、评等要求

疵点名称		疵点程度	局部性结辫	散布性降等	备注
经向	粗纱、细纱、双纱、松纱、紧纱、错纱、呢面局部狭窄	明显 10 cm～100 cm 大于 100 cm，每 100 cm 明显散布全匹 严重散布全匹	1 1	 二等 等外	
	油纱、污纱、异色纱、磨白纱、边撑痕、剪毛痕	明显 5 cm～50 cm 大于 50 cm，每 50 cm 散布全匹 明显散布全匹	1 1	 二等 等外	
	缺经、死折痕	明显经向 5 cm～20 cm 大于 20 cm，每 20 cm 明显散布全匹	1 1	 等外	
	经档(包括绞经档)、折痕(包括条折痕)、条痕水印(水花)、经向换纱印、边深浅、呢匹两端深浅	明显经向 40 cm～100 cm 大于 100 cm，每 100 cm 明显散布全匹 严重散布全匹	1 1	 二等 等外	边深浅色差 4 级为二等品，3-4 级及以下为等外品
	条花、色花	明显经向 20 cm～100 cm 大于 100 cm，每 100 cm 明显散布全匹 严重散布全匹	1 1	 二等 等外	
	刺毛痕	明显经向 20 cm 及以内 大于 20 cm，每 20 cm 明显散布全匹	1 1	 等外	

表 5（续）

疵点名称		疵点程度	局部性结辫	散布性降等	备注
经向	边上破洞、破边	2 cm～100 cm 大于 100 cm,每 100 cm 明显散布全匹 严重散布全匹	1 1	二等 等外	不到结辫起点的边上破洞、破边 2 cm 以内累计超过 5 cm 者仍结辫一只
经向	刺毛边、边上磨损、边字发毛、边字残缺、边字严重沾色、漂白织品的边上针锈、自边缘深入 1.5 cm 以上的针眼、针锈、荷叶边、边上稀密	明显 0 cm～100 cm 大于 100 cm,每 100 cm 散布全匹	1 1	二等	
纬向	粗纱、细纱、双纱、松纱、紧纱、错纱、换纱印	明显 10 cm～全幅 明显散布全匹 严重散布全匹	1	二等 等外	
纬向	缺纱、油纱、污纱、异色纱、小辫子纱、稀缝	明显 5 cm～全幅 散布全匹 明显散布全匹	1	二等 等外	
经纬向	厚段、纬影、严重搭头印、严重电压印、条干不匀	明显经向 20 cm 以内 大于 20 cm,每 20 cm 明显散布全匹 严重散布全匹	1 1	二等 等外	
经纬向	薄段、纬档、织纹错误、蛛网、织稀、斑疵、补洞痕、轧梭痕、大肚纱、吊经条	明显经向 10 cm 以内 大于 10 cm,每 10 cm 明显散布全匹	1 1	等外	大肚纱 1 cm 为起点,0.5 cm 以内的小斑疵按注 2 规定
经纬向	破洞、严重磨损	2 cm 以内(包括 2 cm) 散布全匹	1	等外	
经纬向	毛粒、小粗节、草屑、死毛、小跳花、稀隙	明显散布全匹 严重散布全匹		二等 等外	
经纬向	呢面歪斜	素色织物 4 cm 起,格子织物 3 cm 起,40 cm～100 cm 大于 100 cm,每 100 cm 素色织物: 4 cm～6 cm 散布全匹 大于 6 cm 散布全匹 格子织物: 3 cm～5 cm 散布全匹 大于 5 cm 散布全匹	1 1	二等 等外 二等 等外	优等品格子织物 2 cm 起;素色织物 3 cm 起

表 5（续）

疵点名称	疵点程度	局部性结辫	散布性降等	备注
注 1：边缘起 1.5 cm 及以内的疵点（有边线的指边线内缘深入布面 0.5 cm 以内的边上疵点）在鉴别品等时不予考核，但边上破洞、破边、边上刺毛、边上磨损、漂白织物的针锈及边字疵点都应考核。若疵点长度延伸到边内时，应连边内部分一起量计。 注 2：严重小跳花和不到结辫起点的小缺纱、小弓纱（包括纬停弓纱）、小辫子纱、小粗节、稀缝、接头洞和 0.5 cm 以内的小斑疵明显影响外观者，在经向 20 cm 范围内综合达 4 只，结辫一只。小缺纱、小弓纱、接头洞严重散布全匹应降为等外品。 注 3：外观疵点中，如遇超出上述规定的特殊情况，可按其对服用的影响程度参考类似疵点的结辫评等规定酌情处理。 注 4：散布性外观疵点中，特别严重影响服用性能者，按质论价。 注 5：优等品不得有 1 cm 及以上的破洞、蛛网、轧梭，不得有严重纬档。				

5 试验方法

5.1 物理试验采样

5.1.1 在同一品种、原料、织纹组织和工艺生产的总匹数中按表 6 规定随机取出相应的匹数。凡采样在两匹以上者，各项物理性能的试验结果，用算术平均法算平均数，作为该批的评等依据。

表 6 采样数量的规定

一批或一次交货的匹数	批量样品的采样匹数
9 及以下	1
10～49	2
50～300	3
300 以上	1%

5.1.2 试样应在距大匹两端 5 m 以上部位（或 5 m 以上开匹处）裁取。裁取时不可歪斜，不得有分等规定中所列举的严重表面疵点。

5.1.3 色牢度试样以同一原料、品种、同一加工过程、染色工艺处方及色号为一批，或按每一品种每一万米抽一次（包括全部色号），不到一万米也抽一次，每份试样裁取 0.2 m 全幅。

5.1.4 每份试样应加注标签，并记录下列资料：厂名、品名、匹号、色号、批号、试样长度、采样日期、采样者等。

5.2 试验结果按 GB/T 8170 进行修约，修约位数应与本标准表 1 中规定的有效位数相一致。

5.3 各单项试验方法

5.3.1 幅宽不足试验按 GB/T 4667—1995（方法一）执行（织物的幅宽也可由工厂在检验机上直接测量，但是在仲裁试验时，应按 GB/T 4667—1995 进行测量）。幅宽不足按式(1)计算：

$$L = L_2 - L_1 \quad \cdots\cdots(1)$$

式中：

L——幅宽不足，单位为厘米(cm)；

L_1——实际测量的幅宽值，单位为厘米(cm)；

L_2——幅宽设定值，单位为厘米(cm)。

5.3.2 平方米重量允差试验按 FZ/T 20008 执行。

5.3.3 静态尺寸变化率试验按 FZ/T 20009 执行。

5.3.4 纤维含量试验按 GB/T 2910、GB/T 2911、GB/T 16988、FZ/T 01026、FZ/T 01048、FZ/T 01095 等执行，结合公定回潮率计算，公定回潮率按 GB 9994 执行。

5.3.5 起球试验按 GB/T 4802.1 执行,大衣面料按粗梳毛织品的相应方法执行,半精纺绒面产品(大衣面料除外)起球次数为 400 次。

5.3.6 断裂强力试验按 GB/T 3923.1—1997 执行。

5.3.7 撕破强力试验按 GB/T 3917.2—1997(单舌法)执行。

5.3.8 落水变形按附录 B 执行。

5.3.9 脱缝程度试验按 FZ/T 20019 执行。

5.3.10 汽蒸尺寸变化率试验按 FZ/T 20021 执行。

5.3.11 耐光色牢度试验按 GB/T 8427—1998 方法 3 执行。

5.3.12 耐洗色牢度试验按 GB/T 12490—2007(试验条件 A1S,不加钢珠)执行。

5.3.13 耐水色牢度试验按 GB/T 5713 执行。

5.3.14 耐汗渍色牢度试验按 GB/T 3922 执行。

5.3.15 耐熨烫色牢度试验按 GB/T 6152 和附录 A 第 A.4 章执行。

5.3.16 耐摩擦色牢度试验按 GB/T 3920 执行。

5.3.17 水洗尺寸变化率试验按 FZ/T 70009 执行。

5.3.18 耐干洗色牢度试验按 GB/T 5711 执行。

6 检验规则

6.1 检验织品外观疵点时,应将其正面放在与垂直线成 15°角的检验机台面上。在北光下,检验者在检验机的前方进行检验,织品应穿过检验机的下导辊,以保证检验幅面和角度。在检验机上应逐匹量计幅宽,每匹不得少于三处。

6.2 检验机规格:

——车速:14 m/min~18 m/min;

——大滚筒轴心至地面的距离:210 cm;

——斜面板长度:150 cm;

——斜面板磨砂玻璃宽度:40 cm;

——磨砂玻璃内装日光灯:40 W×(2 只~4 只)。

6.3 如因检验光线影响外观疵点的程度而发生争议时,应以白昼正常北光下,在检验机前方检验为准。

6.4 需方按本标准进行验收。

6.5 物理指标复试规定

6.5.1 原则上不复试,但有下列情况之一者,可复试一次:

——三匹平均合格,其中有两匹不合格;

——三匹平均不合格,其中有两匹合格。

6.5.2 复试结果:三匹平均合格,其中两匹不合格;三匹平均不合格,其中两匹合格,均为不合格。

6.6 实物质量、外观疵点的抽验按同品种交货匹数的 4%进行检验,但不少于三匹。批量在 300 匹以上时,每增加 50 匹,加抽一匹(不足 50 匹的按 50 匹计)。抽验数量中,如发现实物质量、散布性外观疵点有 30%等级不符,外观质量判定为不合格;局部性外观疵点百米漏辫超过 2 只时,每个漏辫放尺 20 cm。

7 包装和标志

7.1 包装

7.1.1 包装方法和使用材料,以坚固和适于运输为原则。

7.1.2 每匹织品应正面向里对折成双幅或平幅,卷在纸板或纸管上加放防蛀剂,用防潮材料或牛皮纸包好,纸外用绳扎紧。每匹一包。每包用布包装,缝头处加盖布,刷唛头。

7.1.3 因长途运输而采用木箱时,木板厚度不得低于 1.5 cm,木箱应干燥,箱内应衬防潮材料。

7.2 标志

7.2.1 每匹织品应在反面里端加盖厂名梢印(形式可由工厂自定)。外端加注织品的匹号、长度、等级标志。拼段组成时,拼段处加烫骑缝印。

7.2.2 织品因局部性疵点结辫时,应在疵点左边结上线标,并在右布边对准线标用不褪色笔作一箭头。如疵点范围大于放尺范围时;则在右边针对疵点上下端用不褪色笔划两个相对的箭头。

7.2.3 每包应吊硬纸牌一张。

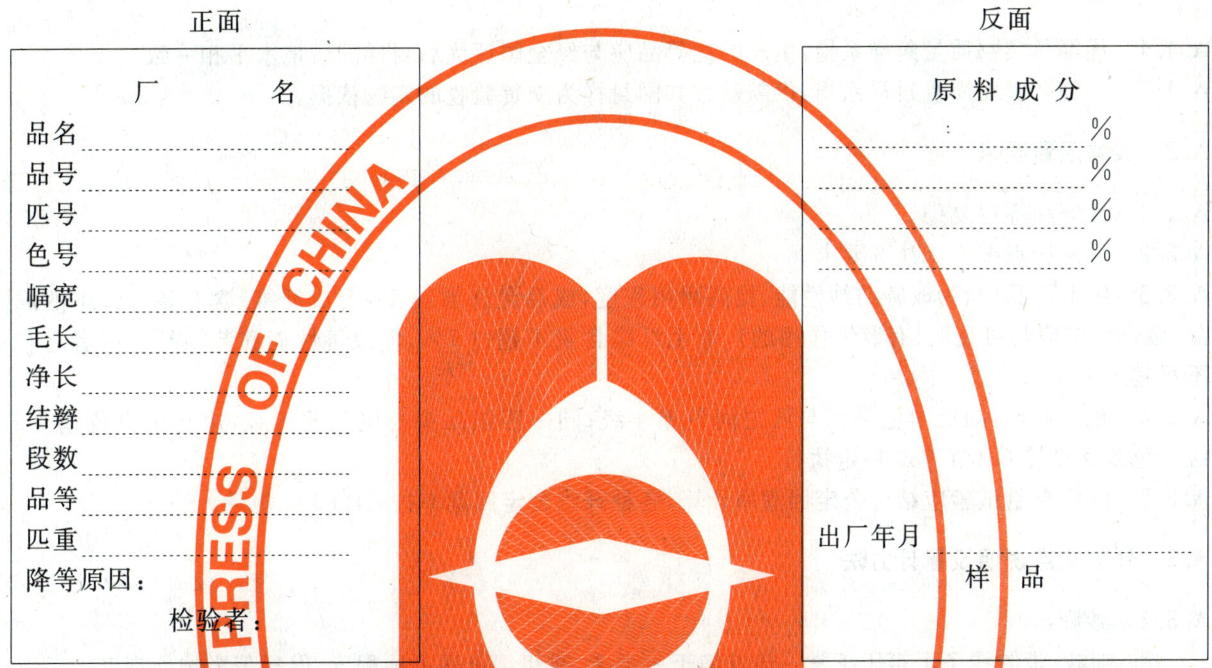

正面

厂 名

品名 ……

品号 ……

匹号 ……

色号 ……

幅宽 ……

毛长 ……

净长 ……

结辫 ……

段数 ……

品等 ……

匹重 ……

降等原因:

检验者:

反面

原料成分

…… %

…… %

…… %

…… %

出厂年月 ……

样 品

7.2.4 织品出厂时的标识标注需符合 GB 5296.4 的要求外,每包外包装还应刷以下内容:制造厂名、品名、品号、净长、等级、色号、包号、净重等。

8 其他

标准中的某些项目,如供需双方另有要求可按合约规定执行。

附 录 A
（规范性附录）
几项补充规定

A.1 实物质量封样

A.1.1 优等品实物质量封样系指：生产的优等品应与经全国评优后封样的质量水平相一致。

A.1.2 一等品实物质量封样系指：供需双方共同封样为交货验收的实物依据。

A.2 实物质量要求

A.2.1 优等品不得复染。

A.2.2 反面疵点按表5注3要求。

A.2.3 纯毛产品中，为改善纺纱性能、提高耐用程度，成品允许加入5%合成纤维；含有装饰纤维的成品（装饰纤维应是可见的、有装饰作用的），非毛纤维含量不超过7%，但改善性能和装饰纤维两者之和不得超过7%。

A.2.4 色差规定：同批同色号匹与匹之间色差4级；同一匹织品头与尾色差4级，边与中央色差4-5级。色差评级按GB/T 250规定执行。

A.2.5 纤维含量试验应结合公定回潮率计算，各种纤维公定回潮率按GB 9994规定。

A.3 外观疵点说明及量计方法

A.3.1 纱疵：

粗、细纱：指纱线条干粗于正常一倍或细于一半者，或粗细未达上述程度，但显著影响外观者。

紧纱：指紧捻纱、吊紧纱。

松纱：指松紧纱。

错纱：包括错支、错批、错捻、错股、错原料的纱。

弓纱（包括纬停弓纱）：由于纱线局部张力过小或纬停失灵，使纱线在织品表面弓起圈状者。

油、污、异色纱：指纱线沾上油污或颜色、色毛飞入或异色纱。

吊经条：指三根及以上吊紧纱并列或间隔并列者。

大肚纱：由于粗节纱或回毛带入纱线织在织品中粗于原纱三倍及以上成为枣核形者。

磨白纱：纱线受到不正常摩擦，在织品表面呈现白色者。

A.3.2 厚段、薄段、纬影：在织造时纬向密度未控制好，造成纬密过多或过少，在织品表面上形成一个明显的分界线者。

A.3.3 蛛网：经、纬纱各两根或两根以上，不依组织起伏，形成蛛网者，量其最大长度。

A.3.4 织纹错误：织造时纹板弄错、棕丝穿错或棕框升降错误而造成织纹错误者，量其经向长度。

A.3.5 斑疵：包括明显油污斑、锈斑、白斑、色斑、水斑、毛斑等，量其最大长度。

A.3.6 换纱印：由于换粗纱而造成的阴影，明显影响外观者。

A.3.7 稀缝：由于织入不正常纱线，经修除后在织品表面呈现局部密度明显稀于正常者。

A.3.8 稀隙：由于修除草屑或操作不良，造成呢面透视时呈现明显小空隙者。

A.3.9 织稀：由于修除织入回丝、回毛、杂物及大肚纱，使呢面呈现严重孔隙或小洞者。

A.3.10 呢面局部狭窄：织品幅面呈现局部狭窄，超过连边幅宽最小限度或凹入与正常部位比较达2 cm者，按其经向量计。

A.3.11 经档：局部经向排列错误、纱线用错、稀密不均匀或纱线被摩擦发毛，使织品表面呈现经向档痕者。

A.3.12 纬档：异常纱两根及以上并列或间隔并列，当其长度达半幅及以上者为档子。包括紧纱档、色档、松纱档、错纱档、粗纱档、树脂档等。

A.3.13 条痕、条花、色花、折痕：由于在染整过程中处理不好或织品折叠造成的，量其经向长度。

A.3.14 死折痕：由于蒸呢、煮呢、电压等操作不良，造成呢面局部折叠，经熨烫后不能消除，呈现明显折痕者。

A.3.15 剪毛痕：因剪毛不良，造成剪毛痕迹者，量其经向长度。

A.3.16 破边、边上破洞：织品边上破裂在边 1.5 cm 以内，以经向量计。

A.3.17 破洞：经、纬向纱连断两根或同时各断一根及以上者，量其最大长度。

A.3.18 刺毛边、边上稀密：由于边撑运转不良，致使织品边上形成刺毛或稀密不匀者。

A.3.19 边上针眼、针锈：拉幅烘干机钢针过粗或生锈，造成织品上呈现针眼或针锈，量其经向长度。

A.3.20 荷叶边：织品边上明显不整齐或起伏的波浪状态，按经向长度计。

A.3.21 小跳花：单根纱不依组织起伏，织品表面形成连续或断续之小跳花。

A.3.22 呢面歪斜：经纬纱未能呈现垂直位置，纬纱歪斜以距水平最大距离计算。

A.3.23 刺毛痕、边撑痕：经纬纱被刺毛辊或边撑勾损者，量其经向长度。

A.3.24 严重搭头印：织品在煮呢、蒸呢过程中处理不当，在织品表面呈现明显分界线者。

A.3.25 毛粒：因原料或工艺不当，造成小毛球者。

A.3.26 轧梭痕、破损性轧梭：织造时发生轧梭，致使呢面呈现毛痕或稀密不匀者，为轧梭痕，量其经向长度。当经纱集中断裂或纬纱严重稀密时，为破损性轧梭，量其最大长度。

A.3.27 条干不匀：由于纱线条干不匀，严重影响织物外观者，造成呢面局部呈现花纹者。

A.3.28 水印(水花)：由于煮呢加工不良，造成呢面局部呈现花纹者。

A.3.29 严重电压印：在电压过程中处理不当，使织品表面呈现严重明显分界线者。

A.4 耐热压(熨烫)色牢度试验选用潮压条件

A.4.1 耐热压(熨烫)试验中对不同纤维试验温度的规定：

a) 麻：(200±2)℃；

b) 纯毛、粘纤、涤纶、丝：(180±2)℃；

c) 腈纶：(150±2)℃；

d) 锦纶、维纶：(120±2)℃。

A.4.2 混纺和交织物的规定试验温度采用其中温度低的一种(混纺比例低于 10%不作考虑)。

A.5 试验用大气条件

A.5.1 仲裁试验用标准大气：温度(20±2)℃；相对湿度(65±3)%。

A.5.2 工厂常规试验用标准大气：温度(20±2)℃；相对湿度(65±5)%。

A.5.3 试验前样品要展开平放实验室内暴露 16 h 以上。

附 录 B
（规范性附录）
落水变形试验方法

B.1 仪器及工具

温度计、量杯、浸渍盆、灯光评级箱、合成洗剂、五级制标样一套。

B.2 试样

裁取 25 cm×25 cm 的试样两块。

B.3 操作方法

B.3.1 配制溶液：每 1 000 mL 水加 5 g 合成洗剂，浴比 1∶30。

B.3.2 将试样放入温度为(25±2)℃的溶液内，浸渍 10 min（一次试验同时浸入试样最多 6 块）。然后，用双手执其两角，逐块提出液面。

B.3.3 将试样置于温度 20 ℃～30 ℃之清水中，用手执其两角，在水中上下摆动，经、纬向各反复操作五次。逐块提出液面，再在清水中过清一次，操作同前。

B.3.4 试样在滴水状态下，用夹子夹住试样经向两角。在室温下，将试样悬挂起来晾干，晾干到与原重相差±2%时，平置恒温恒湿室内暴露 6 h 以上。

B.3.5 使用熨斗熨烫试样时，不要让熨斗在试样上面来回熨烫，将熨斗直接压在试样上即可。熨斗温度为(150±2)℃。

B.3.6 随后将试样在(20±2)℃，相对湿度为(65±3)%的环境下，平衡 4 h 后，对照落水变形标准样照进行评级。

ICS 97.160
W 57

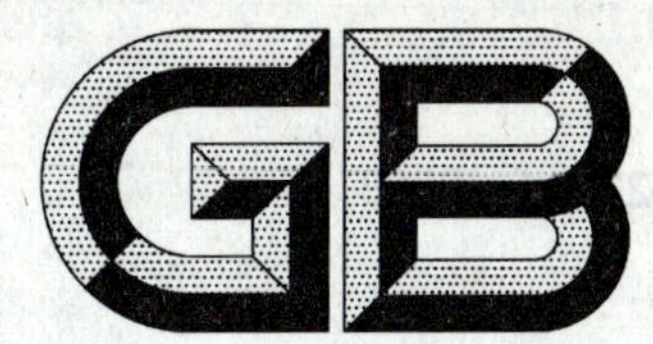

中华人民共和国国家标准

GB/T 22864—2009

毛巾

Towel

2009-04-21 发布　　2009-12-01 实施

中华人民共和国国家质量监督检验检疫总局
中国国家标准化管理委员会 发布

前言

本标准的附录A为规范性附录。

本标准由中国纺织工业协会提出。

本标准由全国家用纺织品标准化技术委员会归口。

本标准主要起草单位:江苏省纺织产品质量监督检验测试中心、青岛喜盈门集团有限公司、山东滨州亚光毛巾有限公司、福建龙岩喜鹊纺织有限公司、江苏康乃馨织造有限公司、马鞍山海狮织造有限公司、孚日集团股份有限公司、浙江双灯家纺有限公司。

本标准主要起草人:庞倩、纪玉君、王延平、顾丽娜、臧岩兵、施懋祥、门雅静、徐郢、李辉。

毛　　巾

1　范围

本标准规定了毛巾类产品的术语和定义、要求、抽样、试验方法、检验规则和标志包装。

本标准适用于以纺织纤维为原料的各类机织毛巾产品，其他毛巾产品可参照执行。

2　规范性引用文件

下列文件中的条款通过本标准的引用而成为本标准的条款。凡是注日期的引用文件，其随后所有的修改单(不包括勘误的内容)或修订版均不适用于本标准，然而，鼓励根据本标准达成协议的各方研究是否可使用这些文件的最新版本。凡是不注日期的引用文件，其最新版本适用于本标准。

GB/T 250　纺织品　色牢度试验　评定变色用灰色样卡(GB/T 250—2008,ISO 105/A02:1993,IDT)

GB/T 2910　纺织品　二组分纤维混纺产品定量化学分析方法(GB/T 2910—1997,eqv ISO 1833:1977)

GB/T 2911　纺织品　三组分纤维混纺产品定量化学分析方法(GB/T 2911—1997,eqv ISO 5088:1976)

GB/T 3920　纺织品　色牢度试验　耐摩擦色牢度(GB/T 3920—2008,ISO 105-X12:2001,MOD)

GB/T 3921　纺织品　色牢度试验　耐皂洗色牢度(GB/T 3921—2008,ISO 105-C10:2006,MOD)

GB/T 3923.1　纺织品　织物拉伸性能　第1部分:断裂强力和断裂伸长率的测定　条样法

GB/T 4841.3　染料染色标准深度色卡　2/1、1/3、1/6、1/12、1/25

GB 5296.4　消费品使用说明　纺织品和服装使用说明

GB/T 7069　纺织品　色牢度试验　耐次氯酸盐漂白色牢度(GB/T 7069—1997,eqv ISO 105-N01:1995)

GB/T 8170　数值修约规则与极限数值的表示和判定

GB/T 9994　纺织材料公定回潮率

GB/T 9995　纺织材料含水率和回潮率的测定　烘箱干燥法

GB 18401　国家纺织产品基本安全技术规范

GB/T 22798　毛巾产品脱毛率测试方法

GB/T 22799　毛巾产品吸水性测试方法

FZ/T 01053　纺织品　纤维含量的标识

3　术语和定义

下列术语和定义适用于本标准。

3.1

毛巾　towel

以纺织纤维为原料，表面起毛圈或毛圈经割绒的织物，用于日常生活中洗擦、保暖、装饰等用途(如方巾、面巾、浴巾、毛巾被等)。

3.2

割绒毛巾　terry towels

表面毛圈经割绒处理的毛巾。

4 要求

4.1 毛巾产品的质量分为优等品、一等品和合格品。

4.2 毛巾产品质量包括内在质量和外观质量要求。

4.3 毛巾产品内在质量包括重量偏差率、断裂强力、吸水性、脱毛率、纤维含量偏差和色牢度，内在质量指标见表1。

表1 内在质量指标

序号	考核项目			单位	优等品	一等品	合格品	备注
1	重量偏差率(结合公定回潮)			%	±2.5	≥-3.5	≥-4.5	方巾、面巾10条称量
2	断裂强力≥			N	220	180		
3	吸水性≤			s	10	20	30	
4	脱毛率≤	非割绒毛巾		%	0.4	1.0	1.5	毛巾被不考核
		割绒毛巾			0.5	1.5	2.0	
5	纤维含量偏差			%	按FZ/T 01053标准执行			
6	色牢度≥	耐皂洗	变色	级	4	3-4	3	优、一等品深色降半级，以颜色深度不小于GB/T 4841.3为深色
			沾色		4	3-4	3	
		耐摩擦	干摩		4	3-4	3	
			湿摩		3-4	3	2-3	
		耐氯漂	变色		4	3-4	3	不可氯漂产品不考核
			沾色		4	3-4	3	

4.4 毛巾产品外观质量包括规格尺寸偏差率、疵点、缝制质量和整烫质量，外观质量指标见表2。

表2 外观质量指标

序号	考核项目		优等品	一等品	合格品	备注
1	规格尺寸偏差率/%		+3.0～-2.0	≥-2.5	≥-3.5	尺寸偏差考核绝对值小于1 cm按1 cm考核
2	线状疵点/(处/条)	方巾面巾	不允许	≤2	≤4	割绒产品背面参照非割绒产品
		浴巾		≤4	≤8	
		毛巾被		≤6	≤10	
		割绒面巾		不允许	≤1	
		割绒浴巾		≤1	≤2	
		割绒毛巾被		≤2	≤3	
	条状疵点/(处/条)	方巾面巾	不允许	≤1	≤3	
		浴巾		≤2	≤4	
		毛巾被		≤3	≤6	
		割绒面巾		不允许	≤1	
		割绒浴巾		≤1	≤2	
		割绒毛巾被		≤2	≤3	

表 2（续）

<table>
<tr><th>序号</th><th colspan="2">考核项目</th><th>优等品</th><th>一等品</th><th>合格品</th><th>备注</th></tr>
<tr><td rowspan="7">2</td><td colspan="2">块状疵点</td><td>不允许</td><td>轻微</td><td>明显</td><td rowspan="7"></td></tr>
<tr><td colspan="2">油污、色渍</td><td>不允许</td><td>不允许</td><td>轻微</td></tr>
<tr><td colspan="2">破损性疵点</td><td colspan="3">不允许</td></tr>
<tr><td rowspan="2">散布性疵点</td><td>轻微</td><td rowspan="2">不允许</td><td>允许</td><td rowspan="2">允许</td></tr>
<tr><td>明显</td><td>不允许</td></tr>
<tr><td rowspan="2">印染疵点</td><td>色差色花≥</td><td>4 级</td><td>3-4 级</td><td>3 级</td></tr>
<tr><td>印制效果</td><td colspan="3">不影响外观</td></tr>
<tr><td rowspan="4">3</td><td rowspan="4">缝制质量</td><td>不回针、散角</td><td>不允许</td><td>不允许</td><td>轻微</td><td rowspan="4">只允许 1 针的跳针</td></tr>
<tr><td>跳针、脱线</td><td>不允许</td><td>不允许</td><td>≤2 处/条</td></tr>
<tr><td>平缝针密度≥</td><td colspan="2">14 针/5 cm</td><td>12 针/5 cm</td></tr>
<tr><td>包缝针密度≥</td><td colspan="2">16 针/5 cm</td><td>14 针/5 cm</td></tr>
<tr><td rowspan="2">4</td><td rowspan="2">整烫质量</td><td>毛巾不平整</td><td colspan="2">轻微</td><td>明显</td><td rowspan="2"></td></tr>
<tr><td>两边尺寸不一</td><td colspan="2">轻微</td><td>明显</td></tr>
<tr><td colspan="7">轻微以目测不易看出，明显以目测易看出；油污、色渍的轻微为 GB/T 250 色卡 4 级及以上；优等品、一等品同一包装内条与条之间的色差应好于或等于 GB/T 250 色卡 4 级。
注：疵点说明见附录 A。</td></tr>
</table>

4.5 毛巾产品的基本安全技术要求应符合 GB 18401 的规定。

4.6 特殊要求按双方合同协议的约定执行。

5 抽样

5.1 内在质量检验抽样方案见表 3。

表 3 内在质量检验抽样方案

批量范围 N	样本大小 n	合格判定数 Ac	不合格判定数 Re
2～1 200	2	0	1
1 201～3 200	3	0	1
3 201～10 000	5	0	1
＞10 000	8	0	1
注：内在质量抽样的样本由满足进行表 1 检验的样品组成。			

5.2 内在质量检验样品从检验批中随机抽取。

5.3 外观质量检验抽样方案见表 4。

表 4 外观质量检验抽样方案

批量范围 N	样本大小 n	合格判定数 Ac	不合格判定数 Re
20～1 200	20	1	2
1 201～10 000	32	3	4
10 001～35 000	50	5	6
＞35 000	80	10	11

5.4 外观质量检验样本应从检验批中随机抽取,外包装应完整。

5.5 实施抽样时,当样本大小 n 大于批量 N 时,实施全检,合格判定数 Ac 为 0。

5.6 抽样方案另有规定和合同协议的,按有关规定和合同协议执行。

6 试验方法

6.1 内在质量检验

6.1.1 公定回潮时重量检验:按 GB/T 9995 测定称量时的回潮率,根据 GB/T 9994 的公定回潮率计算公定回潮率时的重量。

6.1.2 断裂强力的测定按 GB/T 3923.1 执行。

6.1.3 吸水性的测定按 GB/T 22799 A 法执行。

6.1.4 脱毛率的测定按 GB/T 22798 执行。

6.1.5 纤维含量的测定按 GB/T 2910 和 GB/T 2911 执行。

6.1.6 耐皂洗色牢度的测定按 GB/T 3921 方法 C 执行。

6.1.7 耐摩擦色牢度的测定按 GB/T 3920 执行。

6.1.8 耐氯漂色牢度的测定按 GB/T 7069 执行。

6.2 外观质量检验

6.2.1 规格尺寸偏差率的测定

6.2.1.1 工具:钢尺。

6.2.1.2 将产品平摊在检验台上,用手轻轻理平,使产品呈自然伸缩状态,用钢尺在整个产品长、宽方向的四分之一和四分之三处测量,精确到 1 mm,按式(1)进行计算,计算结果按 GB/T 8170 修约至 1 位小数。

$$P = \frac{L_1 - L_0}{L_0} \times 100 \qquad \cdots\cdots(1)$$

式中:

P——规格尺寸偏差率,%;

L_0——样品规格尺寸明示值,单位为毫米(mm);

L_1——样品规格尺寸实测值,单位为毫米(mm)。

6.2.2 外观质量检验时产品表面照度不低于 600 lx,检验人员的双目距产品表面 60 cm 左右,检验人员逐条进行检验。

6.2.3 色差、色花用 GB/T 250 评定变色用灰色样卡进行评定。

7 检验规则

7.1 单件产品内在质量按表 1 最低一项评等,外观质量按表 2 最低一项评等,综合质量按内在质量和外观质量中的最低等评定。

7.2 内在质量批判定按抽样检查表 3 执行,外观质量批判定按抽样检查表 4 执行。综合质量批判定按内在质量抽样检查和外观质量抽样检查中最低等评定。

7.3 抽样检验后,不合格数小于或等于 Ac,则判检验批合格;不合格数大于或等于 Re,则判检验批不合格。

8 标志、包装

8.1 产品标识应符合 GB 5296.4 要求。产品应标明规格尺寸。

8.2 产品应分类包装,包装材料应确保产品不易散落、破损、沾污、受潮,或按供需双方协商确定。

附 录 A
（规范性附录）
毛巾疵点规定

A.1 线状疵点：粗细程度为一根纱线及以内，长度不小于 1 cm 的织疵。每 3 cm 及以内为一处，超过 3 cm 的累计计算，一处疵点长度不得超过 6 cm。

A.2 条状疵点：粗细程度为两根纱线及以内，长度不小于 0.5 cm 的织疵。每 1.5 cm 及以内为一处，超过 1.5 cm 的累计计算，一处疵点长度不得超过 4.5 cm。

A.3 块状疵点：脱毛露底、梯形毛。

A.4 散布性疵点：疵点包括平布反毛、反提毛环、割绒不净、螺旋不旋、毛环不齐等。

A.5 印染疵点：疵点包括刷花、拖版、色萎、渗色、错色、套版不准、掉版、印反、花位不正、搭色等。

A.6 破损性疵点为经纬共计断 3 根纱及以上。

ICS 03.100.40
A 01

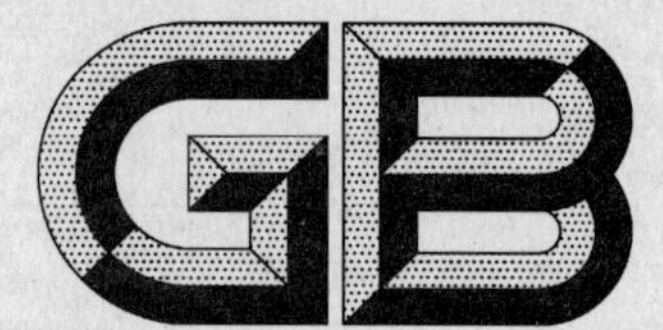

中华人民共和国国家标准

GB/T 22900—2009

科学技术研究项目评价通则

General rules of science and technology research projects evaluation

2009-01-12 发布　　2009-06-01 实施

中华人民共和国国家质量监督检验检疫总局
中国国家标准化管理委员会　发布

前　言

本标准的附录A是资料性附录。

本标准由中国标准化研究院提出并归口。

本标准起草单位：中国标准化研究院、中国电子科技集团公司、北京加值巨龙管理咨询有限公司。

本标准主要起草人：汤万金、巨建国、田武、罗虹、梁秀英、靳慧泉、夏晓蔚、巨龙。

引 言

本标准为科学技术研究项目的投入产出效率评价提供了科学、规范的方法，可实现对科学技术研究项目的量化管理。

与本标准配套的科学技术研究项目评价指南将在今后陆续制定。

本标准涉及的科学技术研究项目应具有明确的预期目标、一定的技术风险、严格的时间要求、可控的成本约束并以契约方式生效等特征，一般可分为基础研究项目、应用研究项目和开发研究项目。

科学技术研究项目评价通则

1 范围

本标准规定了自然科学领域科学技术研究项目(以下简称“科研项目”)的评价方法。

本标准适用于自然科学领域基础研究、应用研究和开发研究项目。

2 术语和定义

下列术语和定义适用于本标准。

2.1

工作分解结构　work breakdown structure;WBS

自上而下逐级分解科研项目所形成的表达项目层次关系的结构。一般可用表格或树状图表示。

2.2

工作分解单元　work breakdown element;WBE

在工作分解结构中能够独立表达、独立测量、独立评价的基本单元。

2.3

技术就绪水平　technology readiness level;TRL

工作分解单元的技术成熟程度。

2.4

技术就绪水平量表　technology readiness level scale;TRLS

统一规定的用于评价特定技术成熟程度的测量工具。

注:技术就绪水平量表用规定的等级表示,分为9级。基础研究、应用研究和开发研究项目的技术就绪水平量表参见附录A。

2.5

技术就绪水平量值　technology readiness level;TRL

工作分解单元技术就绪水平在技术就绪水平量表中对应的等级。

2.6

技术就绪指数　technology readiness index;TRI

所有工作分解单元的技术就绪水平量值的加权平均值。

$$TRI = \frac{\sum_{k=1}^{9} k \times WBE(k)}{\sum_{k=1}^{9} WBE(k)} \quad \cdots\cdots(1)$$

式中:

k——技术就绪水平量值,$k=1\sim9$;

$WBE(k)$——技术就绪水平达到第k级的工作分解单元数量。

2.7

技术增加值　technology value add;TVA

评价期末与期初技术就绪指数的差值。

$$TVA = TRI_t - TRI_{t-1} \quad \cdots\cdots(2)$$

式中：

TVA——评价期内的技术增加值；

TRI_t——评价期期末的技术就绪指数；

TRI_{t-1}——评价期期初的技术就绪指数。

2.8

技术隐性收益　technique recessive profit；TRP

已实现的技术增加值。

2.9

技术显性收益　technique dominant profit；TDP

已实现的经济收益。

3　评价方法

3.1　评价公式

计算科研项目投入产出效率是科研项目评价的基本方法。科研项目投入产出率等于科研项目技术隐性收益、技术显性收益完成率与科研项目投入完成率之比，具体见式(3)。

$$r = (w_1 X_t + w_2 Y_t)/Z_t \quad \cdots\cdots(3)$$

式中：

r——科研项目投入产出率，$r \geqslant 0$；

t——评价期内的某时间点；

w_1——技术显性收益权重，$0 \leqslant w_1 \leqslant 1$；

X_t——评价期内的技术显性收益完成率，用评价期内已实现的经济效益与预期实现的经济效益的比率来表示；

w_2——技术隐性收益权重，$0 \leqslant w_2 \leqslant 1$，且满足 $w_1 + w_2 = 1$；

Y_t——评价期内某时间点技术隐性收益完成率，用评价期内已实现的技术增加值与预期完成的技术增加值的比率来表示；

Z_t——评价期内某时间点科研项目投入完成率，用评价期内实际投入与计划投入的比率来表示。

3.2　评价权重

在式(3)中，w_1 和 w_2 的取值有下述三种情况：

a)　在评价期内某时间点上，对科研项目的技术显性收益没有预期目标时，$w_1=0$，$w_2=1$；

b)　在评价期内某时间点上，对科研项目的技术隐性收益没有预期目标时，$w_1=1$，$w_2=0$；

c)　在评价期内某时间点上，对科研项目的技术显性收益和技术隐性收益同时有预期时，$0<w_1<1$，$0<w_2<1$。

3.3　评价效果

a)　当 $r<1$ 时，表明该科研项目尚未达到预期目标。说明科研项目投入、技术隐性收益、技术显性收益三个要素目标值与完成值比率之间的匹配程度尚未达到预期；

b)　当 $r=1$ 时，表明该科研项目已经达到预期目标。说明科研项目投入、技术隐性收益、技术显性收益三个要素目标值与完成值比率之间的匹配程度完全符合预期；

c)　当 $r>1$ 时，表明该科研项目已经超过预期目标。说明科研项目投入、技术隐性收益、技术显性收益三个要素目标值与完成值比率之间的匹配程度已经超过预期。

4　评价程序

4.1　确定评价主体

应确定一个评价主体，评价主体是对科研项目负责的组织或个人。

4.2 确定评价区间

应确定一个评价区间。评价区间一般由起始时间和终止时间构成。根据评价区间可分为事前评价、事中评价、事后评价三种情况。

a) 事前评价是指科研项目合同签订及签订前的各种评价；

b) 事中评价是指科研项目合同签订后到科研项目验收时的各种评价；

c) 事后评价是指科研项目验收后的各种评价。

4.3 确定评价目的

应确定主要评价目的。评价目的是评价方案制定的主要依据。

4.4 确定评价方案

应确定一个评价实施方案。评价实施方案应满足主要评价目的的要求。

4.5 确定评价步骤

应确定评价实施步骤。评价实施步骤应在一定范围内公开。

4.6 计算评价结果

a) 数据采集。数据采集应来源于日常记录并规范保存的数据。因此，科研项目应根据本标准规定的术语进行日常管理，科研项目管理的基础数据之间应保持一定的逻辑关系。

b) 权重确定。应根据科研项目类型确定技术隐性收益和技术显性收益的权重。对于开发研究项目，应考虑加大技术显性收益的权重；对于基础研究项目，应考虑加大技术隐性收益的权重。

c) 结果计算。依据科研项目投入、技术隐性收益、技术显性收益三个指标的总目标值、阶段目标值、实际完成值，根据式(3)计算投入产出效率。

4.7 编制评价报告

根据计算的投入产出效率，结合科研项目的实际情况，编制评价报告。

附 录 A
（资料性附录）
技术就绪水平量表

科研项目的技术就绪水平量表可根据科研项目的类型，分别参照表 A.1、表 A.2 和表 A.3 编制。

表 A.1 基础研究项目技术就绪水平量表

等级	特征描述	主要成果形式
第一级	产生新想法并表述成概念性报告	报告
第二级	被同行确定为一个值得自由探索的方向	论文
第三级	被组织确定为一个值得探索的具体目标	方案
第四级	实验室环境中仿真结论成立	仿真结论
第五级	实验室环境中半实物仿真结论成立	半实物仿真结论
第六级	实验室环境中实物功能性指标可测试	测试报告
第七级	试验结果与理论相匹配	鉴定结论
第八级	论文发表，报告立卷，著作出版	论文、报告、著作
第九级	论文、著作被引用，研究报告被采纳	引用、采纳凭证

注 1：基础研究是为了获得关于现象和可观察事实的基本原理的新知识（揭示客观事实的本质、运动规律、获得新发展、新学说）而进行的试验性或理论性研究，它不以任何专门或特定的应用或使用为目的，但一般具有广泛的应用前景。

注 2：基础研究项目的主要目标是获取新知识，其技术就绪水平第九级应该为新知识被认可、被接受。

表 A.2 应用研究项目技术就绪水平量表

等级	特征描述	主要成果形式
第一级	发现新用途并形成思路性报告	报告
第二级	形成了特定目标的应用方案	方案
第三级	关键功能分析和实验结论成立	功能结论
第四级	在实验室环境中关键功能仿真结论成立	仿真结论
第五级	相关环境中关键功能得到验证	性能结论
第六级	中试环境中初样性能指标满足要求	初样
第七级	中试环境中正样性能指标满足要求	正样
第八级	正样得到用户认可	用户鉴定结论
第九级	正样品、专有技术、专利技术被转让	专利、样品

注 1：应用研究是指为了探索开辟基础研究成果可能的新用途，或者为了达到预定的目标探索应采取的新方法或新用途而进行的创造性研究，直接解决改造客观世界中的实际问题，主要针对特定的目的或目标。

注 2：应用研究项目的主要目标是获取新用途、新方法、新产品，介于基础研究和开发研究之间，比较接近开发研究。

表 A.3 开发研究项目技术就绪水平量表

等级	特征描述	主要成果形式
第一级	观察到基本原理并形成正式报告	报告
第二级	形成了技术概念或开发方案	方案
第三级	关键功能分析和实验结论成立	验证结论
第四级	研究室环境中的部件仿真验证	仿真结论
第五级	相关环境中的部件仿真验证	部件
第六级	相关环境中的系统样机演示	模型样机
第七级	在实际环境中的系统样机试验结论成立	样机
第八级	实际系统完成并通过实际验证	中试产品
第九级	实际通过任务运行的成功考验,可销售	产品、标准、专利

注1:开发研究是指利用从基础研究、应用研究和实际经验所获得的现有知识,为了生产新的产品、材料和装置,建立新的工艺、系统和服务,以及对已经产生和建立的上述各项做实质性的改进和进行的系统性工作。

注2:开发研究项目的主要目标是获取新产品,其技术就绪水平第九级应该为可以销售的产品。

参 考 文 献

［1］ GJB 2116—1994 武器装备研制项目工作分解结构
［2］ 约翰 C.曼金斯.美国航空航天局技术就绪水平白皮书.1995.
［3］ 美国新千年计划——技术就绪水平.2003.
［4］ 巨澜.知识成果生产力度量衡.北京:经济科学出版社,2007.
［5］ Guide to statistics on science and technology, Division of statistics on science and technology, Office of statistics, UNESCO, Paris, December, 1984.
［6］ 美国国防部.技术就绪水平评估手册.DOD5000-2-R,2005.
［7］ 巨建国,汤万金.科技评价理论与方法——基于技术增加值.北京:中国计量出版社,2008.

ICS 61.020
Y 76

中华人民共和国国家标准

GB/T 22925—2009

纳米技术处理服装

Nanotechnology-treated clothes

2009-04-21 发布 2009-12-01 实施

中华人民共和国国家质量监督检验检疫总局
中国国家标准化管理委员会 发布

前言

本标准的附录 A、附录 B、附录 C、附录 D 和附录 E 为规范性附录。

本标准由中国纺织工业协会提出。

本标准由全国服装标准化技术委员会(SAC/TC 219)归口。

本标准由全国服装标准化技术委员会负责解释。

本标准主要起草单位:深圳市计量质量检测研究院、上海市服装研究所、深圳市默根服装有限公司。

本标准主要起草人:杨志敏、许鉴、李光亮、杜冲、董晶泊、何玉兰、邓海英、郑欢欢、何雨霞、滕万红、陈国强、梁海保。

纳米技术处理服装

1 范围

本标准规定了纳米技术处理服装产品的术语和定义、要求、检测方法、检验分类规则，以及标志、包装、运输和贮存等技术特征。

本标准适用于经纳米技术处理的，以纺织机织物为主要面料生产的功能性服装。该服装或其特定部位在生产加工过程中因使用了纳米技术而具有了防水、防油、易去污、抗菌、防紫外线等一种或几种功能。

本标准不适用于婴幼儿服装。

2 规范性引用文件

下列文件中的条款通过本标准的引用而成为本标准的条款。凡是注日期的引用文件，其随后所有的修改单（不包括勘误的内容）或修订版均不适用于本标准，然而，鼓励根据本标准达成协议的各方研究是否可使用这些文件的最新版本。凡是不注日期的引用文件，其最新版本适用于本标准。

GB/T 1335.1　服装号型　男子

GB/T 1335.2　服装号型　女子

GB/T 1335.3　服装号型　儿童

GB/T 2910　纺织品　二组分纤维混纺产品定量化学分析方法

GB/T 2911　纺织品　三组分纤维混纺产品定量化学分析方法

GB/T 3917.2　纺织品　织物撕破性能　第2部分：裤形试样（单缝）撕破强力的测定

GB/T 3923.1　纺织品　织物拉伸性能　第1部分：断裂强力和断裂伸长率的测定　条样法

GB/T 4745　纺织织物　表面抗湿性测定　沾水试验

GB 5296.4　消费者使用说明　纺织品和服装使用说明

GB/T 5453　纺织品　织物透气性的测定

GB 7919　化妆品安全性评价程序和方法

GB/T 8170　数值修约规则与极限数值的表示和判定

GB/T 8629—2001　纺织品　试验用家庭洗涤和干燥程序

GB/T 18132　丝绸服装

GB 18401　国家纺织产品基本安全技术规范

GB/T 18830　纺织品　防紫外线性能的评定

GB/T 19977　纺织品　拒油性　抗碳氢化合物试验

GB/T 20944.1　纺织品　抗菌性能的评价　第1部分：琼脂平皿扩散法

FZ/T 01026　四组分纤维混纺产品定量化学分析方法

FZ/T 01053　纺织品　纤维含量的标识

FZ/T 01057（所有部分）　纺织纤维鉴别试验方法

FZ/T 01095　纺织品　氨纶产品纤维含量的试验方法

FZ/T 10012　涤棉织物易去污性能评定

FZ/T 80002　服装标志、包装、运输和贮存

FZ/T 80007.1　使用服装粘合衬剥离强度测试方法

3 术语和定义

下列术语和定义适用于本标准。

3.1

纳米尺度 nanoscale

在 1 nm 至 100 nm(1 nm=10^{-9} m)范围内的几何尺度。

3.2

纳米结构单元 nanostructure unit

具有纳米尺度结构单元特征的物质单元,包括稳定的团簇或人造原子团簇、纳米晶、纳米颗粒、纳米管、纳米棒、纳米线、纳米单层膜及纳米孔等。

3.3

纳米材料 nanomaterial

物质结构在三维空间中至少有一维处于纳米尺度,或由纳米结构单元构成的且具有特殊性质的材料。

3.4

纳米技术 nanotechnology

研究纳米尺度范围物质的结构、特性和相互作用,以及利用这些特性制造具有特定功能产品的技术。

3.5

纳米技术处理服装 nanotechnology-treated clothes

在产品或其特定部位的生产加工过程中使用了纳米技术而具有了防水、防油、易去污、抗菌、防紫外线等一种或几种功能的服装。

3.6

防水性 water repellency

产品抵抗吸收喷淋水的能力。以在指定的人造淋雨器下,在规定的时间内织物表面的沾湿程度或织物的吸水量表征。

3.7

拒油性 oil repellency

产品抵抗吸收油类液体的性能。

3.8

抗菌性能 antibacterial activity

产品所具有的抑制细菌繁殖的性能。

3.9

防紫外线性能 UV protective properties

产品防护日光紫外线的性能。

3.10

易去污性 soil-release performance

纺织品经易去污处理后,在不影响服用性能的前提下,具有被油污污染后,容易用普通洗涤方法,将其洗涤干净的性能。

4 要求

4.1 使用说明

成品使用说明按 GB 5296.4、GB 18401 以及 7.1 规定执行,并应注明生产日期、有效期以及具备的特定功能。

4.2 号型规格

4.2.1 号型设置按 GB/T 1335.1、GB/T 1335.2 和 GB/T 1335.3 规定选用。

4.2.2　成品主要部位规格按 GB/T 1335.1、GB/T 1335.2 和 GB/T 1335.3 有关规定自行设计。

4.3　**材料要求**

4.3.1　**纳米技术处理服装所应用的纳米材料**

应符合国家相关安全标准要求。

4.3.2　**面料**

按国家有关纺织面料标准选用符合本标准质量要求的面料。

4.3.3　**里料**

采用与面料性能、色泽相适合的里料，特殊需要除外。

4.3.4　**辅料**

4.3.4.1　**衬布**

采用适合面料的衬布，其水尺寸变化率应与面料相适宜。

4.3.4.2　**缝线**

采用适合所用面辅料、里料质量的缝线。钉扣线应与扣的色泽相适宜；钉商标线应与商标底色相适宜(装饰线除外)。

4.4　**钮扣、拉链及附件**

采用适合所用面料的钮扣(装饰扣除外)、拉链及附件。钮扣及附件经洗涤和熨烫后不变形、不变色、不生锈并符合相关国家标准要求。

4.5　**填充物**

按有关标准选用具有一定保暖性的各种天然纤维、化学纤维、动物绒毛(不包括羽绒)、动物毛皮、人造毛皮等。

4.6　**外观质量**

应符合各类服装相应的国家标准或行业标准的规定。

4.7　**功能性指标**

经纳米技术处理后服装的功能性指标应符合表 1 的要求。

表 1

项　目			优等品	一等品	合格品
防水性/级	洗涤前		5	5	≥4
	洗涤 15 次后		≥4	≥4	≥4
拒油性/级	洗涤前		≥7.0	≥6.0	≥5.0
	洗涤 15 次后		≥6.0	≥5.0	≥4.0
防紫外线性能	洗涤前		UPF 50+	UPF 50+	UPF 50+
	洗涤 15 次后		UPF 50+	UPF 40+	UPF 40+
抗菌性能	洗涤前		效果好		
	洗涤 15 次后		效果好	效果较好	效果较好
易去污性/级	洗涤前	有色纺织品	≥4-5	≥4	≥4
		漂白纺织品	≥4	≥3-4	≥3
	洗涤 15 次后	有色纺织品	≥4	≥3-4	≥3
		漂白纺织品	≥3-4	≥3	≥2-3

注 1：按明示功能考核。

注 2：仅在特定部位镶拼或贴补纳米技术处理织物的产品，按其明示的部位取样。

4.8 理化性能指标

经纳米技术处理后服装理化性能指标应符合表2要求。

表2

<table>
<tr><th colspan="2">项　目</th><th>优等品</th><th>一等品</th><th>合格品</th></tr>
<tr><td rowspan="2">撕破强力/N</td><td>轻薄型</td><td colspan="3">≥7</td></tr>
<tr><td>中厚型</td><td>≥13</td><td>≥11</td><td>≥9</td></tr>
<tr><td rowspan="2">断裂强力/N</td><td>轻薄型</td><td colspan="3">≥160</td></tr>
<tr><td>中厚型</td><td>≥300</td><td>≥250</td><td>≥200</td></tr>
<tr><td colspan="2">纰裂/cm</td><td>≥0.5</td><td colspan="2">≥0.6</td></tr>
<tr><td colspan="2">裤后裆缝接缝强力/N</td><td colspan="3">面料不小于140 N,里料不小于80 N</td></tr>
<tr><td colspan="2">覆粘合衬部位剥离强度/N</td><td colspan="3">≥6</td></tr>
<tr><td colspan="2">透气率/(mm/s)</td><td colspan="3">≥180</td></tr>
<tr><td colspan="2">纤维含量/%</td><td colspan="3">按FZ/T 01053规定</td></tr>
<tr><td colspan="2">纳米技术鉴别</td><td colspan="3">纳米结构单元总数>非纳米结构单元总数</td></tr>
<tr><td colspan="5">丝绸产品及质量在50 g/m² 以下的产品的缝子纰裂程度按GB/T 18132的规定执行。
注1:轻薄型——150 g/m² 及以下织物;中厚型——织物150 g/m² 以上织物。</td></tr>
</table>

4.9 安全性

4.9.1 纳米技术处理服装所应用的处理材料对皮肤的刺激性、致过敏性及人体斑贴试验为阴性。

4.9.2 抗菌类纳米技术处理服装的溶出性指标:洗涤一次后,抑菌带宽度≤5 mm。

注:一次性使用的产品不适用于本条规定。

4.9.3 基本安全技术要求:经纳米技术处理服装的色牢度、甲醛含量、pH值、异味和可分解芳香胺染料应符合GB 18401规定。

5 检测方法

5.1 外观质量

按各类服装相应的国家标准或行业标准规定的有关方法进行。

5.2 功能性

5.2.1 防水性

防水性按GB/T 4745规定的方法进行试验。

5.2.2 拒油性

拒油性按GB/T 19977规定的方法进行试验。

5.2.3 防紫外线性能

防紫外线性能按GB/T 18830规定的方法进行试验。

5.2.4 抗菌性能

抗菌性能按照GB/T 20944.1规定的方法进行试验。

5.2.5 易去污性

易去污性按FZ/T 10012规定的方法进行试验,反复洗涤方法按5.3.5。

5.3 理化性能

5.3.1 撕破强力

撕破强力测试方法按GB/T 3917.2规定,经、纬向各取五块试样。测试值精确至0.1 N,结果分别计算经、纬向的平均值,按GB/T 8170修约至整数。

5.3.2 断裂强力

断裂强力测试方法按 GB/T 3923.1 规定。

5.3.3 透气率

透气率测试方法按 GB/T 5453 规定。

5.3.4 原料的成分和含量

原料的成分和含量按 FZ/T 01057、GB/T 2910、GB/T 2911、FZ/T 01026、FZ/T 01095 等标准测定。

5.3.5 洗涤方法

洗涤方法按附录 A 规定执行,并在批量中随机抽取三件成品测试,结果取三件的平均值。干燥方法:按 GB/T 8629 中的 A 法——悬挂晾干。连续洗涤至规定次数,然后进行洗后功能性指标的测试。

5.3.6 纰裂

缝子纰裂取样部位按表 3 规定,试验方法按附录 B。

表 3

取样部位名称	取样部位规定
后背缝	后领中向下 25 cm
袖缝	袖窿处向下 10 cm
摆缝	袖窿底向下 10 cm
裤侧缝	裤侧缝上三分之一为中心

5.3.7 剥离强度

覆粘合衬部位剥离强度测试方法按 FZ/T 80007.1 执行。

5.3.8 接缝强力

裤后裆缝接缝强力测试方法按 GB/T 3923.1,取样部位按附录 C 执行。

5.3.9 纳米技术鉴别

按附录 D、附录 E 规定的方法进行试验。

注:如纳米结构在产品加工阶段发生变化用本方法无法鉴别时,在遵循本标准判定原则的前提下,鼓励根据本标准达成协议的有关各方研究在其他阶段或使用其他有效的方法进行鉴别。

5.4 安全性

5.4.1 纳米技术处理服装所应用的处理材料对皮肤的刺激性、致过敏性及人体斑贴试验按 GB 7919 规定执行。

5.4.2 抗菌类纳米技术处理服装的溶出性指标的试验方法按 5.2.4 规定执行,洗涤和干燥方法按 5.3.5 规定执行。

5.4.3 基本安全技术要求:纳米技术处理服装的色牢度、甲醛含量、pH 值、异味和可分解芳香胺染料按 GB 18401 规定执行。

6 检验规则

6.1 抽样数量及规则

除按相应产品的国家标准或行业标准执行外,再随机抽取满足材料检测、功能性指标检测、内在质量性能指标检测规定的各项指标检测所需数量的样品,进行各项试验。

6.2 服装外观质量

按相应产品国家标准或行业标准进行评价。

6.3 等级判定

6.3.1 功能性、理化指标质量判定:按表 1 和表 2 的规定各项指标全部符合者,判定该产品为相应等级的合格产品;若有任何一项不符合要求,则判定该产品为不合格产品。

6.3.2 安全性指标:按4.8的规定各项指标全部符合者,判定该产品为合格产品;若有任何一项不符合要求,则判定该产品为不合格产品。

6.3.3 综合质量判定:当外观质量与本标准规定的功能性指标和理化质量性能指标判定不一致时,执行低等级判定,再结合安全性指标以最低评等结果作为产品的最终等级。

7 标志、包装、运输和贮存

7.1 标志

包装上应附有产品使用说明书形式的产品标志。在使用说明中,应说明产品经纳米技术处理后具有的功能类型(防水、拒油、抗菌、防紫外线、易去污)、特点及使用注意事项(不适用于婴幼儿服装)等内容。另外,抗菌产品还应标明产品的抗菌效果程度,防紫外线产品应标明标准号GB/T 18830以及防紫外等级。仅在其特定部位镶拼或贴补纳米技术处理织物的产品应明示其部位。

7.2 包装、运输和贮存

成品的包装、运输和贮存按FZ/T 80002执行。

附 录 A
（规范性附录）
洗涤试验方法

A.1 设备和材料

A.1.1 洗衣机：小型家用双桶（即洗衣桶脱水桶）洗衣机，其波轮直径约 34 cm，转速约 290 r/min，洗衣桶容积 40 L～80 L。

A.1.2 洗涤剂：按 GB/T 8629—2001 附录 A 执行。

A.1.3 陪洗物：按 GB/T 8629—2001 的 5.3.1 执行。

A.2 洗涤条件及程序

A.2.1 洗涤条件：洗涤剂 2 g/L，浴比 1∶30，洗涤温度 40 ℃±3 ℃。

A.2.2 洗涤程序：洗涤 5 min，脱水 1 min，常温清洗 2 min，再脱水 1 min，再常温清洗 2 min，最后脱水 1 min，计为洗涤 1 次。重复洗涤直至规定洗涤次数。

附 录 B
（规范性附录）
缝子纰裂程度试验方法

B.1 原理

在垂直于服装(或缝制样)接缝的方向上施加一定的负荷,接缝处脱开,测量其脱开的最大距离。

B.2 施加的负荷

面料负荷:150 g/m^2 以上织物为 100 N±5 N;51 g/m^2～150 g/m^2 织物 80 N±5 N;50 g/m^2 及以下织物 60 N±5 N。

里料负荷:70 N±5 N。

B.3 仪器和工具

B.3.1 织物强力机,夹钳距离可调至 10.0 cm,夹钳无载荷时移动速度可调至 5.0 cm/min,预加张力(重锤)为 2 N,夹钳对试样的有效夹持面积为 2.5 cm×2.5 cm。

B.3.2 裁样剪刀。

B.3.3 钢直尺,分度值为 1 mm。

B.4 试验环境

调湿和试验用标准大气,温度(20±2)℃,相对湿度(65±4)%。

B.5 试样要求与准备

B.5.1 试样尺寸:5.0 cm×20.0 cm,其直向中心线应与缝迹垂直。

B.5.2 试样数量:从成品服装的每个取样部位(或缝制样)上各截取三块。

B.5.3 试样预处理:在温度(20±2)℃及相对湿度(65±4)%的标准大气中,试样吸湿调湿平衡。

B.6 试验步骤

B.6.1 将强力机的两个夹钳分开至 10.0 cm±0.1 cm,两个夹钳边缘应相互平行且垂直于移动方向。

B.6.2 将试样固定在夹钳中间(试样下端先挂上 2 N 的预加负荷钳,再拧紧下夹钳),使试样直向中心线与夹钳边缘相互垂直。

B.6.3 以 5.0 cm/min 的速度逐渐增加其负荷,负荷达到 B.2 规定时,停止下夹钳的下降,然后在强力机上垂直量取其接缝脱开的最大距离,见图 B.1,测量值精确至 0.05 cm。

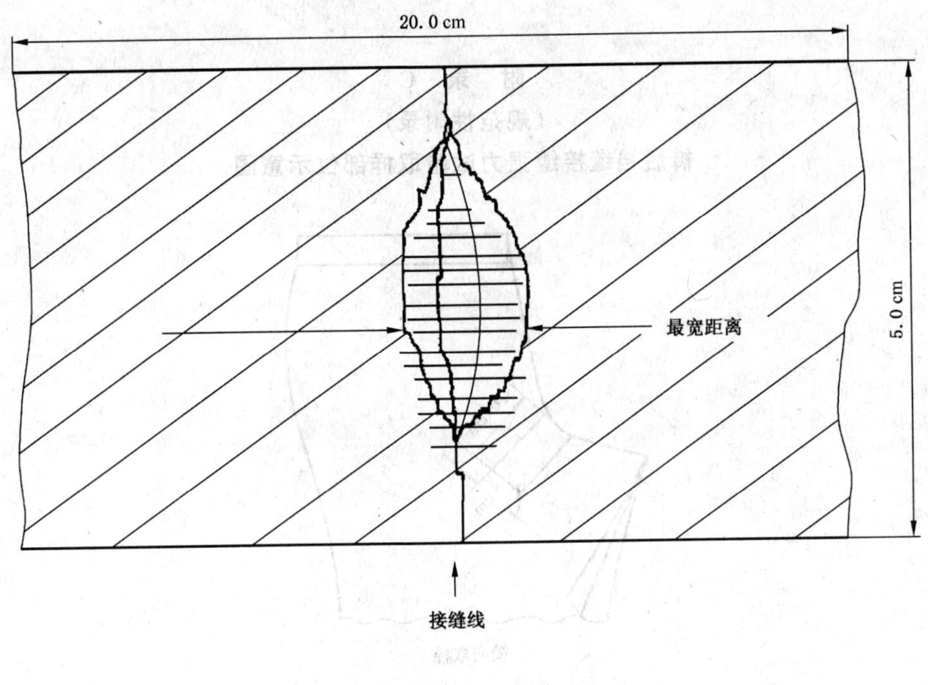

图 B.1

B.7 计算

分别计算每部位各试样测试结果的算术平均值，计算结果按 GB/T 8170 修约至 0.1 cm。若三块试样中仅有一块出现滑脱，则计算另两块试样的平均值，若三块试样中有两块或三块出现滑脱，则结果为滑脱。

若试样出现织物断裂、织物撕破或缝线断裂，则结果为织物断裂、织物撕破或缝线断裂。

附 录 C
（规范性附录）
裤后裆缝接缝强力试验取样部位示意图

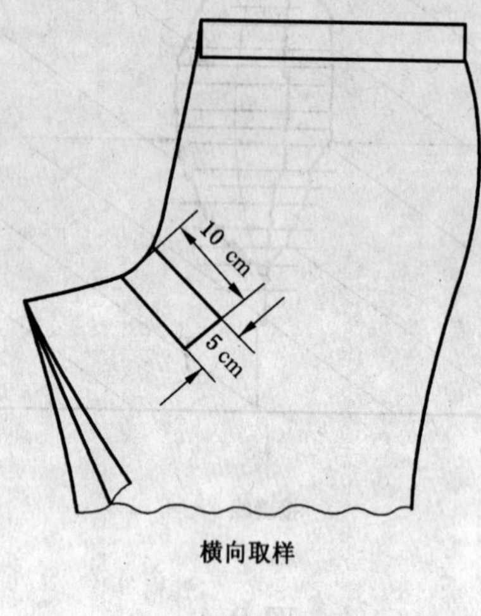

横向取样

图 C.1

附　录　D
（规范性附录）
扫描电子显微镜试验方法

D.1　总则

采用扫描电子显微镜(SEM)测定织物表面或纤维内部的纳米结构单元。

D.2　主要仪器

所用仪器如下：

a）扫描电子显微镜：分辨率优于 2 nm；

b）哈氏切片器；

c）镀膜仪（金属膜）；

d）剪刀、镊子、单面刀片、火棉胶。

D.3　样品制备

D.3.1　如需观察表面结构，取样时用清洁剪刀在服装上的有效部位随机剪取 5 块 5 mm×5 mm 的试样，标记好待测面。用镊子夹取试样固定在贴有导电胶布样品台上，试样的待测面朝上。将载有样品的试样台移至镀膜仪，镀膜为金属导电膜，膜的厚度宜在 5 nm～20 nm 的范围内。

D.3.2　如需观察纤维内部结构，取样时在服装上的有效部位上用清洁剪刀随机剪取 5 束纱线，每束纱线用哈式切片器切取横截面，并用火棉胶固定，无火棉胶一面为待测面。用镊子夹取试样固定在贴有导电胶布样品台上，试样的待测面朝上。将载有试样的样品台移至镀膜仪，镀膜为金属导电膜，膜的厚度宜在 5 nm～20 nm 的范围内。

D.4　测试

D.4.1　将镀完膜的样品台送入扫描电镜样品室，抽真空直至可以进行电镜测试。

D.4.2　在使用扫描电镜测试时，每个试样随机选择四个区域进行观测，放大倍数以有利于观测纳米结构为宜。在每个观察区域内用 100 nm 的标尺比对所有非连续相的表面结构单元，结构单元的短径≤100 nm 则记作纳米结构单元，结构的短径＞100 nm 则记作非纳米结构单元。测试所有试样，并计算纳米结构单元总数和非纳米结构单元总数。

附 录 E
（规范性附录）
透射电子显微镜试验方法

E.1 总则

采用透射电子显微镜（TEM）测定纤维内部的纳米结构单元。

E.2 主要仪器

所用仪器如下：

a） 电子显微镜，分辨率优于 0.5 nm；

b） 超薄切片器；

c） 镀膜仪（碳膜）；

d） 剪刀、镊子、单面刀片、铜网（透射电镜专用）。

E.3 样品制备

取样时在服装上用清洁剪刀在有效部位随机剪取 5 束纱线小样（每束包含 4～20 根纤维），把每束纱线分别用环氧树脂包埋后，进行横截面或纵截面方向的超薄切片，切片过程可以在室温或液氮冷冻下进行（必要时还可对切片进行染色以改善样品在显微镜下的衬度），将切片固定在铜网上，用透射电子显微镜观测时以厚度小于 200 nm 的试样为有效试样。

E.4 测试

E.4.1 用镊子将载有试样的铜网固定在电镜的样品架上，送入透射电镜样品室，抽真空直至可以进行电镜测试。

E.4.2 在使用透射电镜测试时，每个小样选取一个有效试样，随机选择有效试样上的四个区域进行观测，放大倍数以有利于观测纳米结构为宜。在每个观察区域内用 100 nm 的标尺比对所有非连续相的结构单元，结构单元的短径≤100 nm 则记作纳米结构单元，结构的短径＞100 nm 则记作非纳米结构单元。测试所有小样，并计算纳米结构单元总数和非纳米结构单元总数。

ICS 29.140.20
K 71

中华人民共和国国家标准

GB/T 23140—2009

红 外 线 灯 泡

Infrared lamps

2009-09-30 发布 2010-03-01 实施

中华人民共和国国家质量监督检验检疫总局
中国国家标准化管理委员会 发布

前　言

本标准的附录A为资料性附录。

本标准由中国轻工业联合会提出。

本标准由全国照明电器标准化技术委员会(SAC/TC 224)归口。

本标准起草单位:杭州奥普卫厨科技有限公司、德清蓝鸟照明电器有限公司、德清县新城照明器材有限公司、宣城恒正照明器材有限公司、浙江来斯奥电气有限公司、济南力诺玻璃制品有限公司、江苏省启东市万隆电气光源有限公司、安徽省宣城市曙光玻璃制品厂。

本标准主要起草人:方胜康、傅康、陈哨芳、易青、查子庭、姚松良、李瑞山、杨中辰、陈金喜、倪和平。

红外线灯泡

1 范围

本标准规定了红外线灯泡(以下简称"灯泡")的术语和定义、分类与命名、要求、试验方法、检验规则及标志、包装、运输、贮存。

本标准适用于供电电压为220 V/50 Hz,功率不大于275 W,应用于取暖、工业干燥、医疗、家畜饲养及蔬菜培养等的带无色透明窗口的红外线灯泡。

2 规范性引用文件

下列文件中的条款通过本标准的引用而成为本标准的条款。凡是注日期的引用文件,其随后所有的修改单(不包括勘误的内容)或修订版均不适用于本标准,然而,鼓励根据本标准达成协议的各方研究是否可使用这些文件的最新版本。凡是不注日期的引用文件,其最新版本适用于本标准。

GB/T 1406.1 灯头的型式和尺寸 第1部分:螺口式灯头(GB/T 1406.1—2008,IEC 60061-1:2005,Lamp caps and holders together with gauges for the control of interchangeability and safety—Part 1:Lamp caps,MOD)

GB/T 2423.10 电工电子产品环境试验 第2部分:试验方法 试验Fc:振动(正弦)(GB/T 2423.10—2008,IEC 60068-2-6:1995,IDT)

GB/T 2828.1 计数抽样检验程序 第1部分:按接收质量限(AQL)检索的逐批检验抽样计划(GB/T 2828.1—2003,ISO 2859-1:1999,IDT)

GB/T 2829 周期检验计数抽样程序及表(适用于对过程稳定性的检验)

GB/T 2900.65 电工术语 照明(GB/T 2900.65—2004,IEC 60050(845):1987,MOD)

GB 4706.23—2007 家用和类似用途电器的安全 第2部分:室内加热器的特殊要求(IEC 60335-2-30:2004,IDT)

GB/T 10681—2009 家庭和类似场合普通照明用钨丝灯 性能要求(IEC 60064:2005,A4:2007,NEQ)

GB 14196.1—2008 白炽灯安全要求 第1部分: 家庭和类似场合普通照明用钨丝灯(IEC 60432-1:2005,IDT)

GB/T 15043—2008 白炽灯泡光电参数的测量方法

QB 1112 电光源玻壳型号的命名方法

QB 2274 电光源产品的分类和型号命名方法

3 术语和定义

GB/T 2900.65、GB 14196.1和GB/T 10681确立的以及下列术语和定义适用于本标准。

3.1

全辐射通量 total radiant flux

灯泡在反射层沿口前方 2π 立体角内所辐射的总能量,单位:W。

3.2

全辐射效率 total radiant flux efficacy

灯泡发出的全辐射通量与其所消耗的功率之比。

3.3

红外辐射通量　infrared radiation flux

波长大于可见辐射波长的光学辐射通量，单位：W。

3.4

红外辐射转换效率　infrared radiation flux efficacy

灯泡发出的红外辐射通量与其所消耗的功率之比。

3.5

全辐射通量维持率　total radiant flux maintenance

燃点至规定时间时的全辐射通量与初始全辐射通量的比率，用百分比表示。

3.6

色温　colour temperature

T_c

全辐射体发出的辐射与所考虑的辐射的色品相同时，全辐射体的温度称为该辐射的颜色温度，单位：K。

4　分类与命名

4.1　分类

按功率分类，分为 125 W、200 W、250 W、275 W。

4.2　型号

灯泡型号应符合 QB 2274 的规定。

4.2.1　型号表示规则

灯泡的型号由 4 部分组成：第 1 部分表示灯泡的代号（HW 代表红外线灯泡），第 2 部分表示灯泡的额定电压（V），第 3 部分表示灯泡的额定功率（W），第 4 部分为补充部分，可采用玻壳型号（按 QB 1112），或灯泡的机械强度性能（型号中用“Y”标注的灯泡，表示声称符合 5.10 的机械强度要求；不用“Y”标注的，表示没有声称符合 5.10 的机械强度要求），也可采用其他信息，各制造商可自行选择和取舍，如果上述两种或者多种内容同时出现，中间用符号隔开。

4.2.2　型号示例

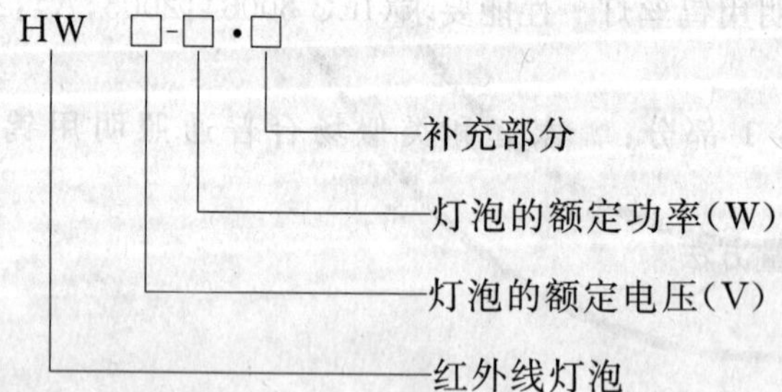

例如：HW220-250·R125（220 V 250 W 玻壳型号为 R125 的红外线灯泡）

HW220-275·Y（220V 275 W 的红外线灯泡，机械强度能达到 5.10 的要求）

5　要求

5.1　安全要求

灯泡的灯头耐扭力性、防意外接触性能、绝缘电阻和互换性应符合 GB 14196.1 的要求，灯头温升不应高于 185 K。

5.2　外观质量

5.2.1　灯泡不应有影响外观和正常使用性能的装配上的缺陷。玻壳的反射层应均匀、光亮，边沿整齐，附着牢固。

5.2.2 灯泡引出线应牢固地焊接在灯头上，且不应妨碍灯旋入到标准灯座内，也不应破坏灯头的防锈层。

5.2.3 灯泡的灯头与玻壳最大直径处的同轴偏离应不大于5 mm。

5.3 主要尺寸和灯头型号

灯泡的主要尺寸和灯头型号应符合图1及表1的规定。

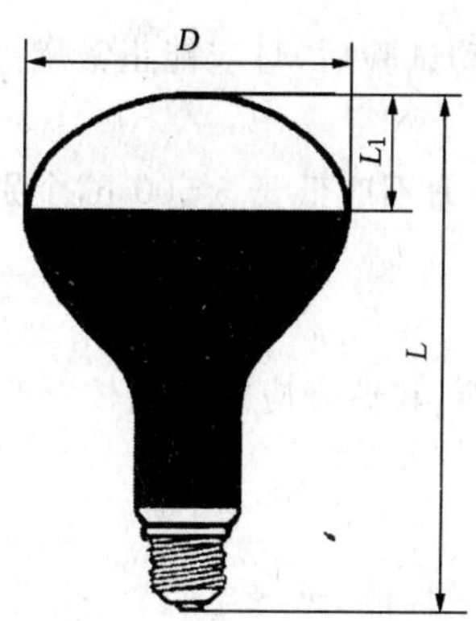

图1 红外线灯泡外形图

表1 灯泡的主要尺寸及灯头型号

<table>
<tr><th rowspan="2">额定功率/
W</th><th colspan="3">主要尺寸/mm</th><th rowspan="2">玻壳型号</th><th rowspan="2">灯头型号
(按GB/T 1406.1)</th></tr>
<tr><th>D_{max}</th><th>L_{max}</th><th>L_1[a]</th></tr>
<tr><td>125</td><td rowspan="4">127</td><td rowspan="4">185</td><td rowspan="4">33±5</td><td rowspan="4">R125</td><td rowspan="6">E27</td></tr>
<tr><td>200</td></tr>
<tr><td>250</td></tr>
<tr><td>275</td></tr>
<tr><td>200</td><td rowspan="2">117</td><td rowspan="2">162</td><td rowspan="2">30±3</td><td rowspan="2">R115</td></tr>
<tr><td>250</td></tr>
<tr><td colspan="6">[a] 为参考值。</td></tr>
</table>

5.4 光电参数

灯泡的功率和全辐射效率以及红外辐射转换效率应符合表2的要求。

全辐射通量和红外辐射通量可由制造商或销售商标称，但其实测值应不低于标称值的90 %。

色温的初始值不应比表2的规定值高100 K。

表2 灯泡的光电参数

<table>
<tr><th>额定功率/
W</th><th>极限功率/
W</th><th>全辐射效率
≥</th><th>红外辐射转换效率[a]
≥</th><th>色温/
K</th></tr>
<tr><td>125</td><td>130.5</td><td rowspan="4">70%</td><td rowspan="4">58%</td><td rowspan="4">2 350</td></tr>
<tr><td>200</td><td>208.5</td></tr>
<tr><td>250</td><td>260.5</td></tr>
<tr><td>275</td><td>286.5</td></tr>
<tr><td colspan="5">[a] 为参考值。</td></tr>
</table>

5.5 耐潮性能

灯头的金属部件经潮湿试验后，不应有锈蚀现象。

5.6 耐高压性能

灯泡应能承受 120 %额定电压的瞬时高电压冲击而不致烧毁。

5.7 耐喷水性能

灯泡在燃点时遇冷水不应爆裂。

5.8 耐振性能

灯应具有良好的耐振性能。经振动试验后，灯应能正常燃点。

5.9 寿命特性

灯泡在额定电压下燃点，其平均寿命不应低于 5 500 h，个别寿命不应低于 4 000 h，其 70 %平均寿命时的全辐射通量维持率不应低于 70 %。

5.10 机械强度

对于在灯泡型号中标称“Y”的灯泡，其玻壳应能承受住 0.5 J±0.04 J 能量的冲击。

6 试验方法

6.1 灯泡的灯头耐扭力性、防意外接触性能、绝缘电阻、互换性和灯头温升(5.1)：应按 GB 14196.1 的要求进行试验。

6.2 灯泡的装配质量和反射层质量(5.2.1)：用目视法进行检验。

6.3 灯泡的引出线和灯头焊接质量(5.2.2)：用目视法和将灯泡旋入(或插入)标准灯座中进行检验。

6.4 灯头与玻壳的同轴度(5.2.3)：用面接触法进行测试。

6.5 灯泡的主要尺寸、灯头型号(5.3)：用通用量具或专用量规检验。

6.6 灯泡的光电参数(5.4)：按 GB/T 15043 的方法及本章的方法进行测量，测量前灯泡应在 115 %的额定电压下燃点 20 min。初始全辐射效率通过计算得出。测量全辐射通量的辐射探测器应为非选择性探测器，其光谱灵敏范围应覆盖被测红外线灯泡所发出的峰值光谱辐射的 1 %以上的辐射所对应的光谱辐射波段，并在额定电压下燃点 5 min 后读数。

6.6.1 功率(5.4)：按 GB/T 15043 的方法。

6.6.2 全辐射通量(5.4)：用分布光度法在暗室内进行测量，或用相对比较法在积分球内进行测量。

a) 分布光度法

调节灯泡反射层沿口平面至热辐射计探头受照面的距离不小于 150 cm。在灯轴线方向 0°～60°内每隔 5°测一点，60°～90°内每隔 10°测一点，然后用等角度法按式(1)计算：

$$F_{\phi} = r^2 \sum_{\theta=0°}^{\theta=90°} E_{\theta} \cdot a_{\theta} \qquad \cdots\cdots(1)$$

式中：

F_{ϕ}——全辐射通量，W；

r——在灯泡轴线上，反射层沿口平面至热辐射计探头受照面的距离，cm；

E_{θ}——相应角度的球带平均辐射照度，W/cm^2(球带平均辐照度：指在 0°～360°的范围内，每隔 5°测量的辐照度值的算术平均值)；

a_{θ}——球带系数(见附录 A)。

b) 相对比较法

用已知全辐射通量的同类型标准红外线灯泡校准积分球与辐射计组成的测量系统，积分球直径应小于 1 m，其内部反射涂层应在被测灯辐射波段内，且有平坦的光谱反射率。

将全辐射通量为 ϕ_0 的同类型标准红外线灯泡装入积分球内，读出辐射计的读数 M_0，按式(2)计算标准红外线灯泡的全辐射通量常数 C：

$$C = \phi_0 / M_0 \quad \cdots\cdots\cdots\cdots\cdots\cdots\cdots\cdots\cdots (2)$$

将被测灯泡装入积分球内，在额定电压下燃点，读出辐射计的读数 M，被测灯泡的全辐射通量 ϕ 由式(3)计算：

$$\phi = M \cdot C \quad \cdots\cdots\cdots\cdots\cdots\cdots\cdots\cdots\cdots (3)$$

6.6.3　色温(5.4)：用双色法或者光谱法测量。

6.7　灯泡的耐潮性能(5.5)：将灯泡放置在温度为 40 ℃±2 ℃、相对湿度为 90 %～95 %的恒温恒湿箱内 48 h 后，用目视法检验灯头金属部件有无锈蚀现象，轻微的和易于擦掉的锈点不予考虑。

6.8　灯泡的耐高压性能(5.6)：将灯泡直接接入 120 %额定电压下 1 s 进行试验。

6.9　灯泡燃点时的喷水试验(5.7)：灯泡在 115 %额定电压下燃点 5 min 后，将约 5 ℃的雾状水喷撒到灯泡的透光面上。

6.10　灯的振动试验(5.8)：按 GB/T 2423.10 的规定进行。试验前样品外观检查应符合 5.2 要求，样品用刚性连接固定在振动台上，试验为定频试验，频率 10 Hz、振幅 1 mm(单振幅)，持续时间为在 2 个互相垂直的轴线上各振动 10 min。

6.11　寿命和全辐射通量维持率试验(5.9)：按 GB/T 10681—2009 附录 A 的方法进行试验，按附录 B 计算；必要时，可以采用加速寿命试验方法，试验电压为额定电压的 120%。在全辐射通量维持率试验中，因偶然机械损坏和错误燃点损坏的灯应不计算在试验结果内。试验进行到规定时间时再测量全辐射通量，并计算全辐射通量维持率。

6.12　灯泡玻壳的机械强度试验(5.10)：将灯泡用刚性连接固定在工作台上，使用弹簧冲击器对准灯泡透光面轴线方向的玻壳表面打击 3 次，打击能量为 0.5 J±0.04 J。

6.13　灯泡标志(8.1)的合格性：按 GB 14196.1—2008 中 2.2.1 和 GB/T 10681—2009 中 4.2.2.2 的规定检验。

7　检验规则

7.1　为了检验灯是否符合本标准的规定，应由制造商对灯进行交收检验和例行检验。

7.2　交收检验

7.2.1　交收检验按 GB/T 2828.1 的规定进行，采用一次抽样方案。

7.2.2　交收检验的试验项目、合格质量水平、检验水平应符合表 3 的规定。

表 3　交收检验方案

序号	试验项目	技术要求	试验方法	检验水平	合格质量水平(AQL)
1	主要尺寸和灯头型号	5.3	6.5	S-3	4.0
2	灯泡装配质量和反射层质量	5.2.1	6.2		6.5
3	灯泡引出线与灯头焊接质量	5.2.2	6.3		
4	灯头与玻壳同轴度	5.2.3	6.4		
5	初始扭矩	5.1	6.1		0.65
6	防止意外接触性能				2.5
7	绝缘电阻				0.4
8	标志	8.1	6.13		2.5
9	功率	5.4	6.6.1		1.5
10	灯泡的耐高压性能	5.6	6.8		
11	喷水试验	5.7	6.9		0.65

7.3 例行检验

7.3.1 例行检验按 GB/T 2829 的规定进行。例行检验每年不少于一次。

7.3.2 例行检验的试验项目、判别水平、样本量和判定数组应符合表 4 的规定。

7.3.3 若例行检验不合格，此时已验收的灯泡应停止出厂并分析原因，提出处理办法和采取有效措施后方可恢复生产与验收。

表 4 例行检验方案

<table>
<tr><th>序号</th><th>组别</th><th>试验项目</th><th>技术要求</th><th>试验方法</th><th>判别水平</th><th>样本量</th><th>判定数组</th></tr>
<tr><td>1</td><td rowspan="9">Ⅰ</td><td>加热后扭矩</td><td rowspan="3">5.1</td><td rowspan="3">6.1</td><td rowspan="9">Ⅱ</td><td rowspan="9">5</td><td rowspan="9">1 2</td></tr>
<tr><td>2</td><td>互换性</td></tr>
<tr><td>3</td><td>灯头温升</td></tr>
<tr><td>4</td><td>色温</td><td rowspan="3">5.4</td><td>6.6.3</td></tr>
<tr><td>5</td><td>全辐射通量</td><td rowspan="2">6.6.2</td></tr>
<tr><td>6</td><td>全辐射效率</td></tr>
<tr><td>7</td><td>灯泡的耐潮性能</td><td>5.5</td><td>6.7</td></tr>
<tr><td>8</td><td>耐振性能</td><td>5.8</td><td>6.10</td></tr>
<tr><td>9</td><td>机械强度</td><td>5.10</td><td>6.12</td></tr>
<tr><td>10</td><td rowspan="2">Ⅱ</td><td>全辐射通量维持率</td><td rowspan="2">5.9</td><td rowspan="2">6.11</td><td colspan="3" rowspan="2">每个规格不少于 3 个，按照定义判别</td></tr>
<tr><td>11</td><td>平均寿命</td></tr>
</table>

8 标志、包装、运输和贮存

8.1 每只灯泡的明显位置上应有下列清晰而牢固的标志

a) 来源标志（商标、生产厂名称或经销商名称）；

b) 产品型号或额定功率和额定电压（或电压范围）；

c) 生产日期；

d) 其他标志。

8.2 每只灯用纸盒包装，然后再用包装箱集装。包装应安全可靠，包装箱内应附有产品合格证。包装盒和包装箱上应注明：

a) 制造商名称、地址和商标；

b) 产品名称；

c) 产品型号或额定功率和额定电压（或电压范围）；

d) 包装箱内灯的数量；

e) 产品标准号；

f) 其他有关标志。

8.3 灯应贮存在相对湿度不大于 85 %的通风室内，空气中不应有腐蚀性气体。

8.4 灯在运输过程中应避免雨雪淋袭和强烈的机械振动。

附 录 A
（资料性附录）
球带系数与角度的关系

角度范围/(°)	球带系数	角度范围/(°)	球带系数
0～5	2.39×10^{-2}	40～45	37.03×10^{-2}
5～10	7.15×10^{-2}	45～50	40.41×10^{-2}
10～15	11.86×10^{-2}	50～55	43.39×10^{-2}
15～20	16.49×10^{-2}	55～60	46.23×10^{-2}
20～25	20.97×10^{-2}	60～70	99.26×10^{-2}
25～30	25.31×10^{-2}	70～80	105.79×10^{-2}
30～35	29.46×10^{-2}	80～90	109.11×10^{-2}
35～40	33.37×10^{-2}		

ICS 67.220
B 36

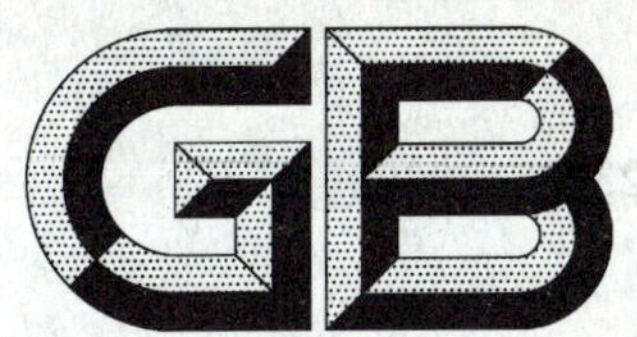

中华人民共和国国家标准

GB/T 23183—2009

辣椒粉

Chillies and capsicums powder

2009-04-14 发布　　　　2009-10-01 实施

中华人民共和国国家质量监督检验检疫总局
中国国家标准化管理委员会　发布

前　言

本标准是在参考了 ISO 972:1997《辣椒整椒或辣椒粉规范》和 ISO 7540:2006《红辣椒粉规范》的主要技术内容和技术指标的基础上，结合我国辣椒粉产品的市场情况制定的。

本标准由中华人民共和国商务部提出并归口。

本标准由国家农副加工产品及白酒质量监督检验中心（山西省食品质量监督检验中心）负责起草。

本标准参加起草单位：山西丰谷农业科技有限公司襄汾辣椒加工分公司。

本标准主要起草人：弓耀忠、刘军、冯晓斌、梁宝爱、李付军、巩强、张烨、王呈。

辣 椒 粉

1 范围

本标准规定了辣椒粉的技术要求、试验方法、检验规则和标志、标签、包装、运输、贮存的要求。

本标准适用于3.1定义的辣椒粉。

本标准不适用于调味辣椒粉。

2 规范性引用文件

下列文件中的条款通过本标准的引用而成为本标准的条款。凡是注日期的引用文件，其随后所有的修改单(不包括勘误的内容)或修订版均不适用于本标准，然而，鼓励根据本标准达成协议的各方研究是否可使用这些文件的最新版本。凡是不注日期的引用文件，其最新版本适用于本标准。

GB/T 191 包装储运图示标志(GB/T 191—2008,ISO 780:1997,MOD)

GB 2760 食品添加剂使用卫生规范

GB/T 5009.11 食品中总砷及无机砷的测定

GB/T 5009.12 食品中铅的测定

GB 7718 预包装食品标签通则

GB/T 12729.6 香辛料和调味品 水分含量的测定(蒸馏法)(GB/T 12729.6—2008,ISO 0939:1980,NEQ)

GB/T 12729.7 香辛料和调味品 总灰分的测定(GB/T 12729.7—2008,ISO 0928:1980,NEQ)

GB/T 12729.9 香辛料和调味品 酸不溶性灰分的测定(GB/T 12729.9—2008,ISO 0930:1980,MOD)

GB/T 19681 食品中苏丹红染料的检测方法 高效液相色谱法

JJF 1070 定量包装商品净含量计量检验规则

定量包装商品计量监督管理办法 国家质量监督检验检疫总局[2005]第75号令

散装食品卫生管理规范 中华人民共和国卫生部 卫法监发[2003]180号

3 术语和定义

下列术语和定义适用于本标准。

3.1

辣椒粉 chillies and capsicums powder

以茄科植物辣椒属辣椒或其变种的果实经干燥、粉碎、不添加其他成分(抗结剂除外)等工序制成的非即食性粉末。

4 技术要求

4.1 原料

同一品种，大小、光泽、颜色、滋味基本整齐一致，无明显缺陷(包括腐烂、霉变、异味、断裂、黄梢、花壳、异物、黑斑和虫蛀)的辣椒干。

4.2 质量要求

4.2.1 感官要求

应符合表1规定。

表 1 感官要求

项目	要求
滋味	具有辣椒粉应有的滋味，无异味
色泽	呈辣椒粉应有色泽
组织形态	疏松、均匀一致的颗粒

4.2.2 理化指标

应符合表 2 规定。

表 2 理化指标

项目		指标
水分[a]/(g/100 g)	≤	11.0
总灰分[a]/(g/100 g)	≤	10.0
酸不溶性灰分[a]/(g/100 g)	≤	1.6
磨碎细度(0.2 mm)筛上残留量[b]/(g/100 g)	≤	2.5

a 该指标引自 ISO 972:1997 中 5.5 表 1 的规定，添加抗结剂的辣椒粉酸不溶性灰分≤3.6 g/100 g。

b 该指标引自 GB/T 15691—2008 中 6.2 表 1 的规定。

4.2.3 卫生指标

应符合表 3 规定。

表 3 卫生指标

项目	指标
苏丹红/(mg/kg)	不得检出
食品添加剂	应符合 GB 2760 规定

4.2.4 净含量

应符合《定量包装商品计量监督管理办法》的规定。

5 试验方法

5.1 感官检验

将被测样品倒在洁净的白瓷盘中，在自然光下（或 40 W 日光灯），用肉眼直接观察色泽、形态和杂质，嗅其气味，品尝滋味。

5.2 净含量检验

按 JJF 1070 规定的方法检验。

5.3 理化指标检验

5.3.1 水分

按 GB/T 12729.6 的规定检验。

5.3.2 总灰分

按 GB/T 12729.7 的规定检验。

5.3.3 酸不溶性灰分

按 GB/T 12729.9 的规定检验。

5.3.4 磨碎细度的检验

5.3.4.1 设备

a) 电动振荡机：1 400 r/min；

b) 标准金属丝网筛子:0.2 mm;

c) 天平:感量 0.1 g。

5.3.4.2 **测定**

称取样品 100 g 放入装有标准金属网筛子的电动振荡机内,振荡 4 min,对筛上残留物量进行称重。

5.4 卫生指标检验

5.4.1 苏丹红

按 GB/T 19681 的规定检验。

6 检验规则

6.1 出厂检验

出厂检验项目为感官、水分、总灰分、酸不溶性灰分、磨碎细度、净含量。

6.2 型式检验

6.2.1 正常生产每 6 个月进行一次型式检验。此外有下列情况之一时,也应进行型式检验:

a) 新产品试制鉴定时;

b) 原料、生产工艺有较大改变,可能影响产品质量时;

c) 产品停产半年以上,恢复生产时;

d) 出厂检验结果与上一次型式检验结果有较大差异时;

e) 国家质量监督机构提出要求时。

6.2.2 型式检验项目为本标准 4.2 的全部项目。

6.3 组批

同一班次、同一生产线、同一批投料生产的同一规格产品为一批。

6.4 抽样

6.4.1 在成品库内以随机取样法抽样,抽样单位以最小包装计。

6.4.2 每批抽样基数不得少于 200 袋(瓶),抽样数量为 12 袋(瓶),质量不低于 0.5 kg。样品分成 2 份,1 份用于检验,1 份备查。

6.5 判定规则

6.5.1 出厂检验判定规则

6.5.1.1 出厂检验项目全部符合标准的,判定为合格。

6.5.1.2 出厂检验项目如有一项或一项以上不符合标准的,可以在同批产品中加倍抽样复验,复验后如仍不符合标准,判该批产品为不合格批。

6.5.2 型式检验判定规则

型式检验项目全部符合本标准的要求时,判该批产品型式检验合格,型式检验项目中有一项及以上项目不合格,可取备样复验,复验后仍不符合标准的要求,判该批产品型式检验不合格。

7 标志和标签、包装、运输、贮存

7.1 标志和标签

7.1.1 预包装产品标签应符合 GB 7718 的规定;运输包装标志应符合 GB/T 191 的规定。

7.1.2 散装销售产品的标签应符合《散装食品卫生管理规范》。

7.2 包装

包装材料和容器应符合国家相关标准及规定的要求。

7.3 运输

7.3.1 运输工具应清洁、干燥、卫生且具有防雨、防潮、防曝晒等措施。严禁与有毒、有害、有异味、易污染的物品混装、混运;运输过程中不得曝晒、雨淋、受潮。

7.3.2 散装销售产品的运输应符合《散装食品卫生管理规范》。

7.4 贮存

7.4.1 产品应贮存在清洁卫生、阴凉、通风、干燥，具有防尘、防蝇、防虫、防鼠设施的仓库内，严禁与有毒、有害、有异味、易挥发、易腐蚀的物品同处贮存。产品应离墙离地，分类堆放。

7.4.2 散装销售的产品贮存应符合《散装食品卫生管理规范》。

7.4.3 保质期以标签明示为准。

参 考 文 献

[1] ISO 972:1997《辣椒整椒或辣椒粉规范》[Chillies and capsicums, whole or ground(powdered)-Specification]

[2] ISO 7540:2006《红辣椒粉规范》[Groung paprika (*Capsicum annuum L.*)-Specification]

[3] GB/T 15691—2008《香辛料调味品通用技术条件》

ICS 65.120
B 46

中华人民共和国国家标准

GB/T 23186—2009

水产饲料安全性评价 慢性毒性试验规程

Principle of aquafeed safety evaluation—Chronic toxicity test

2009-03-28 发布 2009-09-01 实施

中华人民共和国国家质量监督检验检疫总局
中国国家标准化管理委员会 发布

前言

本标准是在参照了 GB 15193.13—2003《30 天和 90 天喂养试验》、GB 15193.17—2003《慢性毒性和致癌试验》的基础上，根据我国技术发展水平研究制定的。

本标准的附录 A 为资料性附录。

本标准由全国饲料工业标准化技术委员会(SAC/TC 76)提出并归口。

本标准起草单位：中国农业科学院饲料研究所、国家水产饲料安全评价基地。

本标准主要起草人：刘海燕、薛敏、吴秀峰、郑银桦。

水产饲料安全性评价
慢性毒性试验规程

1 范围

本标准规定了水产饲料安全性评价慢性毒性试验规程的基本技术要求。

本标准适用于水产动物使用的配合饲料、单一饲料及饲料添加剂的安全性评价，不包括饲料药物添加剂。

注：本标准推荐试验动物为鱼类，不排除使用其他水产动物，但应对试验条件及观察指标作相应的改变。

2 规范性引用文件

下列文件中的条款通过本标准的引用而成为本标准的条款。凡是注日期的引用文件，其随后所有的修改单(不包括勘误的内容)或修订版均不适用于本标准，然而，鼓励根据本标准达成协议的各方研究是否可使用这些文件的最新版本。凡是不注日期的引用文件，其最新版本适用于本标准。

GB/T 5917.1 饲料粉碎粒度测定 两层筛筛分法

GB 11607 渔业水质标准

GB 13078 饲料卫生标准

GB/T 22487 水产饲料安全性评价 急性毒性试验规程

GB/T 23388 水产饲料安全性评价 残留和蓄积试验规程

GB/T 23389 水产饲料安全性评价 繁殖试验规程

NY 5072 无公害食品 渔用配合饲料安全限量

3 术语、定义和缩略语

下列术语、定义和缩略语适用于本标准。

3.1

最大未观察到有害作用剂量 no-observed-adverse-effect-level;NOAEL

通过动物试验，以现有的技术手段和检测指标未观察到与受试物有关的毒性作用的最大剂量。

3.2

最大允许致毒作用浓度 maximum acceptable toxicity concentration;MATC

对试验动物无统计显著性有害效应的最高浓度与邻近的对试验动物有统计显著性有害效应的最低浓度之间的假定阈浓度。

3.3

靶器官 target organ

试验动物出现由受试物引起的明显毒性作用的任何器官。

3.4

慢性毒性 chronic toxicity

试验动物较长时间连续接触受试物出现的受毒害作用。

3.5

流水养殖系统 flow-through system

来自系统外的养殖用水连续或间歇地流经养殖容器的养殖系统。

3.6

循环水养殖系统 recirculation system

养殖用水在系统内经过净化处理后循环使用的养殖系统。

3.7

水产养殖周期 aquaculture period

某一批水产动物种苗在水体中养成上市所耗费的时间。

3.8

初始体重 initial body weight;IBW

试验开始时试验动物的平均重量。

3.9

终末体重 final body weight;FBW

试验结束时试验动物的平均重量。

3.10

摄食率 feeding rate;FR

试验期间,试验水产动物平均体重的日摄食量百分数,计算公式见式(1)。

$$摄食率 = R_1/[(W_0 + W_t)/2]/t \times 100\% \quad \cdots\cdots(1)$$

式中:

R_1, t, W_0 与 W_t——分别为摄食量,试验天数,初始总体重与终末总体重。

3.11

饲料转化比(饲料系数) feed conversion ratio;FCR

试验期间,试验水产动物单位增重所消耗的饲料量,计算公式见式(2)。

$$饲料转化比 = R_1/(W_t + W_d - W_0) \quad \cdots\cdots(2)$$

式中:

R_1, W_t, W_d 与 W_0——分别为摄食量,终末总体重,死亡试验动物体重与初始总体重。

3.12

增重率 weight gain;WG

试验水产动物在试验期间的增重相对于初始体重的百分率,计算公式见式(3)。

$$增重率 = (\mathrm{FBW} - \mathrm{IBW})/\mathrm{IBW} \times 100\% \quad \cdots\cdots(3)$$

式中:

FBW 与 IBW——分别为终末体重与初始体重。

3.13

特定生长率 specific growth rate;SGR

试验水产动物在试验期间的日增重速率,计算公式见式(4)。

$$特定生长率 = [\ln(\mathrm{FBW}) - \ln(\mathrm{IBW})]/t \times 100\% \quad \cdots\cdots(4)$$

式中:

FBW,IBW 与 t——分别为终末体重,初始体重与试验天数。

3.14

存活率 survival

试验期间,试验水产动物的存活数占初始数的百分率,计算公式见式(5)。

$$存活率 = 存活尾数 / 初始尾数 \times 100\% \quad \cdots\cdots(5)$$

4 原理

通过饲喂受试物或饲喂添加受试物的饲料,观察试验动物在摄食后的大部分养殖周期内所产生的各种摄食、生长及生理生化反应，阐明受试物的毒性表现，确定最大未观察到有害作用剂量(NOAEL)、受试物的最大允许致毒作用浓度(MATC)，作为最终评定受试物在水产饲料中应用的安全性并确定其安全限量的参考依据。

5 试验动物

试验动物应选择依据 GB/T 22487 所筛选的对受试物敏感的水产动物进行试验，试验动物选用种属和来源明确、健康、规格整齐的同批苗种。正式试验前应有 2 周的驯养期。驯养期内如果动物死亡率高于 10%，则淘汰该批苗种。驯养期结束后应淘汰由于驯养造成的质量差异的个体，保留健康活泼的水产动物继续作为试验动物。

6 剂量与分组

6.1 剂量设计参考的原则

6.1.1 原则上高剂量组的动物在饲喂受试物期间应当出现明显中毒反应，低剂量组不出现中毒反应。在高剂量组和低剂量组之间再设 2 个及 2 个以上剂量组，以期获得比较明确的剂量-反应关系。对能或不能求出经口或注射 LD_{50} 的受试物分别进行规定。

6.1.2 能求出经口或注射 LD_{50} 的受试物：以经口服或注射 LD_{50} 的 10%～25% 作为慢性毒性试验的最高剂量组，此 LD_{50} 百分比的选择主要参考 LD_{50} 剂量反应曲线的斜率。然后在此剂量下设几个剂量组，最低剂量组至少是试验水产动物可能摄入量的 3 倍。

6.1.3 不能求出经口或注射 LD_{50} 的受试物：慢性毒性试验应尽可能涵盖试验水产动物可能摄入量 100 倍的剂量组。对于试验水产动物摄入量较大的受试物，高剂量可以按在饲料中的最大掺入量进行设计。

6.2 分组

至少应设 4 个剂量组和 1 个对照组。受试物如果为配合饲料，直接饲喂，不设剂量组。需要另外设计对照组。每组不少于 6 个重复，每个重复至少 30 个个体。

7 操作步骤

7.1 受试物的处理

将受试物粉碎至所要求的粒度(全部通过筛孔 0.28 mm 分样筛或更高细度)，粒度的测定方法符合 GB/T 5917.1。根据受试物试验剂量的设计，把受试物添加到试验动物的配合饲料中，液体受试物按照试验剂量直接添加到其他原料的混合物中。充分混合，适当加工，制成营养组成、适口性、水中稳定性、粒径等特性都符合试验目的和试验动物要求的试验饲料，减少受试物以外的因素对试验动物的影响。受试配合饲料直接饲喂。对某一种受试物进行评价时，要考虑到饲料配方中是否存在其他拮抗或协同作用的成分。在确定配方前分析相关原料常规营养成分，并分析其卫生指标，结果应符合 GB 13078 和 NY 5072 的要求。

7.2 受试物的给予

7.2.1 途径

用含有受试物的试验饲料或受试饲料喂养试验水产动物(应注意受试物在饲料中的稳定性)。当受试物添加到饲料中时，需将受试物剂量按每 100g 试验水产动物体重的摄入量折算为饲料的量(mg/kg)。

7.2.2 试验动物空腹处理

试验水产动物在开始及结束前应空腹 24 h。

7.2.3 试验周期

根据大部分水产养殖鱼类的生长特性和养殖周期，规定试验周期至少为 24 周。

7.3 试验条件

7.3.1 试验系统

对于水溶性受试物的安全性评价应使用流水养殖系统，对于非水溶性受试物的安全性评价使用流水养殖系统或循环水养殖系统均可，养殖容器材料应无毒无害。废水排放要符合国家有关环保规定。

7.3.2 养殖条件

试验期间要保持养殖系统水温、流速、光照条件及养殖密度等条件处于受试水产动物最适生长要求范围。

7.3.3 水质条件

养殖过程中的水质应参照 GB 11607 的要求。

7.3.4 试验管理

正式试验开始时应对试验动物的初始体重进行称量。为减小对水产动物的刺激，试验动物应带水称重，再将带水重量减去容器与水的重量获得试验动物的重量。各试验组水产动物的初始体重要求尽量接近，统计差异不显著。

试验水产动物要定时定量或表观饱食投喂，详细记录投喂量及残饵量，测定饲料的溶失率以准确计算试验水产动物的摄食量。

试验结束时称重、取样，必要时使用适当的麻醉剂(参见附录 A)，以降低各种操作的应激作用。

7.4 观察指标

7.4.1 摄食、生长、饲料利用及存活指标

每天观察并记录试验动物的一般表现、行为、中毒表现、摄食和死亡等情况。试验结束时对试验动物进行称重。按 3.8～3.14 评价终末体重、摄食率、饲料转化比、增重率、特定生长率、存活率等指标。

7.4.2 血液学指标

试验结束时，测定受试动物血红蛋白、红细胞计数、白细胞计数及分类、红细胞比容。依受试物情况，必要时测定其他相应指标。

7.4.3 血液生化指标

试验结束时，测定血清的谷丙转氨酶(ALT)、谷草转氨酶(AST)、碱性磷酸酶(ALP)、尿素氮(BUN)、血糖(Glu)、总蛋白(TP)、总胆固醇(TCH)和甘油三酸酯(TG)。依受试物情况，必要时测定其他相应指标。

7.4.4 免疫和抗氧化指标

试验结束时，测定血清或血浆的溶菌酶、超氧化物歧化酶(SOD)、丙二醛(MDA)。依受试物情况，必要时测定其他相应指标。

7.4.5 病理检查

7.4.5.1 大体解剖

试验结束时应对所有试验水产动物进行解剖检查，并对代谢器官(肝脏或肝胰腺和肾)及残留或蓄积毒性靶器官组织(如皮肤，脑)固定保存，性成熟试验动物还需要将生殖器官组织固定保存，制作病理切片。

7.4.5.2 脏器称重

测定内脏、肝脏(或肝胰腺)的绝对重量和相对重量(内脏比和肝/体比值)。脏器的绝对重量测定时应将分离的内脏、肝脏用滤纸等试验材料除去水分。

7.4.5.3 组织病理学检查

在对各剂量组动物做解剖观察未发现明显病变和未发现生化指标异常后，对最高剂量组及对照组动物主要脏器进行组织病理学检查，发现病变后再对较低剂量组相应器官及组织进行检查。肝、肾及其他蓄积靶器官的组织病理学检查为必查项目，其他组织和器官的检查则需根据不同情况确定。

7.4.6 繁殖性能

如受试物可能在水产养殖动物的繁殖期饲料中应用，则需要按照 GB/T 23389 进行受试物对试验动物繁殖性能和后代影响的试验。

7.4.7 残留和蓄积试验

如受试物和(或)有毒代谢物(包括中间代谢产物、降解产物和其他结合物)可能在水产动物机体中残留或蓄积，并对试验水产动物、环境和人类食用安全造成潜在毒性，需要按照 GB/T 23388，对试验动物肌肉、代谢器官(肝脏和肾脏)和其他蓄积靶器官中来源于受试物中有毒有害成分的残留物进行检测，揭示受试物和(或)有毒代谢物在组织中的代谢和消除规律。

7.4.8 其他指标

必要时，根据受试物的性质及所观察的毒性反应，增加其他敏感指标。

8 数据处理

将所有观察到的结果都应进行统计学分析和评价，并用方差分析比较各剂量组与对照组间各指标的差异，以显示其毒性作用。

9 试验报告

对照组饲料应符合试验水产动物的营养需求，对照组试验水产动物生长指标达到或接近正常生产水平，存活率应不低于 90%。

报告应阐明试验设计、试验方法、毒性表现，确定 NOAEL 和 MATC。可结合繁殖、残留和蓄积毒性结果，为受试物能否应用于水产饲料以及确定其安全限量提供参考依据。

附 录 A
(资料性附录)
慢性毒性试验常用麻醉剂及使用剂量

表 A.1 慢性毒性试验常用麻醉剂及使用剂量表

名称和化学式	别 名	性 状	使用浓度	作用时间
三卡因 tricaine methanesulphonate $C_{10}H_{15}NO_5S$	鱼保安 MS222 Finquel™	白色微细结晶粉末,易溶于水	25 mg/L～300 mg/L	1 min～3 min
丁香酚 euqgenol 2-甲氧-4 丙烯基酚	AQUI-S	无色至淡黄色液体,在空气中变棕色,有强烈的丁香气味。极易溶于水,溶于乙醇、乙醚、三氯甲烷和精油	25 mg/L～100 mg/L	40 s～1 min
三氯叔丁醇 chloroeutanol $C_4H_7Cl_3O \cdot 0.5H_2O$	—	白色微细结晶粉末,易溶于有机溶剂	100 mg/L～1 200 mg/L	20 s～1 min

ICS 67.040
X 04

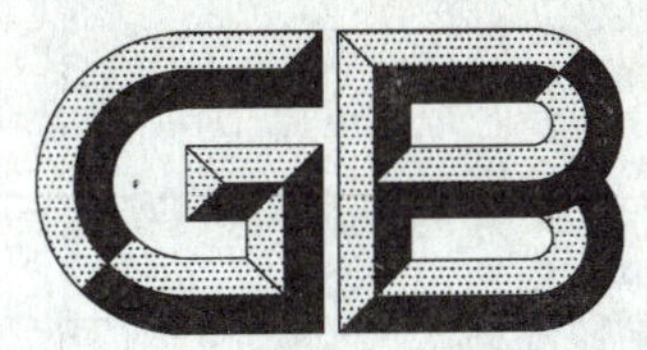

中华人民共和国国家标准

GB/T 27341—2009

危害分析与关键控制点（HACCP）体系 食品生产企业通用要求

Hazard analysis and critical control point (HACCP) system—General requirements for food processing plant

2009-02-17 发布 2009-06-01 实施

中华人民共和国国家质量监督检验检疫总局
中国国家标准化管理委员会 发布

前言

本标准的附录A为资料性附录。

本标准由全国认证认可标准化技术委员会(SAC/TC 261)提出并归口。

本标准主要起草单位:国家认证认可监督管理委员会注册管理部、认证认可技术研究所、国家HACCP应用研究中心、中华人民共和国北京出入境检验检疫局、中华人民共和国天津出入境检验检疫局、北京华思联认证中心、中国质量认证中心、方圆标志认证集团有限公司、北京中大华远认证中心。

本标准主要起草人:史小卫、刘先德、段启甲、李经津、李丽开、李援朝、杨志刚、陈恩成、刘克、张书义、奚利群、马立田、顾绍平、王茂华、陈志锋、杨倩、王欣、王宇。

引　言

食品生产加工过程(包括原材料采购、加工、包装、贮存、装运等)是预防、控制和防范食品安全危害的重要环节。

危害分析与关键控制点(HACCP)体系是一种科学、合理、针对食品生产加工过程进行过程控制的预防性体系,这种体系的建立和应用可保证食品安全危害得到有效控制,以防止发生危害公众健康的问题。

本标准旨在以科学性和系统性为基础,关注食品的安全性,运用 HACCP 原理,将食品安全风险预防、消除或降低到可接受的水平。

危害分析与关键控制点(HACCP)体系 食品生产企业通用要求

1 范围

本标准规定了食品生产企业危害分析与关键控制点(HACCP)体系的通用要求,使其有能力提供符合法律法规和顾客要求的安全食品。

本标准适用于食品生产(包括配餐)企业 HACCP 体系的建立、实施和评价,包括原辅料和食品包装材料采购、加工、包装、贮存、装运等。

2 规范性引用文件

下列文件中的条款通过本标准的引用而成为本标准的条款。凡是注日期的引用文件,其随后所有的修改单(不包括勘误的内容)或修订版均不适用于本标准,然而,鼓励根据本标准达成协议的各方研究是否可使用这些文件的最新版本。凡是不注日期的引用文件,其最新版本适用于本标准。

GB/T 19538 危害分析与关键控制点(HACCP)体系及其应用指南

GB/T 22000 食品安全管理体系 食品链中各类组织的要求

3 术语和定义

GB/T 22000、GB/T 19538 确立的以及下列术语和定义适用于本标准。

3.1

原辅料 raw material

构成食品组分或成分的一切预期产品、物品或物质。

注:包括在食品内含有的原料、辅料、添加剂和其他来源的所有预期物质。

3.2

潜在危害 potential hazard

如不加以预防,将有可能发生的食品安全危害。

3.3

显著危害 significant hazard

如不加以控制,将极可能发生并引起疾病或伤害的潜在危害。

注:"极可能发生"和"引起疾病或伤害"表示危害具有发生的"可能性"和"严重性"。

3.4

操作限值 operation limit

为了避免监控指数偏离关键限值而制定的操作指标。

3.5

食品防护计划 food defense plan

为了保护食品供应,免于遭受生物的、化学的、物理的蓄意污染或人为破坏而制定并实施的措施。

4 企业 HACCP 体系

4.1 总要求

企业应按本标准的要求策划、建立 HACCP 体系,形成文件,加以实施、保持、更新和持续改进,并确保其有效性。

企业应：

a) 策划、实施、检查和改进 HACCP 体系的过程，并提供所需的资源。

b) 确定 HACCP 体系范围，明确该范围所涉及步骤与食品链其他步骤之间的关系。

c) 确保对任何会影响食品安全要求的操作包括外包过程实施控制，并在 HACCP 体系中加以识别和验证。在验证中，产品安全与相关法规、标准的符合性应得到重点关注。

d) 确保 HACCP 体系得到有效实施，使产品安全得到有效控制。当产品安全发生系统性偏差时，应对 HACCP 计划进行重新确认，使 HACCP 体系得以持续改进。

4.2 文件要求

4.2.1 HACCP 体系文件应包括：

a) 形成文件的食品安全方针；

b) HACCP 手册；

c) 本标准所要求的形成文件的程序；

d) 企业为确保 HACCP 体系过程的有效策划、运行和控制所需的文件；

e) 本标准所要求的记录。

4.2.2 HACCP 手册

企业应编制和保持 HACCP 手册，内容至少包括：

a) HACCP 体系的范围，包括所覆盖产品或产品类别、操作步骤和场所，以及与食品链其他步骤的关系；

b) HACCP 体系程序文件或对其的引用；

c) HACCP 体系过程及其相互作用的表述。

4.2.3 文件控制

HACCP 体系所要求的文件应予以控制。

应编制形成文件的程序，以规定以下方面所需的控制：

a) 文件发布前得到批准，确保文件是充分的、适宜的和有效的；

b) 必要时对文件进行审核与更新，并再次批准；

c) 确保文件的更改和现行修订状态得到识别；

d) 确保在使用处可获得适用文件的有效版本；

e) 确保文件保持清晰、易于识别；

f) 确保与 HACCP 体系相关的外来文件得到识别，并控制其分发；

g) 防止作废文件的非预期使用，对需保留的作废文件进行适当的标识。

4.2.4 记录控制

应建立并保持记录，以提供符合要求和 HACCP 体系有效运行的证据。

应编制形成文件的程序，规定记录的标识、贮存、保护、检索、保存期限和处置所需的控制。

记录应保持清晰、易于识别和检索。

5 管理职责

5.1 管理承诺

最高管理者应通过以下活动，提供建立和实施 HACCP 体系所作承诺的证据：

a) 向企业传达满足顾客和法律法规对食品安全要求的重要性；

b) 制定食品安全方针；

c) 确保食品安全目标的制定；

d) 进行管理评审；

e) 确保资源的获得。

5.2 食品安全方针

最高管理者应以消费者食用安全为关注焦点，制定食品安全方针和食品安全目标，确保食品安全。

5.3 职责、权限与沟通

5.3.1 职责和权限

最高管理者应任命 HACCP 工作组组长并确认职责权限，同时规定企业内各部门在 HACCP 体系中所承担的职责和权限。

5.3.2 沟通

为了获得必要的食品安全信息，保证 HACCP 体系的有效性，最高管理者应确保企业建立、实施和保持所需的内部沟通，并与食品链范围内的其他供方、顾客、食品安全主管部门以及其他产生影响的相关方进行必要的外部沟通。

实施沟通的人员应接受适当培训，充分了解企业的产品、相关危害和 HACCP 体系，并经授权。

应保持沟通的记录。

5.4 内部审核

企业应按策划的时间间隔进行内部审核，以确定 HACCP 体系是否符合要求，并得到有效实施、保持和更新。

考虑拟审核的过程和区域的状况和重要性以及以往审核的结果，应对审核方案进行策划，以规定审核的准确性、范围、频次和方法。

内部审核员的选择和审核的实施应确保审核过程的客观性和公正性，内部审核员不应审核自己的工作。

负责受审区域的管理者应确保及时采取措施，以消除所发现的不符合项及其原因。跟踪活动应包括对所采取措施的验证和验证结果的报告。

应编制形成文件的内部审核程序，规定策划和实施审核、报告结果和保持记录。

5.5 管理评审

最高管理者应按策划的时间间隔评审 HACCP 体系，以确保其持续的适宜性、充分性和有效性；评审应包括 HACCP 体系改进和更新的需要；应保持管理评审的记录。

6 前提计划

6.1 总则

企业应建立、实施、验证、保持并在必要时更新或改进前提计划，以持续满足 HACCP 体系所需的卫生条件；前提计划应包括人力资源保障计划、企业良好生产规范(GMP)、卫生标准操作程序(SSOP)、原辅料和直接接触食品的包装材料安全卫生保障制度、召回与追溯体系、设备设施维修保养计划、应急预案等。企业前提计划应经批准并保持记录。

6.2 人力资源保障计划

企业应制定并实施人力资源保障计划，确保从事食品安全工作的人员能够胜任。

计划应满足以下要求：

a) 对这些管理者和员工提供持续的 HACCP 体系、相关专业技术知识及操作技能和法律法规等方面的培训，或采取其他措施，确保各级管理者和员工所必要的能力；

b) 评价所提供培训或采取其他措施的有效性；

c) 保持人员的教育、培训、技能和经验的适当记录。

6.3 良好生产规范(GMP)

企业应按照食品法规规定和相应卫生规范要求建立并实施企业的 GMP。

6.4 卫生标准操作程序(SSOP)

企业在制定并实施 SSOP 时，应至少满足以下方面的要求：

a) 接触食品(包括原料、半成品、成品)或与食品有接触的物品的水和冰应当符合安全、卫生要求;
b) 接触食品的器具、手套和内外包装材料等应清洁、卫生和安全;
c) 确保食品免受交叉污染;
d) 保证操作人员手的清洗消毒,保持洗手间设施的清洁;
e) 防止润滑剂、燃料、清洗消毒用品、冷凝水及其他化学、物理和生物等污染物对食品造成安全危害;
f) 正确标注、存放和使用各类有毒化学物质;
g) 保证与食品接触的员工的身体健康和卫生;
h) 清除和预防鼠害、虫害。

应保存 SSOP 的相关记录。

6.5 原辅料、食品包装材料安全卫生保障制度

企业应防止原辅料、食品包装材料中存在食品安全危害,制定、实施其安全卫生保障制度,至少满足以下方面的要求:

a) 制定原辅料、食品包装材料供方相应的有效资格条件并确定供方名单;
b) 评估原辅料、食品包装材料供方保障提供产品安全卫生的能力,必要时,对供方的食品安全管理体系进行文件审核或对供方进行现场审核;
c) 制定原辅料、食品包装材料验收要求和程序,包括核对原辅料、食品包装材料的检验检疫、卫生合格证明,原辅料、食品包装材料的追溯标识;必要时,对原辅料、食品包装材料的安全卫生指标实施有针对性的检验、验证;
d) 必要时制定食品添加剂的控制措施;
e) 制定供方的评价制度,包括不合格供方的淘汰制度。

6.6 维护保养计划

企业应制定并实施厂区、厂房、设施、设备等的维护保养计划,使之保持良好状态,并防止对产品的污染。

6.7 标识和追溯计划、产品召回计划

6.7.1 标识和追溯计划

企业应确保具备识别产品及其状态的追溯能力,并应制定实施产品标识和可追溯性计划,至少满足以下方面的要求:

a) 在食品生产全过程中,使用适宜的方法识别产品并具有可追溯性;
b) 针对监控和验证要求,标识产品的状态;
c) 保持产品发运记录,包括所有分销方、零售商、顾客或消费者。

6.7.2 产品召回计划

企业应制定产品召回计划,确保受安全危害影响的放行产品得以全部召回。该计划应至少包括以下方面的要求:

a) 确定启动和实施产品召回计划人员的职责和权限;
b) 确定产品召回行动需符合的相关法律、法规和其他相关要求;
c) 制定并实施受安全危害影响产品的召回措施;
d) 制定对召回的产品进行分析和处置的措施;
e) 定期演练并验证其有效性。

应保持产品召回计划实施记录。

6.8 应急预案

企业应识别、确定潜在的食品安全事故或紧急情况,预先制定应对的方案和措施,必要时做出响应,以减少食品可能发生安全危害的影响。

必要时,特别在事故或紧急情况发生后,企业应对应急预案予以审核和改进。

应保持应急预案实施记录。定期演练并验证其有效性。

注:紧急情况包括使企业的产品受到不可抗力因素影响的情况,如自然灾害、突发疫情、生物恐怖等。

7 HACCP 计划的建立和实施

7.1 总则

HACCP 小组应根据以下七个原理的要求制定并组织实施食品的 HACCP 计划,系统控制显著危害,确保将这些危害防止、消除或降低到可接受水平,以保证食品安全。

a) 进行危害分析和制定控制措施;

b) 确定关键控制点;

c) 确定关键限值;

d) 建立关键控制点的监控系统;

e) 建立纠偏措施;

f) 建立验证程序;

g) 建立文件和记录保持系统。

任何影响 HACCP 计划有效性因素的变化,如产品配方、工艺、加工条件的改变等都可能影响 HACCP 计划的改变,要对 HACCP 计划进行确认、验证,必要时进行更新。

7.2 预备步骤

7.2.1 HACCP 小组的组成

企业 HACCP 小组人员的能力应满足本企业食品生产专业技术要求,并由不同部门的人员组成,应包括卫生质量控制、产品研发、生产工艺技术、设备设施管理、原辅料采购、销售、仓储及运输部门的人员,必要时,可请外部专家参与。

小组成员应具有与企业的产品、过程、所涉及危害相关的专业技术知识和经验,并经过适当培训。

最高管理者应指定一名 HACCP 小组组长,并应赋予以下方面的职责和权限:

a) 确保 HACCP 体系所需的过程得到建立、实施和保持;

b) 向最高管理者报告 HACCP 体系的有效性、适宜性以及任何更新或改进的需求;

c) 领导和组织 HACCP 小组的工作,并通过教育、培训、实践等方式确保 HACCP 小组成员在专业知识、技能和经验方面得到持续提高。

应保持 HACCP 小组成员的学历、经历、培训、批准以及活动的记录。

7.2.2 产品描述

HACCP 小组应针对产品,识别并确定进行危害分析所需的下列适用信息:

a) 原辅料、食品包装材料的名称、类别、成分及其生物、化学和物理特性;

b) 原辅料、食品包装材料的来源,以及生产、包装、储藏、运输和交付方式;

c) 原辅料、食品包装材料接收要求、接收方式和使用方式;

d) 产品的名称、类别、成分及其生物、化学、物理特性;

e) 产品的加工方式;

f) 产品的包装、储藏、运输和交付方式;

g) 产品的销售方式和标识;

h) 其他必要的信息。

应保持产品描述的记录。

7.2.3 预期用途的确定

HACCP 小组应在产品描述的基础上,识别并确定进行危害分析所需的下列适用信息:

a) 顾客对产品的消费或使用期望;

b) 产品的预期用途和储藏条件，以及保质期；

c) 产品预期的食用或使用方式；

d) 产品预期的顾客对象；

e) 直接消费产品对易受伤害群体的适用性；

f) 产品非预期（但极可能出现）的食用或使用方式；

g) 其他必要的信息。

应保持产品预期用途的记录。

7.2.4 流程图的制定

HACCP 小组应在企业产品生产的范围内，根据产品的操作要求描绘产品的工艺流程图，此图应包括：

a) 每个步骤及其相应操作；

b) 这些步骤之间的顺序和相互关系；

c) 返工点和循环点（适宜时）；

d) 外部的过程和外包的内容；

e) 原料、辅料和中间产品的投入点；

f) 废弃物的排放点。

流程图的制定应完整、准确、清晰。

每个加工步骤的操作要求和工艺参数应在工艺描述中列出。适用时，应提供工厂位置图、厂区平面图、车间平面图、人流物流图、供排水网络图、防虫害分布图等。

7.2.5 流程图的确认

应由熟悉操作工艺的 HACCP 小组人员对所有操作步骤在操作状态下进行现场核查，确认并证实与所制定流程图是否一致，并在必要时进行修改。

应保持经确认的流程图。

7.3 危害分析和制定控制措施

7.3.1 危害识别

HACCP 小组根据食品风险程度，在加工步骤中分析生物、化学、物理危害时，应考虑以下方面的因素：

a) 产品、操作和环境；

b) 消费者或顾客和法律法规对产品及原辅料、食品包装材料的安全卫生要求；

c) 产品食用、使用安全的监控和评价结果；

d) 不安全产品处置、纠偏、召回和应急预案的状况；

e) 历史上和当前的流行病学、动植物疫情或疾病统计数据和食品安全事故案例；

f) 科技文献，包括相关类别产品的危害控制指南；

g) 危害识别范围内的其他步骤对产品产生的影响；

h) 人为的破坏和蓄意污染等情况；

i) 经验。

在从原料生产直到最终消费的范围内，针对需考虑的所有危害，识别其在每个操作步骤中有根据预期被引入、产生或增长的所有潜在危害及其原因。

当影响危害识别结果的任何因素发生变化时，HACCP 小组应重新进行危害识别。

应保持危害识别依据和结果的记录。

7.3.2 危害评估

HACCP 小组应针对识别的潜在危害，评估其发生的严重性和可能性，如果这种潜在危害在该步骤极可能发生且后果严重，则应确定为显著危害。

应保持危害评估依据和结果的记录。

7.3.3 控制措施的制定

HACCP 小组应针对每种显著危害，制定相应的控制措施，并提供证实其有效性的证据；应明确显著危害与控制措施之间的对应关系，并考虑一项控制措施控制多种显著危害或多项控制措施控制一种显著危害的情况。

针对人为的破坏或蓄意污染等造成的显著危害，应建立食品防护计划作为控制措施。

当这些措施涉及操作的改变时，应做出相应的变更，并修改流程图。

在现有技术条件下，某种显著危害不能制定有效控制措施时，企业应策划和实施必要的技术改造，必要时，应变更加工工艺、产品（包括原辅料）或预期用途，直至建立有效的控制措施。

应对所制定的控制措施予以确认。

当控制措施有效性受到影响时，应评价、更新或改进控制措施，并再确认。

应保持控制措施的制定依据和控制措施文件。

7.3.4 危害分析工作单

HACCP 小组应根据工艺流程、危害识别、危害评估、控制措施等结果提供形成文件的危害分析工作单，包括加工步骤、考虑的潜在危害、显著危害判断的依据、控制措施，并明确各因素之间的相互关系。

在危害分析工作单中，应描述控制措施与相应显著危害的关系，为确定关键控制点提供依据。

HACCP 小组应在危害分析结果受到任何因素影响时，对危害分析工作单做出必要的更新或修订。

应保持形成文件的危害分析工作单。

7.4 关键控制点（CCP）的确定

HACCP 小组应根据危害分析所提供的显著危害与控制措施之间的关系，识别针对每种显著危害控制的适当步骤，以确定 CCP，确保所有显著危害得到有效控制。

企业应使用适宜方法来确定 CCP，如判断树表（参见附录 A）法等。但在使用 CCP 判断树表时，应考虑以下因素：

a) 判断树表仅是有助于确定 CCP 的工具，而不能代替专业知识；

b) 判断树表在危害分析后和显著危害被确定的步骤使用；

c) 随后的加工步骤对控制危害可能更有效，可能是更应该选择的 CCP；

d) 加工中一个以上的步骤可以控制一种危害。

当显著危害或控制措施发生变化时，HACCP 小组应重新进行危害分析，判定 CCP。

应保持 CCP 确定的依据和文件。如分析出以标准作业程序（SOP）进行控制可以等同于 CCP 控制的情况，要保持 SOP 确定的依据、参数和文件。

7.5 关键限值（critical limit）的确定

HACCP 小组应为每个 CCP 建立关键限值。一个 CCP 可以有一个或一个以上的关键限值。

关键限值的设立应科学、直观、易于监测，确保产品的安全危害得到有效控制，而不超过可接受水平。

基于感知的关键限值，应由经评估且能够胜任的人员进行监控、判定。

为了防止或减少偏离关键限值，HACCP 小组宜建立 CCP 的操作限值。

应保持关键限值确定依据和结果的记录。

注：关键限值可以是时间、速率、温度、湿度、水分含量、水活度、pH、盐分含量等。

7.6 CCP 的监控

企业应针对每个 CCP 制定并实施有效的监控措施，保证 CCP 处于受控状态；监控措施包括监控对象、监控方法、监控频率、监控人员。

监控对象应包括每个 CCP 所涉及的关键限值；监控方法应准确、及时；监控频率一般应实施连续监控，若采用非连续监控时，其频次应能保证 CCP 受控的需要；监控人员应接受适当的培训，理解监控的目的和重要性，熟悉监控操作并及时准确地记录和报告监控结果。

当监控表明偏离操作限值时，监控人员应及时采取纠偏，以防止关键限值的偏离。

当监控表明偏离关键限值时，监控人员应立即停止该操作步骤的运行，并及时采取纠偏措施。

应保持监控记录。

7.7 建立关键限值偏离时的纠偏措施

企业应针对 CCP 的每个关键限值的偏离预先制定纠偏措施，以便在偏离时实施。

纠偏措施应包括实施纠偏措施和负责受影响产品放行的人员；偏离原因的识别和消除；受影响产品的隔离、评估和处理。

在评估受影响产品时，可进行生物、化学或物理特性的测量或检验，若核查结果表明危害处于可接受指标之内，可放行产品至后续操作；否则，应返工、降级、改变用途、废弃等。

纠偏人员应熟悉产品、HACCP 计划，经过适当培训并经授权。

当某个关键限值的监视结果反复发生偏离或偏离原因涉及相应控制措施的控制能力时，HACCP 小组应重新评估相关控制措施的有效性和适宜性，必要时对其予以改进并更新。

应保持纠偏记录。

7.8 HACCP 计划的确认和验证

企业应建立并实施对 HACCP 计划的确认和验证程序，以证实 HACCP 计划的完整性、适宜性、有效性。

确认程序应包括对 HACCP 计划所有要素有效性的证实。确认应在 HACCP 计划实施前或变更后。

验证程序应包括：验证的依据和方法、验证的频次、验证的人员、验证的内容、验证结果及采取的措施、验证记录等。

监控设备校准记录的审核，必要时，应通过有资格的检验机构，对所需的控制设备和方法进行技术验证，并提供形成文件的技术验证报告。

验证的结果需要输入到管理评审中，以确保这些重要数据资源能被适当考虑并对整个 HACCP 体系持续改进起作用；当验证结果不符合要求时，应采取纠正措施并进行再验证。

7.9 HACCP 计划记录的保持

应保持 HACCP 计划制定、运行、验证等记录。

HACCP 计划记录的控制应与体系记录的控制一致。

HACCP 计划记录应包括相关信息。验证记录应至少包括的信息有：

a) 产品描述记录：企业名称和地址、加工类别、产品类型、产品名称、产品配料、产品特性、预期用途和顾客对象、食用(使用)方法、包装类型、贮存条件和保质期、标签说明、销售和运输要求等。

b) 监控记录：企业名称和地址、产品名称、加工日期、操作步骤、CCP、显著危害、关键限值(操作限值)、控制措施、监控方法、监控频率、实际测量或观察结果、监控人员签名和监控日期、监控记录审核签名和日期等。

c) 纠偏记录：企业名称和地址、产品名称、加工日期、偏离的描述和原因、采取的纠偏措施及结果、受影响产品的批次和隔离位置、受影响产品的评估方法和结果、受影响产品的最终处置、纠偏人员签名和纠偏日期、纠偏记录审核签名和日期等。

d) 应保持 HACCP 计划应有的记录。例如，应保持验证活动记录的主要记录有：HACCP 计划修改记录、半成品成品定期检测记录、CCP 监控审核记录、CCP 纠偏审核记录、CCP 现场验证记录等。

附 录 A
(资料性附录)
确定 CCPs 的判断树

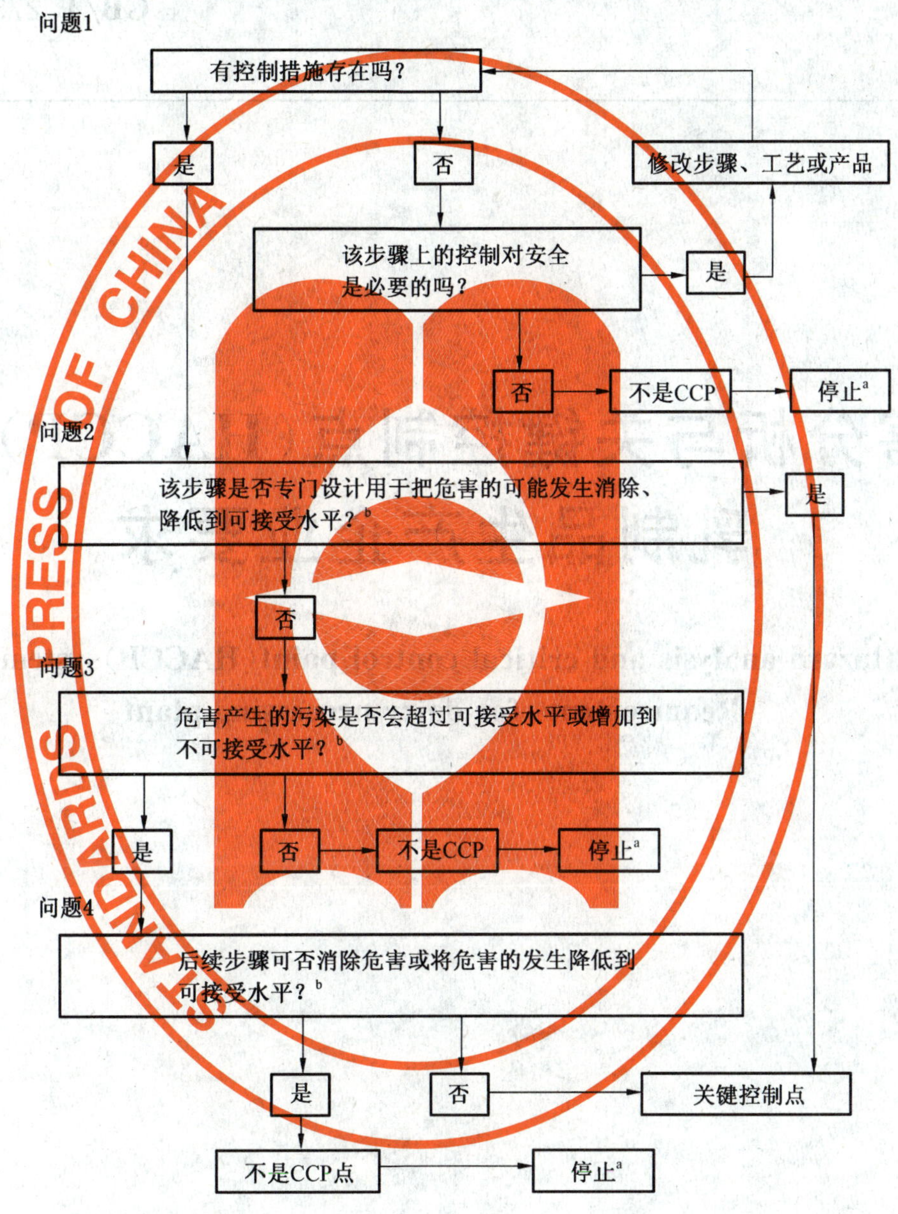

[a] 按描述的过程进行至下一个危害。

[b] 在识别 HACCP 计划中的关键控制点时,需要在总体目标范围内对可接受水平和不可接受水平作出规定。

图 A.1 确定 CCPs 的判断树

ICS 67.040
X 04

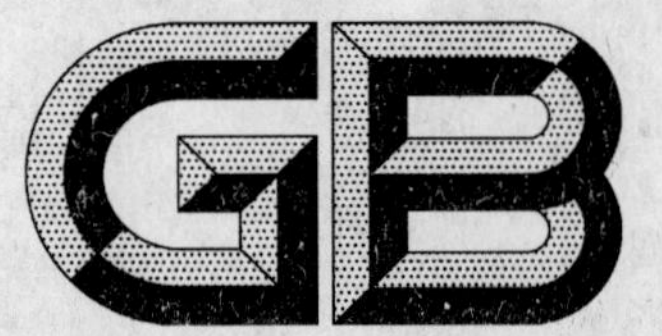

中华人民共和国国家标准

GB/T 27342—2009

危害分析与关键控制点(HACCP)体系 乳制品生产企业要求

Hazard analysis and critical control point(HACCP)system—Requirements for dairy processing plant

2009-02-17 发布　　2009-06-01 实施

中华人民共和国国家质量监督检验检疫总局
中国国家标准化管理委员会　发布

前言

本标准由全国认证认可标准化技术委员会提出并归口。

本标准主要起草单位:国家认证认可监督管理委员会注册管理部、中国乳制品工业协会、认证认可技术研究所、国家 HACCP 应用研究中心、中华人民共和国北京出入境检验检疫局、中华人民共和国天津出入境检验检疫局、北京华思联认证中心、中国质量认证中心、方圆标志认证集团有限公司、北京中大华远认证中心。

本标准主要起草人:史小卫、宋昆冈、杨志刚、张书义、刘先德、刘克、王茂华、李丽开、李经津、段启甲、奚利群、李援朝、马立田、陈恩成。

引　言

生鲜乳等原料采购、加工、贮存、销售等各环节都会对乳制品产生安全危害，乳制品的危害分析与关键控制点(HACCP)体系是针对乳制品生产实施过程控制的预防性体系。体系的建立、实施和持续改进将提高乳制品生产企业对食品安全危害的控制能力。

本标准应用 HACCP 原理，为降低乳制品的安全风险，在充分考虑乳制品生产特点的基础上，提出了针对乳制品生产过程 HACCP 体系的建立、实施和改进的要求，主要包括物料杀菌与灭菌、添加剂与配料、包装的安全控制、冷链控制等要求，重点强调了生鲜乳等原料的运输、贮存、验收和辅料及包装材料的接收与贮存等要求，强化了生产源头与生产过程监控要求。

本标准是 GB/T 27341—2009《危害分析与关键控制点(HACCP)体系　食品生产企业通用要求》在乳制品生产企业应用的技术要求与补充。

危害分析与关键控制点(HACCP)体系 乳制品生产企业要求

1 范围

本标准规定了乳制品生产企业危害分析与关键控制点(HACCP)体系的要求,使其有能力提供符合法律法规和顾客要求的安全乳制品。

本标准适用于乳制品生产企业 HACCP 体系的建立、实施和评价,包括原辅料和包装材料采购、加工、包装、贮存、运输等。

2 规范性引用文件

下列文件中的条款通过本标准的引用而成为本标准的条款。凡是注日期的引用文件,其随后所有的修改单(不包括勘误的内容)或修订版均不适用于本标准,然而,鼓励根据本标准达成协议的各方研究是否可使用这些文件的最新版本。凡是不注日期的引用文件,其最新版本适用于本标准。

GB 2760 食品添加剂使用卫生标准

GB/T 5410 乳粉(奶粉)

GB 5749 生活饮用水卫生标准

GB/T 6914 生鲜牛乳收购标准

GB 7718 预包装食品标签通则

GB 11674 乳清粉卫生标准

GB 12693 乳制品企业良好生产规范

GB 13432 预包装特殊膳食用食品标签通则

GB 14880 食品营养强化剂使用卫生标准

GB 19301 鲜乳卫生标准

GB 19644 乳粉卫生标准

GB/T 27341—2009 危害分析与关键控制点体系 食品生产企业通用要求

3 术语和定义

GB/T 27341—2009 确立的以及下列术语和定义适用于本标准。

3.1

乳制品 dairy product

以生鲜牛(羊)乳及其制品为主要原料,经加工制成的产品。包括:液体乳类(杀菌乳、灭菌乳、酸牛乳、配方乳);乳粉类(全脂乳粉、脱脂乳粉、全脂加糖乳粉和调味乳粉 、婴幼儿配方乳粉、其他配方乳粉);炼乳类(全脂无糖炼乳、全脂加糖炼乳、调味/调制炼乳、配方炼乳);乳脂肪类(稀奶油、奶油、无水奶油);干酪类(原干酪、再制干酪);其他乳制品类(干酪素、乳糖、乳清粉等)。

3.2

原位清洗 cleaning-in-place

应用水、清洗剂、消毒剂和相关设备对闭路的食品设备及其管道内部所进行的循环性冲洗处理(CIP)。

注:原位清洗亦称"就地清洗"、"原地清洗"。

4 乳制品生产企业 HACCP 体系

乳制品生产企业应按照 GB/T 27341—2009 中 4.1、4.2 的要求，策划、建立 HACCP 体系，形成文件，加以实施、保持、更新和持续改进，并确保其有效性。

5 管理职责

乳制品生产企业应满足 GB/T 27341—2009 中第 5 章的要求。

6 前提计划

6.1 总则

乳制品生产企业应按照 GB/T 27341—2009 中第 6 章的要求，结合企业具体条件，建立与实施适宜的前提计划。

6.2 人力资源保障计划

从事乳制品生产、检验和管理的人员应符合 GB 12693 要求。

6.3 良好生产规范(GMP)

乳制品生产企业应按照相关法律法规和 GB 12693 要求，建立、实施适合本企业的 GMP。

6.4 卫生标准操作程序(SSOP)

乳制品生产企业应建立并实施满足 GB/T 27341—2009 中 6.4 的要求且适合本企业的 SSOP。适宜时应包括，但不限于以下方面：

a) 乳制品的循环使用包装物，应制定与实施相应的卫生操作程序，明确监控要求，检验合格方可投入使用。一次性预包装容器禁止回收使用；

b) 企业应规定 CIP 系统程序并对其有效性进行验证，明确各步骤的温度、时间、流速、酸、碱液浓度等要求，并按规定实施。CIP 清洗效果与化学残留应予以有效监控与检测(如电导仪、pH 试纸或其他监控、检测措施)；

c) 设备设施清洗、消毒时，应保证无清洗、消毒盲区或死角；

d) 乳制品生产中，半成品贮存、发酵接种、充填及内包装车间等清洁作业区，应明确人流、物流、水流、气流的控制流向；

e) 应当配备冷藏、冷冻设备或采取冷藏、冷冻措施，保证冷藏、冷冻乳制品的温度要求；

f) 制定适宜的检测控制规程，对乳制品包装材料、空气或员工手臂、生产设备、工器具等应进行卫生检测；

g) 与乳制品接触的设备及用具的清洗用水，应符合 GB 5749 的规定；

h) 乳粉包装时，应控制环境、人员、包装机、工器具的卫生。

6.5 原辅料、包装材料安全卫生保障制度

乳制品生产企业应充分满足 GB/T 27341—2009 中 6.5 的要求，建立生鲜乳、其他原辅料、包装材料安全卫生保障制度。应包括，但不限于以下方面：

a) 生鲜乳应源自具有生鲜乳收购许可证的奶畜养殖场、养殖小区和(或)生鲜乳收购站。运输生鲜乳的车辆应具备准运证明。应有生鲜乳交接单；

b) 为防止含有潜在或未知不安全成分的生鲜乳进入加工厂，乳制品生产企业应对奶源供应方建立合格评价，并适时对生鲜乳进行质量监控；

c) 对其他原辅料、添加剂和包装材料等建立安全卫生保障制度，采购的产品应来自符合法律法规要求的企业，并符合有关质量安全标准。

6.6 维护保养计划

乳制品生产企业应充分满足 GB/T 27341—2009 中 6.6 的要求。制定维护保养计划应包括，但不

限于以下内容：

a) 当紧急维修时防止对其他在产的生产线造成影响和污染的措施；

b) 应确保设备处于良好状态，包括杀菌、灭菌及监视设备，自动程序控制系统，CIP 系统，配料系统，供水设施系统，单一或组合式防混阀门，重要单元或部件的密封，重要计量和检测设施，无菌灌装、包装系统，蒸汽和压缩空气保障系统，空气净化系统，制冷系统等；

c) 设备、设施应满足生产所需的温度、压力等工艺要求；

d) 应及时检查和维护生产设备设施，防止金属和其他异物混入乳制品中；

e) 应合理标识设备、管道或管线。

6.7 标识和追溯计划、乳制品召回

乳制品生产企业应满足 GB/T 27341—2009 中 6.7 的要求。应包括，但不限于以下方面：

a) 从生鲜乳等原料、辅料、半成品到成品应标识清楚，具有可追溯性。成品标识符合 GB 7718、GB 13432 等有关标准、法规的要求；

b) 生鲜乳应追溯到奶畜养殖场、养殖小区和(或)生鲜乳收购站。乳制品生产企业应当建立生鲜乳进货记录，如实记录供货者的名称以及联系方式、进货日期、数量等内容；

c) 乳制品生产企业对召回的不安全乳制品应采取无害化处理、销毁等措施，防止其再次流入市场；

d) 企业应记录所有产品发货的品种、规格、批号、数量及去向；

e) 企业应建立产品召回程序。乳制品生产企业发现其生产的乳制品不符合乳制品质量安全国家标准、存在危害人体健康和生命安全危险、存在可能危害婴幼儿身体健康或者生长发育的，应当立即停止生产，报告有关主管部门，并应告知销售者、消费者，召回已经出厂、上市销售的问题乳制品，并记录召回情况。

6.8 应急预案

乳制品生产企业应满足 GB/T 27341—2009 中 6.8 的要求，并识别、确定潜在的乳制品安全事故或紧急情况，制定应急预案，必要时做出响应，以减少可能产生的安全危害影响。应包括，但不限于以下方面：

a) 突然的停电、停水、机械故障，自然灾害等；

b) 其他。

7 HACCP 计划的建立和实施

7.1 总则

乳制品生产企业应按照 GB/T 27341—2009 中第 7 章的要求，结合本企业具体条件，建立与实施适宜的 HACCP 计划。

7.2 预备步骤

7.2.1 总则

乳制品生产企业应按照 GB/T 27341—2009 中 7.2 的要求，完成预备步骤。

7.2.2 HACCP 小组的组成

HACCP 小组的组成应满足乳制品生产企业的专业覆盖范围的要求，由多专业的人员组成，包括卫生质量控制人员、产品研发人员、乳制品生产工艺技术人员、设备管理人员、生鲜乳及辅料采购、销售、仓贮及运输管理等人员。必要时，HACCP 小组组成可聘请具有奶畜养殖和畜牧兽医专业知识的人员参加。

7.2.3 产品描述

乳制品生产企业应按照 GB/T 27341—2009 中 7.2.2 的要求进行产品描述。

7.2.4 **预期用途的确定**

乳制品生产企业应按照 GB/T 27341—2009 中 7.2.3 的要求确定产品的预期用途。

应确定不同人群对乳制品预期用途。

7.2.5 **流程图的制定和确认**

乳制品生产企业应按照 GB/T 27341—2009 中 7.2.4 和 7.2.5 的要求制定并确认流程图。

7.3 危害分析和制定控制措施

7.3.1 总则

乳制品生产企业应按照 GB/T 27341—2009 中 7.3 的要求，进行危害分析和制定控制措施。针对人为的破坏或蓄意污染等造成的显著危害，乳制品生产企业还应建立乳制品的防护计划作为控制措施。

7.3.2 在实施危害分析时还应考虑以下信息：

a) 生鲜乳等掺杂掺假；

b) 环境污染物(如重金属、硝酸盐及亚硝酸盐等)；

c) 生物毒素(如黄曲霉毒素等)；

d) 微生物繁殖适宜条件；

e) 抗生素；

f) 过敏源；

g) 异物。

7.3.3 乳制品安全风险评价

根据政府部门公布的乳制品安全信息，乳制品生产企业应适时进行乳制品安全风险评价。

7.4 关键控制点(CCP)与关键限值(CL)的确定

7.4.1 总则

乳制品生产企业应按照 GB/T 27341—2009 中 7.4、7.5 要求，确定关键控制点(CCPs)与关键限值(CLs)。

7.4.2 确定关键控制点(CCPs)与关键限值(CLs)考虑的因素

7.4.2.1 生鲜乳等原料的接收与贮存宜考虑，但不限于以下重要生产控制过程和因素：

a) 生鲜乳应符合 GB/T 6914 和 GB 19301 质量与卫生指标等要求，并避免有毒、有害物质的污染。经检测合格，方可接收；

b) 经验收的生鲜乳应尽快进行乳制品加工。当需要暂时贮存时，应迅速冷却至 0 ℃～4 ℃，收入贮乳罐(奶仓)临时贮存，贮存温度不超过 7 ℃、贮存时间不超过 24 h；

c) 原料乳粉的接收应符合 GB/T 5410 和 GB 19644 的指标要求，原料乳清粉的接收应符合 GB 11674 的指标要求。乳粉、乳清粉的贮存温度和湿度应符合规定；

d) 企业检验部门未能涵盖的安全卫生指标，如黄曲霉毒素、农药兽药残留、重金属等，企业应定期送检，由具有相关资质的机构出具检验报告；

e) 企业应对使用的维生素、微量元素等营养强化剂进行定期验证。

7.4.2.2 添加剂、配料宜考虑，但不限于以下重要生产控制过程和因素：

a) 乳制品中使用的食品添加剂的品种和加入量应符合 GB 2760 和 GB 14880 规定；

b) 根据乳制品品种不同，其配料工序应有复核程序，确保投料种类、顺序和数量正确；

c) 生产配方粉时，对配料混合的均匀度应定期予以确认。当配方、原材料、设备、工艺等变更时，应及时进行再确认。

7.4.2.3 杀菌、灭菌宜考虑，但不限于以下重要生产控制过程和因素：

a) 采用加热杀菌、灭菌工艺时，应按不同种类产品要求制定有依据的加热参数并正确实施，确保产品的安全特性。巴氏杀菌乳的杀菌温度与保持时间一般为 63 ℃～65 ℃、30 min 或 72 ℃～85 ℃、15 s～20 s；超高温瞬时灭菌乳的灭菌温度与保持时间应在 135 ℃以上、数秒；保持灭菌

(二次灭菌)的灭菌温度与保持时间一般为不低于110 ℃、10 min以上。应有相关杀菌、灭菌记录,必要时有自动温度记录;

b) 杀菌、灭菌装置使用前,或对装置进行改造后及工艺调整后,应确认产品的杀菌、灭菌效果。

7.4.2.4 发酵乳制品宜考虑,但不限于以下重要生产控制过程和因素:

a) 发酵剂纯度、活力;

b) 培养基的制备。

7.4.2.5 包(灌)装宜考虑,但不限于以下重要生产控制过程和因素:

a) 无菌灌装机的双氧水浓度或喷雾量、紫外灯使用寿命;

b) 适用时,听装乳制品应进行叠接率检测;

c) 乳制品的产品包装应严密、无破损。

7.4.2.6 乳粉湿法生产中的浓缩、喷雾干燥工序宜考虑,但不限于以下重要生产控制过程和因素:

a) 浓缩乳浓度、浓缩乳温度;

b) 喷雾压力或离心盘转速;

c) 干燥室进风温度与进风量、干燥室排风温度与排风量。

7.4.2.7 冷藏、冷冻乳制品的贮存与运输宜包括,但不限于以下重要控制过程和因素:

a) 冷藏温度一般为2 ℃~6 ℃;

b) 奶油、无水奶油产品冷冻温度一般为-15 ℃以下;

c) 运输过程中,运输工具厢体内温度应维持在产品贮存要求的温度范围内。

7.4.2.8 企业还应结合自身工艺条件、产品特性、设备设施、人员等情况,考虑其他影响乳制品安全的控制过程和因素。

7.4.3 当7.4.2各过程和因素以标准作业程序(SOP)进行控制可以等同于CCP控制的情况时,要保持SOP确定的依据、参数和文件。

7.5 CCPs监控

乳制品生产企业应按照GB/T 27341—2009中7.6的要求,实施CCPs监控。

7.6 纠偏措施

乳制品生产企业应按照GB/T 27341—2009中7.7的要求,建立关键限值偏离时的纠偏措施。

7.7 HACCP计划的确认和验证

乳制品生产企业应按照GB/T 27341—2009中7.8的要求,进行HACCP计划的确认和验证。应包括,但不限于以下方面:

a) 乳制品的保温检查、保存检验;

b) 无菌灌装或包装系统的包装效果;

c) 添加剂和食品营养强化剂添加符合要求的检测证据;

d) 乳制品生产企业应按照相关法规或标准的要求,对出厂的乳制品进行检验;

e) 特殊消费用途的乳制品(如婴幼儿配方乳粉),应定期对其营养等特殊成分进行验证。

7.8 记录的保持

乳制品生产企业应按照GB/T 27341—2009中7.9的要求,保持HACCP计划等相关记录。相关检验报告应至少保存2年。

f) [illegible]

[illegible]

7.4.2.4 [illegible]

a) [illegible]

b) [illegible]

7.4.2.5 [illegible]

a) [illegible]

b) [illegible]

c) [illegible]

7.4.2.6 [illegible]

a) [illegible]

b) [illegible]

c) [illegible]

7.4.2.7 [illegible]

a) [illegible]

b) [illegible]

[illegible]

7.4.2.8 [illegible]

[illegible]

7.4.2.9 [illegible]

[illegible]

7.5 [illegible]

[illegible]

7.6 [illegible]

[illegible]

7.7 HACCP 计划[illegible]验证

[illegible]

a) [illegible]

b) [illegible]

[illegible]

7.8 记录的保持

[illegible]

后　记

2009 年制修订国家标准共 3158 项，其中新制定标准 2102 项，修订标准 1056 项，分 74 册出版。

1．2009 年度发布的顺延上年度标准编号的新制定的国家标准，从 GB/T 23229—2009 开始，至 GB/Z 24847—2009 结束，收入在《中国国家标准汇编》2009 年"制定"卷第 412～449 分册中，共 38 册。

2．2009 年度发布的非顺延上年度标准编号的新制定的国家标准和全部修订的国家标准，收入在 2009 年修订-1～修订-36 分册中，共 36 册。

3．GB/T 17822.2—2009、GB 18877—2009、GB/T 24305—2009、GB/T 24616—2009、GB/T 24617—2009 因故延迟出版。

中国标准出版社

2010 年 8 月